# 模拟电子电路学习和实验指导

沈雅芬 任为民 曹益政　编

中央广播电视大学出版社
北　京

**图书在版编目（CIP）数据**

模拟电子电路学习和实验指导/沈雅芬等编．—北京：中央广播电视大学出版社，1994.10

ISBN 978 - 7 - 304 - 00841 - 3

Ⅰ.模… Ⅱ.沈… Ⅲ.模拟电路-电视大学-教学参考资料 Ⅳ.TN7

中国版本图书馆 CIP 数据核字（94）第 16166 号

**模拟电子电路学习和实验指导**

沈雅芬　任为民　曹益政　编

---

**出版·发行**：中央广播电视大学出版社

**电话**：营销中心：010 - 66490011　　总编室：010 - 68182524

**网址**：http：//www.crtvup.com.cn

**地址**：北京市海淀区西四环中路 45 号

**邮编**：100039

**经销**：新华书店北京发行所

---

**印刷**：北京集惠印刷有限责任公司　　**印数**：103801 ~ 105800

**版本**：1994 年 10 月第 1 版　　2014 年 7 月第 17 次印刷

**开本**：787 × 1092　1/16　　**印张**：18.25　　**字数**：448 千字

---

**书号**：ISBN 978 - 7 - 304 - 00841 - 3

**定价**：20.10 元

---

# 前　言

本书是根据中央广播电视大学“电子技术基础教学大纲”的要求，配合该课程主教材《模拟电子电路》一书编写的学习和实验指导。供电视大学学生自学和实验时使用。

学习指导部分按照主教材的章节内容及顺序，介绍了各章的教学要求和重点、难点分析，对重要概念、主要结论都加了提示，提出了相应的思考问题，帮助学生掌握基本概念。另外，还结合教学主要内容作了典型例题解析，指出了出题意图、解题思路和方法。每章最后均附有主教材中的部分习题的参考答案，以便于学生进行自我检测时参考。

实验指导部分选写了常用电子仪器的作用、*单管放大电路、*负反馈放大电路、集成运放参数的测试、*信号运算电路、信号处理电路、*正弦波发生电路、非正弦波发生电路、*稳压电源及模拟电路综合性实验等十个实验题目。要求学生必做五个基本实验（打*号的为必做实验，其它为选做实验）和一个设计性实验（可自选）。

本书由沈雅芬任主编。学习指导部分由沈雅芬、任为民编写，实验指导部分由曹益政编写，任为民负责全书的统稿。在本书的编写过程中，清华大学杨素行教授对教材编写的内容和体例提出了宝贵意见，并对书中主要内容作了认真的审阅和修改。

由于我们水平有限，书中的缺点、错误在所难免，恳请读者批评指正。

编　者

1994 年 8 月

# 目　录

## 模拟电子电路学习指导

**模拟电子电路实验指导**

# 模拟电子电路学习指导

## 第一章　放大电路的基本原理和分析方法

### 一、教学安排与教学要求

**（一）教学安排**

本章共 17 学时：录像 14 学时，面授 3 学时。具体安排如下：

1. 录像内容

（1）模拟电路的特点和三极管的放大特性；

（2）放大电路的组成和工作原理；

（3）放大电路的分析方法（一）　交直流通路、Q 点估算；

（4）放大电路的分析方法（二）　图解法；

（5）放大电路的分析方法（三）　微变等效电路法；

（6）放大电路的分析方法（四）　微变等效电路法；

（7）静态工作点稳定问题；

（8）单管放大电路的三种组态（一）；

（9）单管放大电路的三种组态（二）；

（10）FET 放大电路（一）；

（11）FET 放大电路（二）；

（12）放大电路的频率响应（一）；

（13）放大电路的频率响应（二）；

（14）多级放大电路。

2. 面授内容

（1）半导体器件的放大作用；

（2）放大电路的主要技术指标；

（3）分析方法（图解法、微变等效电路法）应用举例。

**（二）教学要求**

1. 重点掌握的内容

（1）放大、静态与动态、直流通路与交流通路、静态工作点、负载线、放大倍数、输入电阻与输出电阻的概念；

(2) 用近似计算法估算单管共射放大电路的静态工作点；

(3) 用微变等效电路法分析计算单管共射电路、分压式工作点稳定电路的电压放大倍数 $A_u$ 和 $A_{us}$，输入电阻 $R_i$ 和输出电阻 $R_o$.

2. 一般掌握的内容

(1) 放大电路频率响应的一般概念；

(2) 图解法确定单管共射放大电路的静态工作点，定性分析波形失真，观察电路参数对静态工作点的影响，估算最大不失真输出的动态范围；

(3) 三种不同组态（共射、共集、共基）放大电路的特点；

(4) 多级放大电路三种耦合方式的特点，放大倍数的计算规律。

3. 一般了解的内容

(1) 单管共射放大电路 $f_L$，$f_H$ 与电路参数间的定性关系，波特图的一般知识。多级放大电路与单管放大电路频宽的定性关系；

(2) 用估算法估算场效应管放大电路静态工作点的方法。

## 二、重点和难点的分析

### 1.1 概　　述

放大电路是组成模拟电路的基本单元电路，各种实际电路由它演变派生并进一步组合而成。许多重要概念和常用的分析方法将在本章进行介绍，因此，学习本章是学习本课程的基础和重点。

**放大的本质是什么？**

(一) 放大的概念——**放大**的实质可以从两个方面来看：一是其能量的控制作用，即用一个能量比较小的信号去控制另一个能量，使负载上得到较大的能量；二是放大作用必须针对变化量而言，即输入信号有一个比较小的变化量，则在输出端得到一个比较大的变化量。

**什么叫放大电路的静态和动态？**

(二) 静态和动态——**静态**是指当放大电路没有输入信号（$U_i=0$）时，仅在外电源 $V_{CC}$作用下电路的工作状态。为了表示其工作状态，求出此时的 $I_B$，$I_C$ 和 $U_{CE}$ 值，它在特性曲线上是一个确定的点，通常叫静态工作点。**动态**是指放大电路加入交流输入信号（$U_i\neq0$）时电路的工作状态。为了表征动态特性，一般引用负载线、动态范围、放大倍数、输入电阻和输出电阻等性能指标来表示。动态讨论的变化量往往是在某个特定的静态基础上变化的，因此可将它们两者的关系形象地认为是在静态工作条件下“驮”上了一个动态的工作信号。

**什么叫放大电路的静态工作点？**

(三) 静态工作点——在电路参数一定的情况下，三极管总有一个确定的静态工作状态，我们用一个点来表示，叫**静态工作点**。一般用 $I_{BQ}$，$I_{CQ}$和 $U_{CEQ}$的数值来描述。

**什么叫非线性失真？它是怎么产生的？**

(四) 非线性失真——放大电路的核心元件是双极型三极管或场效应管，由于它们本身是非线性元件，其输入、输出特性电压、电流间的关系都是**非线性**的，因此输出波形总会出现或多或少的失真，尤其当工作点设置不合理或输入信号幅度过大时，这种失真更为严重。

（五）频率特性——随着输入信号频率的不同，放大电路电压放大倍数的模和相角都要随之变化。把幅度随频率的变化叫**幅频特性**，相位随频率的变化叫**相频特性**，统称为放大电路的**频率特性**。

## 1.2 单管共射放大电路

### （一）放大电路正常放大的条件

放大电路正常放大的条件是什么？

要使放大电路能够基本不失真地进行放大，必须具备以下四个条件：

1. 电路外加电压的极性必须保证三极管工作在放大状态，即发射结正向偏置，集电结反向偏置；

2. 输入回路应保证输入信号能送进电路，也就是说输入电压的变化能转换成三极管输入电流的变化；

3. 输出回路应保证三极管输出电流的变化能够转换成输出电压的变化并能够送至负载；

4. 为电路设置合适的静态工作点，以保证输出信号基本不失真。

### （二）静态工作点的设置

为什么要设置合适的静态工作点？

图 1.2.1（*a*）为 NPN 管的输出特性，*AB* 为负载线。

由图可以看出：若静态工作点设置过高，如 $Q_1$，则易出现饱和失真，此时 $U_{CE}$ 很小，输出 $u_o$ 波形如图（*b*），出现了底部失真（NPN 型单管基本共射电路）；若静态工作点设置过低，如 $Q_2$，此时 $I_B$ 很小，近似为零，则易出现截止失真，输出 $u_o$ 波形如图（*c*），出现了顶部失真（NPN 型单管基本共射电路）。可见，设置一个合适的静态工作点，如图中的 Q，可使输入信号的正负半周在 Q 点附近对称变化，得到一个基本不失真的输出电压，见图（*d*）。

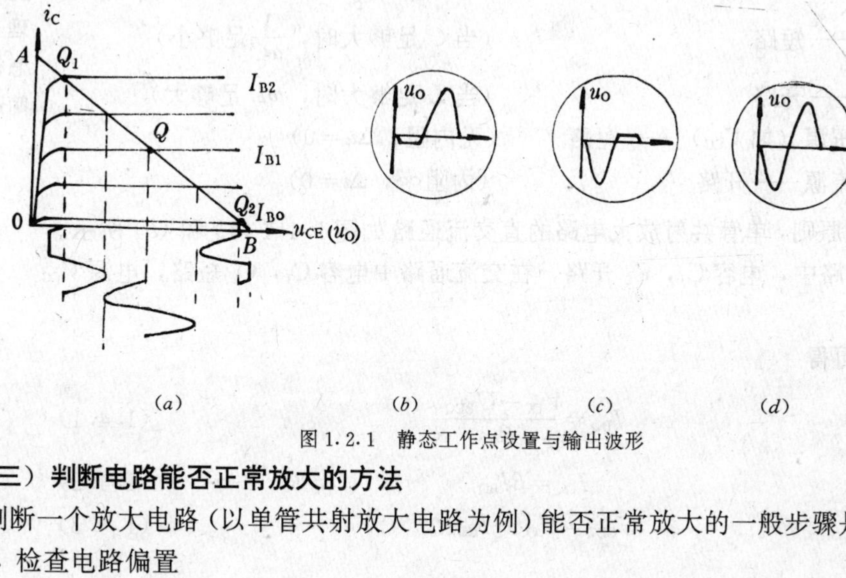


图 1.2.1 静态工作点设置与输出波形

### （三）判断电路能否正常放大的方法

判断一个放大电路（以单管共射放大电路为例）能否正常放大的一般步骤是：

1. 检查电路偏置

放大电路外电源的设置是否能使三极管工作在放大状态：对于 NPN 管来说，$U_{BE}$应大于零，$U_{BC}$应小于零。对于 PNP 管则相反。

2. 检查静态工作点的设置

输入回路中基极电阻的选择要适当。不能太大，以避免三极管工作在截止区，也不能太小，以避免三极管工作在饱和区。$R_b$ 的选择要保证三极管工作在放大区。

输出回路中，$U_{CEQ}=V_{CC}-I_{CQ}R_c$，要使三极管工作在放大状态，也应注意 $R_c$ 值的选择。

判断一个放大电路能否正常工作的一般步骤是什么？

3. 检查输入回路

输入回路应保证输入电压的变化能转换成三极管输入电流的变化。一般应避免输入信号被交流短路或开路。

4. 检查输出回路

输出回路应保证集电极电流的变化能转换成输出电压的变化并送至负载。一般应避免输出信号被交流短路或开路。

## 1.4 放大电路的基本分析方法

**（一）如何找出放大电路的直流通路和交流通路**

1. 电抗性元件在交直流通路中的处理方法。

由于在放大电路中存在电抗性元件，它们对不同频率的信号呈现的电抗是不同的，因此放大电路的直流通路和交流通路是不同的。

在交直流通路中，电抗性元件的一般处理方法是怎样的？试简述理由。

在直流通路中：

- 电容 C——开路　　（$\because \omega\downarrow$，$\therefore \frac{1}{\omega C}\uparrow$）
- 电感 L——短路　　（$\because \omega\downarrow$，$\therefore \omega L\downarrow$）

在交流通路中

- 电容 C——短路　　（当 $C$ 足够大时，$\frac{1}{\omega C}$足够小）
- 电感 L——开路　　（当 $L$ 足够大时，$\omega L$ 足够大）
- 理想电压源（如 $V_{CC}$）——短路　　（无内阻，$\Delta u=0$）
- 理想电流源——开路　　（内阻∞，$\Delta i=0$）

根据以上原则，单管共射放大电路的直交流通路如图 1.4.1 ($a$) 和 ($b$) 所示。

在直流通路中，电容 $C_1$，$C_2$ 开路，在交流通路中电容 $C_1$，$C_2$ 短路，电源 $V_{CC}$ 短路。

由图($a$)可得

$$I_{BQ}=\frac{V_{CC}-U_{BEQ}}{R_b} \tag{1.4.1}$$

$$I_{CQ}=\beta I_{BQ} \tag{1.4.2}$$

$$U_{CEQ}=V_{CC}-I_{CQ}R_c \tag{1.4.3}$$

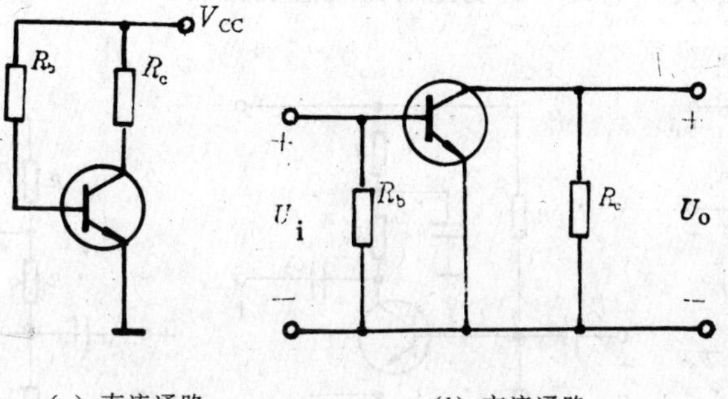


（$a$）直流通路　　　　（$b$）交流通路

图 1.4.1　单管共射电路的交直流通路

**【例 1.4.1】**　试判断图 1.4.2 各电路能否对输入信号不失真地进行放大，并简述理由。

**解**　本题练习根据放大电路的组成原则判断电路能否正常工作的方法。

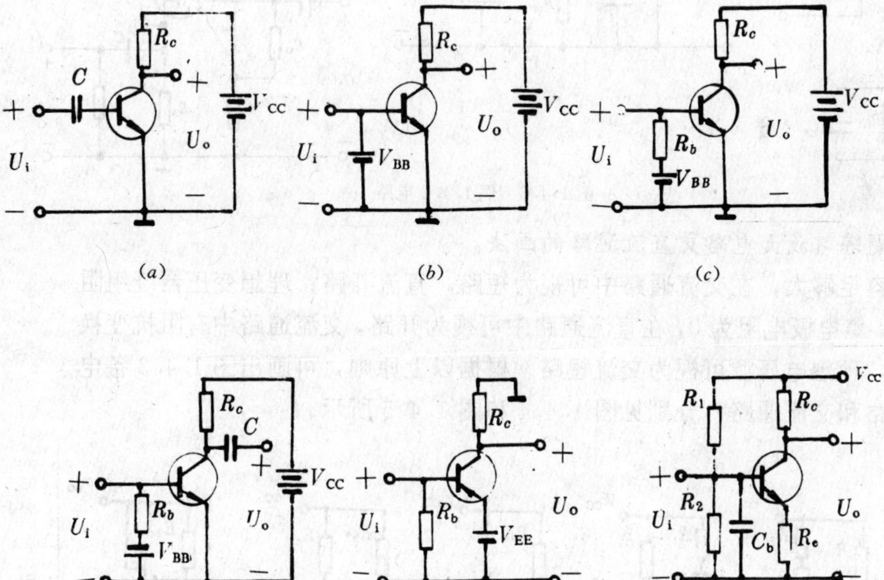


图 1.4.2　例 1.4.1 电路

图（$a$）电路无放大作用。静态基极电流 $I_{BQ}=0$.

图（$b$）电路无放大作用。$V_{BB}$交流通路短路，输入信号送不进去，$U_i=0$.

图（$c$）电路有放大作用。符合组成原则.

图（$d$）电路无放大作用。三极管发射结反向偏置，$I_{BQ}=0$.

图（$e$）电路有放大作用。三极管为 PNP 型，偏置符合要求，其它组成原则也符合要求。

图（$f$）电路无放大作用。$C_b$ 将输入交流信号短路，$U_i=0$.

【例 1.4.2】(习题1-2)　试画出图 1.4.3 各电路的直流通路和交流通路。设各电路中的电容足够大，电路中的变压器为理想变压器。

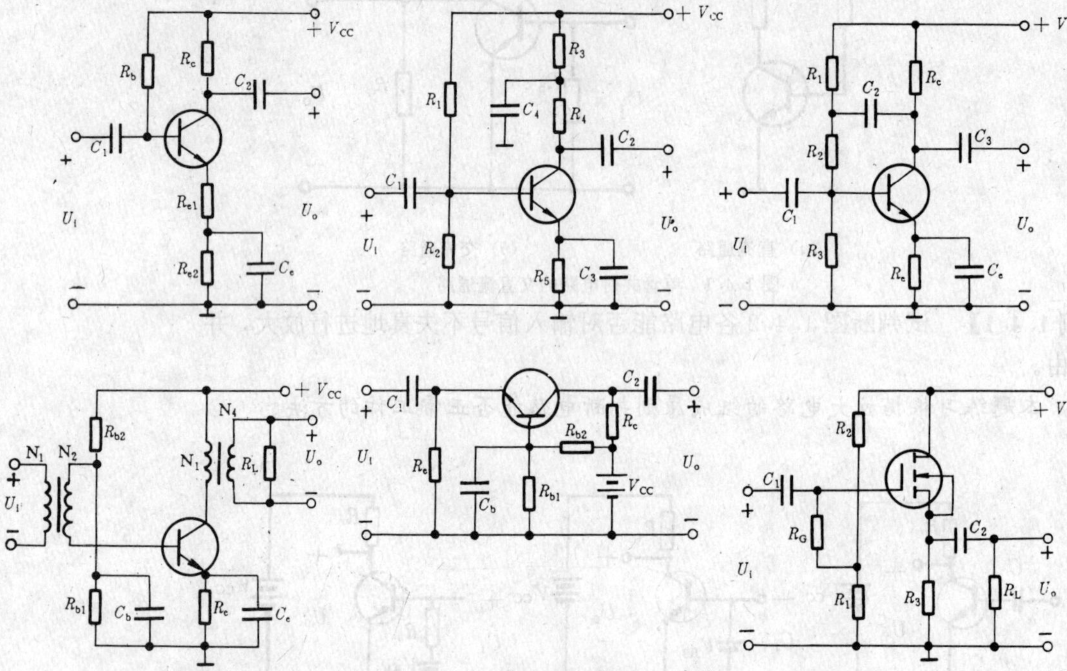

图 1.4.3　例 1.4.2 电路

**解**　本题练习放大电路交直流通路的画法。

已知电容足够大，在交流通路中可视为短路，直流开路；理想变压器绕组阻抗可以忽略，集电极电阻为 0，在直流通路中可视为开路，交流通路中有阻抗变换作用。另外，理想电压源可视为交流短路。根据以上原则，可画出图 1.4.3 各电路的直流通路和交流通路，分别见图 1.4.4 和图 1.4.5 所示。

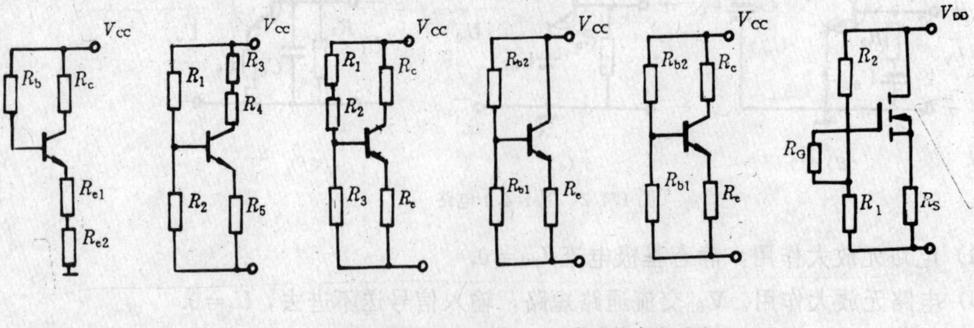

图 1.4.4　图 1.4.3 电路的直流通路

【例 1.4.3】　单管共射放大电路如图 1.4.6(a)所示。已知三极管导通时 $U_{BEQ}=0.7V$，试用估算法计算该电路的 $I_{BQ}$，$I_{CQ}$和 $U_{CEQ}$值。若三极管发射极接有 $R_e=0.3k\Omega$ 的电阻，则此时的 $I_{BQ}$，$I_{CQ}$和 $U_{CEQ}$值又为多少？

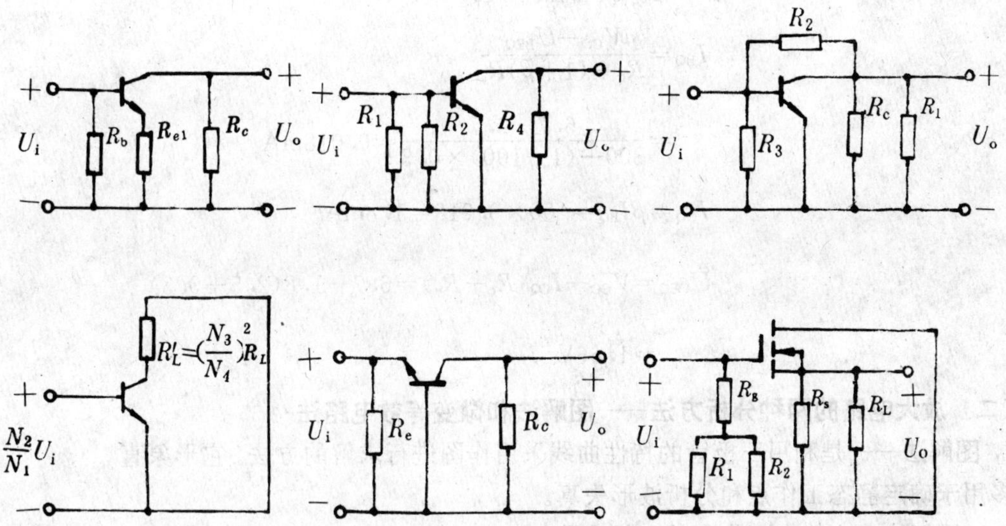


图 1.4.5　图 1.4.3 电路的交流通路

**解**　本题练习用估算法估算静态工作点的方法。

根据式 1.4.1～1.4.3 可得

$$I_{BQ}=\frac{V_{CC}-U_{BEQ}}{R_b}=\frac{6.7-0.7}{300}=0.02\text{mA}$$

$$I_{CQ}=\beta I_{BQ}=100\times0.02=2\text{mA}$$

$$U_{CEQ}=V_{CC}-I_{CQ}R_c=6.7-2\times2.5=1.7\text{V}$$

若三极管发射极接有 $R_e=0.3\text{k}\Omega$ 的电阻，其电路的直流通路如图 1.4.6($b$)所示，可列出电压方程为

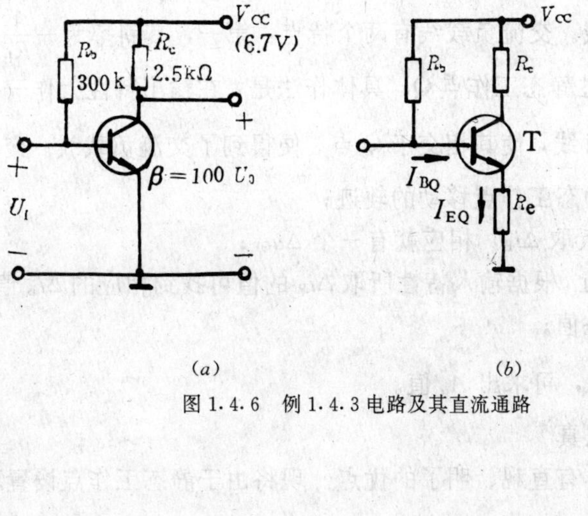


($a$)　　　　　　($b$)

图 1.4.6　例 1.4.3 电路及其直流通路

$$V_{CC}=I_{BQ}R_b+U_{BEQ}+I_{EQ}R_e$$

可得

$$I_{BQ}=\frac{V_{CC}-U_{BEQ}}{R_b+(1+\beta)R_e}$$

$$=\frac{6.7-0.7}{300+(1+100)\times 0.3}=0.018\text{mA}$$

$$I_{CQ}=\beta I_{BQ}=100\times 0.018=1.8\text{mA}$$

$$U_{CEQ}=V_{CC}-I_{CQ}(R_c+R_e)=6.7-1.8(2.5+0.3)$$

$$=1.66\text{V}$$

**（二）放大电路的两种分析方法——图解法和微变等效电路法**

1. **图解法**——是利用三极管的特性曲线采用作图进行求解的方法。它形象直观，多用于确定静态工作点和分析波形失真。

（1）图解法确定静态工作点的一般步骤：

图解法确定静态工作点的一般步骤是怎样的?

①根据输出回路 $i_c$ 与 $u_{CE}$ 的关系列出其线性方程 $u_{CE}=V_{CC}-i_C R_c$，取两点：

$$\begin{cases} u_{CE}=0\text{ 时，}i_C=\dfrac{V_{CC}}{R_c} \\ i_C=0\text{ 时，}u_{CE}=V_{CC} \end{cases}$$

②在三极管的输出特性上连接这两点，得到直流负载线；

③用估算法 $I_{BQ}=\dfrac{V_{CC}-U_{BEQ}}{R_b}$ 求出 $I_{BQ}$ 值，确定一个点，称做静态工作点，用 $Q$ 表示；

④以 Q 点作水平和垂直线相交于 $i_C$ 和 $u_{CE}$ 坐标，便可得到相应的 $I_{CQ}$ 值和 $U_{CEQ}$ 值。

图解法求单管共射电路电压放大倍数的一般步骤是怎样的?

（2）用图解法求单管共射放大电路的电压放大倍数

用图解法求放大电路的电压放大倍数要通过电路的交流通路来确定。其一般步骤是：

①求电路的交流负载线。交流负载线有两个特点：第一，其斜率为 $-\dfrac{1}{R_L'}$，其中 $R_L'=R_c /\!/ R_L$；第二，通过静态工作点 Q. 具体作法是：在输出特性上作一条斜率为 $-\dfrac{1}{R_L'}$ 的直线，平移此直线，使其相交于 $Q$ 点，便得到了交流负载线。交流负载线才真正反映放大电路动态工作点移动的轨迹；

②在输入特性 Q 点附近取 $\Delta i_B$，相应就有一个 $\Delta u_{BE}$；

③在输出特性 Q 点附近，根据输入特性所取 $\Delta i_B$ 的值可找到相应的 $\Delta i_B$ 值，就有一个对应的 $\Delta i_C$ 值和 $\Delta u_{CE}$ 值；

④根据 $A_u=\dfrac{\Delta u_o}{\Delta u_I}=\dfrac{\Delta u_{CE}}{\Delta u_{BE}}$，可求出 $A_u$ 值。

（3）图解法分析波形失真

图解法分析波形失真具有直观、明了的优点。现将由于静态工作点设置不合理产生的波形失真情况汇总于表 1.4.1 中。

**表 1.4.1　图解法观察波形失真**

| NPN 三极管 | PNP 三极管 |
| --- | --- |
| 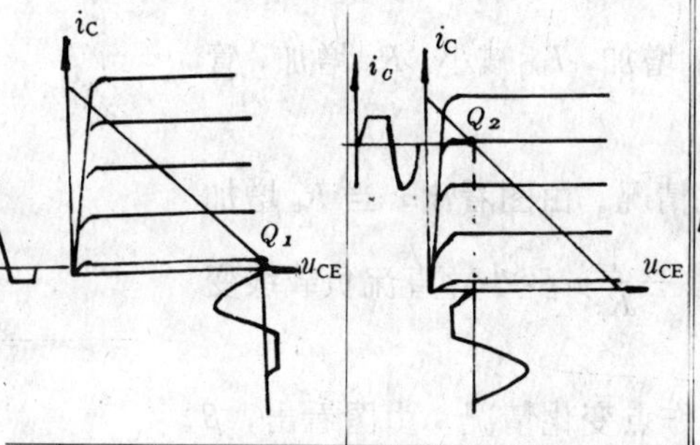 | 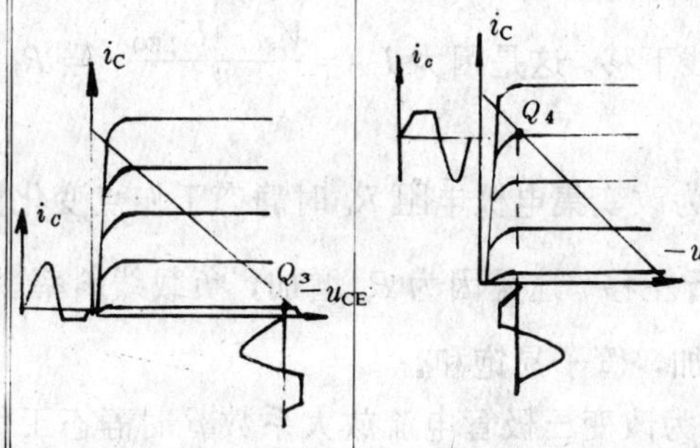 |
| 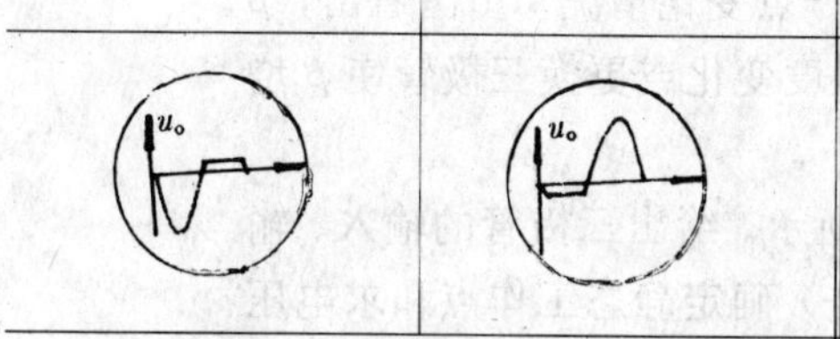 | 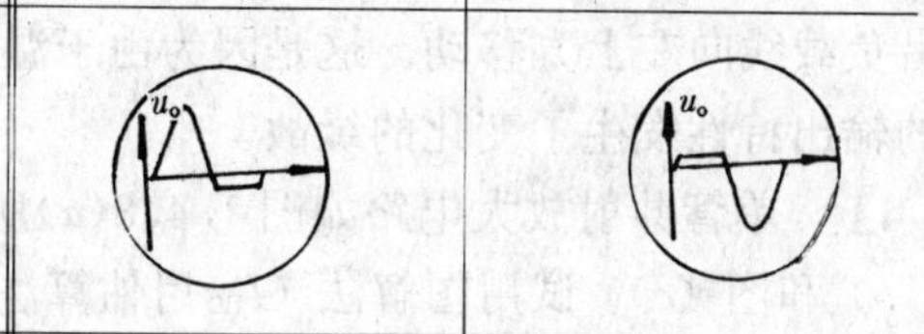 |
| 左图因工作点过低，出现了**截止失真**（顶部失真）；右图因工作点过高，出现了**饱和失真**（底部失真） | 左图为工作点过低，三极管工作在截止区造成的失真叫**截止失真**；右图为工作点过高，三极管工作在饱和区造成的失真叫**饱和失真** |

试说明工作点设置与输出波形间的关系。

（4）图解法观察电路参数对静态工作点的影响

图 1.4.7　示出了电路参数对静态工作点的影响。

说明电路参数（$R_c$，$R_b$，$V_{CC}$，$\beta$）变化对静态工作点的影响。

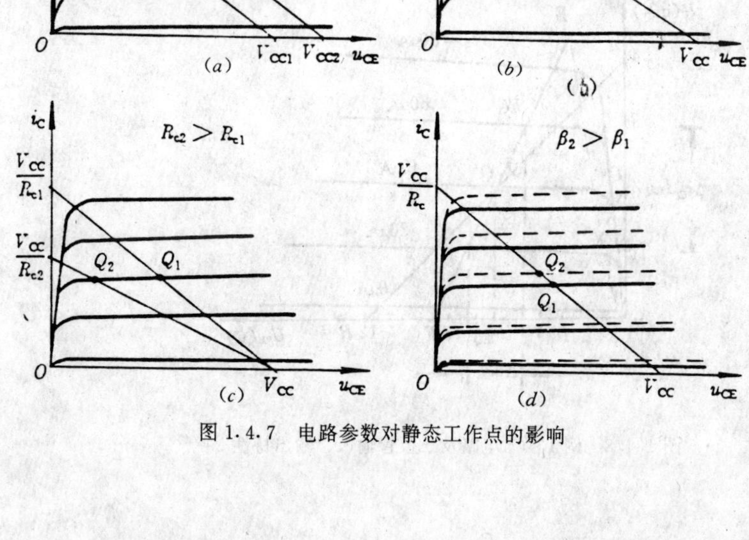


图 1.4.7　电路参数对静态工作点的影响

图 ($a$) 为改变电源电压 $V_{CC}$ 时静态工作点的变化情况。由图看出，当 $V_{CC}$ 增加时，Q 点基本平行右移。这是因为 $V_{CC}$ 增加，$\frac{V_{CC}}{R_c}$ 增加且 $I_{BQ}=\frac{V_{CC}-U_{BEQ}}{R_b}$ 也增加。

图 ($b$) 为改变基极电阻 $R_b$ 时静态工作点变化情况。由图看出，当 $R_b$ 增加时，Q 点沿负载线下移。这是因为 $I_{BQ}=\frac{V_{CC}-U_{BEQ}}{R_b}$，当 $R_b$ 增加，$I_{BQ}$ 减小。$R_b$ 增加，管子易截止。

图 ($c$) 为改变集电极电阻 $R_c$ 时静态工作点变化情况。由图看出，当 $R_c$ 增加时，Q 点平行左移。这是因为 $R_c$ 增加，负载线斜率 $(-\frac{1}{R_c})$ 变小，直流负载线变平坦。$R_c$ 增加，管子易饱和。

图 ($d$) 为改变三极管电流放大系数 $\beta$ 时静态工作点变化情况。由图看出，$\beta$ 增大，$Q$ 点沿负载线向左上方移动。这是因为由于温度变化或更换三极管使 $\beta$ 增大，三极管的输出特性发生了变化的缘故。

**【例 1.4.4】** 单管共射放大电路如图 1.4.8($a$)所示。给出三极管的输入、输出特性如图 ($b$) 和图 ($c$)。试用图解法 ($I_{BQ}$ 用估算法) 确定静态工作点和求电压放大倍数 $A_u$ 的数值 的数值(已知:三极管的 $U_{BEQ}=0.7V$)

**解** 本题练习用图解法确定静态工作点和进行动态分析的方法。

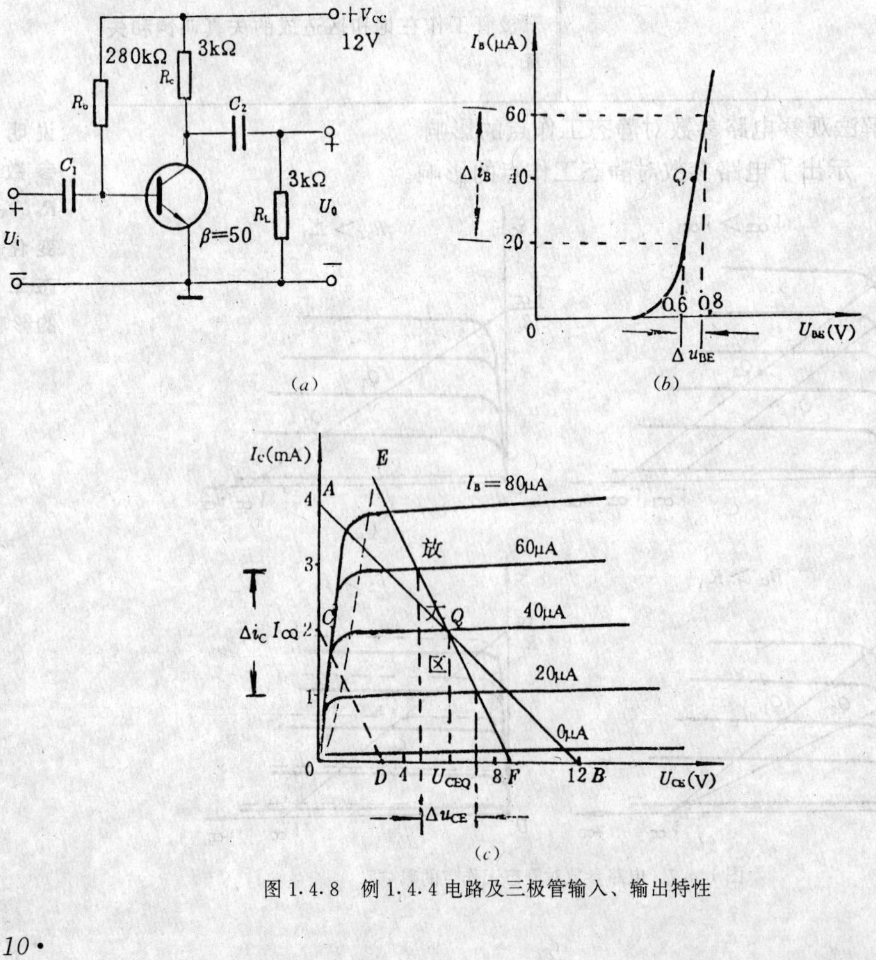


图 1.4.8 例 1.4.4 电路及三极管输入、输出特性

（1）作直流负载线

根据 $u_{CE}=V_{CC}-i_C R_c$ 可取两点：当 $i_C=0$ 时，$u_{CE}=V_{CC}=12V$，当 $u_{CE}=0$ 时，$i_C=\dfrac{V_{CC}}{R_c}=4mA$，连接这两点，作出直流负载线见图(*c*)*AB* 直线。

（2）估算法求 $I_{BQ}$

$$I_{BQ}=\frac{V_{CC}-U_{BEQ}}{R_b}=\frac{12-0.7}{280}=0.04mA$$

可确定静态工作点 Q，见图(*c*)。

（3）求 $I_{CQ}$ 和 $U_{CEQ}$

沿 Q 点作水平和垂直线可得到 $I_{CQ}=2mA$，$U_{CEQ}=6V$.

（4）作交流负载线

已知 $R_L'=R_c/\!/R_L=1.5k\Omega$，作斜率为 $-\dfrac{1}{R_L'}=-\dfrac{1}{1.5}$ 的交流负载线的辅助线，见图（*c*）虚线 *CD* 所示。平移辅助线，使其交于 Q，便得到交流负载线 *EF*。

（5）求电压放大倍数 $A_u$

在输入特性 Q 点附近取 $\Delta i_B$（$i_B$ 由 $20\mu A$ 变化至 $60\mu A$），相应就有一个 $\Delta u_{BE}$，见图(*b*)；在输出特性 Q 点附近根据 $\Delta i_B$ 的范围就有一个对应的 $\Delta i_C$ 和 $\Delta u_{CE}$；根据定义 $A_u=\dfrac{\Delta u_o}{\Delta u_I}=\dfrac{\Delta u_{CE}}{\Delta u_{BE}}=\dfrac{u_{CE1}-u_{CE2}}{u_{BE1}-u_{BE2}}=\dfrac{5-7}{0.8-0.6}=-10$，见图(*b*)和(*c*)。

**【例 1.4.5】** 单管共射放大电路如图 1.4.9(*a*)所示，已知三极管的输出特性见图(*b*)，且直流负载线 *AB* 和静态工作点 Q 已在图(*b*)中标出。

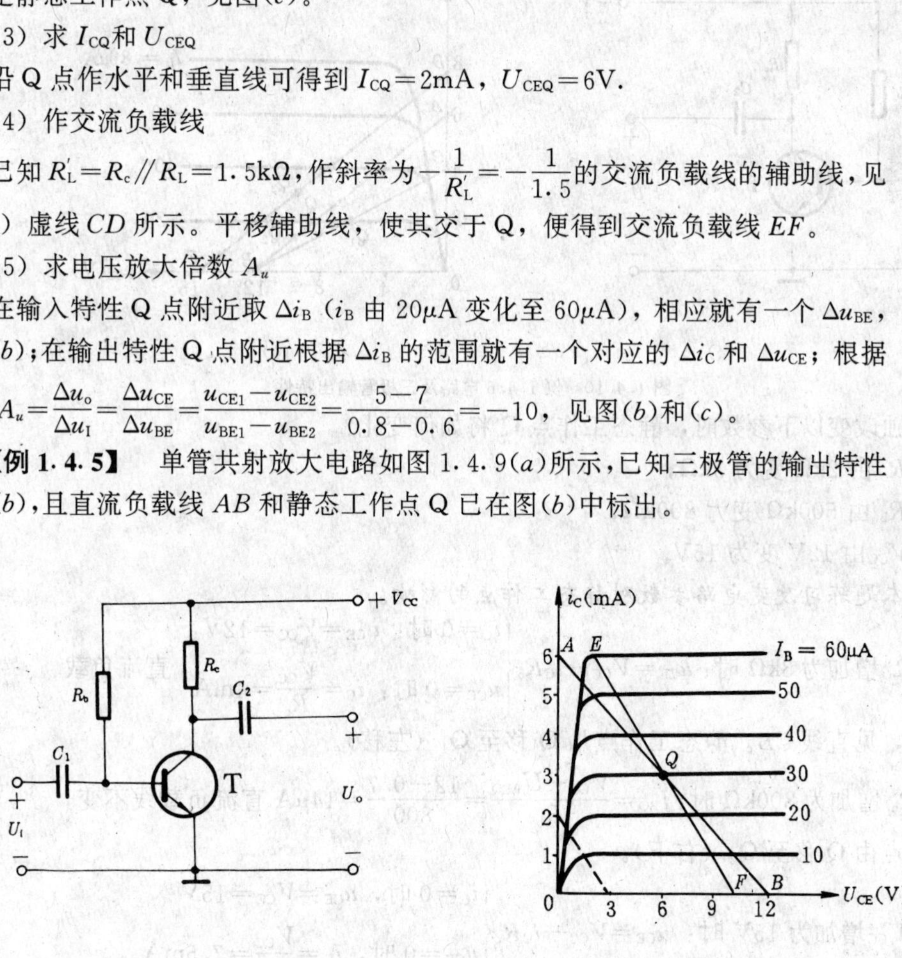


图 1.4.9　例 1.4.5 电路及三极管的输出特性

（1）确定 $V_{CC}$，$R_b$ 和 $R_c$ 的数值（设 $U_{BEQ}$ 值可忽略不计）；

（2）若接入 $R_L=6k\Omega$ 的电阻，试画出交流负载线。

**解**　本题练习已知直流负载线和静态工作点，求算电路参数的方法。

（1）根据 $u_{CE}=V_{CC}-i_C R_c$，$\begin{cases}\text{当 } i_C=0 \text{ 时，} u_{CE}=V_{CC}=12V \\ \text{当 } u_{CE}=0 \text{ 时，} i_C=\dfrac{V_{CC}}{R_c}=\dfrac{12}{R_c}\text{，可得到 } R_c=2k\Omega\end{cases}$

根据 $I_{BQ}\approx\dfrac{V_{CC}}{R_b}$ 可解得 $R_b\approx\dfrac{V_{CC}}{I_{BQ}}=\dfrac{12}{0.03}=400k\Omega$

(2)交流负载线的斜率为$-\frac{1}{R_L'}=-\frac{1}{R_c//R_L}=-\frac{1}{2}+\frac{1}{6}=-\frac{1}{1.5}$,其交流负载线如图(b)中$EF$线。

**【例1.4.6】** 在图1.4.10(a)所示的单管共射放大电路中,已知当$R_c=2k\Omega$,$R_b=500k\Omega$,$U_{BEQ}=0.7V$,$V_{CC}=12V$时的直流负载线及静态工作点如图1.4.10中的$AB$线和Q点。

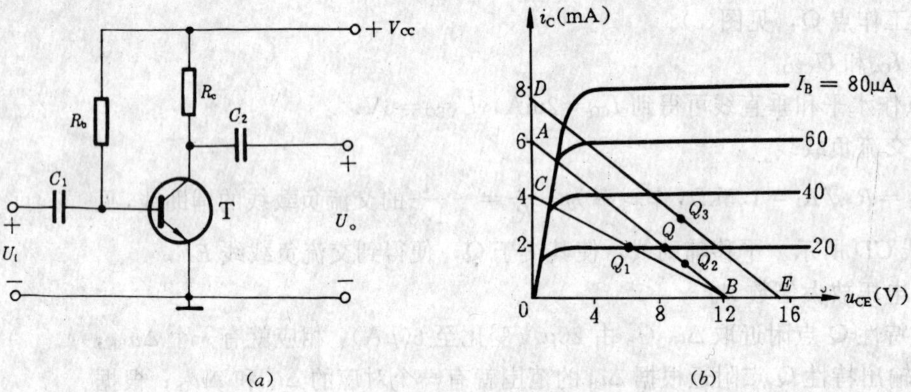


图1.4.10 例1.4.6电路及三极管输出特性

当单独改变以下参数时,静态工作点Q将如何变化?

(1) $R_c$由2kΩ变为3kΩ;

(2) $R_b$由500kΩ变为800kΩ;

(3) $V_{CC}$由12V变为15V。

**解** 本题练习改变电路参数对静态工作点的影响。

(1) $R_c$增加为3kΩ时:$u_{CE}=V_{CC}-i_CR_c\begin{cases}i_C=0\text{ 时: }u_{CE}=V_{CC}=12V\\u_{CE}=0\text{ 时: }i_C=\frac{V_{CC}}{R_c}=4mA\end{cases}$,直流负载线变平坦,见直线$CB$。静态工作点从Q移至$Q_1$(左移)。

(2) $R_b$增加为800kΩ时:$I_{BQ}=\frac{V_{CC}-U_{BEQ}}{R_b}=\frac{12-0.7}{800}=14\mu A$直流负载线不变,静态工作点由Q移至$Q_2$(右下)。

(3) $V_{CC}$增加为15V时:$u_{CE}=V_{CC}-i_CR_c\begin{cases}i_C=0\text{ 时,}u_{CE}=V_{CC}=15V\\u_{CE}=0\text{ 时,}i_C=\frac{V_{CC}}{R_c}=7.5mA\end{cases}$

$$I_{BQ}=\frac{V_{CC}-U_{BEQ}}{R_b}=\frac{15-0.7}{500}\approx0.03mA$$

直流负载线平移,见图$DE$线,静态工作点由Q移至$Q_3$(右上)。

**2. 微变等效电路法**

(1) 三极管的微变等效电路

由图1.4.11三极管的输入输出特性可以看出:

输入回路中,在输入特性的Q点附近,特性近似是一段直线,可以认为$\Delta i_B$和$\Delta u_{BE}$成正比,即可用一个等效电阻来表示输入电压$u_{BE}$和输入电流$i_B$间的关系,即

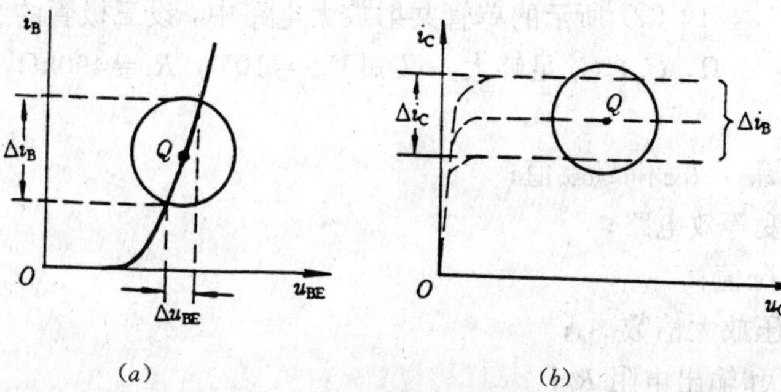


图 1.4.11　三极管的输入、输出特性

将三极管微变等效的条件是什么？如何画单管基本放大电路的微变等效电路？

$$r_{be}=\frac{\Delta u_{BE}}{\Delta i_B}$$

输出回路中，在输出特性的 Q 点附近，特性近似是一段水平线，即 $\Delta i_C$ 与 $\Delta u_{CE}$ 基本无关，而基本取决于 $\Delta i_B$，$\Delta i_C=\beta\Delta i_B$，故从输出端往里看，可用一个大小为 $\beta\Delta i_B$ 的恒流源来代替三极管。

(2) 放大电路微变等效电路的画法

画放大电路的微变等效电路，一般按如下步骤进行：

①画出三极管的微变等效电路；

②画出其它部分的交流通路。

图 1.4.12 (*a*) 所示的单管共射放大电路的微变等效电路见图 (*b*) 所示。虚线框内为三极管的微变等效电路。

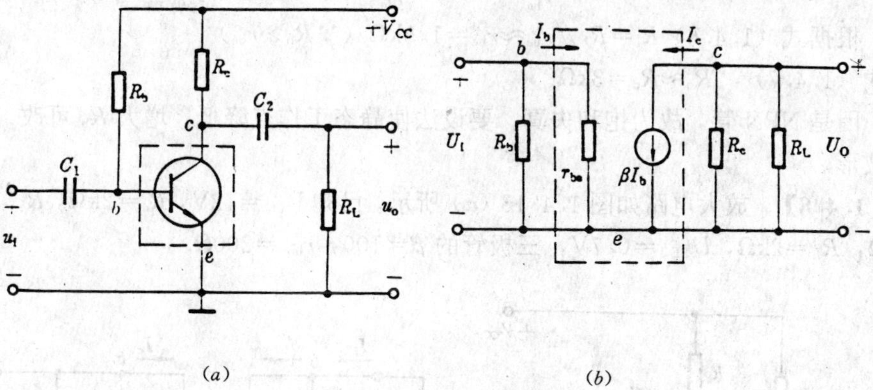


图 1.4.12　单管共射放大电路及其微变等效电路

(3) 单管共射放大电路 $A_u$，$R_i$ 和 $R_o$ 的计算

现将单管共射放大电路 $A_u$，$R_i$，$R_o$ 的计算公式归纳如下：

$$A_u=-\frac{\beta R_L'}{r_{be}}\quad 其中\ R_L'=R_c /\!/ R_L \tag{1.4.4}$$

$$r_{be}=r_{bb'}+(1+\beta)\frac{26}{I_{EQ}} \tag{1.4.5}$$

$$R_i=R_b /\!/ r_{be} \tag{1.4.6}$$

$$R_o\approx R_c \tag{1.4.7}$$

**【例 1.4.7】** 在图 1.4.12 (*a*) 所示的单管共射放大电路中，设三极管的 $\beta=100$，$U_{BE}=0.7V$，$r_{bb'}=200\Omega$，$C_1$，$C_2$ 足够大，又知 $V_{CC}=10V$，$R_b=490k\Omega$，$R_c=R_L=3k\Omega$.

(1) 估算静态时的 $I_{BQ}$，$I_{CQ}$和 $U_{CEQ}$值；

(2) 画出电路的微变等效电路；

(3) 计算晶体管的 $r_{be}$值；

(4) 求电路中频电压放大倍数 $A_u$；

(5) 求输入电阻 $R_i$ 和输出电阻 $R_o$；

(6) 若用示波器观察到的波形是底部失真，试问是截止失真还是饱和失真？欲想改善输出波形，可改变电路中哪些参数？是增大还是减小？

**解** 本题练习对单管共射电路的综合分析计算方法。

(1) 根据式 (1.4.1) ～ (1.4.3)，可求出

$$I_{BQ}=\frac{V_{CC}-U_{BEQ}}{R_b}=\frac{10-0.7}{490}\approx 0.02mA$$

$$I_{CQ}=\beta I_{BQ}=100\times 0.02=2mA$$

$$U_{CEQ}=V_{CC}-I_{CQ}R_c=10-2\times 3=4V$$

(2) 电路的微变等效电路见图 1.4.12(*b*)所示。

(3) 根据式 (1.4.5)，$r_{be}=r_{bb'}+(1+\beta)\frac{26}{I_{EQ}}=200+(1+100)\frac{26}{2}\approx 1.5k\Omega$

(4) 根据式 (1.4.4)，$A_u=-\frac{\beta R_L'}{r_{be}}=-\frac{\beta\ (R_c/\!/R_L)}{r_{be}}=-\frac{100\times\frac{3\times 3}{3+3}}{1.5}=-100$

(5) 根据式 (1.4.6) $R_i=R_b/\!/r_{be}\approx r_{be}=1.5k\Omega$ ($\because R_b\gg r_{be}$)

由式 (1.4.7)　$R_o\approx R_c=3k\Omega$

(6) 因是 NPN 管，故为饱和失真。要设法使静态工作点降低，增大 $R_b$ 可改善输出波形。

**【例 1.4.8】** 放大电路如图 1.4.13 (*a*) 所示。已知 $V_{CC}=12V$，$R_c=2k\Omega$，$R_e=0.3k\Omega$，$R_L=2k\Omega$，$U_{BEQ}=0.7V$，三极管的 $\beta=100$，$r_{bb'}=200\Omega$.

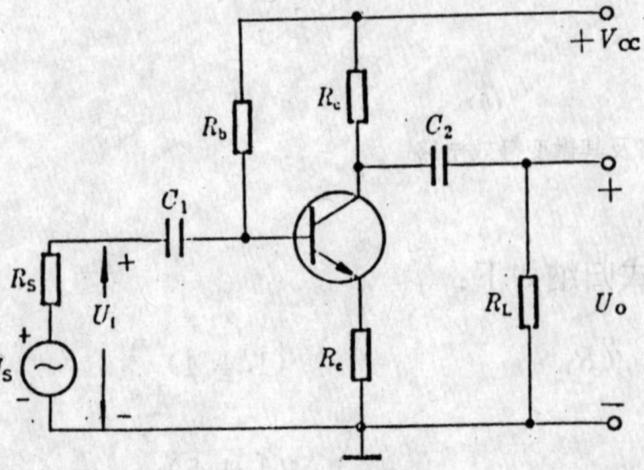


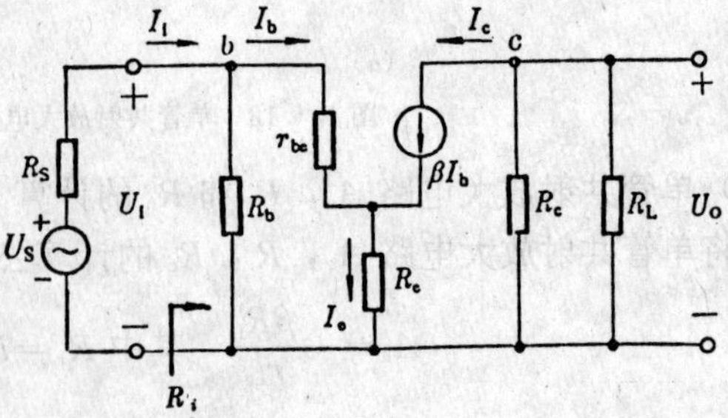


图 1.4.13　例 1.4.8 电路及其微变等效电路

(1) 要使静态时 $U_{CEQ}=6V$，$R_b$ 的阻值应为多少？

已知 $U_{CEQ}$，求 $R_b$ 的一般方法是怎样的？

(2) 画出电路的微变等效电路；

(3) $R_b$ 为上述阻值时，计算当 $R_L=\infty$ 和 $R_L=2k\Omega$ 时的电压放大倍数 $A_u=\frac{U_o}{U_i}=?$

(4) $R_b$ 为上述阻值时，计算当输入端有信号源及信号源内阻 $R_s=1k\Omega$ 时的电压放大倍数 $A_{us}=\frac{U_o}{U_s}=?$ ($R_L=2k\Omega$)

**解** 本题练习具有发射极电阻 $R_e$ 和信号源内阻 $R_s$ 的单管共射放大电路的分析计算方法。

(1) 根据 $U_{CEQ}=V_{CC}-I_{CQ}(R_c+R_e)$ 可求出 $I_{CQ}=\frac{V_{CC}-U_{CEQ}}{R_c+R_e}=\frac{12-6}{2+0.3}=2.6mA$

$$I_{BQ}=I_{CQ}/\beta=2.6/100=0.026mA$$

根据 $V_{CC}=I_{BQ}R_b+U_{BEQ}+I_{EQ}R_e$ 可得

$$R_b=\frac{V_{CC}-U_{BEQ}}{I_{BQ}}-(1+\beta)R_e$$

$$=\frac{12-0.7}{0.026}-(1+100)\times 0.3$$

$$\approx 400k\Omega$$

(2) 画出电路的微变等效电路见图 1.4.13(*b*)所示。

(3) 当 $R_L=\infty$ 时

$$r_{be}=r_{bb'}+(1+\beta)\frac{26}{I_{EQ}}=200+(1+100)\frac{26}{2.6}\approx 1.2k\Omega$$

$$R_L'=R_c=2k\Omega$$

$$A_u=-\frac{\beta R_L'}{r_{be}+(1+\beta)R_e}=-\frac{100\times 2}{1.2+(1+100)\times 0.3}\approx -6.3$$

当 $R_L=2k\Omega$ 时，$R_L'=R_c /\!/ R_L=1k\Omega$

$$A_u=-\frac{\beta R_L'}{r_{be}+(1+\beta)R_e}=-\frac{100\times 1}{1.2+(1+100)\times 0.3}\approx -3.2$$

(4) 已知 $A_{us}=\frac{U_o}{U_s}=\frac{U_o}{U_i}\times\frac{U_i}{U_s}=A_u\times\frac{R_i}{R_s+R_i}$，推导见公式(1.4.8)

从图 1.4.13(*b*)的微变等效电路可以看出：

$$U_i=U_s\frac{R_i}{R_s+R_i}\Rightarrow\frac{U_i}{U_s}=\frac{R_i}{R_s+R_i} \qquad (1.4.8)$$

$$R_i=R_b /\!/ [r_{be}+(1+\beta)R_e]\approx r_{be}+(1+\beta)R_e=1.2+(1+100)\times 0.3$$

$$=31.5k\Omega$$

故 $A_{us}=\frac{U_o}{U_s}=A_u\times\frac{R_i}{R_s+R_i}=(-3.2)\times\frac{31.5}{31.5+1}=-3.1$

由例 1.4.8 的分析可知：发射极接有电阻 $R_e$ 使电压放大倍数下降，且 $A_{us}<A_u$.

## 1.5 静态工作点的稳定问题

图 1.5.1 (*a*) 为**分压式工作点稳定电路**。图(*b*)和图(*c*)分别为它的直流通路和微变等效电路。

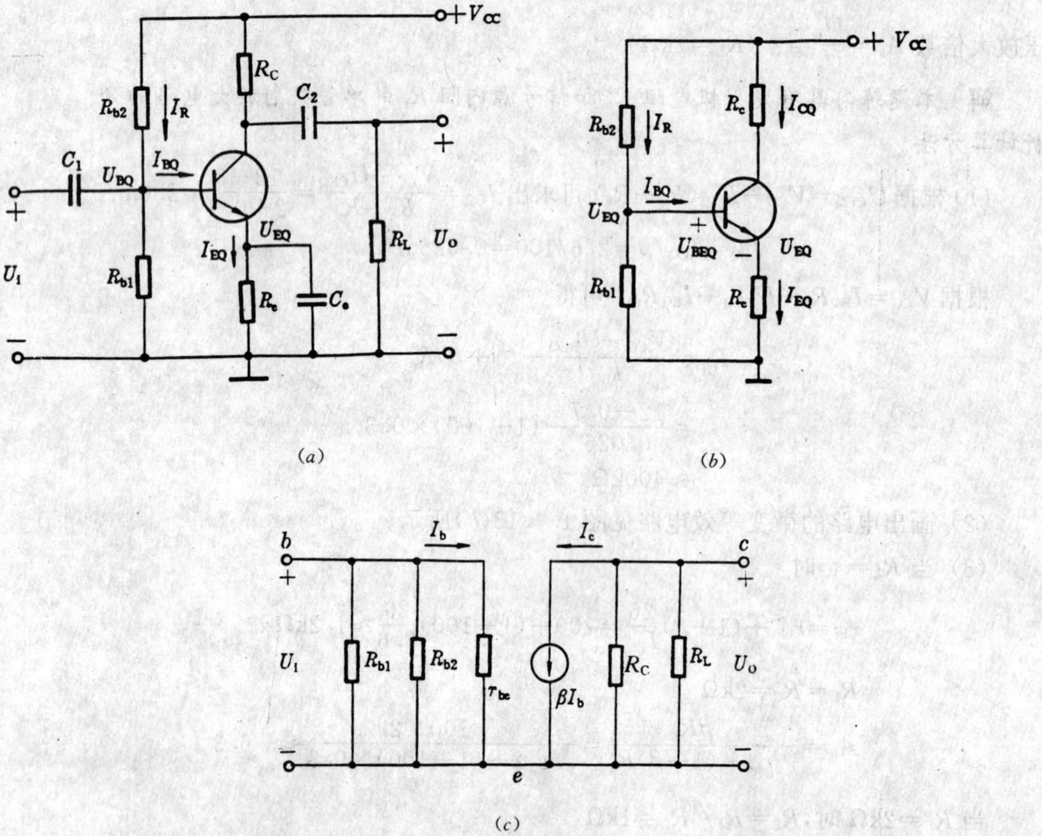


图 1.5.1　分压式工作点稳定电路

该电路当 $I_R \gg I_{BQ}$ 时，三极管基极电位基本上由 $R_{b1}$ 和 $R_{b2}$ 的分压所决定。因此，对分压式工作点稳定电路的静态分析应从 $I_{EQ}$ 入手。

**分压式工作点稳定电路稳定工作点的原理是什么？静态工作点的估算从哪儿入手比较方便？**

根据图 (*b*) 的直流通路可得：

$$I_{CQ} \approx I_{EQ} \approx \left(V_{CC}\frac{R_{b1}}{R_{b1}+R_{b2}} - U_{BEQ}\right)/R_e \qquad (1.5.1)$$

$$I_{BQ} = I_{CQ}/\beta \qquad (1.5.2)$$

$$U_{CEQ} = V_{CC} - I_{CQ}(R_c + R_e) \qquad (1.5.3)$$

根据图(*c*)的微变等效电路可得

$$A_u = -\frac{\beta R'_L}{r_{be}} \qquad (R'_L = R_c /\!/ R_L) \qquad (1.5.4)$$

$$R_i = R_{b1} /\!/ R_{b2} /\!/ r_{be} \qquad (1.5.5)$$

$$R_o \approx R_c \qquad (1.5.6)$$

【例 1.5.1】 分压式工作点稳定电路如图 1.5.2 所示。设各三极管的电流放大系数 $\beta$ 均为 50，$r_{bb'}=300\Omega$，$R_1=20k\Omega$，$R_2=40k\Omega$，$R_e=2.5k\Omega$，$R_{e1}=1k\Omega$，$R_{e2}=2.5k\Omega$，$R_c=2k\Omega$，$R_L=2k\Omega$，$R_s=2k\Omega$，$U_{BEQ}=0.7V$，$V_{CC}=12V$.

(1) 试估算电路的静态工作点；

(2) 画出两电路的微变等效电路；

(3) 求两电路的电压放大倍数 $A_u(A_{us})$、输入电阻 $R_i$ 和输出电阻 $R_o$.

**解** 本题练习分压式工作点稳定电路的分析方法。

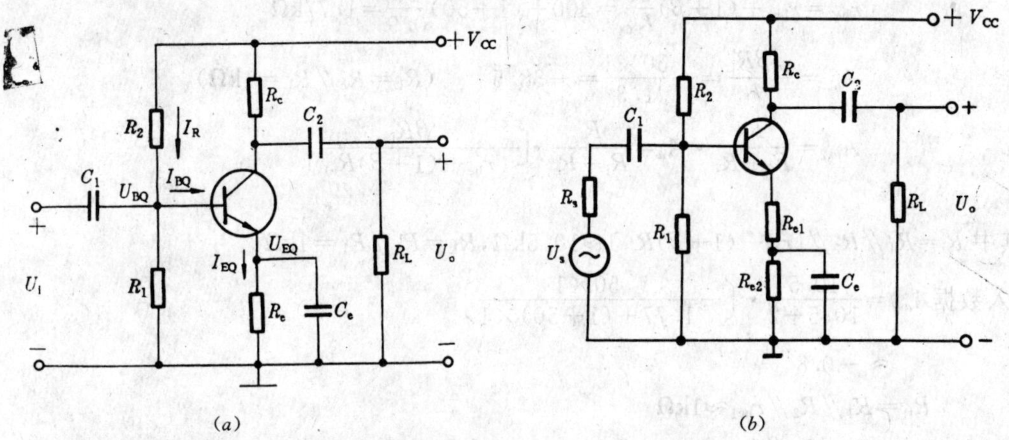


图 1.5.2 例 1.5.1 电路

与图($a$)电路相比，图($b$)电路的不同点在于：

①电路增加了信号源内阻 $R_s$，因此图($b$)电路 $A_{us}=\dfrac{U_o}{U_s}=\dfrac{R_i}{R_i+R_s}\cdot A_u$.

②静态时射极电阻 $R_{e1}$，$R_{e2}$串联，动态时射极有电阻 $R_{e1}$.

(1) 图($a$)电路

$$I_{CQ}\approx I_{EQ}\approx(V_{CC}\times\frac{R_1}{R_1+R_2}-U_{BEQ})/R_e=(12\times\frac{20}{20+40}-0.7)/2.5$$
$$=1.32mA$$
$$I_{BQ}=I_{CQ}/\beta=\frac{1.32}{50}=0.026mA$$
$$U_{CEQ}=V_{CC}-I_{CQ}(R_c+R_e)=12-1.32\times(2+2.5)$$
$$=6.06V$$

图($b$)电路

$$I_{CQ}\approx I_{EQ}\approx(V_{CC}\times\frac{R_1}{R_1+R_2}-U_{BEQ})/(R_{e1}+R_{e2})$$
$$=(12\times\frac{20}{20+40}-0.7)/(1+2.5)$$
$$=0.9mA$$
$$I_{BQ}=I_{CQ}/\beta=0.9/50=0.018mA$$
$$U_{CEQ}=V_{CC}-I_{CQ}(R_{e1}+R_{e2}+R_c)$$

$$=12-0.9(1+2.5+2)$$
$$=7.05\text{V}$$

(2) 其微变等效电路分别参见图 1.5.1(*c*)和图 1.4.13(*b*)所示。图 1.4.13(*b*)中 $R_b=R_1//R_2, R_e=R_{e1}$.

(3) 要求 $A_u$ 和 $R_i$,首先应求出 $r_{be}$值。

$$r_{be1}=r_{bb'}+(1+\beta)\frac{26}{I_{EQ}}=300+(1+50)\frac{26}{1.32}=1.3\text{k}\Omega$$

$$r_{be2}=r_{bb'}+(1+\beta)\frac{26}{I_{EQ}}=300+(1+50)\frac{26}{0.9}=1.77\text{k}\Omega$$

$$A_{u1}=-\frac{\beta R_L'}{r_{be}}=-\frac{50\times1}{1.3}=-38.5 \qquad (R_L'=R_c//R_L=1\text{k}\Omega)$$

$$A_{us2}=\frac{R_i}{R_i+R_s}\cdot A_u=\frac{R_i}{R_i+R_s}\cdot\left[-\frac{\beta R_L'}{r_{be}+(1+\beta)R_{e1}}\right]$$

〔其中 $R_i=R_1//R_2//[r_{be}+(1+\beta)R_{e1}]\approx10.5\text{k}\Omega, R_L'=R_c//R_L=1\text{k}\Omega$〕

代入数据 $A_{us2}=\frac{10.5}{10.5+2}\cdot\left[-\frac{50\times1}{1.77+(1+50)\times1}\right]$

$$\approx-0.8$$

$$R_{i1}=R_1//R_2//r_{be1}\approx1\text{k}\Omega$$

$$R_{i2}=R_1//R_2//[r_{be2}+(1+\beta)R_{e1}]\approx10.5\text{k}\Omega$$

$$R_{o1}\approx R_{o2}\approx R_c=2\text{k}\Omega$$

## 1.6 单管放大电路的三种基本组态

单管放大电路的基本组态有哪几种?各有什么特点?

放大电路有三种基本组态,或称三种接法——**共射组态**、**共集组态**和**共基组态**。三种组态电路的性能比较见教材 65 页表 1-1。

**【例1.6.1】** 共集电极电路如图1.6.1(*a*)所示。已知三极管 $\beta=100, r_{bb'}=300\Omega, U_{BEQ}=0.7\text{V}, R_b=430\text{k}\Omega, R_s=20\text{k}\Omega, V_{CC}=12\text{V}, R_e=7.5\text{k}\Omega, R_L=1.5\text{k}\Omega$.

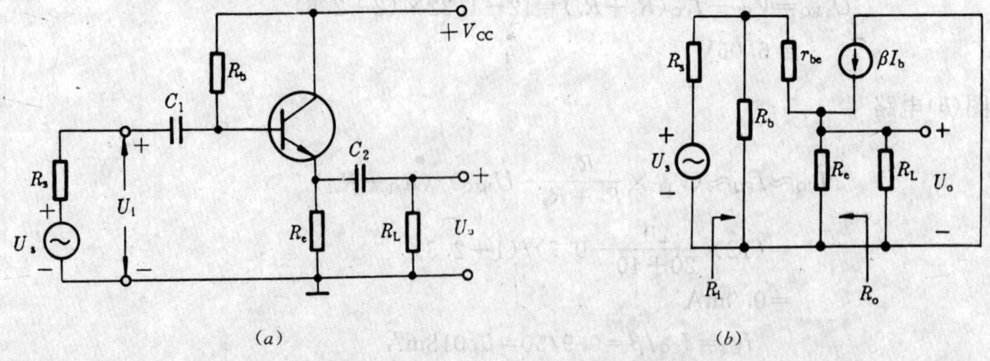


图 1.6.1 例 1.6.1 电路及其微变等效电路

(1)画出电路的微变等效电路；

(2)求电路的电压放大倍数 $A_u$ 和 $A_{us}$；

(3)求电路的输入电阻 $R_i$ 和输出电阻 $R_o$。

**解**　本题练习共集电极电路动态参数的计算方法。求动态也得从静态分析开始。

(1)电路的微变等效电路见图 1.6.1(*b*)。

(2) $I_{BQ}=\dfrac{V_{CC}-U_{BEQ}}{R_b+(1+\beta)R_e}=\dfrac{12-0.7}{430+(1+100)\times 7.5}\approx 0.01\text{mA}$

$I_{CQ}\approx I_{EQ}\approx \beta I_{BQ}=100\times 0.01=1\text{mA}$

$r_{be}=r_{bb'}+(1+\beta)\dfrac{26}{I_{EQ}}=300+(1+100)\dfrac{26}{1}=2.9\text{k}\Omega$

$R_e'=R_e/\!/R_L=\dfrac{7.5\times 1.5}{7.5+1.5}=1.25\text{k}\Omega$

$A_u=\dfrac{U_o}{U_i}=\dfrac{(1+\beta)R_e'}{r_{be}+(1+\beta)R_e'}=\dfrac{(1+100)\times 1.25}{2.9+(1+100)\times 1.25}=0.98$

$R_i=R_b/\!/[r_{be}+(1+\beta)R_e']\approx 100\text{k}\Omega$

$A_{us}=\dfrac{U_o}{U_s}=\dfrac{U_o}{U_i}\cdot\dfrac{U_i}{U_s}=A_u\cdot\dfrac{R_i}{R_i+R_s}=0.98\times\dfrac{100}{100+20}=0.82$

(3) $R_i=100\text{k}\Omega$

$R_o=R_e/\!/\dfrac{R_s'+r_{be}}{1+\beta}=0.22\text{k}\Omega$

$(R_s'=R_s/\!/R_b\approx R_s=20\text{k}\Omega)$

**【例 1.6.2】**　在图 1.6.2(*a*)所示的放大电路中，已知三极管的 $\beta=50$，$U_{BEQ}=0.6\text{V}$，$r_{bb'}=300\Omega$，电路其它参数如图中所示。

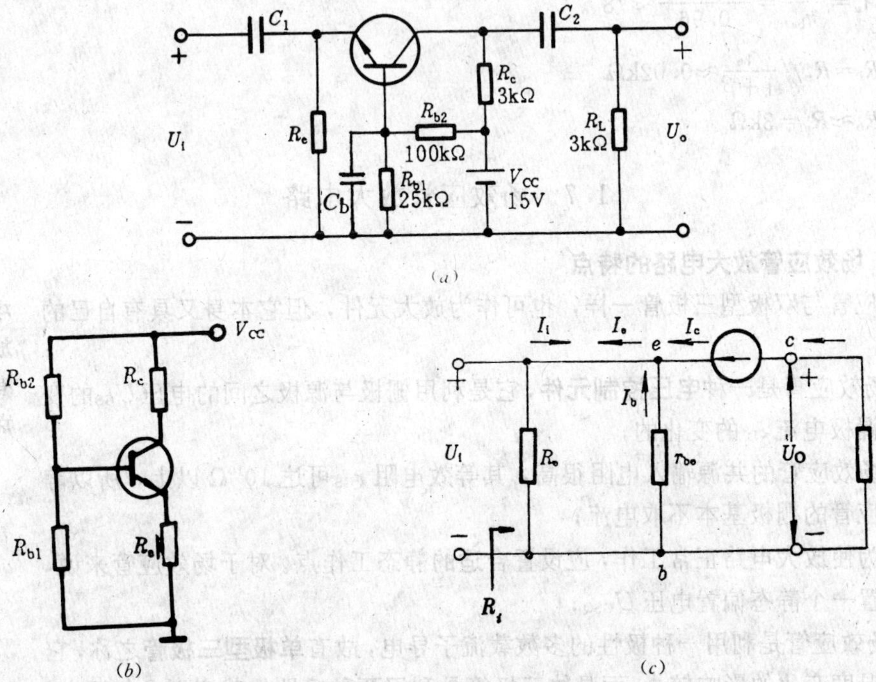


图 1.6.2　例 1.6.2 电路及其交、直流通路

(1) 画出电路的直流通路和微变等效电路；

(2) 若要求静态时发射极电流 $I_{EQ}=2\text{mA}$，则发射极电阻 $R_e$ 应选多大？

(3) 在所选的 $R_e$ 之下，估算 $I_{BQ}$ 和 $U_{CEQ}$ 值；

(4) 估算电路的电压放大倍数 $A_u$、输入电阻 $R_i$ 和输出电阻 $R_o$.

**解** 本题练习共基极放大电路的分析方法。

(1) 画出电路的直流通路和微变等效电路，见图 1.6.2(*b*)和(*c*)所示。

(2) 根据图(*b*)的直流通路，可列出

$$I_{EQ}=(V_{CC}\times\frac{R_{b1}}{R_{b1}+R_{b2}}-U_{BEQ})/R_e$$

代入已知数值，可解得

$$\begin{aligned}R_e&=(V_{CC}\times\frac{R_{b1}}{R_{b1}+R_{b2}}-U_{BEQ})/I_{EQ}\\&=(15\times\frac{25}{25+100}-0.6)/2\\&=1.2\text{k}\Omega\end{aligned}$$

(3) $I_{BQ}\approx I_{EQ}/\beta=2/50=0.04\text{mA}$

$$\begin{aligned}U_{CEQ}&=V_{CC}-I_{CQ}(R_c+R_e)=15-2(3+1.2)\\&=6.6\text{V}\end{aligned}$$

(4) $r_{be}=r_{bb'}+(1+\beta)\frac{26}{I_{EQ}}=300+(1+50)\times\frac{26}{2}=0.96\text{k}\Omega$

$$R'_L=R_c/\!/R_L=\frac{3\times3}{3+3}=1.5\text{k}\Omega$$

$$A_u=\frac{\beta R'_L}{r_{be}}=\frac{50\times1.5}{0.96}\approx78$$

$$R_i=R_e/\!/\frac{r_{be}}{1+\beta}\approx0.02\text{k}\Omega$$

$$R_o\approx R_c=3\text{k}\Omega$$

## 1.7 场效应管放大电路

### （一）场效应管放大电路的特点

场效应管与双极型三极管一样，也可作为放大元件，但它本身又具有自己的特点：

场效应管放大电路有哪些特点？

(1) 场效应管是一种**电压控制元件**，它是利用栅极与源极之间的电压 $U_{GS}$ 的变化来控制漏极电流 $i_D$ 的变化的；

(2) 场效应管的共源输入电阻很高，其等效电阻 $r_{GS}$ 可达 $10^{10}\Omega$ 以上，所以静态时场效应管的栅极基本不取电流；

(3) 为使放大电路正常工作，应设置合适的静态工作点。对于场效应管来说，应预先设置一个静态偏置电压 $U_{GSQ}$；

(4) 场效应管是利用一种极性的多数载流子导电，故有**单极型三极管**之称，它的性能受温度变化的影响较小。而晶体三极管是利用两种极性的载流子参与导电，故被称做**双极型三极管**。

### （二）场效应管放大电路性能比较

现将各种场效应管放大电路的性能比较列于表 1.7.1 中（电路请参阅教材）。

**【例 1.7.1】**（习题 1.20）　在图 1.7.1（$a$）所示的放大电路中，已知场效应管的输出特性如图（$b$）。

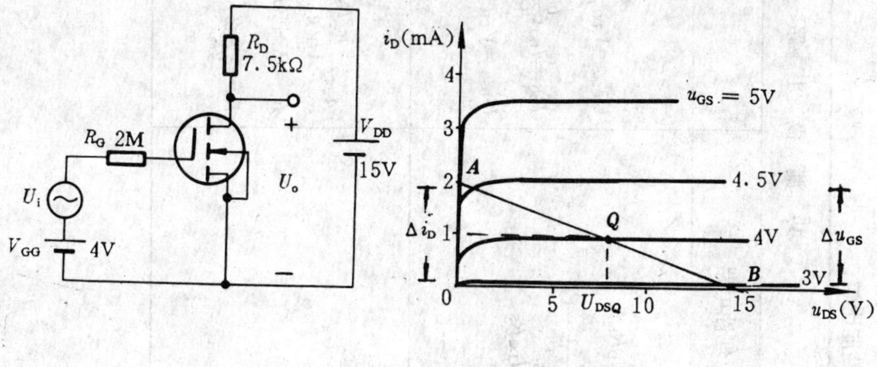


图 1.7.1　例 1.7.1 电路及其漏极特性

（1）画出直流负载线，确定静态工作点；

（2）确定静态工作点处的跨导 $g_m$；

（3）估算电压放大倍数 $A_u$ 和输出电阻 $R_o$；

（4）若已知 $U_{TN}=2V$，试用估算法求静态工作点处的 $U_{GSQ}$，$I_{DQ}$和 $U_{DSQ}$值。

**图解法确定基本共源电路静态工作点的方法是怎样的？**

**解**　本题练习基本共源电路的综合分析方法。

（1）根据 $u_{DS}=V_{DD}-i_DR_D\begin{cases}\text{当 } i_D=0 \text{ 时，} u_{DS}=V_{DD}=15V\ (B)\\ \text{当 } u_{DS}=0 \text{ 时，} i_D=\dfrac{V_{DD}}{R_D}=2mA\ (A)\end{cases}$ 在图（$b$）的输出特性上连接这两点，得直流负载线，又知 $U_{GSQ}=V_{GG}=4V$，得静态工作点 Q，且可知 $I_{DQ}=1mA$，$U_{DSQ}=7.5V$.

（2）根据定义 $g_m=\dfrac{\Delta i_D}{\Delta u_{GS}}$，在 Q 点附近取 $\Delta i_D$ 便有相应的 $\Delta u_{GS}$〔见图（$b$）〕，

$g_m\approx\dfrac{1.8-0.2}{4.5-3}\approx 1mA/V$.

（3）$A_u=-g_mR_D=-1\times7.5=-7.5$

$R_o=R_D=7.5\ k\Omega$

（4）由漏极特性可知 $i_D$ 在 $U_{GS}=2U_{TN}$时约为 1mA，代入相应公式，可得

$$U_{GSQ}=V_{GG}=4V$$

$$I_{DQ}=I_{DO}\left(\frac{U_{GSQ}}{U_{TN}}-1\right)^2=1\times\left(\frac{4}{2}-1\right)^2=1mA$$

$$U_{DSQ}=V_{DD}-I_{DQ}R_D=15-1\times7.5=7.5V$$

**【例 1.7.2】**　在图 1.7.2（$a$）所示的共源极放大电路中，场效应管的漏极特性见图（$c$）。

（1）画出电路的微变等效电路；

**表 1.7.1　共源共漏组态场效应管放大电路性能比较**

| | 共源极电路 | | 共漏极电路 | |
|---|---|---|---|---|
| | 基本共源(原理性电路) | 分压—自偏压式共源电路 | 原理性电路 | 实际电路 |
| 静态分析(估算法) | $U_{GSQ}=V_{GG}$<br>$I_{DQ}=I_{DO}(\frac{u_{GS}}{U_{TN}}-1)^2(u_{GS}>U_{TN})$<br>$U_{DSQ}=V_{DD}-I_{DQ}R_D$<br>($I_{DO}$为当 $u_{GS}=2U_{TN}$时的 $i_D$ 值) | $\begin{cases}U_{GSQ}=V_{DD}\frac{R_1}{R_1+R_2}-I_{DQ}R_S\\ I_{DQ}=I_{DO}(\frac{U_{GSQ}}{U_{TN}}-1)^2\end{cases}$<br>$U_{DSQ}=V_{DD}-I_{DQ}(R_D+R_S)$ | $\begin{cases}V_{GG}=u_{GS}+i_DR_S\\ i_D=I_{DO}\cdot(\frac{u_{GS}}{U_{TN}}-1)^2\end{cases}$<br>$U_{DSQ}=V_{DD}-I_{DQ}R_S$ | $U_{GSQ}=V_{DD}\frac{R_1}{R_1+R_2}-I_{DQ}R_S$<br>$I_{DQ}=I_{DO}(\frac{U_{GSQ}}{U_{TN}}-1)^2$<br>$U_{DSQ}=V_{DD}-I_{DQ}R_S$ |
| 动态分析 | $A_u=-g_mR_D$<br>$(g_m=\frac{2}{U_{TN}}\sqrt{I_{DO}I_{DQ}})$<br>$R_o=R_D$ | $A_u=-g_mR'_D(R'_D=R_D/\!/R_L)$<br>$R_i=R_G+(R_1/\!/R_2)$<br>$R_o=R_D$ | $A_u=\frac{g_mR'_S}{1+g_mR'_S}$<br>$R_i=R_G$<br>$R_o=\frac{1}{g_m}/\!/R_S$ | $A_u=\frac{g_mR'_S}{1+g_mR'_S}(R'_S=R_S/\!/R_L)$<br>$R_i=R_G+(R_1/\!/R_2)$<br>$R_o=\frac{1}{g_m}/\!/R_S$ |

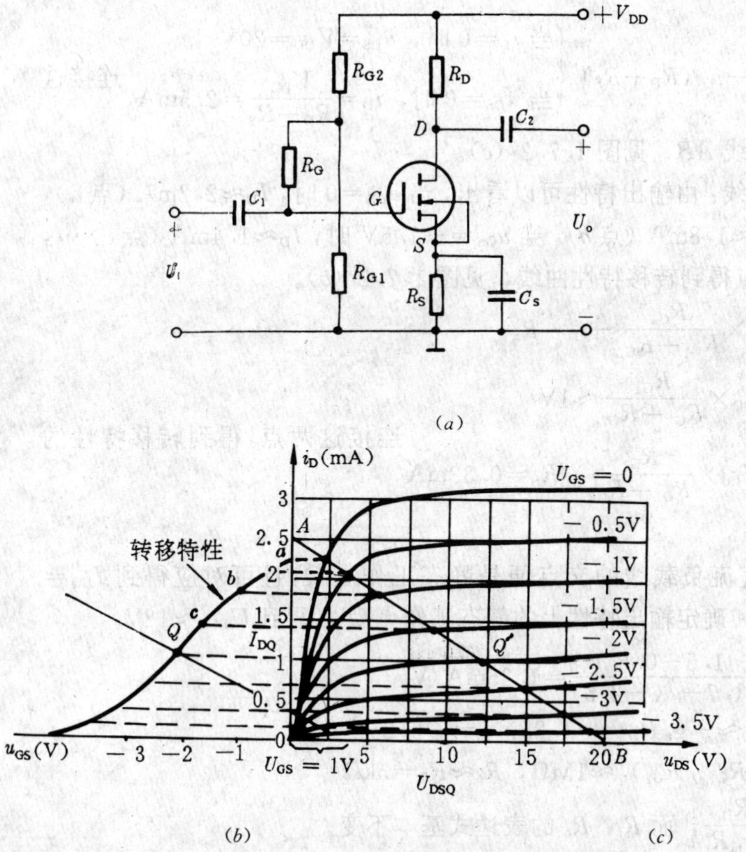


图 1.7.2　例 1.7.2 电路及输入、输出特性

(2) 用图解法求电路的静态工作点及 Q 点处的跨导 $g_m$.

若已知电路中 $R_{G1}=30\text{k}\Omega$, $R_{G2}=560\text{k}\Omega$, $R_G=1\text{M}\Omega$, $R_D=5\text{k}\Omega$, $R_S=3\text{k}\Omega$, $V_{DD}=20\text{V}$;

(3) 试求电路的 $A_u$，$R_i$ 和 $R_o$;

(4) 若 $C_S$ 开路，写出 $A_u$，$R_i$ 和 $R_o$ 的表达式。

**解**　本题练习分压——自偏压式共源电路的综合分析方法。

(1) 放大电路的微变等效电路见图 1.7.3 所示。

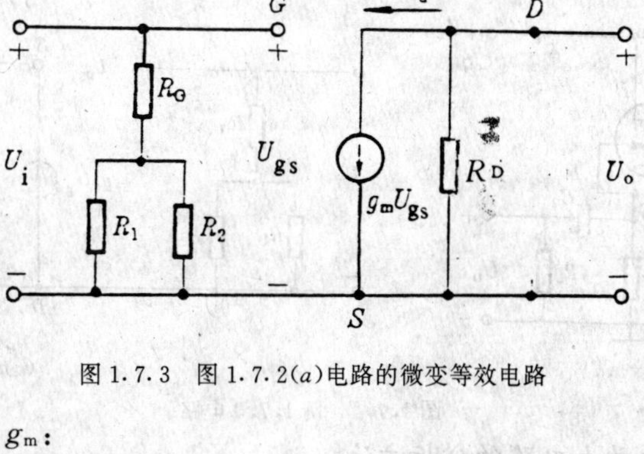


图 1.7.3　图 1.7.2(a)电路的微变等效电路

(2) 图解法求 Q 和 $g_m$：

①根据 $u_{DS}=V_{DD}-i_D(R_D+R_S)\begin{cases}当\ i_D=0\ 时，u_{DS}=V_{DD}=20V\\ 当\ u_{DS}=0\ 时，i_D=\dfrac{V_{DD}}{R_D+R_S}=2.5mA\end{cases}$，连接这两点，得到直流负载线 $AB$，见图 1.7.2（$c$）。

②作转移特性曲线：由输出特性可以看出，当 $u_{GS}=0$ 时，$I_D\approx2.2mA$（点 $a$），当 $u_{GS}=-1V$ 时，$I_D\approx1.8mA$（点 $b$），当 $u_{GS}=-1.5V$ 时，$I_D\approx1.4mA$（点 $c$）…，连接 $a$，$b$，$c$，…各点得到转移特性曲线，见图 1.7.2（$b$）。

③根据 $u_{GS}=V_{DD}\times\dfrac{R_{G1}}{R_{G1}+R_{G2}}-i_D\cdot R_S$

$\begin{cases}当\ i_D=0\ 时，u_{GS}=V_{DD}\times\dfrac{R_{G1}}{R_{G1}+R_{G2}}\approx1V\\ 当\ u_{GS}=0\ 时，i_D=(V_{CC}\times\dfrac{R_{G1}}{R_{G1}+R_{G2}})/R_S=0.33mA\end{cases}$ 连接这两点，得到转移特性的负载线。

④转移特性和直流负载线的交点便是静态工作点 Q，且可对应得到 $I_{DQ}=1mA$，$U_{GSQ}=-2V$，和确定输出特性上的静态工作点 Q′，得到 $U_{DSQ}\approx12V$。

⑤$g_m=\dfrac{\Delta i_D}{\Delta u_{GS}}=\dfrac{1.5-0.5}{-1.7-(-2.5)}=1.25mA/V$

（3）$A_u=-g_mR'_D\approx-g_mR_D=-1.25\times5=-6.25$

$R_i=R_G+(R_{G1}/\!/R_{G2})\approx1M\Omega$，$R_o\approx R_D=5k\Omega$

（4）$A_u=-\dfrac{g_mR'_D}{1+g_mR_s}$，而 $R_i$，$R_o$ 的表达式基本不变。

**【例 1.7.3】** 场效应管放大电路如图 1.7.4（$a$）所示，已知 $V_{DD}=12V$，$R_G=12M\Omega$，$R_1=100k\Omega$，$R_2=300k\Omega$，$R_S=12k\Omega$，$R_L=\infty$，电容 $C_1$，$C_2$ 足够大，场效应管在工作点处的跨导 $g_m=0.9mS$，$r_{DS}$很大，可忽略。

（1）列出静态工作点处的 $U_{GSQ}$，$U_{DSQ}$和 $I_{DQ}$的表达式；

（2）画出电路的微变等效电路；

（3）求电路的 $A_u$，$R_i$ 和 $R_o$ 值；

（4）求当 $R_L=12k\Omega$ 时的 $A_u$ 值。

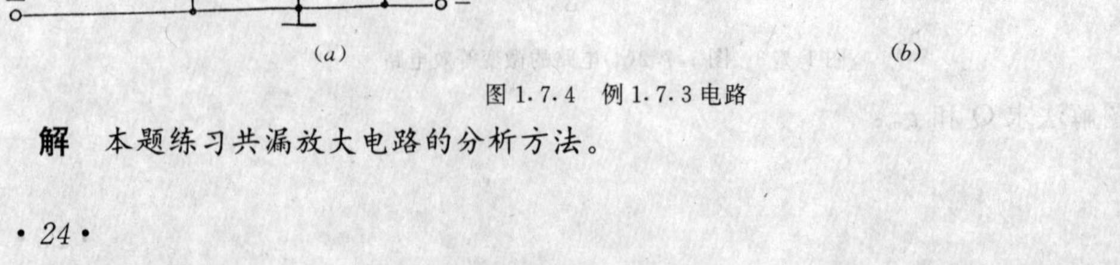


图 1.7.4 例 1.7.3 电路

**解** 本题练习共漏放大电路的分析方法。

（1）根据公式列出

$$\begin{cases} U_{GSQ}=V_{DD}\dfrac{R_1}{R_1+R_2}-I_{DQ}R_S \\ I_{DQ}=I_{DO}(\dfrac{U_{GSQ}}{U_{TN}}-1)^2 \end{cases}$$

$$U_{DSQ}=V_{DD}-I_{DQ}R_S$$

（2）微变等效电路见图 1.7.4（*b*）。

（3）$A_u=\dfrac{g_m R_S'}{1+g_m R_S'}\approx\dfrac{g_m R_S}{1+g_m R_S}=\dfrac{0.9\times12}{1+0.9\times12}=0.915$

$R_i=R_G+R_1/\!/R_2\approx R_G=12\text{M}\Omega$

$R_o\approx\dfrac{1}{g_m}/\!/R_S\approx1\text{k}\Omega$

（4）$A_u=\dfrac{g_m\times R_S'}{1+g_m\times R_S'}(R_S'=R_S/\!/R_L=\dfrac{12\times12}{12+12}=6\text{k}\Omega)$

$=\dfrac{0.9\times6}{1+0.9\times6}\approx0.84$

## 1.8 放大电路的频率响应

**（一）频率响应的一般概念**

**什么是放大电路的频率响应？**

前面各章的讨论，均是假设在输入信号的中频范围内，即忽略了电路中各种电抗性元件的作用的情况下进行的。但是在实际中，随着信号频率的变化，放大电路的放大倍数要随之变化并产生一定的相位移。因此，放大电路的电压放大倍数和相位是频率的函数，称之为放大电路的**频率特性**。前者称之为**幅频特性**，后者称之为**相频特性**。

图 1.8.1 为放大电路的频率特性。在低频段，由于信号频率很低，使耦合电容的容抗增大，三极管极间电容的作用可忽略，输入电压 $u_{BE}$减小，电压放大倍数降低。同时 $C_1$ 与放大电路输入电阻 $R_i$ 构成 RC 高通电路，产生超前的相位移；在高频段，由于信号频率较高，三极管极间电容的作用不可忽略（串联电容的作用可忽略），它将部分电流分走，使流入管子的电流减小，电压放大倍数降低，同时形成的 RC 低通回路产生滞后的相位移。图 1.8.1(*a*)为幅频特性，图(*b*)为相频特性。

**（二）单管共射放大电路的频率响应**

**如何画出单管共射电路中频、低频和高频时的等效电路？**

图 1.8.2（*a*）是单管共射放大电路，图(*b*)是其完整的混合 π 等效电路。

（1）中频电压放大倍数

在中频段，隔直电容和管子极间电容的作用均可忽略，经推导，其电压放大倍数为：

$$A_{usm}=\frac{U_o}{U_s}=-\frac{R_i}{R_i+R_s}\cdot\frac{r_{b'e}}{r_{be}}\cdot g_m R_L' \tag{1.8.1}$$

（2）低频电压放大倍数

设 $C_2\gg C_1$，$C_2$ 的作用可忽略（不考虑极间电容的影响），经推导，其电压放大倍数的表达式为

$$A_{usL}=A_{usm}\frac{1}{1-j\dfrac{f_L}{f}}\begin{cases}|\dot{A}_{usL}|=\dfrac{|A_{usm}|}{\sqrt{1+(\dfrac{f_L}{f})^2}}\text{——模}\\ \varphi=-180^\circ+\text{arctg}(\dfrac{f_L}{f})\text{——相角}\end{cases}\qquad(1.8.2)$$

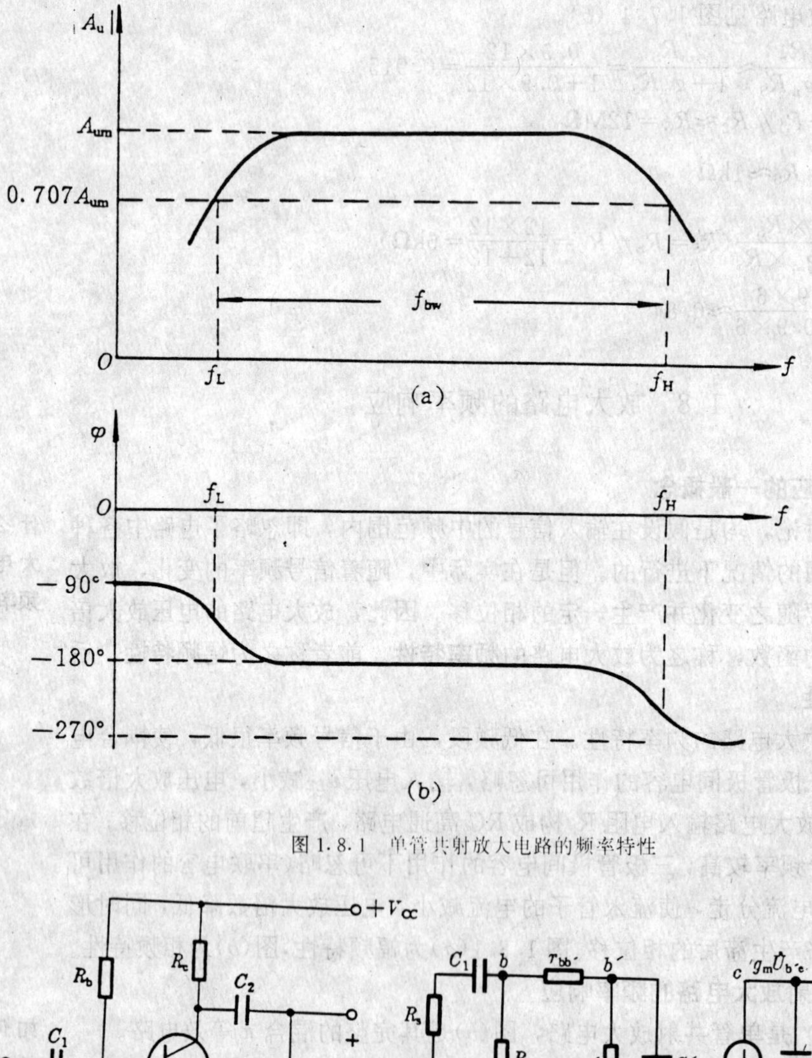


图 1.8.1 单管共射放大电路的频率特性

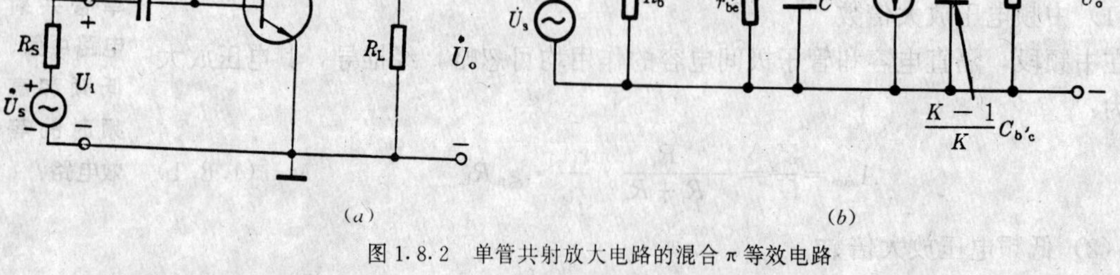


图 1.8.2 单管共射放大电路的混合 π 等效电路

(3) 高频电压放大倍数

设 $C'\gg C''$，$C''$和 $R'_L$ 的时间常数小于 $C'$ 和输入电阻的时间常数，在前者可以忽

略的条件下(不考虑耦合电容的影响),经推导,其电压放大倍数的表达式为

$$\dot{A}_{usH}=\dot{A}_{usm}\frac{1}{1+j\dfrac{f}{f_H}}\begin{cases}|\dot{A}_{usH}|=\dfrac{|A_{usm}|}{\sqrt{1+(\dfrac{f}{f_H})^2}}\text{——模}\\ \varphi=-180°-\mathrm{arctg}(\dfrac{f}{f_H})\text{——相角}\end{cases}\tag{1.8.3}$$

### (三) 波特图

什么叫波特图?其特点是什么?绘制波特图时关键要抓住哪几点?

**波特图**是一种采用对数坐标来绘制放大电路频率特性曲线的一种图形。即频率的坐标用其对数 $\lg f$ 表示,幅频特性的纵坐标用放大倍数的模取对数后乘以 20 来表示,即 $20\lg|\dot{A}_u|$,单位为分贝 (dB)。相频特性的纵坐标为放大倍数的相角。采用对数坐标的优点是可开阔视野,在较短的坐标轴上表示出较宽频带范围内的情况。

根据式 1.8.1～1.8.3 可画出单管共射放大电路的波特图,见图 1.8.3 所示。

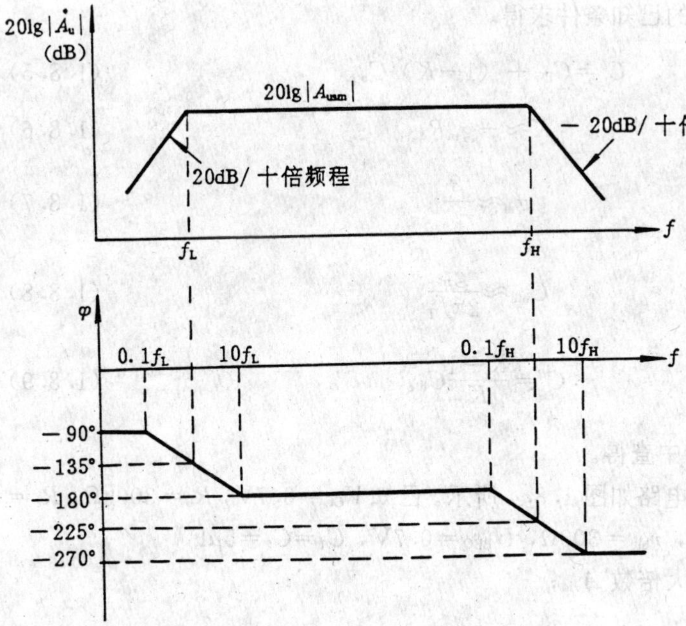


图 1.8.3 波特图

在中频段,$A_{usm}$是一个与频率无关的常数,因此它是一条水平线,且是最大值,由于三极管的倒相作用,相位差$-180°$。

在低频段,频率每下降 10 倍,电压放大倍数就下降 20dB,即斜率为20dB/10 倍频程,并经 $f=f_L$ 这一点,相位移在$-180°$的基础上超前最多不会超过 90°.

在高频段,频率每升高 10 倍,电压放大倍数就下降 20dB,即斜率为$-20$dB/10 倍频程,并经过 $f=f_H$ 这一点,相位移在$-180°$的基础上滞后最多不超过 90°.

完整的电压放大倍数表达式为:

$$\dot{A}_{us}=\frac{A_{usm}}{\left(1-j\frac{f_L}{f}\right)\left(1+j\frac{f}{f_H}\right)} \tag{1.8.4}$$

**（四）上限频率 $f_H$ 和下限频率 $f_L$ 的计算方法**

一般来说，$f_L$，$f_H$ 的计算方法通常采用时间常数法。当信号频率较低求算 $f_L$ 时，我们忽略三极管极间电容的作用，突出耦合电容 $C_1$，$C_2$…的作用；当信号频率较高，求算 $f_H$ 时，我们忽略耦合电容的作用而突出管子极间电容的影响，一般步骤是：

**如何计算放大电路的上限频率和下限频率？一般步骤是怎样的？**

(1) 分别画出放大电路低频等效电路和高频时混合 π 等效电路；

(2) 计算各电容单独作用时（低频时，其它耦合电容短路；高频时，其它极间电容开路）回路的时间常数 τ 值；

(3) 比较各 τ 值。低频时选 τ 值小，高频时选 τ 值大的作为该电路的低频时间常数和高频时间常数；

(4) 根据 $f=\frac{1}{2\pi\tau}$ 换算出下限频率 $f_L$ 和上限频率 $f_H$.

在求算 $f_L$ 和 $f_H$ 时，一般来说 $f_H$ 的计算比较麻烦。可根据有关公式（见式 1.8.5～1.8.9）和给定的已知条件求得。

$$C'=C_{b'e}+(1-K)C_{b'c} \tag{1.8.5}$$

$$K\approx -g_mR_c \tag{1.8.6}$$

$$g_m\approx\frac{\beta}{r_{b'e}} \tag{1.8.7}$$

$$C_{b'e}\approx\frac{g_m}{2\pi f_T} \tag{1.8.8}$$

$$C''=\frac{K-1}{K}C_{b'c} \tag{1.8.9}$$

$f_T$ 的数值有时需从手册中查得。

**【例 1.8.1】** 放大电路如图 1.8.4 所示。已知 $V_{CC}=6.7V$，$R_b=300k\Omega$，$R_c=2k\Omega$，三极管的 $\beta=100$，$r_{bb'}=300\Omega$，$U_{BEQ}=0.7V$，$C_1=C_2=5\mu F$.

(1) 求中频电压放大倍数 $A_{um}$；

(2) 求下限频率 $f_L$；

(3) 若设上限频率 $f_H=300kHz$，试画出波特图。

**解** 本题练习中频电压放大倍数 $A_{um}$，下限频率 $f_L$ 的计算方法及波特图的画法。

(1) 本题虽然要求的是动态参数，但有时却要从静态分析开始。

$$I_{BQ}=\frac{V_{CC}-U_{BEQ}}{R_b}=\frac{6.7-0.7}{300}=0.02mA$$

$$I_{EQ}\approx\beta I_{BQ}=2mA$$

$$r_{b'e}=(1+\beta)\frac{26}{I_{EQ}}=(1+100)\times\frac{26}{2}\approx 1.3k\Omega$$

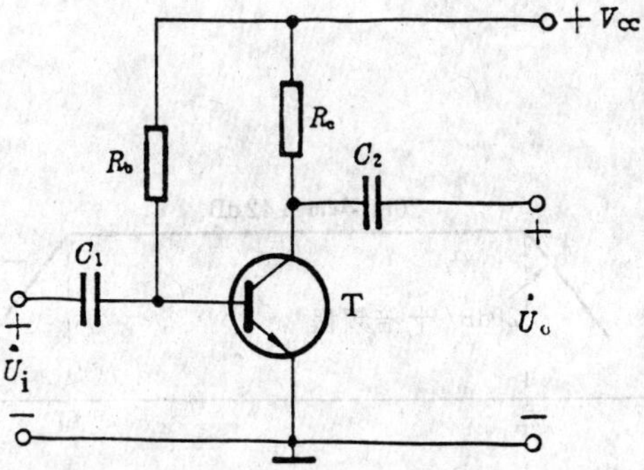


图 1.8.4　例 1.8.1 电路

$$r_{be}=r_{bb'}+r_{b'e}=0.3+1.3=1.6\text{k}\Omega$$

$$g_m=\frac{I_{EQ}}{26}=\frac{2}{26}=0.077\ \text{I/V}$$

根据式（1.8.1）可得：

$$A_{um}=-\frac{r_{b'e}}{r_{be}}\cdot g_m R_c$$
$$=-\frac{1.3}{1.6}\times 0.077\times 2\times 10^3$$
$$=-125$$

若用公式 $A_{um}=-\frac{\beta R_c}{r_{be}}=-\frac{100\times 2}{1.6}=-125$

结果是相同的。

（2）$f_{C1}=\frac{1}{2\pi R_1 C_1}=\frac{1}{2\times 3.14\times 1.6\times 10^3\times 5\times 10^{-6}}\approx 20\text{Hz}$

式中 $R_1=R_b /\!/ r_{be}\approx r_{be}=1.6\text{k}\Omega$

$$f_{C2}=\frac{1}{2\pi R_c C_2}=\frac{1}{2\times 3.14\times 2\times 10^3\times 5\times 10^{-6}}\approx 16\text{Hz}$$

可取 $f_L=f_{C1}=20\text{Hz}$

（3）画波特图，关键是要抓住以下几点：

①求出电路中频电压放大倍数 $A_{um}$（$A_{usm}$）。该值为常数且最大值，是一水平直线。对于单管共射放大电路来说，其相位为−180°.

②求电路的上限频率 $f_H$ 和下限频率 $f_L$.

③在低频段，幅频特性：按+20dB/10 倍频程的斜率变化（即频率增加 10 倍，幅值增加 20dB）。相频特性：在−180°的基础上，相位超前最大不超过 90°。一般认为频率在 $10f_L$ 至 $0.1f_L$ 范围按+90°的斜率变化，且 $f_L$ 正好发生在−180°+45°=−135°处。

④在高频段，幅频特性按−20dB/10 倍频程的斜率变化（即频率增加 10 倍，幅

值减少 20dB)。相频特性：在$-180°$的基础上，相位滞后最大不超过 90°，一般认为频率在 $0.1f_H$ 至 $10f_H$ 范围内，按$-90°$的斜率变化，且 $f_H$ 正好发生在$-180°-45°=-225°$处。

已知$|A_{um}|=125$，则 $20\lg|A_{um}|\approx 42dB$，$f_L=20Hz$，$f_H=300kHz$，画出其波特图，见图 1.8.5 所示。

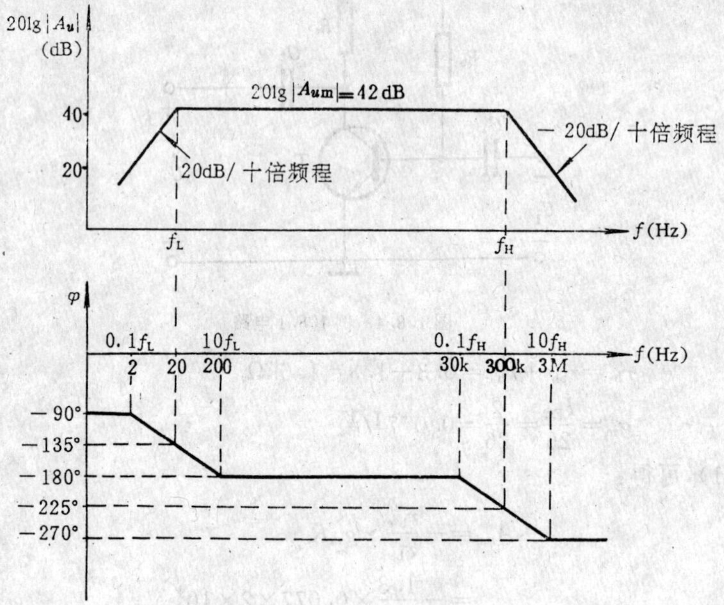


图 1.8.5　例 1.8.1 的波特图

## 1.9　多级放大电路

多级放大电路常用的耦合方式有哪几种？各有什么特点？

### (一) 多级放大电路的耦合方式

将若干级单管放大电路级连起来就构成了多级放大电路。

级与级之间的连接方式常用的有三种——**直接耦合**、**阻容耦合**和**变压器耦合**。

三种耦合方式的比较见教材 105 页表 1-2。

### (二) 多级放大电路的静态分析

直接耦合放大电路因无电容隔直，各级静态工作点互不独立，分析时比较麻烦。一般都要找好突破口，通过关键支路的电压电流关系求解联立方程得到。

阻容耦合和变压器耦合电路因有隔直作用，故各级静态工作点互相独立，只要按前面学过的分析方法，一级一级地计算就可以了。

### (三) 多级放大电路的动态分析

1. 中频电压放大倍数的估算

多级放大电路的电压放大倍数 $A_u$ 应是各级电路电压放大倍数之乘积，即

$$A_u = A_{u1} \times A_{u2} \times \cdots \times A_{u(n-1)} \times A_{un} \tag{1.9.1}$$

多级放大电路的电压放大倍数与各级放大电路电压放大倍数间有什么关系？

其中 $n$ 为多级放大电路的级数，其中每级的电压放大倍数可用单级放大电路的公式来计算。单管基本共射、共集、共基电路电压放大倍数的公式见式（1.9.2～1.9.4）：

单管共射 $$A_u = -\frac{\beta R'_L}{r_{be}} \tag{1.9.2}$$

单管共集 $$A_u = \frac{(1+\beta)R'_e}{r_{be}+(1+\beta)R'_e} \tag{1.9.3}$$

单管共基 $$A_u = \frac{\beta R'_L}{r_{be}} \tag{1.9.4}$$

要特别注意的是，公式中的 $R'_L$，$R'_e$ 不仅是本级电路输出端的等效电阻，还应包含下级电路等效至输入端的电阻，即前一级输出端往后看总的等效电阻。

2. 输入电阻的估算

多级放大电路的输入电阻一般来说就是输入级电路的输入电阻，即

$$R_i \approx R_{i1} \tag{1.9.5}$$

多级放大电路的输入电阻、输出电阻与各级放大电路的输入电阻、输出电阻间有什么关系？

3. 输出电阻的估算

多级放大电路的输出电阻一般来说就是输出级电路的输出电阻，即：

$$R_o \approx R_{on} \tag{1.9.6}$$

**【例 1.9.1】** 两级放大电路如图 1.9.1 所示。已知 $r_{bb'1} = r_{bb'2} = 300\Omega$，$U_{BEQ} \approx 0$，$R_1 = 30\text{k}\Omega$，$R_2 = 150\text{k}\Omega$，$R_3 = 10\text{k}\Omega$，$R_4 = 3.6\text{k}\Omega$，$R_5 = 20\text{k}\Omega$，$R_6 = 10\text{k}\Omega$，$R_7 = 5.6\text{k}\Omega$，$\beta_1 = \beta_2 = 50$，$V_{CC} = 12\text{V}$.

(1)试求电路的静态工作点；

(2)画出电路的微变等效电路；

(3)求电路中频时的电压放大倍数 $A_u$、输入电阻 $R_i$ 和输出电阻 $R_o$.

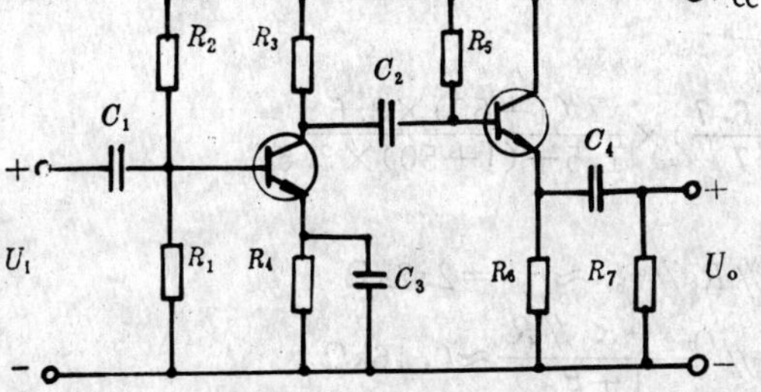


图 1.9.1 例 1.9.1 电路

**解** 本题练习阻容耦合放大电路的综合分析方法。

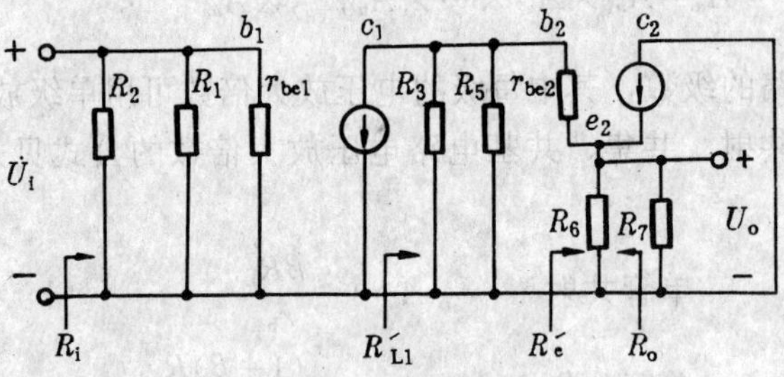


图 1.9.2　例 1.9.1 的微变等效电路

(1)静态工作点两级是互相独立的，单独计算即可。第一级放大电路为分压式工作点稳定电路，第二级为共集电极电路。

$$I_{C1Q}=(V_{CC}\frac{R_1}{R_1+R_2})/R_4=(12\times\frac{30}{30+150})/3.6\approx 0.56\text{mA}$$

$$I_{B1Q}=I_{C1Q}/\beta=0.56/50\approx 0.01\text{mA}$$

$$U_{CE1Q}=V_{CC}-I_{C1Q}(R_3+R_4)=12-0.56(10+3.6)=4.38\text{V}$$

$$I_{B2Q}=\frac{V_{CC}}{R_5+(1+\beta)R_6}=\frac{12}{20+(1+50)\times 10}=0.022\text{mA}$$

$$I_{C2Q}=\beta I_{B2Q}=50\times 0.022=1.1\text{mA}$$

$$U_{CE2Q}=V_{CC}-I_{C2Q}R_6=12-1.1\times 10=1\text{V}$$

(2) 微变等效电路见图 1.9.2 所示。

(3) $A_u=A_{u1}\times A_{u2}$

$$=\left(-\frac{\beta_1 R'_{L1}}{r_{be1}}\right)\times\left[\frac{(1+\beta_2)R'_e}{r_{be2}+(1+\beta_2)R'_e}\right]$$

式中：

$$r_{be1}=r_{bb'1}+(1+\beta_1)\frac{26}{I_{E1Q}}=300+(1+50)\times\frac{26}{0.56}\approx 2.7\text{k}\Omega$$

$$r_{be2}=r_{bb'2}+(1+\beta_2)\frac{26}{I_{E2Q}}=300+(1+50)\times\frac{26}{1.1}\approx 1.5\text{k}\Omega$$

$$R'_e=R_6/\!/R_7\approx 3.6\text{k}\Omega$$

$$R'_{L1}=R_3/\!/R_5/\!/[r_{be2}+(1+\beta_2)R'_e]\approx 6.7\text{k}\Omega$$

代入数据，可得

$$A_u=A_{u1}\times A_{u2}$$

$$=(-\frac{50\times 6.7}{2.7})\times\frac{(1+50)\times 3.6}{1.5+(1+50)\times 3.6}$$

$$\approx -124$$

$$R_i\approx R_{i1}=R_1/\!/R_2/\!/r_{be1}\approx r_{be1}=2.7\text{k}\Omega$$

$$R_o\approx R_{o2}=R_6/\!/\frac{r_{be2}+R_3/\!/R_5}{1+\beta}\approx 0.16\text{k}\Omega$$

**【例 1.9.2】**　两级放大电路如图 1.9.3 所示，求电路静态工作点、电压放大倍数、输入电阻和输出电阻的表达式。

**解**　本题练习共射—共基组态电路的分析方法。

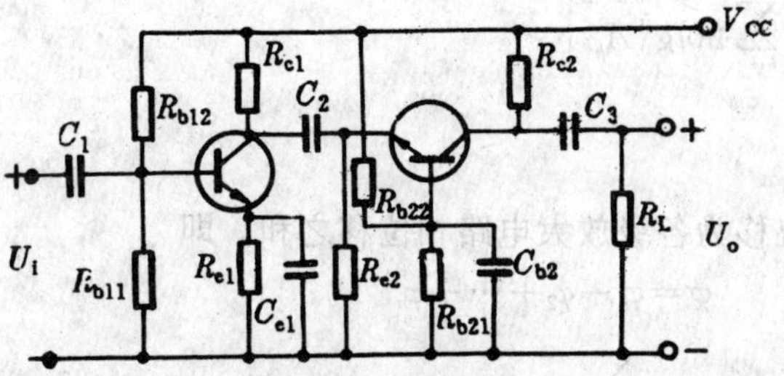


图 1.9.3 例 1.9.2 电路

画出图 1.9.3 电路的直流通路和微变等效电路，见图 1.9.4 所示。

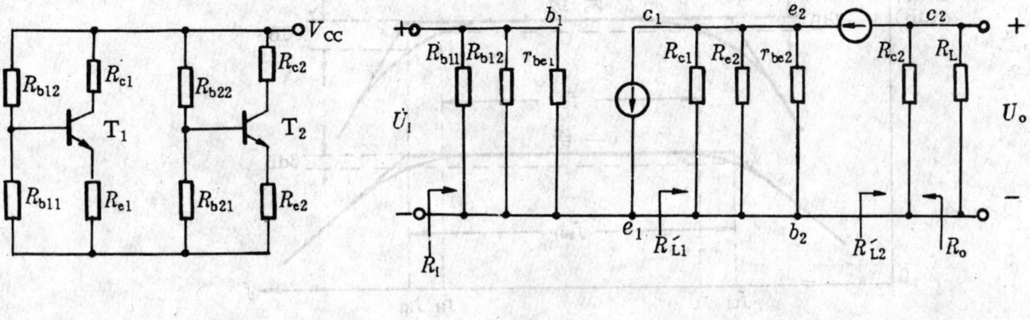


图 1.9.4 图 1.9.3 电路的直流通路和微变等效电路

$$I_{C1Q} \approx I_{E1Q} = (V_{CC}\frac{R_{b11}}{R_{b11}+R_{b12}} - U_{BE1Q})/R_{e1}$$

$$I_{B1Q} = I_{C1Q}/\beta_1$$

$$U_{CE1Q} = V_{CC} - I_{C1Q}(R_{c1}+R_{e1})$$

$$I_{C2Q} \approx I_{E2Q} = (V_{CC}\frac{R_{b21}}{R_{b21}+R_{b22}} - U_{BE2Q})/R_{e2}$$

$$I_{B2Q} = I_{C2Q}/\beta_2$$

$$U_{CE2Q} = V_{CC} - I_{C2Q}(R_{c2}+R_{e2})$$

$$A_u = A_{u1} \times A_{u2}$$

$$= \left(-\frac{\beta_1 R'_{L1}}{r_{be1}}\right)\left(\frac{\beta_2 R'_{L2}}{r_{be2}}\right)$$

式中：$R'_{L1} = R_{c1} /\!/ R_{e2} /\!/ \dfrac{r_{be2}}{1+\beta_2}$

$R'_{L2} = R_{c2} /\!/ R_L$

$R_i \approx R_{i1} = R_{b11} /\!/ R_{b12} /\!/ r_{be1}$

$R_o \approx R_{o2} = R_{c2}$

**（四）多级放大电路的频率响应**

1. 幅频特性

已知多级放大电路总的电压放大倍数是各级放大电路放大倍数的乘积，则其对数幅频特性便是各级对数幅频特性之和，即

$$20\lg|\dot{A}_u| = 20\lg|\dot{A}_{u1}| + 20\lg|\dot{A}_{u2}| + \cdots + 20\lg|\dot{A}_{un}|$$

**多级放大电路的频率特性与各级放大电路的频**

$$= \sum_{k=1}^{n} 20\lg|\dot{A}_{uk}|$$

**率特性有什么关系？**

见图 1.9.5(*a*)。

2. 相频特性

多级放大电路总的相位移为各级放大电路相位移之和，即

$$\varphi = \varphi_1 + \varphi_2 + \cdots + \varphi_n$$
$$= \sum_{k=1}^{n} \varphi_k$$

见图 1.9.5 (*b*)。

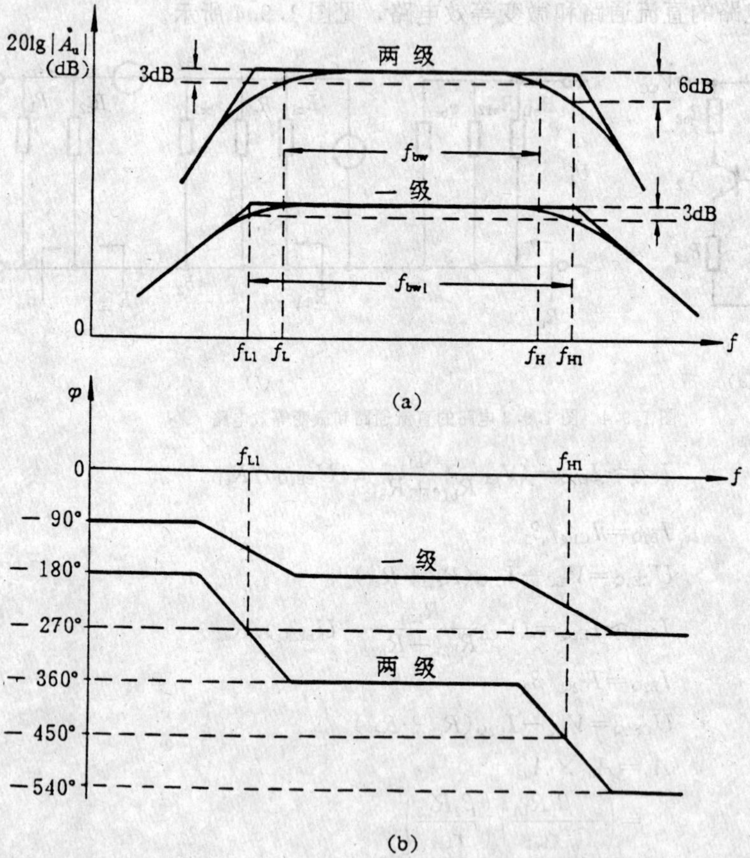


图 1.9.5　多级放大电路的频率响应

3. 上限频率和下限频率

多级放大电路的上限频率由式(1.9.7)决定：

$$\frac{1}{f_H} \approx 1.1\sqrt{\frac{1}{f_{H1}^2} + \frac{1}{f_{H2}^2} + \cdots + \frac{1}{f_{Hn}^2}} \tag{1.9.7}$$

若各级放大电路的上限频率相等，均为 $f_{H1}$，则两级放大电路总的上限频率 $f_H \approx 0.64 f_{H1}$。

多级放大电路的下限频率由式(1.9.8)决定：

$$f_L \approx 1.1 \times \sqrt{f_{L1}^2 + f_{L2}^2 + \cdots + f_{Ln}^2} \tag{1.9.8}$$

若各级放大电路的下限频率相等,均为 $f_{L1}$,则两级放大电路总的下限频率 $f_L \approx 1.55 f_{L1}$.

**【例 1.9.3】** 两级放大电路如图 1.9.6 (*a*) 所示。已知 $V_{CC}=12V$,$U_{CEQ1}=6V$,$\beta_1=100$,$\beta_2=50$,$r_{be1}=1.5k\Omega$,$r_{be2}=1k\Omega$,$R_{b1}=R_{b21}=R_{b22}=100M\Omega$,$R_{c1}=R_{c2}=R_L=3k\Omega$,$R_{e2}=1k\Omega$,$R_s=1k\Omega$,$C_1=1\mu F$,$C_2=10\mu F$,$C_3$ 和 $C_e$ 很大,其容抗可忽略。试计算中频电压放大倍数 $A_{usm}$,下限频率 $f_L$.

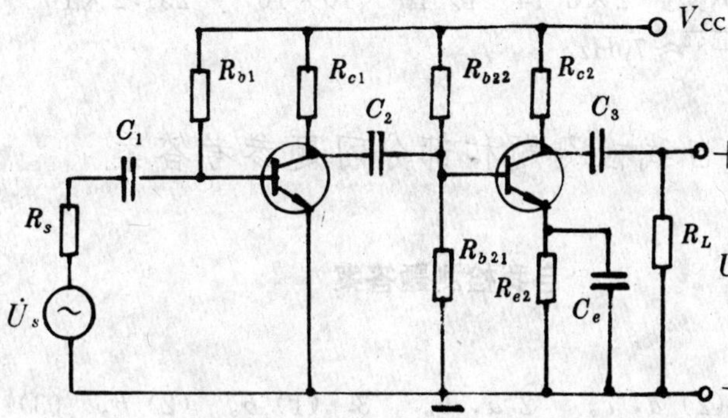

(*a*)

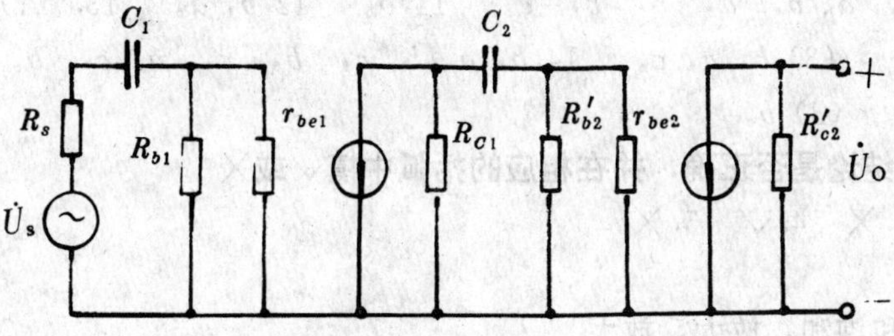

(*b*)

图 1.9.6 例 1.9.3 电路及其微变等效电路

**解** 本题练习两级放大电路电压放大倍数 $A_{us}$ 和下限频率 $f_L$ 的计算方法。其微变等效电路见图(*b*)所示。

$$A_{u1} = \frac{U_{o1}}{U_s} = -\frac{R_i}{R_s + R_i} \cdot \frac{\beta R'_{L1}}{r_{be1}}$$

式中:$R_i = R_{b1} /\!/ r_{be1} \approx r_{be1} = 1.5k\Omega$

$$R'_{L1} = R_{c1} /\!/ R_{b21} /\!/ R_{b22} /\!/ r_{be2}$$

$$\approx R_{c1} /\!/ r_{be2} = \frac{3 \times 1}{3+1} = 0.75k\Omega$$

$$\therefore\ A_{u1} = \left(-\frac{1.5}{1+1.5}\right)\left(-\frac{100 \times 0.75}{1.5}\right) = -30$$

$$A_{u2} = -\frac{\beta_2 R'_{L2}}{r_{be2}} = -\frac{\beta_2 \times R_{c2} /\!/ R_L}{r_{be2}} \qquad (R_{c2} /\!/ R_L = 1.5k\Omega)$$

$$=-\frac{50\times1.5}{1}=-75$$

$$A_{usm}=A_{u1}\times A_{u2}=(-30)\times(-75)=2250$$

$$\tau_{c1}=R_1C_1$$

式中：$R_1=(R_{b1}/\!/r_{be1})+R_s\approx r_{be1}+R_s=1.5+1=2.5\text{k}\Omega$

$$\tau_{c2}=R_2C_2$$

式中：$R_2=R_{b21}/\!/R_{b22}/\!/r_{be2}+R_{c1}\approx r_{be2}+R_{c1}=1+3=4\text{k}\Omega$

$$f_{\tau1}=\frac{1}{2\pi\tau_{C1}}=\frac{1}{2\pi R_1C_1}=\frac{1}{2\times3.14\times2.5\times10^3\times1\times10^{-6}}=\frac{1}{15.7\times10^{-3}}=64\text{Hz}$$

$$f_{\tau2}=\frac{1}{2\pi\tau_{C2}}=\frac{1}{2\pi R_2C_2}=\frac{1}{2\times3.14\times4\times10^3\times10\times10^{-6}}=\frac{1}{251.2\times10^{-3}}=4\text{Hz}$$

$$f_L=1.1\sqrt{64^2+4^2}\approx70\text{Hz}$$

## 三、自我检测题和部分习题参考答案

### 自我检测题答案

**(一)选择填空**

1. (1) *a*，*b*。 (2) *a*，*c*。 2. *a*，*b*。 3. (1) *b*。 (2) *b*。 (3) *b*，*a*。 4. *a*。 5. *c*，*a*。 6. *c*，*a*，*b*。 7. (1) *b*。 (2) *a*。 (3) *b*，*a*，*c*。 8. (1) *c*，*c*，*c*，*c*，*c*。 (2) *b*，*b*，*a*，*a*，*b*。 (3) *b*，*b*，*c*，*a*，*b*。 (4) *b*，*c*，*c*，*a*，*c*。 9. *a*，*b*。 10. *a*、*c*，*a*、*b*，*a*，*b*，*b*，*c*。 11. *b*。 12. *b*，*a*。 13. (1) *c*，*c*，*b*。 (2) *c*，*a*，*c*。 (3) *b*，*c*，*c*。 14. *b*，*a*、*b*、*c*，*b*，*c*，*a*、*c*，*b*。 15. (1) *b*。 (2) *a*。 (3) *b*。

**(二) 判断以下结论是否正确，并在相应的括弧中填√或×**

1. ×  2. ×  3. ×  4. √  5. ×

**(三) 填空**

1. 开关，截止和饱和，放大，放大。

2. (1) $\frac{\Delta i_C}{\Delta i_B}=\frac{6-2}{0.15-0.05}$，40，$\frac{\Delta i_C}{\Delta i_E}=\frac{6-2}{(6+0.15)-(2+0.05)}$，0.976.

(2) 见图 T1.1.

3. $R_i=1.5\text{k}\Omega$，$U_i=0.9\text{V}$.

4. 当 $U_o=0.5\text{V}$ 时，$R_o=10\text{k}\Omega$；当 $U_o=0.9\text{V}$ 时，$R_o=1.1\text{k}\Omega$.

5. (1) $I_{BQ}=\frac{V_{CC}-U_{BEQ}}{R_b}=\frac{15-0.7}{280}\approx0.05\text{mA}$

$$I_{CQ}=\beta I_{BQ}=50\times0.05=2.5\text{mA}$$

$$U_{CEQ}=V_{CC}-I_{CQ}R_c=15-2.5\times5=2.5\text{V}$$

$$r_{be}=r_{bb'}+(1+\beta)\frac{26}{I_{CQ}}=300+(1+50)\frac{26}{2.5}=0.83\text{k}\Omega\text{（若 }r_{bb'}=300\Omega\text{）}$$

$$A_u=-\frac{\beta R_L'}{r_{be}}=-\frac{50\times2.5}{0.83}=-150.6$$

$$R_i=R_b/\!/r_{be}\approx r_{be}=0.83\text{k}\Omega$$

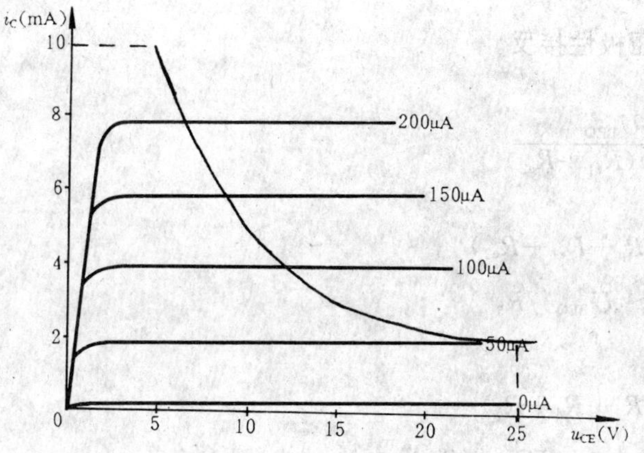


图 T1.1

$R_o = R_c = 5\text{k}\Omega$

$$(2) I_{CQ} = \left(V_{CC}\frac{R_{b1}}{R_{b1}+R_{b2}} - U_{BEQ}\right)/R_e = \left(15\times\frac{3}{12+3} - 0.7\right)/2.3 = 1\text{mA}$$

$I_{BQ} = I_{CQ}/\beta = 0.02\text{mA}$

$U_{CEQ} = V_{CC} - I_{CQ}(R_c + R_e) = 15 - 1\times(5+2.3) = 7.7\text{V}$

$$r_{be} = r_{bb'} + (1+\beta)\frac{26}{I_{CQ}} = 300 + (1+50)\frac{26}{1} \approx 1.6\text{k}\Omega$$

$$A_u = -\frac{\beta R_L'}{r_{be}} = -\frac{50\times 2.5}{1.6} = -78$$

$R_i = R_{b1} /\!/ R_{b2} /\!/ r_{be} = 1\text{k}\Omega$

$R_o = R_c = 5\text{k}\Omega$

7. (1) $20\lg|A_{um}| = 40\text{dB}$

(2) $|\dot{A}_u| = 37\text{dB}, \varphi = +45°$; $|\dot{A}_u| = 37\text{dB}, \varphi = -45°$.

8. 放大倍数分别为 1000 和 10，对数增益为 80dB，总的电压放大倍数等于 10000.

## 部分习题和思考题答案

**【习题 1-1】**

图($a$)无放大作用。$I_{BQ}=0$.

图($b$)有放大作用。

图($c$)无放大作用。$V_{BB}$交流短路。

图($d$)无放大作用。发射结电压极性接反。

图($e$)有放大作用。

图($f$)无放大作用。$C_2$ 输出交流短路。

图($g$)无放大作用。$C_1$ 直流开路。

图($h$)无放大作用。$C_b$ 交流短路。

图($i$)无放大作用。$C_2$ 直流开路。

图($j$)有放大作用。

图($k$)有放大作用。

图($l$)无放大作用。电压极性接反。

**【习题 1-3】**

图($a$) $I_{BQ}=\dfrac{V_{CC}-U_{BEQ}}{R_b+(1+\beta)(R_{e1}+R_{e2})}$

$I_{CQ}=\beta I_{BQ}$

$U_{CEQ}=V_{CC}-I_{CQ}(R_c+R_{e1}+R_{e2})$

图($b$) $I_{CQ}\approx(V_{CC}\dfrac{R_2}{R_1+R_2}-U_{BEQ})/R_5$

$I_{BQ}=I_{CQ}/\beta$

$U_{CEQ}=V_{CC}-I_{CQ}(R_3+R_4+R_5)$

图($c$) $I_{CQ}\approx(V_{CC}\dfrac{R_3}{R_1+R_2+R_3}-U_{BEQ})/R_e$

$I_{BQ}=I_{CQ}/\beta$

$U_{CEQ}=V_{CC}-I_{CQ}(R_c+R_e)$

图($d$) $U_{BQ}=V_{CC}\dfrac{R_{b1}}{R_{b1}+R_{b2}}$

$I_{CQ}\approx\dfrac{U_{BQ}-U_{BEQ}}{R_e}$

$I_{BQ}=I_{CQ}/\beta$

$U_{CEQ}=V_{CC}-I_{CQ}R_e$

**【习题 1-9】**

1. $A_u=-\dfrac{\beta R'_L}{r_{be}}\approx-125$

2. 将首先出现饱和失真，即波形底部失真，增大 $R_b$ 可减小 $I_B$ 避免饱和失真。

3. 2V.

**【习题 1-10】**

$$I_{BQ}=\frac{V_{CC}-U_{BEQ}}{R_b}=0.02\text{mA}$$

$$I_{CQ}=\beta I_{BQ}=2\text{mA}$$

$$U_{CEQ}=-4\text{V}$$

$$r_{be}=r_{bb'}+(1+\beta)\frac{26}{I_{EQ}}=1.5\text{k}\Omega$$

$$A_u=-\frac{\beta R'_L}{r_{be}}=-100$$

截止失真。减小 $R_b$ 可增大 $I_{BQ}$值。

**【习题 1-12】**

1. $I_{CQ}\approx(V_{CC}\dfrac{R_{b1}}{R_{b1}+R_{b2}}-U_{BEQ})/R_e=1\text{mA}$

   $I_{BQ}=I_{CQ}/\beta=0.033\text{mA}$

   $U_{CEQ}=V_{CC}-I_{CQ}(R_c+R_e)=6.7\text{V}$

2. $A_u=-\dfrac{\beta R'_L}{r_{be}}=-150$

3. $R_i=R_{b2}/\!/R_{b1}/\!/r_{be}\approx r_{be}=1\text{k}\Omega$

$R_o=R_c=10\text{k}\Omega$

4. 易出现饱和失真。输出波形底部失真。

**【习题 1-14】**

1. $I_{BQ}=\dfrac{V_{CC}-U_{BEQ}}{R_b+(1+\beta)R_e}=0.02\text{mA}$

$I_{CQ}=\beta I_{BQ}=2\text{mA}$

$U_{CEQ}=V_{CC}-I_{CQ}R_e=6\text{V}$

2. $R_L=\infty$时，$A_u=\dfrac{(1+\beta)R_e}{r_{be}+(1+\beta)R_e}=0.995$

$R_L=3\text{k}\Omega$ 时，$A_u=\dfrac{(1+\beta)R_e'}{r_{be}+(1+\beta)R_e'}=0.99$

3. $R_i=R_b // [r_{be}+(1+\beta)R_L']\approx 98\text{k}\Omega$

$R_o=\dfrac{r_{be}+R_S'}{1+\beta} // R_e=25\Omega$

4. $A_{us}=A_u\times\dfrac{R_i}{R_i+R_S}=0.98$

**【习题 1-18】**

1. $I_{CQ}=1\text{mA}$

$I_{BQ}=0.02\text{mA}$

$U_{CEQ}=4.7\text{V}$

2. $R_i=R_{b1} // R_{b2} // [r_{be}+(1+\beta)R_{e1}]\approx 8.6\text{k}\Omega$

$R_o=R_c=5\text{k}\Omega$

3. $A_{us}=-\dfrac{\beta R_L'}{r_{be}+(1+\beta)R_{e1}}\times\dfrac{R_i}{R_i+R_s}=-3.53$

**【习题 1-23】**

1. $r_{be1}=r_{bb'1}+(1+\beta)\dfrac{26}{I_{E1Q}}=1.5\text{k}\Omega=r_{be2}$

2. $A_{u1}=-\dfrac{\beta_1 R_{L1}'}{r_{be1}}=-19.3$

（其中 $R_{L1}'=R_{c1} // R_{b2} // r_{be2}\approx 1\text{k}\Omega$）

3. $A_{u2}=-\dfrac{\beta_2 R_{L2}'}{r_{be2}}=-58$　　（$R_{L2}'=R_{c2}$）

4. $A_u=A_{u1}\times A_{u2}=1119.4$

5. 截止失真，输出波形顶部失真。可减小 $R_{b2}$值。

**【习题 1-24】**

1. $A_{u1}=\dfrac{U_{o1}}{U_i}=\dfrac{(1+\beta)R_{e1}'}{r_{be1}+(1+\beta)R_{e1}'}\approx 0.976$

其中$R_{e1}'=R_{e1} // R_{b21} // R_{b22} // r_{be2}\approx 2\text{k}\Omega$，$r_{be1}\approx 5\text{k}\Omega$，

$A_{us1}=A_{u1}\times\dfrac{R_{i1}}{R_i+R_s}\approx 0.87$

其中 $R_{i1}=R_{b1} // [r_{be1}+(1+\beta)R_{e1}']\approx 170\text{k}\Omega$

$A_{u2}=-\dfrac{\beta R_{L2}'}{r_{be2}}\approx -86.2$

$A_{us}=A_{us1}\times A_{u2}\approx -75$

2. $R_i = 170\text{k}\Omega$

$R_o = 5\text{k}\Omega$

3. $A_{us} = A_{u2} \times \dfrac{R_i}{R_i + R_s} \approx -9.4$

其中 $R_i = R_{b22} /\!/ R_{b21} /\!/ r_{be2} \approx r_{be2} = 2.9\text{k}\Omega$

**【习题 1-28】**

图$(a)$已知 $20\lg|\dot{A}_u| = 40\text{dB}$，则 $A_u = 100$

$f_L = 0, f_H = 3\text{MHz}, f_{bw} \approx 3\text{MHz}$

图$(b)$已知 $20\lg|\dot{A}_u| = 60\text{dB}$，则 $A_u = 1000$

$f_L = 30\text{Hz}, f_H = 10\text{MHz}, f_{bw} = 10\text{MHz}$

**【习题 1-32】**

$A_{um} = -\dfrac{r_{b'e}}{r_{be}} g_m R_c \approx -174$

$f_L \approx 10\text{Hz}$

$f_H \approx 116\text{kHz}$

**【习题 1-35】**

1. 电路连线见图 P1.35 所示。

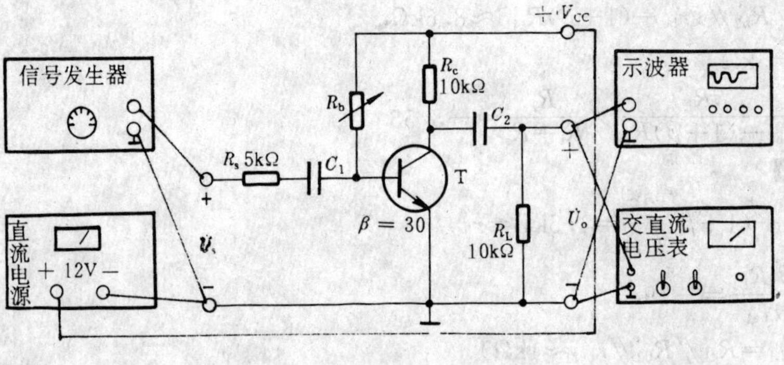


图 P1.35

2. $U_{CEQ} = 8.6\text{V}$

3. $U_o = -195.6\text{mV}$

4. $U_o = -96\text{mV}$

5. 截止失真，应减小 $R_b$ 值。

# 第二章　集成放大电路基础

## 一、教学安排与教学要求

**（一）教学安排**

本章共 8 学时：录像 6 学时，面授 2 学时。具体安排如下：

1. 录像内容

（1）集成运放基本组成单元（一）　特点，偏置电路；

（2）集成运放基本组成单元（二）　差动输入级（1）；

（3）集成运放基本组成单元（三）　差动输入级（2）；

（4）集成运放基本组成单元（四）　中间级，输出级；

（5）集成运放的典型电路；

（6）集成运放的选择和使用注意事项。

2. 面授内容

（1）集成运放的基本组成单元及主要技术指标；

（2）各类集成运放的特点及使用注意事项。

**（二）教学要求**

1. 重点掌握的内容

（1）差动放大电路（包括基本形式、长尾式和恒流源式）双端输入电路 Q 点、$A_d$，$R_{id}$和 $R_o$ 的计算方法。

2. 一般掌握的内容

（1）差动放大电路四种不同接法的特点；

（2）集成运算放大器主要参数的意义、使用方法和注意事项；

（3）差动放大电路单端输入电路 Q，$A_d$，$R_{id}$和 $R_o$ 的计算方法；

（4）复合管、互补电路的正确接法及输入、输出间的关系。

3. 一般了解的内容

（1）一种常用的集成运放组件的组成部分和工作原理；

（2）镜像电流源的工作原理和一般应用；

（3）差动放大电路的共模抑制比；

（4）直接耦合放大电路的零点漂移现象、产生的原因及抑制方法。

## 二、重点和难点的分析

### 2.1　概　述

与分立元件电路相比，集成电路把晶体管、电阻、电容以及它们间的连线集成在一块半导体芯片上，因此具有体积小、重量轻、价格低廉和性能可靠等特点。因而它逐渐取代了分立元件电路而被广泛应用于自动控制、测量、模拟计算等各个领域。集成运算放大器是模拟集成电路中应用最广泛的集成电路。

**（一）直接耦合放大电路中的“零点漂移”现象**

**什么是直接耦合放大电路中的“零点漂移现象”？它是怎样产生的？**

所谓**零点漂移**就是指放大电路在没有加输入信号（$U_i=0$）时，在输出端出现缓慢的电压（$U_o\neq 0$）信号的现象。产生零漂的原因，主要是由于温度或电源电压变化引起三极管的工作点变化所致。由于放大电路级间采用直接耦合方式，这种变化将逐级传递和放大，最后导致输出级产生了较大的漂移电压。假如在放大电路的输入端加了一个比较小的信号，则在它的输出端应该得到一个数值为输入电压乘以电压放大倍数的输出电压。但是如果输出电压的变化与零漂为同一数量级，甚至更小的话，则在输出端的总变化量中，很难辨别出哪一部分属于有用信号，哪一部分属于零漂产生的信号，有时甚至会使整个电路无法工作。另外，直接耦合放大电路的级数越多，放大倍数越大，则零漂现象越严重。衡量零漂指标时，通常使温度升高1℃，将此时的输出漂移电压折合到输入端，用等效输入漂移电压的大小来表示。

**（二）差模电压放大倍数和共模电压放大倍数**

**差模电压放大倍数和共模电压放大倍数各是怎样定义的？**

**差模电压放大倍数**又称**差模增益**，它表示差动放大器对差模信号的放大能力。双端输出时，$A_d=\dfrac{U_{od}}{U_{id}}=\dfrac{U_{od}}{U_{i1}-U_{i2}}=A_1$；单端输出时，$A_d=\dfrac{U_{o1}\ (或\ U_{o2})}{U_{id}}=\dfrac{U_{o1}\ (或\ U_{o2})}{U_{i1}-U_{i2}}=\dfrac{1}{2}A_1$.

**共模放大倍数**又称**共模增益**，它表示差动放大电路对共模信号的放大能力。双端输出时，$A_c=\dfrac{U_{oc}}{U_{ic}}$.

**（三）共模抑制比**

**什么叫共模抑制比，它的物理意义是什么？**

将差模增益和共模增益的比值称为**共模抑制比**，表示为$K_{CMR}=\left|\dfrac{A_d}{A_c}\right|$. 通常，我们总是将有用信号作为差模输入信号，而将干扰或漂移量折合到输入端的信号，作为共模输入信号。因此，应尽量设法提高差模增益，抑制共模增益。共模抑制比数值越大越好，表示其抑制共模信号的能力越强。理想差放 $A_c=0$，$K_{CMR}=\infty$.

## 2.2 集成运放的基本组成单元

**集成运放主要由哪几部分电路组成，各起什么作用？**

集成运算放大器通常由四部分组成——偏置电路、输入级、中间级和输出级。其组成框图见图 2.2.1。

偏置电路的任务是向运放的其它各个部分提供合适的偏置电流，以确定各级的静态工作点。如输入级要求它提供小且稳定的偏置电流。

输入级对整个集成运放的很多性能指标起着不可忽视的作用，如要求电路差模输入电阻高，噪声低，零漂小等，因此常采用差动输入方式的形式。

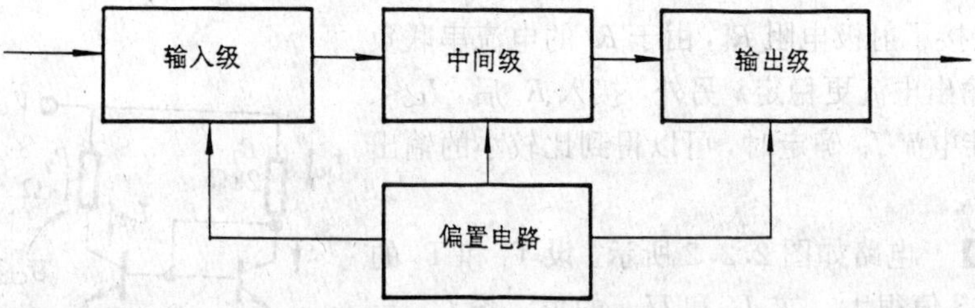


图 2.2.1　集成运放组成框图

中间级的主要任务一方面是要提供足够大的电压放大倍数，另一方面还应该向输出级提供足够大的推动电流。为了避免级数太多，增大附加相移而产生自激，一般采用带有源负载的单管共射放大电路或复合管放大电路的结构形式。

对输出级的要求是具有较强的带负载能力且有过载保护措施，另外还应向负载提供足够大的输出功率。因此输出级大多采用互补对称输出级，且工作在射极输出状态。

**（一）偏置电路**

输入级要求偏置电路提供微小（μA 级）且稳定性好的电流。现将常用的几种偏置电路的结构形式、工作特点等列于表 2.2.1 中。

常用的偏置电路有哪几种？各有什么特点？

**表 2.2.1　几种偏置电路的结构、特点**

| | 镜像电流源（电流镜） | 比例电流源 | 微电流源 |
|---|---|---|---|
| 电路 | 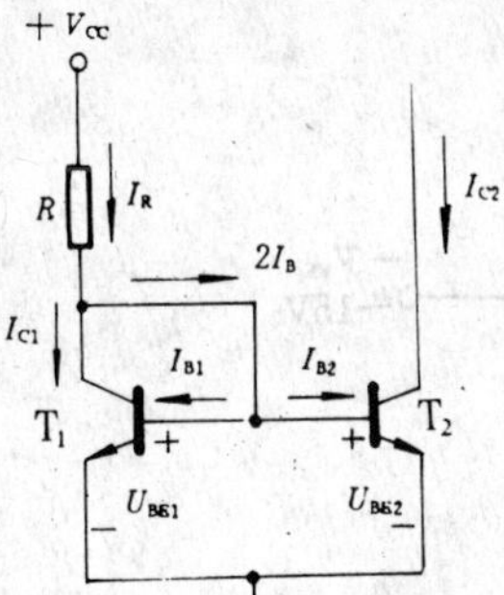 | 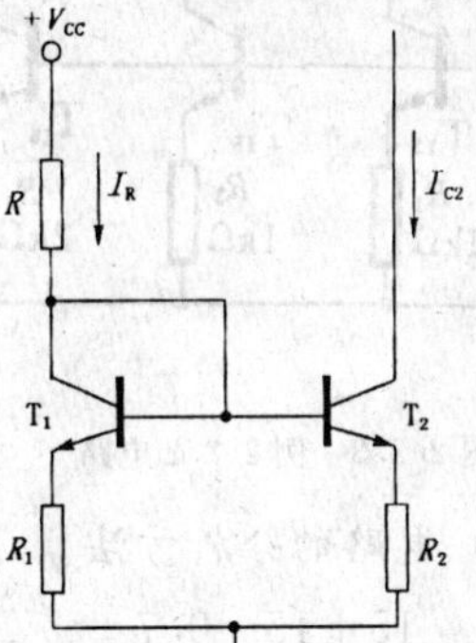 | 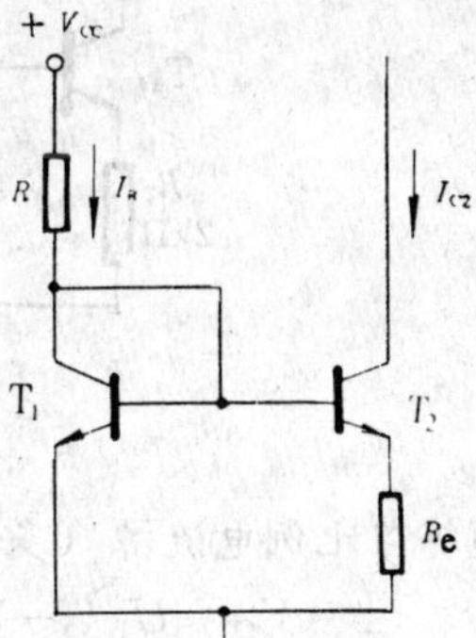 |
| 电流 | $I_{C2}\approx I_R=\frac{V_{CC}-U_{BE1}}{R}$ | $I_{C2}\approx I_{E2}\approx\frac{R_1}{R_2}I_R$ | $R_e\approx\frac{U_T}{I_{C2}}\ln\frac{I_{C1}}{I_{C2}}$ |

由表 2.2.1 可以看出：

1. **镜像电流源**中 $I_{B1}=I_{B2}$，$I_{C1}=I_{C2}$，当 $\beta\gg2$ 时，$I_{C2}\approx I_R$，故有“镜像电流源”之称。

该电路结构简单，有一定的稳定补偿作用，但受电源电压 $V_{CC}$ 变化的影响大 $(I_{C2}\approx\frac{V_{CC}-U_{BE1}}{R})$，另外要得到小电流，仍要求较大的电阻 $R$。

2. **比例电流源**是在镜像电流源的基础上在 $T_1$，$T_2$ 的发射极分别接有射极电阻 $R_1$，$R_2$ 构成。使 $I_{C2}\approx I_R\frac{R_1}{R_2}$，改变 $\frac{R_1}{R_2}$ 阻值的比例，就可得到相应的 $I_{C2}$ 值，故有“比例电流源”之称，其特点与镜像电流源大致相同。

3. **微电流源**是在镜像电流源的基础上在 $T_2$ 的发射极接了射极电阻 $R_e$，由于 $R_e$ 的电流串联负反馈作用，使输出电流更稳定。另外，接入 $R_e$ 后，$I_{C2} < I_{C1} \approx I_R$，当基准电流 $I_R$ 确定时，可以得到比较小的输出电流 $I_{C2}$.

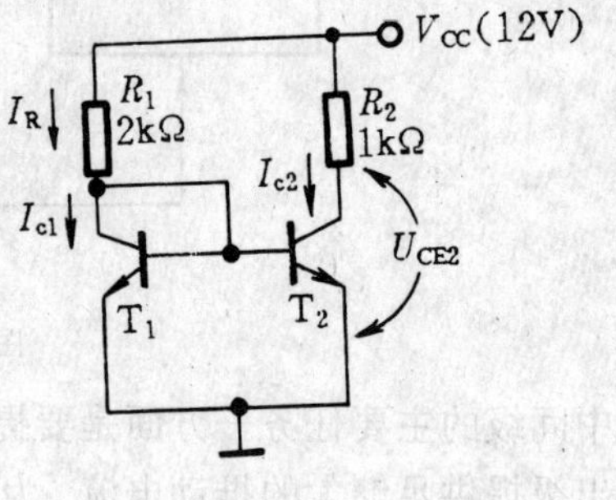


图 2.2.2　例 2.2.1 电路

**【例 2.2.1】** 电路如图 2.2.2 所示。设 $T_1$ 和 $T_2$ 的特性相同，且 $\beta$ 值很大。求 $I_{C2}$ 和 $U_{CE2}$ 的值。设 $U_{BE}$＝0.7V。

**解**　本题练习镜像电流源的分析方法。

$$I_{C2}=I_{C1}\approx I_R=\frac{V_{CC}-U_{BE1}}{R_1}=\frac{12-0.7}{2}=5.65\text{mA}$$

$$U_{CE2}=V_{CC}-I_{C2}R_2=12-5.65\times 1=6.35\text{V}$$

**【例 2.2.2】**（习题 2.1）　图 2.2.3 是集成运放 BG305 的偏置电路。设三极管的 $\beta$ 足够大。试估算基准电流 $I_R$ 以及各放大级的偏置电流 $I_{C13}$，$I_{C15}$ 和 $I_{C16}$.

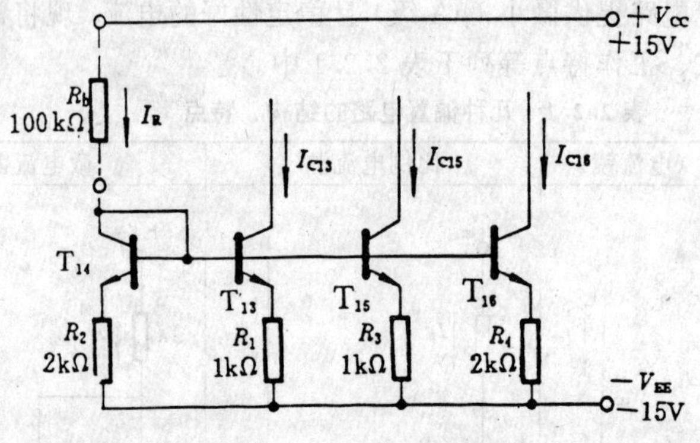


图 2.2.3　例 2.2.2 电路

**解**　本题练习比例电流源（多路）电路的分析方法。

$$I_R=\frac{V_{CC}-U_{BE14}-V_{EE}}{R_b+R_2}=\frac{15+15-0.7}{100+2}=0.29\text{mA}$$

各三极管的基极电位相等，即：

$$U_{BE14}+I_{E14}R_2=U_{BE13}+I_{E13}R_1=U_{BE15}+I_{E15}R_3=U_{BE16}+I_{E16}R_4$$

各管的 $U_{BE}$ 相等，因此有：

$$I_{C13}\approx I_{E13}=\frac{I_{E14}R_2}{R_1}\approx I_R\frac{R_2}{R_1}=0.29\times\frac{2}{1}=0.58\text{mA}$$

$$I_{C15}\approx I_{E15}=\frac{I_{E14}R_2}{R_3}\approx I_R\frac{R_2}{R_3}=0.29\times\frac{2}{1}=0.58\text{mA}$$

$$I_{C16}\approx I_{E16}=\frac{I_{E14}R_2}{R_4}\approx I_R\frac{R_2}{R_4}=0.29\times\frac{2}{2}=0.29\text{mA}$$

**（二）集成运放的输入级**

采用差动放大电路作为集成运放的输入级是抑制零点漂移的一个常用措施。**集成运放**

它是利用参数匹配的两个三极管组合在一起，形成对称式的电路结构形式。当零漂产生的干扰电压出现在两管的输出端时，由于它们是大小相等，相位相同的共模信号，则总输出为（两管输出之差）0，抑制了零漂。

**的输入级一般采用什么结构形式的电路？为什么？试比较三种基本形式差动放大电路的特点。**

1. 差动放大电路的三种基本形式

表 2.2.2 列出了差动放大电路三种基本形式的电路结构、性能特点等。

**【例 2.2.3】** 电路如图 2.2.4 所示。已知 $|V_{EE}|=V_{CC}=6V$，$U_{BE}=0.7V$，$R=10k\Omega$，$\beta_1=\beta_2=50$，$R_{C1}=R_{C2}=5.1k\Omega$，$R_e=5.1k\Omega$，$r_{bb'}=300\Omega$，$R_L=10.2k\Omega$.

（1）求静态工作点处的 $I_{B1}$，$I_{B2}$，$I_{C1}$，$I_{C2}$，$U_{CE1}$，$U_{CE2}$的值；

（2）求差模电压放大倍数 $A_d$ 和输入电阻 $R_{id}$和输出电阻 $R_o$ 的值。

**解** *本题练习长尾式差动放大电路的分析方法。*

（1）根据表 2.2.2 有关公式可列出

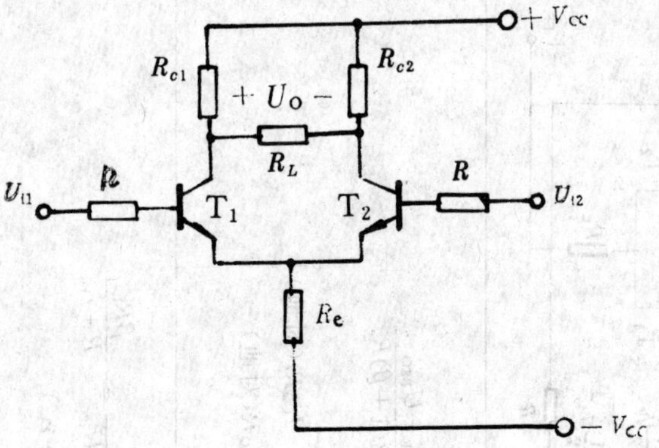


图 2.2.4　例 2.2.3 电路

$$I_{B1Q}=I_{B2Q}=\frac{V_{EE}-U_{BEQ}}{R+2(1+\beta)R_e}=\frac{6-0.7}{10+2(1+50)\times5.1}\approx0.01mA$$

$$I_{C1Q}=I_{C2Q}=\beta I_{BQ}=50\times0.01=0.5mA$$

$$U_{C1Q}=U_{C2Q}=V_{CC}-I_{CQ}R_c=6-0.5\times5.1=3.45V$$

$$U_{B1Q}=U_{B2Q}=-I_{BQ}R=-0.01\times10=-0.1V$$

$$U_{EQ}=V_{EE}+2I_{CQ}R_e=-6+2\times0.5\times5.1=-0.9V$$

$$U_{CE1Q}=U_{CE2Q}=U_{CQ}-U_{EQ}=3.45+0.9=4.35V$$

（2）根据表 2.2.2 有关公式可列出

$$A_d=\frac{U_o}{U_{i1}-U_{i2}}=-\frac{\beta R_L'}{R+r_{be}}=-\frac{50\times2.55}{10+3}=-9.8$$

〔该式中 $R_L'=R_c /\!/ \frac{R_L}{2}=2.55k\Omega, r_{be}=r_{bb'}+(1+\beta)\frac{26}{I_{EQ}}=300+(1+50)\times\frac{26}{0.5}\approx3k\Omega$〕

$$R_i=2(R+r_{be})=2(10+3)=26k\Omega$$

$$R_o=2R_c=2\times5.1=10.2k\Omega$$

表 2.2.2　差动放大电路的三种基本形式

| | 简 单 形 式 | 长 尾 式 | 恒 流 源 式 |
|---|---|---|---|
| 电路形式 | 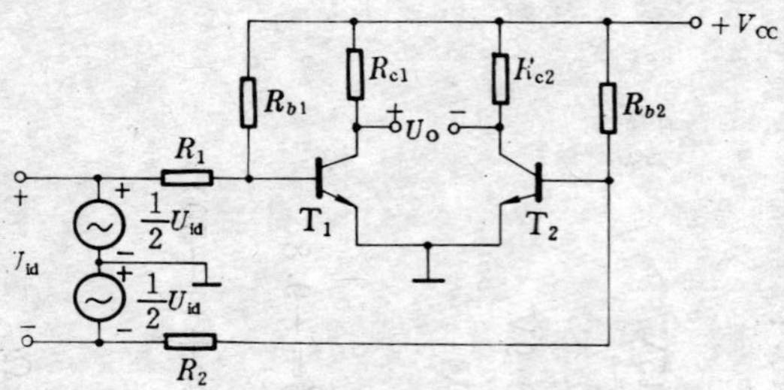 | 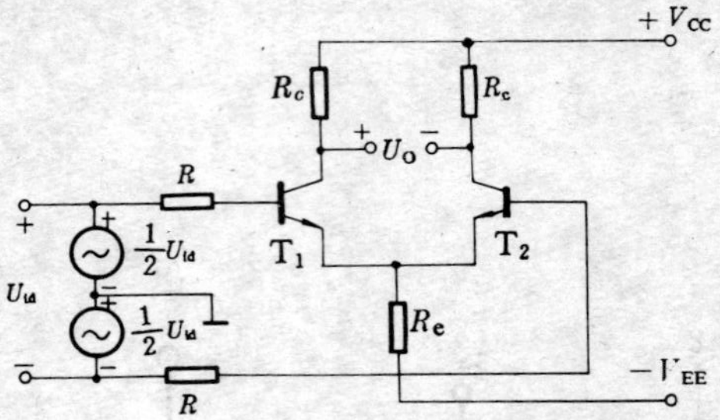 | 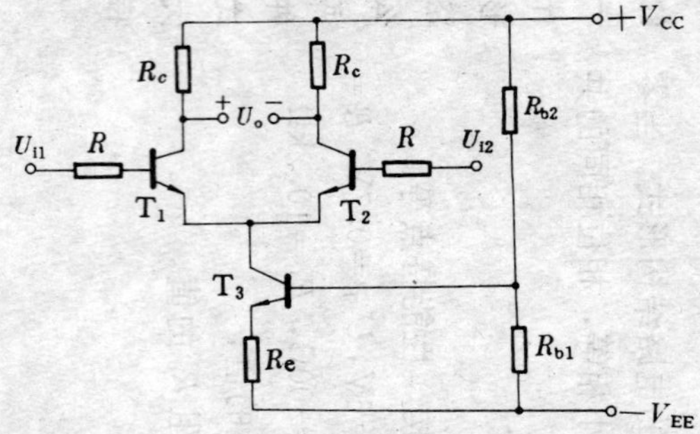 |
| 静态估算 | $I_{BQ}=\frac{V_{CC}-U_{BE}}{R_{b1}}$（设 $R_1$ 很大）<br>$I_{CQ}=\beta I_{BQ}$<br>$U_{CEQ}=V_{CC}-I_{CQ}R_c$ | $I_{BQ}=\frac{V_{EE}-U_{BEQ}}{R+2(1+\beta)R_e}$<br>$I_{CQ}=\beta I_{BQ}$<br>$U_{CQ}=V_{CC}-I_{CQ}R_c$（对地）<br>$U_{BQ}=-I_{BQ}R$（对地） | $I_{C3Q}\approx I_{E3Q}=[(V_{CC}-V_{EE})\frac{R_{b1}}{R_{b1}+R_{b2}}-U_{BE3}]/R_e$<br>$I_{CQ1}=I_{CQ2}\approx\frac{1}{2}I_{CQ3}$<br>$U_{CQ1}=U_{CQ2}=V_{CC}-I_{CQ1}R_c$（对地）<br>$I_{BQ1}=I_{BQ2}=\frac{I_{CQ1}}{\beta}$<br>$U_{BQ1}=U_{BQ2}=-I_{BQ1}R$（对地） |
| 动态分析 | $A_d=\frac{U_o}{U_{id}}=A_1$<br>$=-\frac{\beta R_L'}{R_1+r_{be}}(R_b\gg r_{be})$<br>$R_{id}\approx 2(R_1+r_{be})(R_b\gg r_{be})$<br>$R_o\approx 2R_c$ | $A_d=\frac{U_o}{U_{i1}-U_{i2}}=-\frac{\beta R_L'}{R+r_{be}}$<br>$R_{id}=2(R+r_{be})$<br>$R_o=2R_c$ | $A_d=\frac{U_o}{U_{i1}-U_{i2}}=-\frac{\beta R_L'}{R+r_{be}}$<br>$R_{id}=2(R+r_{be})$<br>$R_o=2R_c$ |
| 特点 | 1. 理想情况下：$A_d=A_1$，$A_c=0$；<br>2. 实际上不可能做到参数性能完全一致，因此仍存在零漂；<br>3. 单边三极管没有补偿作用 | 1. 利用 $R_e$ 的负反馈作用，使零漂在单边三极管的输出也得到抑制；<br>2. $R_e$ 对差模信号没影响，因此不影响放大倍数；<br>3. 增大 $R_e$ 或 $V_{EE}$ 可使抑制零漂的效果更好，但增大功耗 | 用三极管代替 $R_e$ 即可补偿长尾电路的不足 |

【例 2.2.4】 在图 2.2.5($a$)所示的长尾放大电路中，已知 $V_{CC}=|V_{EE}|=12V$，$U_{BEQ}=0.7V$，$\beta_1=\beta_2=50$，$r_{bb'}=300\Omega$，$R_{C1}=R_{C2}=30k\Omega$，$R_1=R_2=10k\Omega$，$R_e=24k\Omega$，$R_w=200\Omega$(设 $R_w$ 的活动端在中间位置).

(1) 画出电路的直流通路和交流通路；

(2) 试求电路的静态工作点；

(3) 试求电路的电压放大倍数、输入电阻和输出电阻。

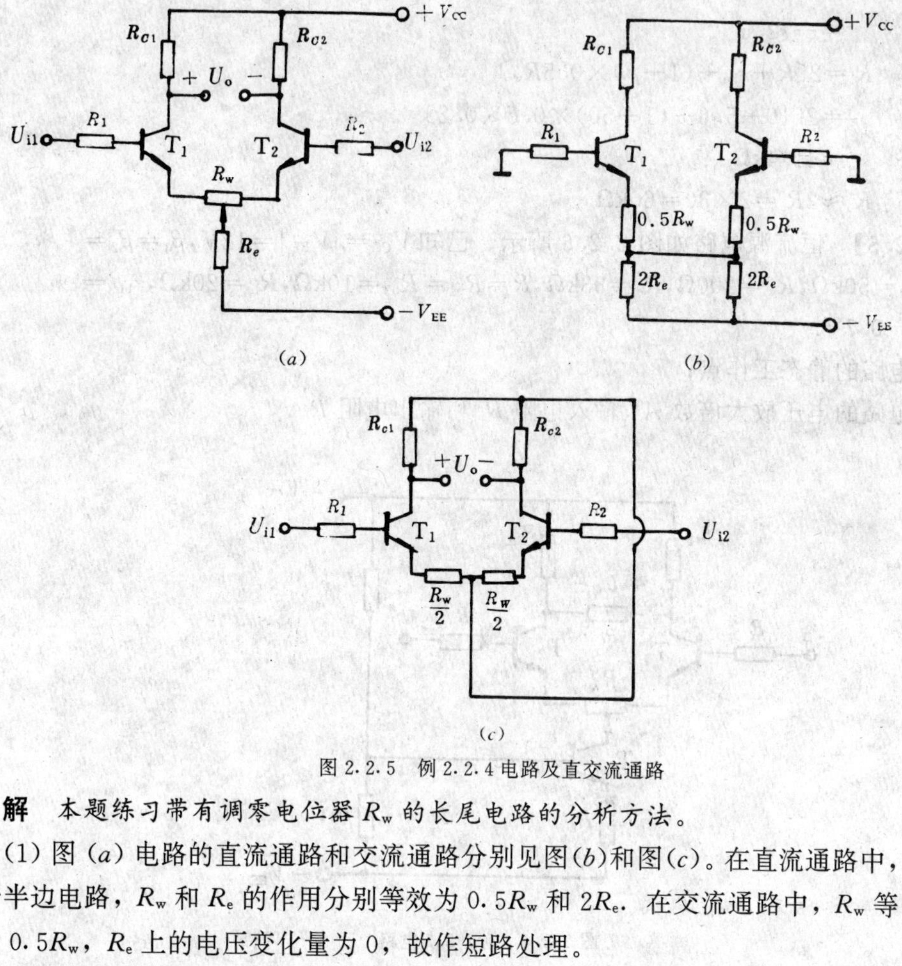


图 2.2.5 例 2.2.4 电路及直交流通路

**解** 本题练习带有调零电位器 $R_w$ 的长尾电路的分析方法。

(1) 图($a$)电路的直流通路和交流通路分别见图($b$)和图($c$)。在直流通路中，对于半边电路，$R_w$ 和 $R_e$ 的作用分别等效为 $0.5R_w$ 和 $2R_e$. 在交流通路中，$R_w$ 等效为 $0.5R_w$，$R_e$ 上的电压变化量为 0，故作短路处理。

(2) 根据图($b$)的直流通路可列出

$$I_{BQ}R_1+U_{BEQ}+I_{EQ}(0.5R_w+2R_e)=V_{EE}$$

故 $$I_{BQ}=\frac{V_{EE}-U_{BEQ}}{R_1+(1+\beta)(0.5R_w+2R_e)}=\frac{12-0.7}{10+(1+50)(0.5\times0.2+2\times24)}$$

$$=\frac{11.3}{2463}=0.0047mA=4.7\mu A$$

$$I_{CQ}=\beta I_{BQ}=50\times4.7=0.235mA$$

若认为 $U_B\approx0$，$U_{BEQ}\approx0$，则也可先求出 $I_{EQ}$.

$$I_{CQ}\approx I_{EQ}\approx\frac{V_{EE}}{0.5R_w+2R_e}=\frac{12}{0.5\times0.2+2\times24}=0.25mA$$

$$I_{BQ}=I_{CQ}/\beta=0.25/50=0.005\text{mA}$$

$$U_{CQ}=V_{CC}-I_{CQ}R_c=12-0.25\times30=4.5\text{V}$$

$$U_{BQ}=-I_{BQ}R_1=-4.7\mu\text{A}\times10=-0.047\text{V}\approx0\text{V}$$

(3) $$r_{be}=r_{bb'}+(1+\beta)\frac{26}{I_{EQ}}=300+(1+50)\times\frac{26}{0.25}=5.6\text{k}\Omega$$

$$A_d=-\frac{\beta R_c}{R+r_{be}+(1+\beta)\dfrac{R_w}{2}}=-\frac{50\times30}{10+5.6+(1+50)\times\dfrac{0.2}{2}}$$

$$=-72.5$$

$$R_i=2[R+r_{be}+(1+\beta)\times0.5R_w]$$

$$=2[10+5.6+(1+50)\times0.5\times0.2]$$

$$=41.4\text{k}\Omega$$

$$R_o\approx2R_c=2\times30=60\text{k}\Omega$$

**【例 2.2.5】** 恒流源电路如图 2.2.6 所示。已知 $V_{CC}=|V_{EE}|=12\text{V}$，$\beta_1=\beta_2=40$，$R_{c1}=R_{c2}=50\text{k}\Omega$，$R_w=200\Omega$，$R_e=33\text{k}\Omega$，$R=R_{b1}=R_{b2}=10\text{k}\Omega$，$R_L=20\text{k}\Omega$，$r_{bb'}=200\Omega$，$U_{BEQ}=0.7\text{V}$.

(1)求电路的静态工作点；

(2)求电路的电压放大倍数 $A_d$、输入电阻 $R_{id}$ 和输出电阻 $R_{od}$.

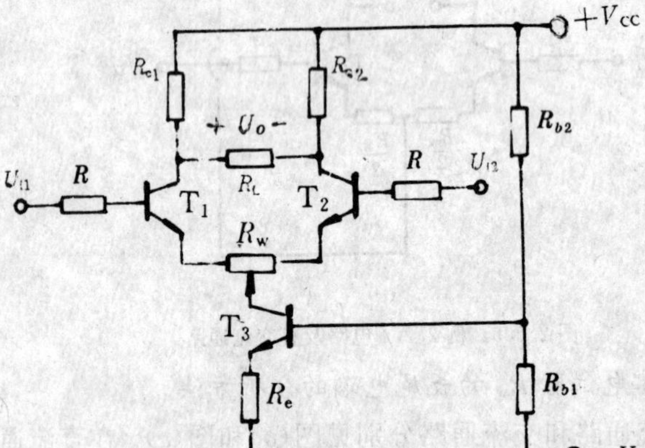


图 2.2.6 例 2.2.5 电路

**解** 本题练习含 $R_L$ 和调零电位器 $R_w$ 的恒流源电路的分析方法。

(1) $$I_{C3Q}\approx I_{E3Q}=\left[\frac{V_{CC}-(-V_{EE})}{R_{b1}+R_{b2}}\times R_{b1}-U_{BE3}\right]/R_e$$

$$=\left(\frac{12+12}{10+10}\times10-0.7\right)\Big/33$$

$$\approx0.34\text{mA}$$

$$I_{C1Q}=I_{C2Q}=\frac{1}{2}I_{C3Q}=\frac{1}{2}\times0.34=0.17\text{mA}$$

$$I_{B1Q}=I_{B2Q}=\frac{I_{C1Q}}{\beta}=\frac{0.17}{40}=0.0043\text{mA}$$

$$U_{C1}=U_{C2}=V_{CC}-I_{C1Q}\times R_c=12-0.17\times50=3.5\text{V}$$

(2)$r_{be}=r_{bb'}+(1+\beta)\dfrac{26}{I_E}=200+(1+40)\times\dfrac{26}{0.17}\approx 6.5\text{k}\Omega$

$$R'_L=R_c /\!/ \frac{R_L}{2}$$

$$A_d=-\frac{\beta R'_L}{R+r_{be}+(1+\beta)\dfrac{R_w}{2}}=-\frac{40\times\dfrac{50\times10}{50+10}}{10+6.5+(1+40)\times0.1}=-16.2$$

$$R_{id}=2\left[R+r_{be}+(1+\beta)\frac{R_w}{2}\right]=2\left[10+6.5+(1+40)\frac{0.2}{2}\right]=41.2\text{k}\Omega$$

$$R_{od}\approx 2R_c=2\times50=100\text{k}\Omega$$

2. 差动放大电路的四种接法

差动放大电路有两个输入端和两个输出端，故在信号的输入输出方式上可根据不同的需要进行选择。根据输入输出的不同方式，它可以有四种组合，即：**差动（双端）输入双端输出，差动（双端）输入单端输出，单端输入双端输出，单端输入单端输出**。四种接法的形式及电路性能汇总见教材 151 页表 2-1。

**差动放大电路有哪四种接法？试说明四种接法时 $A_{od}$，$R_i$，$R_o$ 的计算规律。**

可以看出：

1. 凡是双端输出形式，$A_d=A_1$（$R_L=R_c /\!/ \dfrac{R_L}{2}$），$R_o=2R_c$. 理想情况下，$K_{CMR}$ 很大，趋近无穷大。

2. 凡是单端输出形式，$A_d=\dfrac{1}{2}A_1$（$R_L=R_c /\!/ R_L$），$R_o=R_c$. $K_{CMR}$ 较高。

3. 不论哪种结构形式 $R_{id}=2$（$R+r_{be}$）.

**【例 2.2.6】** 电路如图 2.2.7（*a*）所示。已知 $V_{CC}=|V_{EE}|=15\text{V}$，$R_{c1}=R_{c2}=30\text{k}\Omega$，$R_1=R_2=5\text{k}\Omega$，$R_e=20\text{k}\Omega$，$R_L=10\text{k}\Omega$，$r_{be1}=r_{be2}=4\text{k}\Omega$，$\beta_1=\beta_2=50$.

（1）试求双端输出时的差模放大倍数 $A_d$、输入电阻 $R_{id}$ 和输出电阻 $R_o$；

（2）若电路改为从 $T_1$ 的集电极单端输出，求差模放大倍数 $A_d$ 和共模放大倍数 $A_c$，共模抑制比 $K_{CMR}$、输入电阻 $R_{id}$ 和输出电阻 $R_o$；

（3）在第(2)小题的条件下，设 $U_{i1}=5\text{mV}$，$U_{i2}=1\text{mV}$，则 $U_o=$？

（4）如果在 $T_1$，$T_2$ 的发射极接有 $R_w=200\Omega$ 的调零电位器（设滑动端在中间位置），此时若仍单端输出，$A_d$，$A_c$，$K_{CMR}$ 各为多少？

（5）假设集电极电阻不完全对称，$R_{c1}=30\text{k}\Omega$，$R_{c2}=29\text{k}\Omega$，$R_w=0$，$R_L=\infty$，其它参数不变，试求双端输出时的 $K_{CMR}$.

**解** 本题练习长尾式电路（单端输出和双端输出）的分析方法。

（1）双端输出时：

$$A_d=-\frac{\beta R'_L}{R+r_{be}}=-\frac{\beta\left(R_c /\!/ \dfrac{R_L}{2}\right)}{R+r_{be}}=-\frac{50\times\dfrac{30\times5}{30+5}}{5+4}=-23.8$$

$$R_{id}=2(R+r_{be})=2(5+4)=18\text{k}\Omega$$

$$R_o=2R_c=2\times30=60\text{k}\Omega$$

（2）单端输出时：

$$A_d=-\frac{1}{2}\frac{\beta R'_L}{R+r_{be}}=-\frac{50\times7.5}{2\times(5+4)}=-20.8\ (R'_L=R_c /\!/ R_L=7.5\text{k}\Omega)$$

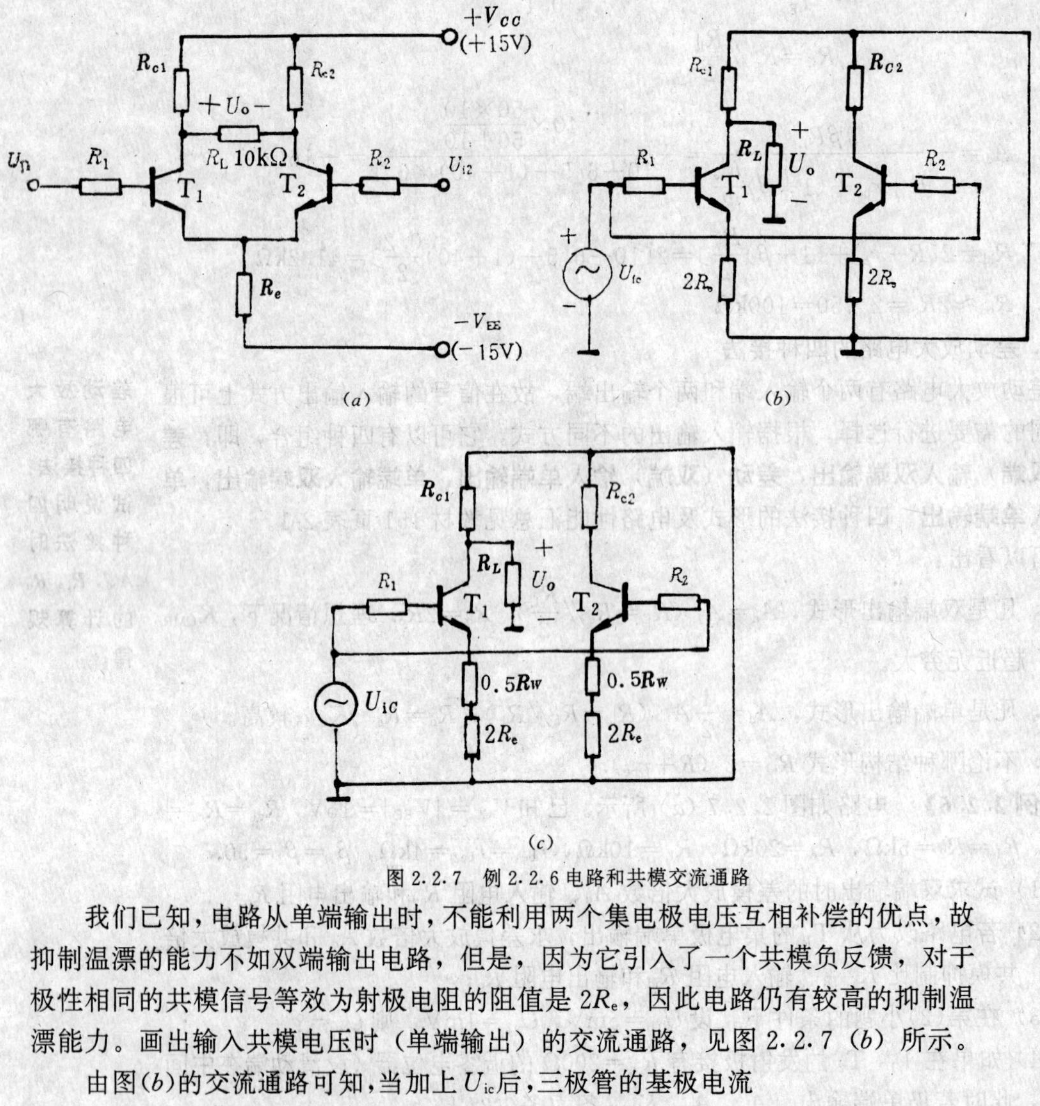


图 2.2.7　例 2.2.6 电路和共模交流通路

我们已知，电路从单端输出时，不能利用两个集电极电压互相补偿的优点，故抑制温漂的能力不如双端输出电路，但是，因为它引入了一个共模负反馈，对于极性相同的共模信号等效为射极电阻的阻值是 $2R_e$，因此电路仍有较高的抑制温漂能力。画出输入共模电压时（单端输出）的交流通路，见图 2.2.7（$b$）所示。

由图($b$)的交流通路可知，当加上 $U_{ic}$后，三极管的基极电流

$$I_B=\frac{U_{ic}}{R+r_{be}+(1+\beta)2R_e}$$

集电极电流为

$$\begin{aligned}
I_C &=\beta I_B\\
U_o=U_{c1}&=-I_C(R_c/\!/R_L)\\
&=-\beta I_B(R_c/\!/R_L)\\
&=-\beta\frac{U_{ic}}{R+r_{be}+(1+\beta)2R_e}\cdot(R_c/\!/R_L)
\end{aligned}$$

则可得单端输出时共模电压放大倍数

$$\begin{aligned}
A_c&=\frac{U_o}{U_{ic}}=-\frac{\beta U_{ic}(R_c/\!/R_L)}{[R+r_{be}+(1+\beta)2R_e]U_{ic}}\\
&=-\frac{\beta(R_c/\!/R_L)}{R+r_{be}+(1+\beta)2R_e}
\end{aligned}\qquad(2.2.1)$$

$$=-\frac{50\times\frac{30\times10}{30+10}}{5+4+(1+50)\times2\times20}$$

$$=-\frac{50\times7.5}{2049}=-0.183$$

$$K_{CMR}=\left|\frac{A_d}{A_c}\right|=\left|\frac{-20.8}{-0.18}\right|\approx115$$

$$R_{id}=2(R+r_{be})=18\text{k}\Omega$$

$$R_o=R_c=30\text{k}\Omega$$

(3) $$U_{id}=U_{i1}-U_{i2}=5-1=4\text{mV}$$

$$U_{ic}=\frac{1}{2}(U_{i1}+U_{i2})=\frac{1}{2}\times(5+1)=3\text{mV}$$

$$U_o=A_dU_{id}+A_cU_{ic}=(-20.8)\times4+(-0.18)\times3$$

$$=-83.2-0.54=-83.74\text{mV}$$

(4) 画出接有调零电位器 $R_w$ 时输入共模信号 $U_{ic}$ 单端输出时的交流通路见图 2.2.7 ($c$) 所示。

$$A_d=-\frac{1}{2}\times\frac{\beta R_L'}{R+r_{be}+(1+\beta)\times0.5R_w}$$

$$=-\frac{1}{2}\times\frac{50\times7.5}{5+4+51\times0.5\times0.2}=-13.3$$

(参照式 2.2.1) $$A_c=-\frac{\beta R_L'}{R+r_{be}+(1+\beta)(2R_e+\frac{R_w}{2})}$$

$$=-\frac{50\times7.5}{5+4+(1+50)(2\times20+\frac{0.2}{2})}$$

$$=-\frac{375}{2054.1}=-0.182$$

$$K_{CMR}=\left|\frac{A_d}{A_c}\right|=\left|\frac{-13.3}{-0.18}\right|=74$$

(5) 当 $R_{c1}$ 和 $R_{c2}$ 数值不相同时

$$A_d=U_{c1}-U_{c2}=-\frac{1}{2}\frac{\beta R_{c1}}{R+r_{be}}-\frac{1}{2}\frac{\beta R_{c2}}{R+r_{be}}$$

$$=-\frac{\beta}{2(R+r_{be})}(R_{c1}+R_{c2})$$

$$=-\frac{50}{2(5+4)}\times(30+29)$$

$$=-163.9$$

根据图($b$)的共模交流通路(若 $R_L=\infty$,双端输出)可得

$$A_c=U_{c1}-U_{c2}=-\frac{\beta R_{c1}}{R+r_{be}+(1+\beta)2R_e}-\left(-\frac{\beta R_{c2}}{R+r_{be}+(1+\beta)2R_e}\right)$$

$$=-\frac{\beta}{R+r_{be}+(1+\beta)2R_e}(R_{c1}-R_{c2})$$

$$=-\frac{50}{5+4+(1+50)\times2\times20}(30-29)$$

$$=-0.024$$

$$K_{CMR}=\left|\frac{A_d}{A_c}\right|=\left|\frac{-163.9}{-0.024}\right|\approx 6829$$

从例 2.2.6 的分析可以看出：

1. 单端输 出其 $A_d$ 约为双端输出的一半。

2. 共模抑制比 $K_{CMR}$的比较

(1) 第 1 小题：双端输 出，参数对称，理想情况下 $A_c=0$，$K_{CMR}=\infty$.

(2) 第 2 小题：单端输出，参数对称，$A_c$ 增加($A_c=-0.183$)，$A_d$ 减小，($A_{c1}\approx\frac{1}{2}A_{d1}=-20.8$)，故 $K_{CMR}$减小 ($K_{CMR}=115$)。

(3)第 4 小题：单端输 出，参数对称，接有调零电位器，$A_d$ 减小($A_d=-13.3$)，$A_c$ 略减小 ($A_c=-0.182$)，故 $K_{CMR}$减小 ($K_{CMR}=74$)。

(4) 第 5 小题：双端输出，参数不对称 ($R_{c1}>R_{c2}$)，$A_d\approx A_1(A_d=-163.9)$，$A_c$ 的数值小于理想情况，但大于单端输出情况 ($A_c=-0.024$，$K_{CMR}=6829$)。

通过以上几种情况的分析，抑制零漂的能力一般顺序为：

(1) 差动输入双端输出 (理想情况)；

(1) 差动输入双端输出；

(3) 差动输入单端输出；

(4) 差动输入单端输出($T_1$，$T_2$ 接有调零电位器)。

**【例 2.2.7】** 试求图 2.2.8 的各种恒流源差动放大电路的 $A_d$，$R_{id}$和 $R_o$. 已知 $V_{CC}=|V_{EE}|=10V$，$R=2k\Omega$，$R_c=12k\Omega$，$R_e=4.7k\Omega$，稳压管 $U_z=5.3V$，三极管的 $\beta$ 均为 50，$r_{bb'}$均为 300Ω，$U_{BEQ}=0.6V$。

**解** 本题练习恒流源差动放大电路不同接法时的分析方法。

虽然要求解的是动态参数，但因 $A_d$ 与 $r_{be}$值有关，而 $r_{be}$又与 $I_{CQ}$有关，因此往往要从某些静态参数入手。

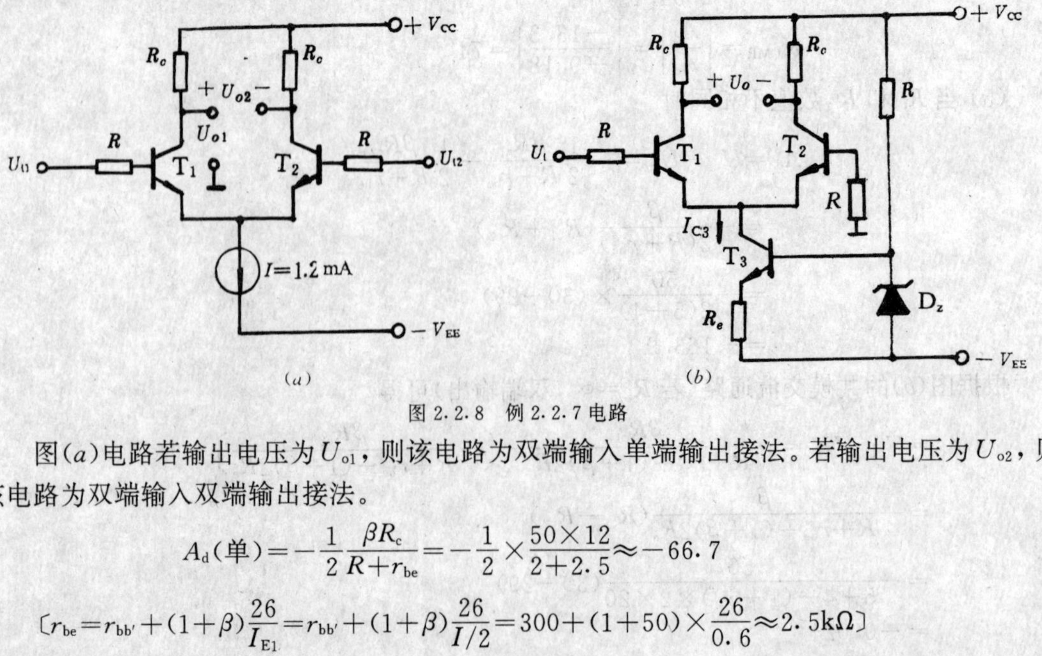


图 2.2.8 例 2.2.7 电路

图($a$)电路若输出电压为 $U_{o1}$，则该电路为双端输入单端输出接法。若输出电压为 $U_{o2}$，则该电路为双端输入双端输出接法。

$$A_d(单)=-\frac{1}{2}\frac{\beta R_c}{R+r_{be}}=-\frac{1}{2}\times\frac{50\times 12}{2+2.5}\approx -66.7$$

$$\left[r_{be}=r_{bb'}+(1+\beta)\frac{26}{I_{E1}}=r_{bb'}+(1+\beta)\frac{26}{I/2}=300+(1+50)\times\frac{26}{0.6}\approx 2.5k\Omega\right]$$

$$A_d(双)=-\frac{\beta R_c}{R+r_{be}}\approx -133$$

$R_{id}=2(R+r_{be})=2(2+2.5)=9\text{k}\Omega$

$R_o(单)=R_c=12\text{k}\Omega$

$R_o(双)=2R_c=24\text{k}\Omega$

图(*b*)电路为单端输入双端输出接法。

$$I_{E1}=\frac{1}{2}I_{C3}\approx\frac{1}{2}I_{E3}=\frac{1}{2}\frac{U_z-U_{BE3}}{R_e}=\frac{1}{2}\times\frac{5.3-0.6}{4.7}$$

$$=0.5\text{mA}$$

$$r_{be}=r_{bb'}+(1+\beta)\frac{26}{I_{E1}}=300+(1+50)\times\frac{26}{0.5}\approx 3\text{k}\Omega$$

$$A_d=-\frac{\beta R_c}{R+r_{be}}=-\frac{50\times 12}{2+3}=-120$$

$$R_{id}=2(R+r_{be})=10\text{k}\Omega$$

$$R_o=2R_c=24\text{k}\Omega$$

**（三）集成运放的中间级**

**为提高电压放大倍数，集成运放的中间级一般采用什么结构形式的电路？**

集成运放中间级的主要任务有四条：

1. 具有足够大的电压放大倍数；
2. 具有较高的输入电阻；
3. 完成单、双端输入、输出之间的转换；
4. 向输出端提供较大的驱动电流。

选用有源负载和复合管的结构形式是中间级常采用的方法。

已知共射、共基组态的放大电路中，电压放大倍数$|A_u|=\frac{\beta R_c}{r_{be}}$，集电极电阻 $R_c$ 越大，电压放大倍数$|A_u|$也越大。可是在集成电路中，制作大电阻是很困难的。因此常采用一个三极管来代替负载电阻 $R_c$，把这三极管称为**有源负载**。另外也有采用**复合管**的结构形式来提高电压放大倍数的。

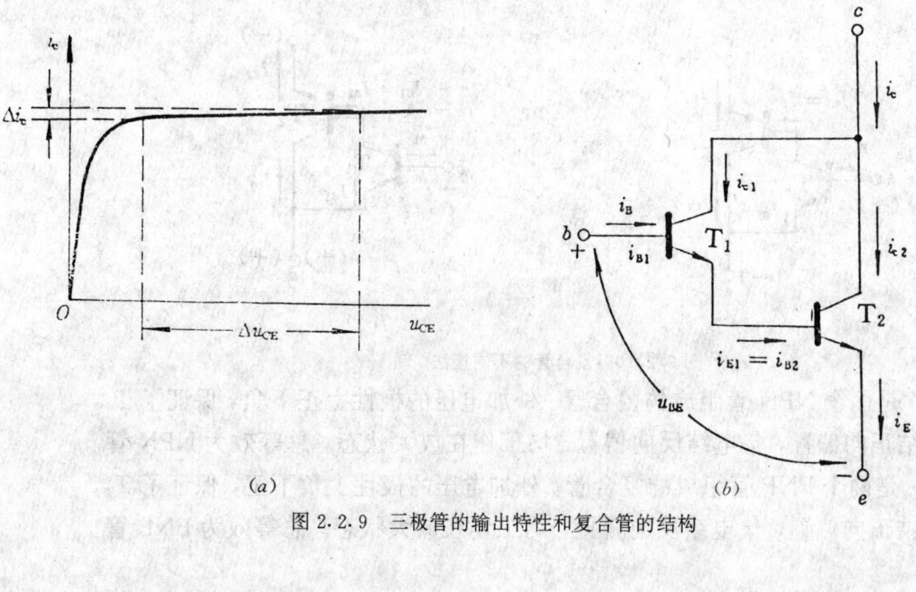


图 2.2.9　三极管的输出特性和复合管的结构

由图 2.2.9 ($a$) 所示的三极管输出特性可以看出，集电极的等效电阻 $r_{ce}=\dfrac{\Delta u_{CE}}{\Delta i_C}$是很大的，用三极管代替 $R_c$ 可得到较大的电压放大倍数。

由图 2.2.9 ($b$) 所示的两个三极管复合在一起的复合三极管形式可以看出

$$\Delta i_B=\Delta i_{B1}$$

$$\begin{aligned}\Delta i_C&=\Delta i_{C1}+\Delta i_{C2}=\beta_1\Delta i_{B1}+\beta_2(1+\beta_1)\Delta i_{B1}\\&=(\beta_1+\beta_2+\beta_1\beta_2)\Delta i_{B1}\end{aligned}$$

$$\beta=\frac{\Delta i_C}{\Delta i_B}=\beta_1+\beta_2+\beta_1\beta_2\approx\beta_1\beta_2$$

$$\begin{aligned}r_{be}&=\frac{\Delta u_{BE}}{\Delta i_B}=\frac{\Delta i_{B1}r_{be1}+\Delta i_{E1}r_{be2}}{\Delta i_B}\\&=r_{be1}+(1+\beta_1)r_{be2}\end{aligned}$$

可见采用复合管的结构形式，既可使 $\beta$ 增大，也可提高输入电阻。

复合管有各种不同的连接方法，见图 2.2.10 所示。其原则是：

1. 保证前级三极管的输出电流与后级三极管的输入电流形成适当的通路；

2. 外加电压的极性应使每个三极管均工作在放大状态。

**要使复合管正常工作，其组成原则是什么？**

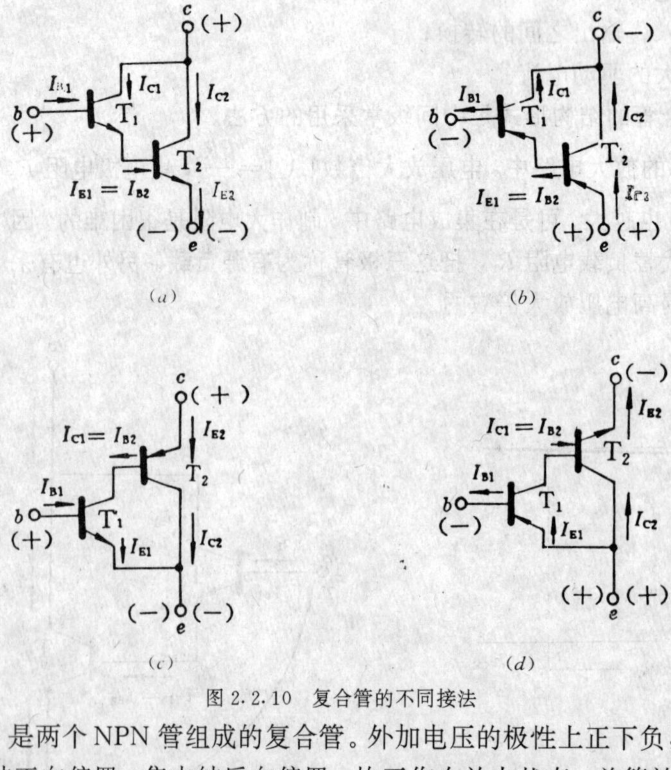


图 2.2.10 复合管的不同接法

图 ($a$) 是两个 NPN 管组成的复合管。外加电压的极性上正下负，保证了 $T_1$，$T_2$ 的发射结正向偏置，集电结反向偏置，均工作在放大状态。总等效为 NPN 管。

图 ($b$) 是两个 PNP 管组成的复合管。外加电压的极性上负下正，保证了 $T_1$，$T_2$ 的发射结正向偏置，集电结反向偏置，均工作在放大状态。总等效为 PNP 管。

图（$c$）和图（$d$）为两个不同类型的三极管组成的复合管。图（$c$）中 $T_1$ 为 NPN 管，$T_2$ 为 PNP 管。外加电压的极性上正下负，使 NPN 管集电极电位最高，发射极电位最低、使 PNP 管发射极电位最高，集电极电位最低，均符合发射结正偏，集电结反偏的要求。另外 $T_1$ 的输出电流 $i_{C1}$ 就是 $T_2$ 的输入电流 $i_{B2}$，两者方向一致且正好形成通路。从外部 b，c，e 三个电极及电流方向来看，总等效为 NPN 管。

图（$d$）中 $T_1$ 为 PNP 管，$T_2$ 为 NPN 管。外加电压的极性上负下正，使 NPN 管集电极电位最高，发射极电位最低，PNP 管集电极电位最低，发射极电位最高，符合发射结正偏，集电结反偏的要求。另外，$T_1$ 的输出电流 $i_{C1}$ 就是 $T_2$ 的输入电流 $i_{B2}$，两者方向一致，正好形成通路。从 b，c，e 三个电极及电流方向来看，总等效为 PNP 管。

从图 2.2.10 还可以看出：

试说明两个同类型和不同类型的三极管组成的复合管电流放大系数、输入电阻的计算规律。

图（$a$）和图（$b$）是由两个相同类型的三极管组成的复合管。其 $I_{E1}=I_{B2}$. 总的电流放大系数

$$\begin{aligned}\beta &= \frac{\Delta i_C}{\Delta i_B}=\frac{\Delta i_{c1}+\Delta i_{c2}}{\Delta i_{B1}}=\frac{\beta_1\Delta i_{B1}+\beta_2\Delta i_{B2}}{\Delta i_{B1}}\\ &=\frac{\beta_1\Delta i_{B1}+\beta_2(1+\beta_1)\Delta i_{B1}}{\Delta i_{B1}}=\beta_1+(1+\beta_1)\beta_2\\ &=\beta_1+\beta_2+\beta_1\beta_2\approx\beta_1\beta_2\end{aligned}$$

$$r_{be}=r_{be1}+(1+\beta_1)r_{be2}$$

图($c$)和图($d$)是由两个不同类型的三极管组成的复合管。其 $I_{C1}=I_{B2}$. 总的电流放大系数

$$\begin{aligned}\beta &= \frac{\Delta i_C}{\Delta i_B}=\frac{\Delta i_{C1}+\Delta i_{C2}}{\Delta i_{B1}}=\frac{\beta_1\Delta i_{B1}+\beta_2\Delta i_{B2}}{\Delta i_{B1}}=\frac{\beta_1\Delta i_{B1}+\beta_2\Delta i_{C1}}{\Delta i_{B1}}\\ &=\frac{\beta_1\Delta i_{B1}+\beta_2\beta_1\Delta i_{B1}}{\Delta i_{B1}}=\beta_1+\beta_1\beta_2\approx\beta_1\beta_2\end{aligned}$$

$$r_{be}=r_{be1}$$

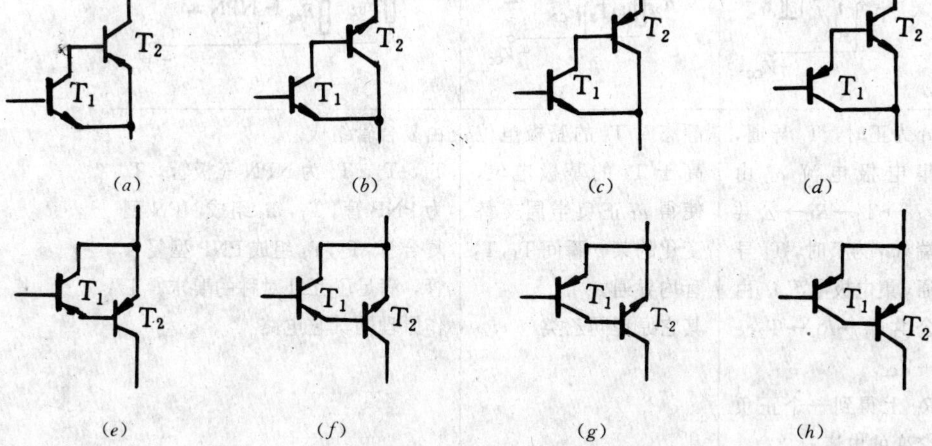


图 2.2.11 例 2.2.8 中的复合管

【例 2.2.8】 试判断图 2.2.11 中各种复合管连接是否正确。如有错，请以 $T_1$ 为基准加以改正，并写出复合管电流放大系数 $\beta$ 与 $\beta_1$，$\beta_2$ 间的关系式和等效晶体管的型号，写出复合管输入电阻表达式。

**解** 本题练习复合管正常工作的分析方法。

本题中除图 (*c*) 能正常工作外，其余在两管的接法上都有错误。若以 $T_1$ 为基准，改正后的连接方法见图 2.2.12 所示。

图(*a*)，(*b*)，(*c*)复合管为 NPN 型，图(*d*)，(*e*)，(*f*)，(*g*)，(*h*)复合管为 PNP 型。

图 (*a*)，(*b*)，(*c*)，(*g*)，(*h*)为两个不同类型的三极管组成的复合管，$\beta=\beta_1+\beta_1\beta_2\approx\beta_1\beta_2$，$r_{be}=r_{be1}$；图(*d*)，(*e*)，(*f*)为两个同类型的三极管组成的复合管，$\beta=\beta_1+\beta_2+\beta_1\beta_2\approx\beta_1\beta_2$，$r_{be}=r_{be1}+(1+\beta_1)r_{be2}$。

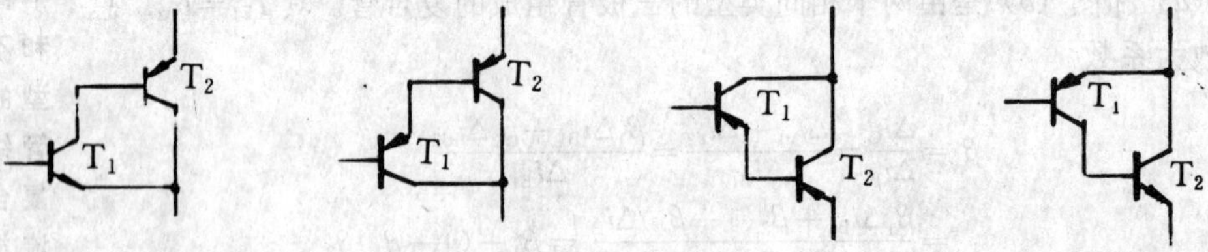


图 (*a*) 和 (*b*)　　图 (*d*)　　图 (*e*) 和 (*f*)　　图 (*g*) 和 (*h*)

图 2.2.12 改接后的复合管

集成运放输出级常采用哪几种结构形式，各有什么特点？

**表 2.2.3 集成运放输出级电路结构及性能比较**

| | 乙类互补对称输出级 | 甲乙类互补对称输出级 | 准互补对称输出级 |
|---|---|---|---|
| 电路 | 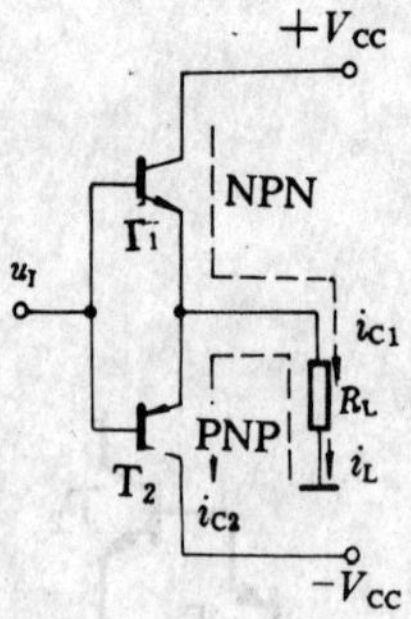 | 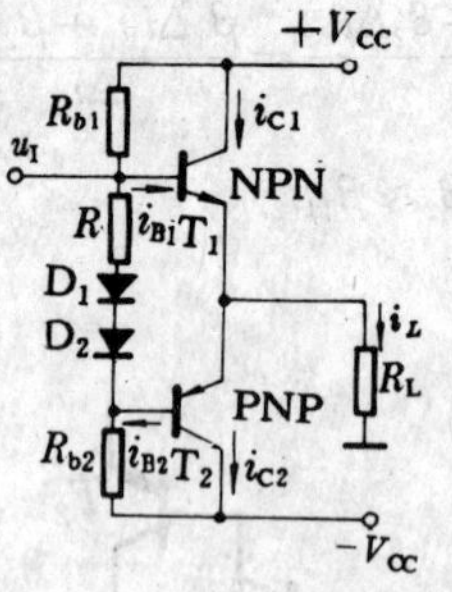 | 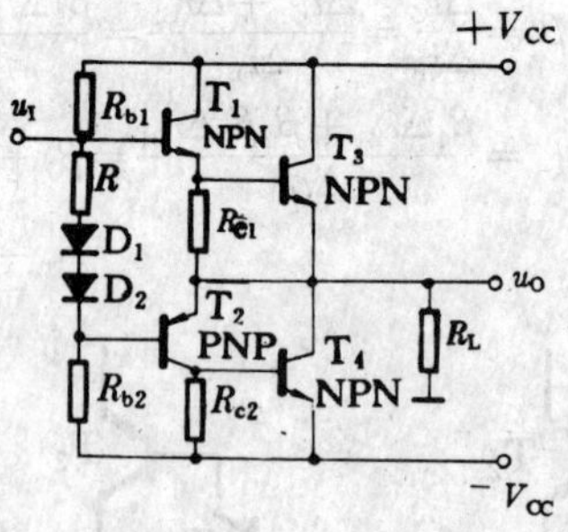 |
| 工作原理 | $u_I$ 为正时，$T_1$ 导通，集电极电流 $i_{C1}$ 由 $V_{CC}$→$T_1$→$R_L$→公共端。$u_I$ 为负时，$T_2$ 导通，集电极电流 $i_{C2}$ 由公共端→$R_L$→$T_2$→$-V_{CC}$。$R_L$ 上得到一个正负交变的电流 $i_L$ | 静态时 $T_1$ 的基极电位高于 $T_2$ 的基极电位，使得 $u_I$ 正负半周交替变化的某一瞬间 $T_1$，$T_2$ 管均导通。其它原理同乙类 | 由复合管组成。$T_1$，$T_3$，$T_4$ 为 NPN 三极管，$T_2$ 为 PNP 管。$T_1$，$T_3$ 组成 NPN 型复合管，$T_2$，$T_4$ 组成 PNP 型复合管，满足了互补对称的要求。工作原理同其它电路 |

续表

| | 乙类互补对称输出级 | 甲乙类互补对称输出级 | 准互补对称输出级 |
|---|---|---|---|
| 特点 | 1. 结构对称，两管轮流导电，互为补充——互补对称；<br>2. 每管导电 180°——乙类；<br>3. 效率高；<br>4. 输出波形出现交越失真 | 1. 两管轮流导电，互为补充——互补对称；<br>2. 每管导电角略大于 180°，且小于 360°——甲乙类；<br>3. 交越失真减小 | 1. $T_3$，$T_4$ 可选同一类型大功率三极管，实现良好的匹配；<br>2. 当要求中间级提供很大的驱动电流较困难时，可在输出级采用复合管；<br>3. 失真减小 |

**（四）集成运放的输出级**

对集成运放输出级的主要要求有三条：

1. 能向负载提供足够大的输出功率且减小非线性失真；
2. 输出电阻小，以提高电路的带负载能力；
3. 有过载保护措施以防输出短路或电流过大损坏器件。

采用共集电路的互补对称输出级是运放输出级常采用的电路结构形式。

现将集成运放常采用的输出级结构形式归纳于表 2.2.3 中。

## 2.3 集成运放的主要技术指标和选择原则

**（一）集成运放的主要技术指标**

集成运放性能的主要技术指标归纳见教材 160 页。

**（二）集成运算放大器选择原则**

根据性能的不同，集成运算放大器可分为“通用型”和“专用型”两大类，归纳如下：

集成运算放大器
- 通用型
- 专用型
  - 低功耗型
  - 高精度型
  - 高输入阻抗型
  - 高速宽带型
  - 高压型
  - 其它（斩波稳零型、跨导型、程控型、电流型）

通用型运算放大器的直流特性较好，性能上能满足许多领域的应用要求，而且价格便宜，因此用途广泛。教材中介绍的 F007 和 C14573 均属这个类型。专用型集成运算放大器包含的类型较多，它们的某些性能满足一些特殊应用的要求。

选用集成运算放大器，应在满足电气性能的前提下，选择价格低廉的产品。一般从以下几个方面考虑：

1. 如果没有特殊要求，选用通用型集成运放。在通用型系列运放中，有单运放、双运放和四运放。如果一个电路中包含两个以上的运放，可考虑选用双运放或四运放。这样既有助于简化电路，又可缩小体积，降低成本。尤其是要求几路对称时，多运放更显示出其优越性。

2. 如果系统使用中对能源有严格的限制，可选择低功耗集成运算放大器。

3. 如果系统要求比较精密，漂移小，噪声低，可选择高精度低漂移低噪声集成运算放大器。

4. 如果系统要求运放具有很高的输入阻抗，可选择高输入阻抗集成运算放大器。

5. 如果要求系统的工作频率很高，可选择高速及宽带集成运算放大器。

6. 如果系统的工作电压很高且要求运算放大器的输出电压也很高，可选择高压运算放大器。

7. 其它运算放大器，如跨导运放、程控运放、电流型运放等，可根据实际需要选用。

## 三、自我检测题和部分习题参考答案

### 自我检测题答案

**（一）选择填空**

1. $c$。 2. $c$，$b$，$a$。 3. $b$。 4. $b$，$c$，$b$。 5. $b$，$a$。 6. $b$。 7. $c$。 8. $a$。
9. ∞，∞，∞，0，0，0，0，0，∞，∞。

**（二）判断以下结论是否正确，并在相应的括弧中填√或×**

1. √ 2. × 3. √ 4. × 5. × 6. √

**（三）填空**

1. 直接。 2. 输入级，中间级，输出级，偏置电路。 3. 给各个放大级提供适当的偏置电流，确定静态工作点，镜像电流源、比例电流源、微电流源。
4. 差动放大，互补对称。 5. 直流负反馈。 6. 0.1。 7. 足够大的电压放大倍数。 8. 恒流源。 9. (1) 0.5mA。(2) 5V。(3) −125。(4) 8。(5) 20。

### 部分习题和思考题答案

**【习题 2.2】** $R_e \approx 2.4\text{k}\Omega$

**【习题 2.5】** $I_{B1Q}=I_{B2Q}\approx\dfrac{V_{EE}}{R+(1+\beta)(0.5R_w+2R_e)}\approx 0.005\text{mA}$

$I_{C1Q}=I_{C2Q}=\beta I_{B1Q}=0.25\text{mA}$

$U_{BQ}=-I_{B1Q}\times R=-0.01\text{V}$

$U_{CQ}=V_{CC}-I_{C1Q}R_c=4.5\text{V}$

$$A_d=\frac{-\beta R_L'}{R+r_{be}+(1+\beta)\dfrac{R_w}{2}}=-\frac{50\times 7.5}{2+5.6+(1+50)\times 0.1}$$

$$\approx -29.5$$

$$R_{id}=2\left[R+r_{be}+(1+\beta)\frac{R_w}{2}\right]=25.4\text{k}\Omega$$

$$R_o=2R_c=60\text{k}\Omega$$

**【习题 2.6】** $$A_d=\frac{1}{2}\frac{\beta R_L'}{R+r_{be}+(1+\beta)\frac{R_w}{2}}=23.6$$

$$R_{id}=25.4\text{k}\Omega$$

$$R_o=R_c=30\text{k}\Omega$$

$$A_c=\frac{U_{C2}}{U_{ic}}=\frac{\beta R_L'}{R+r_{be}+(1+\beta)(2R_e+0.5R_w)}$$

$$=\frac{50\times\frac{30\times20}{30+20}}{2+5.6+(1+50)(2\times24+0.1)}=0.24$$

$$K_{CMR}=\left|\frac{A_d}{A_c}\right|=98$$

**【习题 2.7】** $$U_{id}=U_{i1}-U_{i2}=9-5=4\text{mV}$$

$$U_{ic}=\frac{1}{2}(U_{i1}+U_{i2})=7\text{mV}$$

$$U_o=A_dU_{id}+A_cU_{ic}=23.6\times4+0.24\times7=96.08\text{mV}$$

**【习题 2.8】** $$I_{E3Q}=\left(V_{EE}\frac{R_{b1}}{R_{b1}+R_{b2}}-U_{BE3}\right)/R_e\approx0.1\text{mA}$$

$$I_{C1Q}=I_{C2Q}=\frac{1}{2}I_{E3Q}=0.05\text{mA}$$

$$U_{C1Q}=U_{C2Q}=V_{CC}-I_{C1Q}R_c=6.65\text{V}$$

$$A_d=-\frac{\beta R_c}{R+r_{be}}\approx-259（设\ r_{bb'}=300\Omega）$$

**【习题 2.9】** $U_{CQ1}=V_{CC}-I_{C1Q}R_c=V_{CC}-\frac{1}{2}I_{C3Q}R_c=V_{CC}-\frac{1}{2}\frac{U_z-U_{BE3Q}}{R_e}\cdot R_c$，代入数据，可解得 $R_e=3.3\text{k}\Omega$.

$$A_d=-\frac{\beta R_L'}{R+r_{be}}=-\frac{\beta\left(R_c/\!/\frac{R_L}{2}\right)}{R+r_{be}}=-15.13$$

当电源电压改为±18V 时，

$I_{C1Q}=\frac{1}{2}\frac{U_z-U_{BE3Q}}{R_e}$基本不变，

$U_{C1Q}=V_{CC}-I_{C1Q}R_c$ 增加，

$A_d=\frac{\beta R_L'}{R+r_{be}}$ ∵$I_{C1Q}$基本不变，$r_{be}$基本不变，故 $A_d$ 基本不变。

**【习题 2.12】** 图(*a*)，(*c*)，(*d*)，(*e*)接法有错；图(*b*)，(*f*)接法正确。

图(*b*)等效为 PNP 管。$\beta\approx\beta_1\beta_2$，$r_{be}=r_{be1}+(1+\beta_1)r_{be2}$.

图(*f*)等效为 NPN 管。$\beta\approx\beta_1\beta_2$，$r_{be}=r_{be1}$.

# 第三章　负反馈放大电路

## 一、教学安排与教学要求

### （一）教学安排

本章共 9 学时：录像 7 学时，面授 2 学时。具体安排如下：

1. 录像内容：

（1）反馈的概念和分类；

（2）负反馈的四种组态及反馈的一般表示法（一）；

（3）负反馈的四种组态及反馈的一般表示法（二）；

（4）负反馈对放大电路性能的影响（一）；

（5）负反馈对放大电路性能的影响（二）；

（6）负反馈放大电路的分析计算；

（7）负反馈放大电路的自激与消振。

2. 面授内容

（1）深度负反馈放大电路近似估算举例；

（2）负反馈放大电路应用举例。

### （二）教学要求

1. 重点掌握的内容

（1）反馈的概念和种类，反馈的类型和极性的判断方法；

（2）电压串联负反馈电路在深度负反馈条件下，电压放大倍数的估算方法。

2. 一般掌握的内容

（1）电压并联、电流并联和电流串联负反馈电路在深度负反馈条件下电压放大倍数 $A_{uf}$（$A_{usf}$）的估算方法；

（2）引入负反馈后对放大电路性能的影响，负反馈放大电路放大倍数一般表达式$\dot{A}_f=\dfrac{\dot{A}}{1+\dot{A}\dot{F}}$的意义；

（3）负反馈放大电路产生自激振荡的条件。

3. 一般了解的内容

（1）根据要求在放大电路中引入适当的反馈；

（2）反馈放大电路自激振荡的消振措施。

## 二、重点和难点的分析

### 3.1 概　　述

反馈是改善放大电路性能的一种重要方法，几乎在所有的电子设备和放大电路中都引入了各种形式的反馈。

**（一）放大电路中的反馈**

将放大电路输出信号（电压或电流）的一部分或全部，通过某种电路形式（反馈网络）馈送回电路的输入回路并影响输入信号，这种电压或电流的回送过程称为**反馈**。例如在图 3.1.1 (*a*) 所示的工作点稳定电路中，$I_C$ 在 $R_e$ 上的压降把输出量的一部分（$U_E=I_CR_e$）反送回输入回路，使 $U_{BE}=U_i-U_E$，见图(*b*)。另外可看出，$R_e$ 是输入回路和输出回路的公共电阻，称之为反馈元件。$I_C$ 在 $R_e$ 上产生的压降 $U_E$ 叫**反馈电压**，用 $U_f$ 表示。

**什么是放大电路中的反馈？**

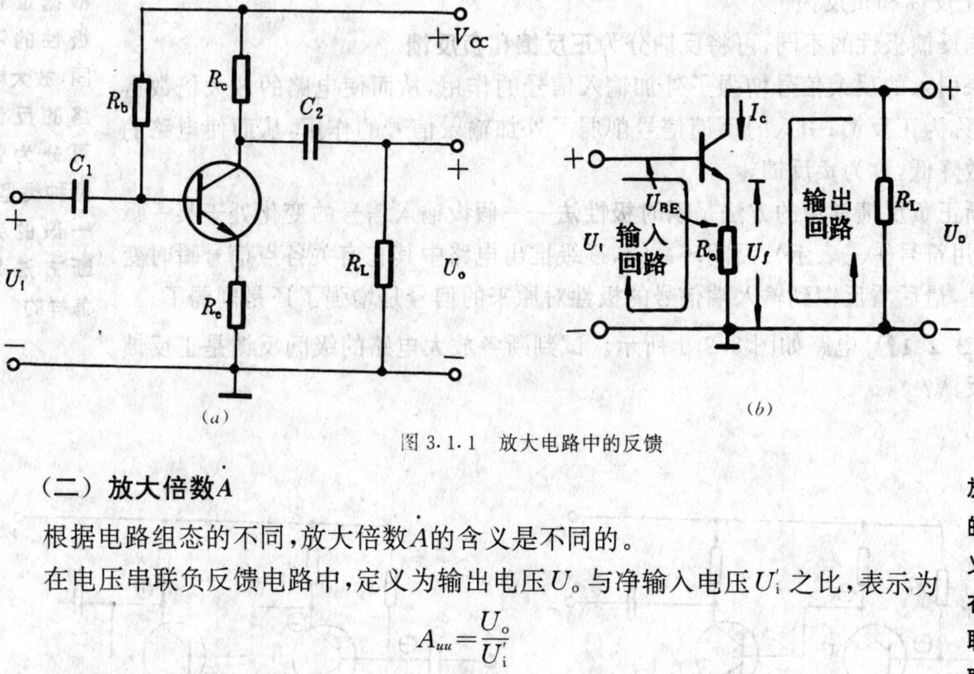


图 3.1.1　放大电路中的反馈

**（二）放大倍数$\dot{A}$**

**放大倍数$\dot{A}$的物理意义是什么？在电压串联、电压并联、电流串联和电流并联负反馈放大电路中，各表示什么含义？**

根据电路组态的不同，放大倍数$\dot{A}$的含义是不同的。

在电压串联负反馈电路中，定义为输出电压 $U_o$ 与净输入电压 $U_i'$ 之比，表示为

$$A_{uu}=\frac{U_o}{U_i'}$$

$A_{uu}$的下标分别表示输出电压和输入电压。

在电压并联负反馈电路中，定义为输出电压 $U_o$ 与净输入电流 $I_i'$ 之比，表示为

$$A_{ui}=\frac{U_o}{I_i'}$$

$A_{ui}$的下标分别表示输出电压和输入电流，单位为欧姆。

在电流串联负反馈电路中，定义为输出电流 $I_o$ 与净输入电压 $U_i'$ 之比，表示为

$$A_{iu}=\frac{I_o}{U_i'}$$

$A_{iu}$的下标分别表示输出电流和输入电压，单位为西门子。

在电流并联负反馈电路中，定义为输出电流 $I_o$ 与净输入电流 $I_i'$ 之比，表示为

$$A_{ii}=\frac{I_o}{I_i'}$$

$A_{ii}$的下标分别表示输出电流和输入电流。

由上所述可以看出：放大倍数$\dot{A}$并不完全表示电压放大倍数。在电压并联负反馈电路中，它表示转移电阻；在电流串联负反馈电路中，它表示转移电导；在电流并联负反馈电路中，它表示电流放大倍数。因此，要求电路的电压放大倍数，在求出放大倍数$\dot{A}$后，要经过一定的转换，求出其输出电压与输入电压之比。

## 3.2 反馈的分类和负反馈的四种组态

**(一)反馈的分类及判断方法**

1. 正反馈和负反馈

**根据反馈极性的不同，放大电路的反馈可分为哪两种类型？一般的判断方法是怎样的？**

根据反馈极性的不同，可将反馈分为**正反馈**和**负反馈**。

如果引入的反馈信号增强了外加输入信号的作用，从而使电路的放大倍数得到提高，称为正反馈；引入的反馈信号削弱了外加输入信号的作用，从而使电路的放大倍数降低，称为负反馈。

判断正负反馈常用的方法是**瞬时极性法**——假设输入信号的变化处于某一瞬时极性（用符号⊕⊖表示），沿闭环系统，逐级推出电路中其它有关各点信号瞬时变化的极性，最后看反馈到输入端信号的极性对原来的信号是增强了还是削弱了。

**【例 3.2.1】** 电路如图 3.2.1 所示。试判断各放大电路的级间反馈是正反馈还是负反馈？

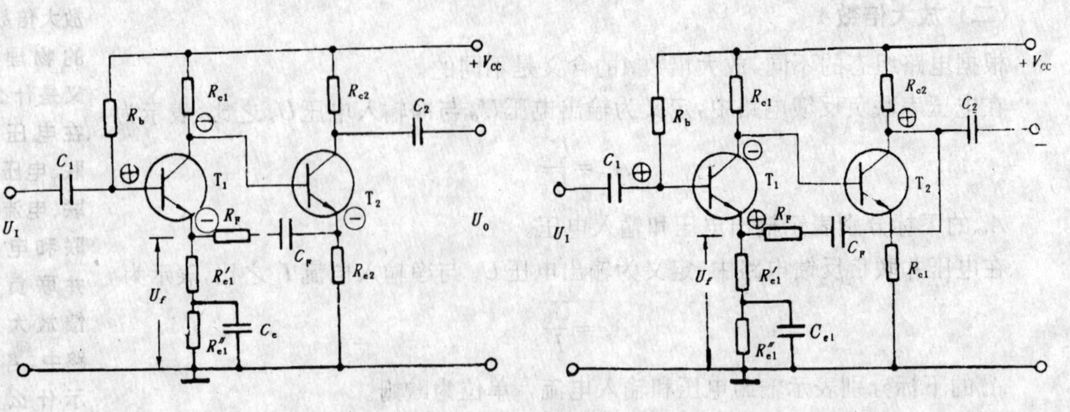


(a) (b)

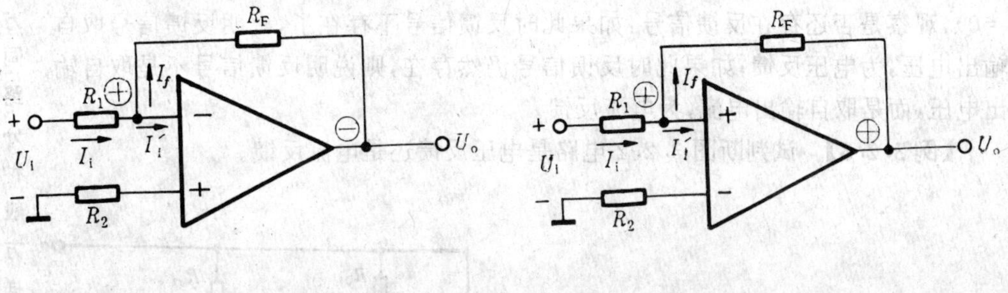


(*c*) (*d*)

图 3.2.1 例 3.2.1 电路

**解** 本题练习用瞬时极性法判断反馈放大电路的正负极性。

图(*a*)电路中，设 $U_i$ 的瞬时极性为正，$T_1$ 共射接法集电极瞬时极性为负，$T_2$ 射极跟随，发射极瞬时极性为负，馈送回 $T_1$ 发射极瞬时极性为负，使净输入电压 $U_{BE}=U_i-U_f$ 增加，增强了原来输入信号的作用，为正反馈。

图(*b*)电路中，各点电压的瞬时极性如图中所示。反馈电压从 $T_2$ 集电极引回，瞬时极性为正，使净输入电压 $U_{BE}=U_i-U_f$ 减小，为负反馈。

图(*c*)电路中，设输入信号的瞬时极性为正，因为输入信号送至集成运放的反相输入端，输出端电压瞬时极性为负，反送回输入端，使净输入电流 $I'_i=I_i-I_f$ 减小，为负反馈。

图(*d*)电路中，设输入信号的瞬时极性为正，同相输入端输入，输出端信号瞬时极性为正，使净输入电流 $I'_i=I_i-I_f$ 增加，为正反馈。

2. 直流反馈和交流反馈

根据反馈信号中包含的交直流成分来分，可分为**直流反馈**和**交流反馈**。

判断交直流反馈的方法是：如果作用在输入回路的反馈信号只包含直流成分的，为直流反馈；作用在输入回路的反馈信号只包含交流成分的，为交流反馈；既包含直流成分又包含交流成分的，为交直流两种性质的反馈。直流反馈起稳定静态工作点的作用，交流负反馈起改善放大电路性能的作用。本章主要讨论交流负反馈。

**根据反馈信号中的交直流成分，放大电路中的反馈可分为哪两种类型？一般的判断方法是怎样的？直流反馈和交流反馈有什么不同？各起什么作用？**

**【例 3.2.2】** 试判断图 3.2.1 (*b*) 电路中的反馈（包括本级反馈和级间反馈）有哪些？各属于直流反馈还是交流反馈？

**解** 本题练习本级反馈和级间反馈的区分方法及交直流反馈的判断方法。

图 3.2.1 (*b*) 电路中，$R'_{e1}$，$R''_{e1}$和 $R_{e2}$分别构成第一级和第二级放大电路的本级反馈，$R_F$，$C_F$ 构成电路的级间反馈。从包含的交直流成分来看，$R'_{e1}$，$R_{e2}$构成交直流两种性质的反馈，$R_F$，$C_F$仅构成交流反馈，因为 $C_F$ 直流开路；$R_{e1}''$，$C_{e1}$仅构成直流反馈，因为 $C_{e1}$交流短路。

3. 电压反馈和电流反馈

根据反馈采样方式的不同，可分为**电压反馈**和**电流反馈**。如果反馈信号与输出电压成正比，称电压反馈；反馈信号与输出电流成正比，称电流反馈。

一般采用**输出短路法**来判断是电压反馈还是电流反馈。即，将输出端短路($U_o=0$)，观察是否还存在反馈信号：如果此时反馈信号不存在了，说明反馈信号取自输出电压，为电压反馈；如果此时反馈信号仍然存在，则说明反馈信号不是取自输出电压，而是取自输出电流，为电流反馈。

**根据采样方式的不同，放大电路的反馈分为哪两种类型？一般的判断方法是怎样的？**

**【例 3.2.3】** 试判断图 3.2.2 电路是电压反馈还是电流反馈。

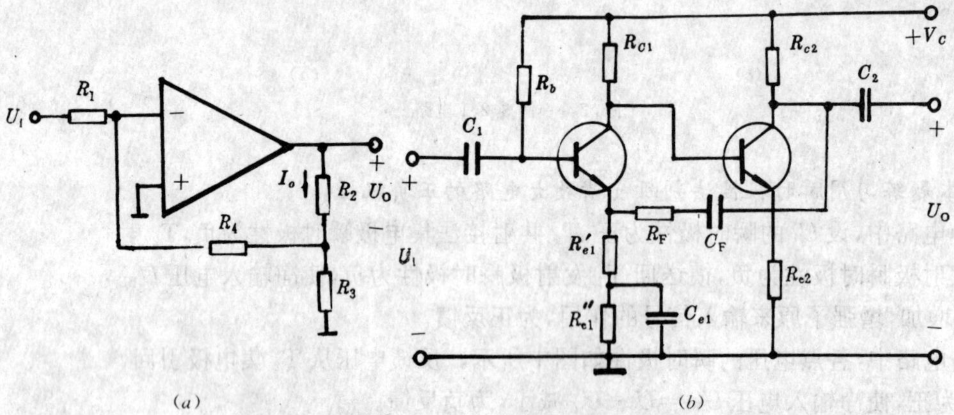


图 3.2.2 例 3.2.3 电路

**解** 本题练习用输出短路法判断电压反馈还是电流反馈的方法。

若将两电路输出端短路，见图 3.2.3 所示。

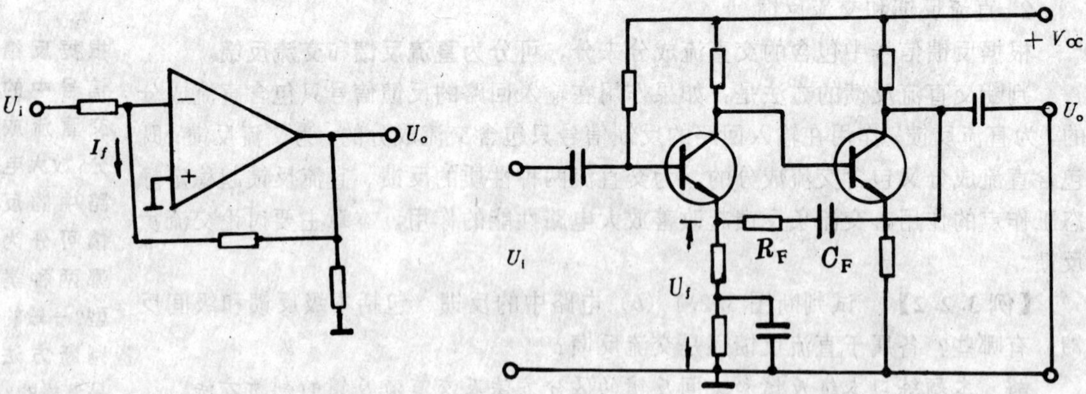


图 3.2.3 输出短路时，图 3.2.2 电路

由图可以看出：

图($a$)电路反馈信号依然存在，故为电流反馈。

图($b$)电路反馈信号不复存在，为电压反馈。

4. 串联反馈和并联反馈

根据反馈信号与输入信号在放大电路输入端连接方式的不同，可分为**串联反**

**馈**和**并联反馈**。如果反馈信号与输入信号在输入回路以电压形式相加减(求和)，称串联反馈；反馈信号与输入信号在输入回路以电流形式相加减（求和)，称并联反馈。

根据反馈信号与输入信号在输入回路连接方式的不同，放大电路的反馈可分为哪两种类型？一般的判断方法是怎样的？

判断串联反馈还是并联反馈的一般方法：若净输入信号＝输入电压－反馈电压，是串联反馈；净输入信号＝输入电流－反馈电流，是并联反馈。

**【例 3.2.4】** 试判断图 3.2.1(*b*),(*c*)电路是串联反馈还是并联反馈。

**解** 本题练习串联反馈和并联反馈的判断方法。

图(*b*)电路：净输入信号 $U_{BE}=U_i-U_f$，为串联反馈。

图(*c*)电路：净输入信号 $I_i'=I_i-I_f$，为并联反馈。

**【例 3.2.5】** 试判断图 3.2.4 各电路的反馈类型和极性。

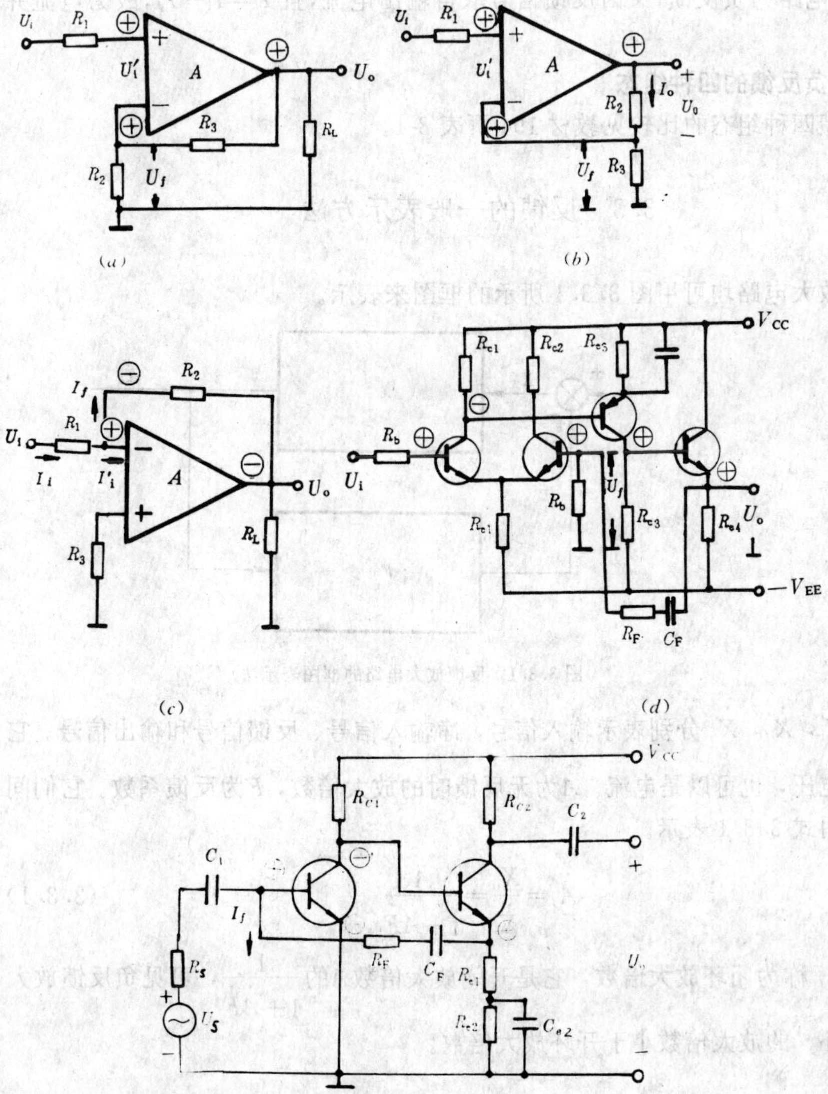


图 3.2.4 例 3.2.5 电路

**解** 本题练习反馈类型和极性的综合判断方法。

用瞬时极性法标注出有关各点电压的瞬时极性，如图中所示。

图(*a*)电路为负反馈，又因反馈信号取自输出电压，且$U_i'=U_i-U_f$，故为电压串联负反馈。

图(*b*)电路为负反馈，又因反馈信号取自输出电流，且$U_i'=U_i-U_f$，故为电流串联负反馈。

图(*c*)电路为负反馈，又因反馈信号取自输出电压，且$I_i'=I_i-I_f$，故为电压并联负反馈。

图(*d*)电路为负反馈，又因反馈信号取自输出电压，且$U_{BE}=U_i-U_f$，故为电压串联负反馈。

图(*e*)电路为负反馈，又因反馈信号取自输出电流，且$I_i'=I_i-I_f$，故为电流并联负反馈。

**（二）负反馈的四种组态**

负反馈四种组态的比较见教材 194 页表 3-1。

## 3.3 反馈的一般表示方法

反馈放大电路均可用图 3.3.1 所示的框图来表示。

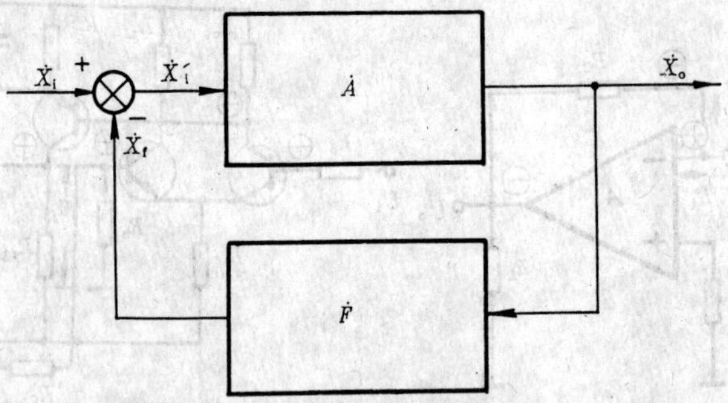


图 3.3.1 反馈放大电路的框图表示法

图中$\dot{X}_i$，$\dot{X}_i'$，$\dot{X}_f$，$\dot{X}_o$分别表示输入信号，净输入信号、反馈信号和输出信号。它们可以是电压，也可以是电流。$\dot{A}$为无反馈时的放大倍数，$\dot{F}$为反馈系数。它们间的关系可用式 3.3.1 表示。

**什么是放大电路的开环放大倍数和闭环放大倍数？它们之间具有什么关系？**

$$\dot{A}_f=\frac{\dot{X}_o}{\dot{X}_i}=\frac{\dot{A}}{1+\dot{A}\dot{F}} \tag{3.3.1}$$

(1) $\dot{A}_f$ 称为闭环放大倍数，它是开闭放大倍数$\dot{A}$的$\frac{1}{1+\dot{A}\dot{F}}$，可见负反馈放大电路（闭环）的放大倍数小于开环放大倍数。

(2) $1+\dot{A}\dot{F}$称为反馈深度。

当$|1+\dot{A}\dot{F}|>1$时，($\dot{A}_f=\frac{\dot{A}}{1+\dot{A}\dot{F}}$)，$|\dot{A}_f|<|\dot{A}|$——负反馈。

当$|1+\dot{A}\dot{F}|<1$时，($\dot{A}_f=\frac{\dot{A}}{1+\dot{A}\dot{F}}$)，$|\dot{A}_f|>|\dot{A}|$——正反馈。

当$|1+\dot{A}\dot{F}|\gg 1$（即$\dot{A}\dot{F}\gg 1$）时，($\dot{A}_f=\frac{\dot{A}}{1+\dot{A}\dot{F}}$)，$|\dot{A}_f|\approx\frac{\dot{A}}{\dot{A}\dot{F}}=\frac{1}{\dot{F}}$——深度负反馈。

什么叫反馈深度？其值的大小与反馈放大电路的性能有什么关系？

## 3.4 负反馈对放大电路性能的影响

引入负反馈使放大电路的放大倍数降低了，但它却改善了放大电路的很多性能。现将引入负反馈后对放大倍数的稳定性、改善非线性失真、展宽频带及对输入输出电阻的影响归纳于表 3.4.1 中。

引入负反馈后，对放大电路的性能有什么影响？

**表 3.4.1 负反馈对放大电路性能的影响**

| | 定量关系 | 说明 |
|---|---|---|
| 提高放大倍数的稳定性 | $\frac{dA_f}{A_f}=\frac{1}{1+AF}\frac{dA}{A}$（式 3.4.1） | 反馈放大电路闭环放大倍数的相对变化量$\frac{dA_f}{A_f}$是不加反馈时放大网络放大倍数相对变化量$\frac{dA}{A}$的$\frac{1}{1+AF}$，即放大倍数的稳定性提高了$(1+AF)$倍 |
| 改善非线性失真 | | 输出波形的非线性失真减小为原来的$\frac{1}{1+AF}$ |
| 展宽频带 | $f_{Hf}=(1+A_mF)f_H$（式 3.4.2）<br>$f_{Lf}=\frac{f_L}{1+A_mF}$（式 3.4.3）<br>$A_m$，$f_H$，$f_L$是无反馈时的中频放大倍数、上限频率和下限频率 | 引入负反馈，上限频率$f_{Hf}$提高了，是无反馈时的$(1+A_mF)$倍，下限频率$f_{Lf}$降低了，是无反馈时的$\frac{1}{1+A_mF}$。即通频带$f_{bw}\approx(1+A_mF)f_{bw}$展宽了 |
| 改变输入电阻和输出电阻 | 串联负反馈：<br>$R_{if}=(1+AF)R_i$（式 3.4.4）<br>并联负反馈：<br>$R_{if}=\frac{1}{1+AF}R_i$（式 3.4.5）<br>电压负反馈：<br>$R_{of}=\frac{R_o}{1+A_oF}$（式 3.4.6）<br>电流负反馈：<br>$R_{of}=(1+A_oF)R_o$（式 3.4.7） | 串联负反馈使输入电阻增大，是无反馈时的$(1+AF)$倍；并联负反馈使输入电阻减小，是无反馈时的$\frac{1}{1+AF}$。<br>电压负反馈使输出电阻减小，是无反馈时的$1+\frac{1}{A_oF}$；电流负反馈使输出电阻增大，是无反馈时的$(1+A_oF)$倍 |

【例 3.4.1】 有一负反馈放大电路的开环放大倍数 $A=50$，反馈系数 $F=0.01$，其闭环放大倍数 $A_f=$？

**解** 本题熟悉放大电路 $A_u$ 和 $A_{uf}$ 间的关系。

根据式 3.3.1 可得

$$A_f=\frac{A}{1+\dot{A}\dot{F}}=\frac{50}{1+50\times0.01}=33.3$$

【例 3.4.2】 反馈放大电路要具有如下性能，应引入何种反馈？

（1）提高输入电阻，降低输出电阻；

（2）提高输入电阻，提高输出电阻；

（3）降低输入电阻，提高输出电阻；

（4）降低输入电阻，降低输出电阻。

**解** 本题练习根据性能要求，引入适当负反馈的方法。

已知：串联负反馈使输入电阻增加，并联负反馈使输入电阻减小；电压负反馈使输出电阻减小，电流负反馈使输出电阻增大。

根据以上性能，应引入的负反馈为：

（1）电压串联负反馈；

（2）电流串联负反馈；

（3）电流并联负反馈；

（4）电压并联负反馈。

【例 3.4.3】 一个电压串联负反馈电路，开环放大倍数 $A=5000$，上限频率 $f_H=10\text{kHz}$，$f_L=100\text{Hz}$，问在下列两种不同的反馈系数（$F_1=0.01$ 和 $F_2=0.002$）情况下 $f_{bwf}$ 各为多少？

**解** 本题练习引入负反馈及不同反馈深度对通频带的影响。

（1）当 $F_1=0.01$ 时，

$$f_{Lf}=\frac{f_L}{1+A_mF}=\frac{100}{1+5000\times0.01}\approx2\text{Hz}$$

$$f_{Hf}=(1+A_mF)f_H=(1+5000\times0.01)\times10=510\text{kHz}$$

$$f_{bwf}=f_{Hf}-f_{Lf}\approx510\text{kHz}$$

（2）当 $F_2=0.002$ 时，

$$f_{Lf}=\frac{f_L}{1+A_mF}=\frac{100}{1+5000\times0.002}\approx9\text{Hz}$$

$$f_{Hf}=(1+A_mF)f_H=(1+5000\times0.002)\times10=110\text{kHz}$$

$$f_{bwf}=f_{Hf}-f_{Lf}\approx f_{Hf}\approx110\text{kHz}$$

【例 3.4.4】（习题 3.10） 在图 3.4.1 电路中，要求达到以下效果，应该引入什么反馈？将答案写在括弧内。

（1）提高从 $b_1$ 端看进去的输入电阻：

（接 $R_F$ 从____到____）

（2）减少输出电阻：

（接 $R_F$ 从____到____）

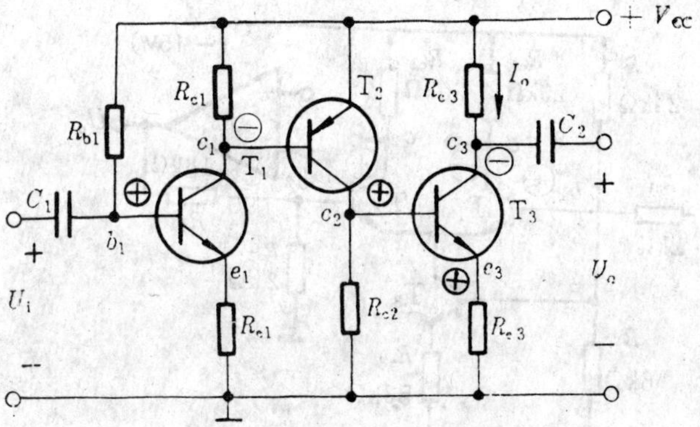


图 3.4.1　例 3.4.4 电路

(3) 希望 $R_{c3}$ 改变时 $I_o$（在给定 $U_i$ 情况下的交流电流有效值）基本不变：

（接 $R_F$ 从____到____）

(4) 希望各级静态工作点基本稳定：

（接 $R_F$ 从____到____）

(5) 希望在输出端接上负载电阻 $R_L$ 后，$U_o$（在给定 $U_i$ 情况下的输出交流电压有效值）基本不变：

（接 $R_F$ 从____到____）

**解**　本题练习根据要求引入适当负反馈的方法。

要改变放大器的性能应引入负反馈。各点电压的瞬时极性标注在图 3.4.1 中。

(1) 提高输入电阻，应引入串联负反馈。故接 $R_F$ 从 $e_3$ 到 $e_1$。

(2) 减小输出电阻，应引入电压负反馈。故接 $R_F$ 从 $c_3$ 到 $b_1$。

(3) 稳定输出电流，应引入电流负反馈。故接 $R_F$ 从 $e_3$ 到 $e_1$。

**在第(1)和第(2)小题中，能否将 $R_F$ 从 $c_3$ 引回 $e_1$，为什么？**

(4) 稳定静态工作点，应引入直流负反馈。故接 $R_F$ 从 $e_3$ 到 $e_1$。

(5) 稳定输出电压，应引入电压负反馈。故接 $R_F$ 从 $c_3$ 到 $b_1$。

综上所述，在图 3.4.1 电路中，引入两条反馈支路：一条是接 $R_F$ 从 $e_3$ 到 $e_1$，一条是接 $R_F$ 从 $c_3$ 到 $b_1$ 即可实现所提要求的功能。

**【例 3.4.5】**　电路如图 3.4.2 所示。

(1) 要使 $U_o$ 到 $b_2$ 的反馈为电压串联负反馈，集成运放的两个输入端与 $c_1$，$c_2$ 端应如何连接？若 $A$ 为理想运放，此时闭环电压放大倍数为多少？

(2) 若要引入电压并联负反馈，集成运放的两个输入端与 $c_1$，$c_2$ 端又应如何连接？$R_F$ 应接到何处？若 $R_F$，$R_b$ 数值不变，此时 $A_{uf}$=？

**解**　本题练习根据要求引入反馈的方法。

(1) 要引入电压串联负反馈，必须使 $U_o$ 的瞬时极性为正。为此，$c_2$ 接运放同相输入端，$c_1$ 接反相输入端。

$$A_{uf}=\frac{U_o}{U_i}\approx\frac{U_o}{U_f}=\frac{U_o}{U_o\dfrac{R_{b2}}{R_{b2}+R_F}}=1+\frac{R_F}{R_{b2}}=1+\frac{18}{2}=10$$

(2) 要引入电压并联负反馈，$R_F$ 应从输出端接至 $b_1$ 端，$U_o$ 的瞬时极性为负。

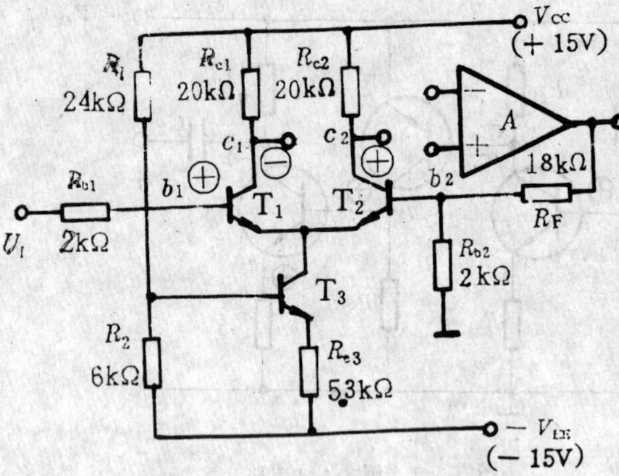


图 3.4.2 例 3.4.5 电路

为此，$c_1$ 接运放同相输入端，$c_2$ 接反相输入端。

$$A_{uf}=\frac{U_o}{U_i}\approx-\frac{R_F}{R_{b1}}=-9$$

## 3.5 负反馈放大电路的分析计算

本节只讲述深度负反馈条件下放大电路的分析估算方法。

**（一）利用 $X_i \approx X_f$ 的关系式进行近似估算**

由图 3.5.1 反馈放大电路的方框图可以看出：

$$\dot{A}_f=\frac{\dot{X}_o}{\dot{X}_i}$$

$$\frac{1}{\dot{F}}=\frac{\dot{X}_o}{\dot{X}_f}$$

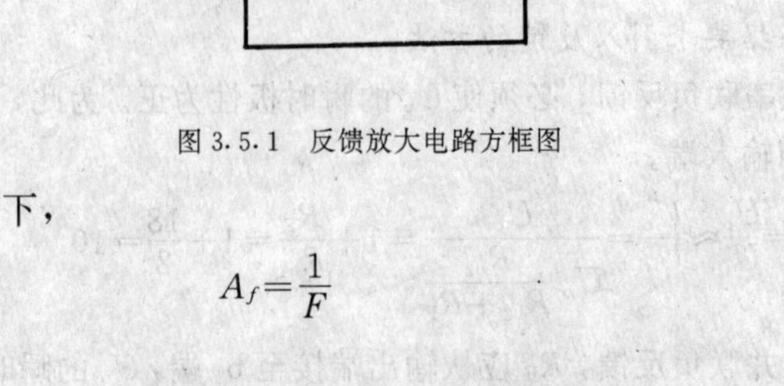


图 3.5.1 反馈放大电路方框图

在深度负反馈条件下，

$$A_f=\frac{1}{F}$$

即 $$\frac{X_o}{X_i}=\frac{X_o}{X_f}$$

可得 $$X_i \approx X_f$$

$$\left.\begin{aligned}&\text{对于串联负反馈：} && U_f \approx U_i\\ &\text{对于并联负反馈：} && I_f \approx I_i\end{aligned}\right\} \qquad (3.5.1)$$

利用 $X_i \approx X_f$ 的关系式，可写出有关关系式，直接求得电路的电压放大倍数 $A_{uuf}$或 $A_{usf}$.

**（二）利用 $A_f=\frac{1}{F}$ 进行近似估算**

负反馈放大电路在满足深度负反馈条件时（即 $A_f=\frac{A}{1+AF}$，当 $AF \gg 1$），$A_f \approx \frac{1}{F}$. 可按下列步骤估算 $A_{uf}$或 $A_{usf}$.

1. 求反馈系数 $F$；

2. 求 $A_f(A_f=\frac{1}{F})$

我们已经知道，这里的 $A_f$，$F$ 均是广义的放大倍数和反馈系数，其含义根据反馈组态的不同而不同。

对于电压串联负反馈，

$A_{uu}=\frac{U_o}{U_i'}$ 为电压放大倍数

$F_{uu}=\frac{U_f}{U_o}$

对于电压并联负反馈，

$A_{ui}=\frac{U_o}{I_i'}$ 为转移电阻(Ω)

$F_{iu}=\frac{I_f}{U_o}$

对于电流串联负反馈，

$A_{iu}=\frac{I_o}{U_i'}$ 为转移电导($\frac{1}{\Omega}$)

$F_{ui}=\frac{U_f}{I_o}$

对于电流并联负反馈，

$A_{ii}=\frac{I_o}{I_i'}$ 为电流放大倍数

$F_{ii}=\frac{I_f}{I_o}$

3. 根据反馈组态的不同，进行相应的转换，求出 $A_{uf}$或 $A_{usf}$

典型电路的转换关系可参照式 3.5.2。

电压串联负反馈 $A_{uuf}=\frac{1}{F_{uu}}$ (3.5.2①)

电压并联负反馈 $A_{uif} \approx \frac{1}{F_{iu}}$

$$\rightarrow A_{usf}=\frac{U_o}{U_s}=\frac{A_{uif}}{R_s+R_{if}} \approx A_{uif}\cdot\frac{1}{R_s} \qquad (3.5.2②)$$

电流串联负反馈　$A_{iuf}\approx\frac{1}{F_{ui}}$

$$\rightarrow A_{uuf}=\frac{U_o}{U_i}=A_{iuf}\cdot R_L' \qquad (3.5.2③)$$

电流并联负反馈　$A_{iif}\approx\frac{1}{F_{ii}}$

$$\rightarrow A_{usf}=\frac{U_o}{U_s}=A_{iif}\frac{R_L'}{R_s+R_{if}}\approx A_{iif}\cdot\frac{R_L'}{R_s} \qquad (3.5.2④)$$

由于第一种方法比较直接、明了，故一般采用第一种方法对深负反馈电路进行分析估算。

**【例 3.5.1】**　若图 3.2.4 各电路均满足深度负反馈条件，试列出反馈系数 $F$ 和电压放大倍数 $A_{uuf}$或 $A_{usf}$的表达式。

**解**　本题练习反馈系数及电压放大倍数的分析估算方法。本例中用 $X_i\approx X_f$ 的关系进行估算。

图 ($a$) 电路为电压串联负反馈，$U_i\approx U_f$.

$$F=\frac{U_f}{U_o}=\frac{U_o\frac{R_2}{R_3+R_2}}{U_o}=\frac{R_2}{R_2+R_3}$$

$$A_{uuf}=\frac{U_o}{U_i}\approx\frac{U_o}{U_f}=\frac{U_o}{U_o\frac{R_2}{R_2+R_3}}=1+\frac{R_3}{R_2}$$

图 ($b$) 电路为电流串联负反馈，$U_i\approx U_f$.

$$F=\frac{U_f}{I_o}=\frac{I_oR_3}{I_o}=R_3$$

$$A_{uuf}=\frac{U_o}{U_i}\approx\frac{U_o}{U_f}=\frac{I_oR_2}{I_oR_3}=\frac{R_2}{R_3}$$

图 ($c$) 电路为电压并联负反馈，$I_i\approx I_f$.

$$F=\frac{I_f}{U_o}=-\frac{U_o/R_2}{U_o}=-\frac{1}{R_2}$$

$$A_{uuf}=\frac{U_o}{U_i}=-\frac{I_fR_2}{I_iR_1}=-\frac{R_2}{R_1}$$

图 ($d$) 电路为电压串联负反馈，$U_i\approx U_f$.

$$F=\frac{U_f}{U_o}=\frac{U_o\frac{R_b}{R_F+R_b}}{U_o}=\frac{R_b}{R_F+R_b}$$

$$A_{uuf}=\frac{U_o}{U_i}\approx\frac{U_o}{U_f}=\frac{U_o}{U_o\frac{R_b}{R_b+R_F}}=1+\frac{R_F}{R_b}$$

图 ($e$) 电路为电流并联负反馈，$I_i\approx I_f$.

$$F=\frac{I_f}{I_o}=-\frac{I_o\frac{R_{e1}}{R_{e1}+R_F}}{I_o}=-\frac{R_{e1}}{R_{e1}+R_F}$$

$$A_{usf}=\frac{U_o}{U_s}=\frac{I_oR_{c2}}{I_iR_s}\approx\frac{I_oR_{c2}}{I_fR_s}=\frac{I_oR_{c2}}{I_{e2}\frac{R_{e1}}{R_{e1}+R_F}\cdot R_s}$$

$$=-\frac{R_{c2}\ (R_{e1}+R_F)}{R_{e1}\cdot R_s}$$

**【例 3.5.2】** 设图 3.5.2 各电路均满足深度负反馈条件，试计算各电路的电压放大倍数 $A_{uuf}=$？已知 $R_1=100\text{k}\Omega$，$R_2=100\text{k}\Omega$，$R_3=50\text{k}\Omega$.

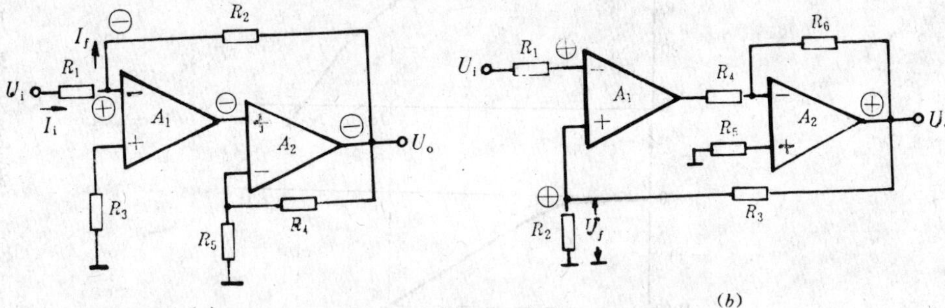


图 3.5.2 例 3.5.2 电路

**解** 本题练习深负反馈放大电路电压放大倍数的估算方法。

首先判断两电路的极性和组态。分析可知，图（$a$）为电压并联负反馈电路，图（$b$）为电压串联负反馈电路。

$$A_{uuf(1)}=\frac{U_o}{U_i}=\frac{U_o}{I_iR_1}\approx\frac{U_o}{I_fR_1}\approx\frac{U_o}{-U_o/R_2\cdot R_1}=-\frac{R_2}{R_1}=-1$$

$$A_{uuf(2)}=\frac{U_o}{U_i}\approx\frac{U_o}{U_f}=\frac{U_o}{U_o\frac{R_2}{R_2+R_3}}=\frac{R_2+R_3}{R_2}=1.5$$

## 3.6 负反馈放大电路的自激振荡及消振措施

**什么是放大电路的自激振荡？负反馈放大电路的自激振荡现象是怎样产生的？负反馈放大电路产生自激振荡的条件是什么？**

所谓**自激振荡**，就是放大电路输入端未加信号，而在它的输出端也会出现具有一定频率和幅度的输出信号。

### （一）产生自激振荡的条件

式 3.6.1 和式 3.6.2 是负反馈放大电路产生自激振荡的幅度条件和相位条件。

$$|\dot{A}\dot{F}|=1 \tag{3.6.1}$$

$$\varphi_A+\varphi_F=\pm\ (2n+1)\ \pi \tag{3.6.2}$$

### （二）利用波特图判断自激振荡的方法

一般来说，判断负反馈放大电路是否会产生自激振荡，幅度条件比较容易满足，主要是判断其相位条件是否满足。

图 3.6.1 是某放大电路高频段的波特图。根据式 3.6.1 和式 3.6.2 可知，自激振荡的幅度条件是 $|\dot{A}\dot{F}|=1$，即 $20\lg|\dot{A}\dot{F}|=0\text{dB}$，相位条件是 $\varphi_A+\varphi_F=\pm\ (2n+1)\ \pi$.

当 $n=0$ 时，$\varphi_A+\varphi_F=-180°$，$20\lg|\dot{A}\dot{F}|\geqslant 0$（即 $|\dot{A}\dot{F}|\gg 1$），对应图中 $A$ 点。该电路在满足相位平衡条件的同时也满足了幅度平衡条件，电路可能产生自激振荡。现将判断方法归纳如下：

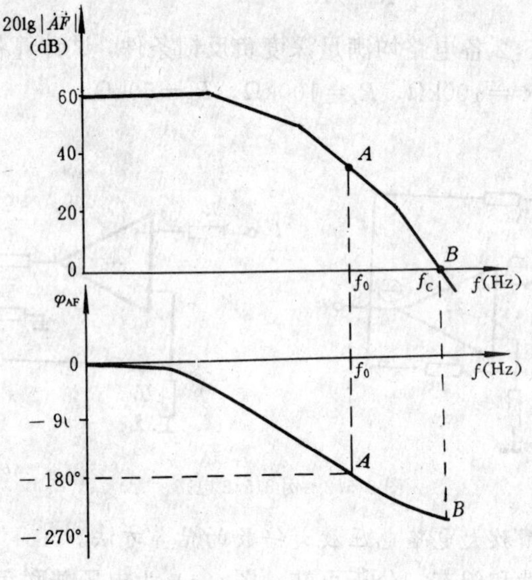


图 3.6.1　波特图

$f_0$ 和 $f_c$ 的定义是什么？如何利用波特图来判断放大电路是否产生自激振荡？

（1）当 $f=f_0$（$f_0$ 为 $|\varphi_A+\varphi_F|=180°$ 时的 $f$，即此时相位条件满足）时，若 $20\lg|\dot{A}\dot{F}|\geqslant 0\text{dB}$——自激。

（2）当 $f=f_c$（$f_c$ 为 $20\lg|\dot{A}\dot{F}|=0\text{dB}$ 时的 $f$，即此时幅度条件满足）时，若 $|\varphi_A+\varphi_F|=180°$——自激。

（3）$f_0<f_c$（即 $20\lg|\dot{A}\dot{F}|=0\text{dB}$ 时的 $f>|180°|$ 或 $f=|180°|$ 时的 $20\lg|\dot{A}\dot{F}|>0\text{dB}$，时——自激。

在图 3.6.1 中，$f_0<f_c$，即：

（1）当 $20\lg|\dot{A}\dot{F}|=0\text{dB}$ 时的 $f>|180°|$，图中 $B$ 点。

（2）当 $f=|180°|$ 时 $20\lg|\dot{A}\dot{F}|>0\text{dB}$，图中 $A$ 点。

**（三）反馈放大电路的稳定裕度**

所谓反馈放大电路的**稳定裕度**就是电路正常工作（避免产生自激振荡）时幅度、相位条件应有适当的稳定范围。

什么是反馈放大电路的稳定裕度？

图 3.6.2 示出了负反馈放大电路稳定裕度的示意图。

1. 幅度裕度 $G_m$

幅度裕度和相位裕度各是怎样定义的？

当 $f=f_0$ 时，$20\lg|\dot{A}\dot{F}|>0\text{dB}$ 会产生自激。由图 3.6.2 的幅频特性看出，若使 $20\lg|\dot{A}\dot{F}|<0\text{dB}$，电路则是稳定的。我们把 $|\varphi_{AF}|=180°$ 时的 $20\lg|\dot{A}\dot{F}|$ 值定义为**幅度裕度**，用 $G_m$ 表示。它表示当相位条件满足时，幅度条件的稳定范围。它是一个负值，一般 $|G_m|$ 的数值为 10dB.

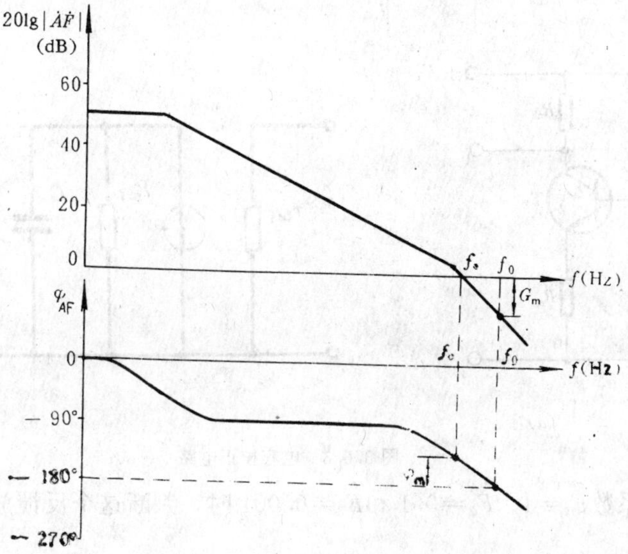


图 3.6.2　负反馈放大电路的稳定裕度

2. 相位裕度 $G_m$

当 $f=f_c$ 时，$|\varphi_A+\varphi_F|\geqslant 180°$会产生自激。由图 3.6.2 相频特性可以看出，若使$|\varphi_A+\varphi_F|<180°$，电路是稳定的。我们把 $20\lg|\dot{A}\dot{F}|=0\text{dB}$ 时 180°与$|\varphi_A+\varphi_F|$的差值定义为**相位裕度**，用 $\varphi_m$ 表示。它表示当幅度条件满足时，相位条件的稳定范围。它是一个正值，一般要求 $\varphi_m\geqslant 45°$.

**（四）常用的校正措施**

本着破坏其自激振荡的相位条件和幅度条件的原则，常用的校正措施有以下几种：

1. 减小反馈系数$\dot{F}$

**减小反馈系数$\dot{F}$**的目的是破坏它的幅度平衡条件，使$|\dot{A}\dot{F}|<1$. 但这是一种消极的办法，因为减小$\dot{F}$，反馈深度下降，不利于负反馈放大电路其它性能的改善。

**为避免负反馈放大电路产生自激振荡，常用的消振措施有哪几种？各有什么特点？**

2. 电容校正

在放大电路的适当地方加上电容 C，见图 3.6.3（*a*）所示。其微变等效电路见图(*b*)。可见在低频和中频时，$X_C=\dfrac{1}{\omega C}$较大，并联电容不起作用，而在高频段时，$X_C=\dfrac{1}{\omega C}$较小，使第一级电路的放大倍数下降，从而破坏了自激振荡的幅度条件。

一般来说，校正电容应加在时间常数最大，即极点频率最低的放大级。把频率最低的极点叫**主极点**。因此，电容校正又被称为**主极点校正**。

**【例 3.6.1】**　一个三级放大电路频率特性的表达式为

$A=\dfrac{-10^3}{(1+\mathrm{j}\dfrac{f}{0.1})(1+\mathrm{j}\dfrac{f}{0.5})(1+\mathrm{j}\dfrac{f}{1})}$，频率 $f$ 的单位为 MHz. 设反馈网络由电阻

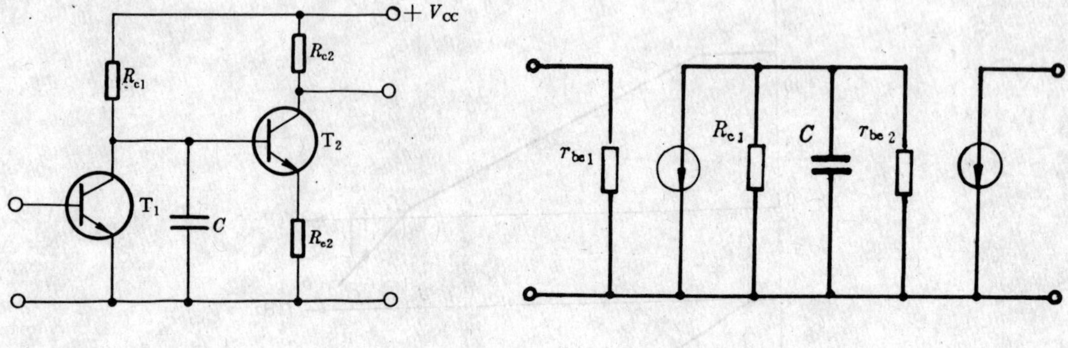


(*a*)　　　　　　　　(*b*)

图 3.6.3　电容校正电路

组成，当其反馈系数$\dot{F}_1=1$、$\dot{F}_2=0.1$和$\dot{F}_3=0.001$时，判断这个反馈放大电路能否稳定工作？

**解**　本题练习用减小反馈系数消除自激振荡的方法

已知$|\dot{A}_{um}|=10^3$，则当$\dot{F}_1=1$时，$20\lg|\dot{A}\dot{F}|=60\text{dB}$，$\dot{F}_2=0.1$时，$20\lg|\dot{A}\dot{F}|=40\text{dB}$，$\dot{F}_3=0.001$时，$20\lg|\dot{A}\dot{F}|=0\text{dB}$。画出波特图见图 3.6.4 所示。图中有三个极点频率，$f_{P1}=0.1\text{MHz}$，$f_{P2}=0.5\text{MHz}$，$f_{P3}=1\text{MHz}$.

由图 3.6.4 的波特图可以看出：

当$|\varphi|=180°$，$\dot{F}_1=1$时，$20\lg|\dot{A}\dot{F}|>0\text{dB}$(图中 *A* 点)，电路可能自激。

当$|\varphi|=180°$，$\dot{F}_2=0.1$时，$20\lg|\dot{A}\dot{F}|>0\text{dB}$(图中 *B* 点)，电路可能自激。

当$|\varphi|=180°$，$\dot{F}_3=0.001$时，$20\lg|\dot{A}\dot{F}|<0\text{dB}$(图中 *C* 点)，电路不满足自激振荡的幅度条件，不能振荡。

**【例 3.6.2】**　某三级放大电路的电压放大倍数为$\dot{A}=\dot{A}_1\times\dot{A}_2\times\dot{A}_3=\dfrac{-10^4}{(1+j\dfrac{f}{0.2M})\ (1+j\dfrac{f}{1M})\ (1+j\dfrac{f}{5M})}$，试判断当$\dot{F}=0.1$时电路是否可能产生自激振荡。若可能，请在电路中加上电容校正网络，并画出示意波特图。

**解**　本题练习用加电容校正网络改变主极点频率来消除自激振荡的方法。

当$|\dot{A}|=10^4$，$|\dot{F}|=0.1$时，$20\lg|\dot{A}\dot{F}|=60\text{dB}$，它有三个极点频率：$f_{P1}=0.2\text{MHz}$，$f_{P2}=1\text{MHz}$，$f_{P3}=5\text{MHz}$. 可画出其高频段的波特图见图 3.6.5 所示，$f_{P1}$称为主极点。

由图看出，当$|\varphi|=180°$时，$20\lg|\dot{A}\dot{F}|>0\text{dB}$(图中 *A* 点)，电路可能自激。

在极点频率最低的一级加上校正电容 C 后的幅频特性示意图如图 3.6.5 中虚线所示，可见对应$|\varphi|=180°$时 $20\lg|\dot{A}\dot{F}|<0\text{dB}$(图中 *B* 点)，消除了自激。

3. 电阻—电容校正

在放大电路的适当地方加上电阻、电容的串联网络，见图 3.6.6 (*a*)，构成了电阻—电容校正环节，其等效电路见图 3.6.6 (*b*)。

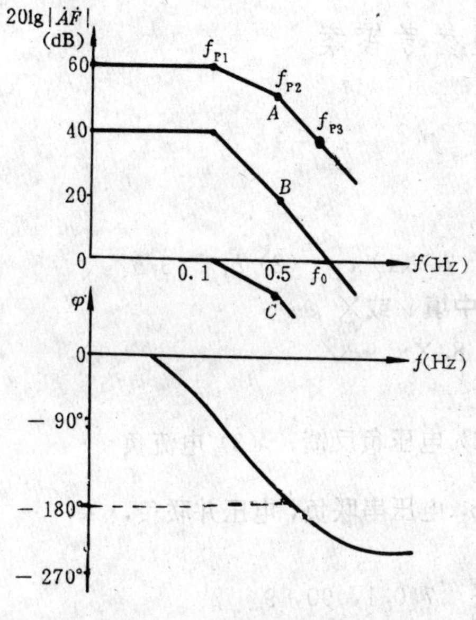


图 3.6.4 例 3.6.1 波特图

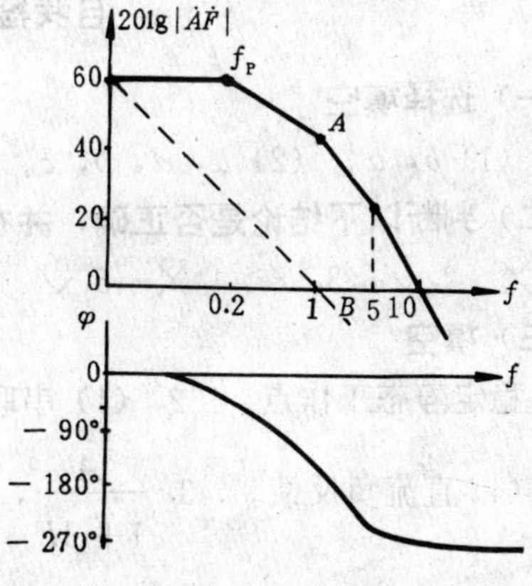


图 3.6.5 例 3.6.2 波特图

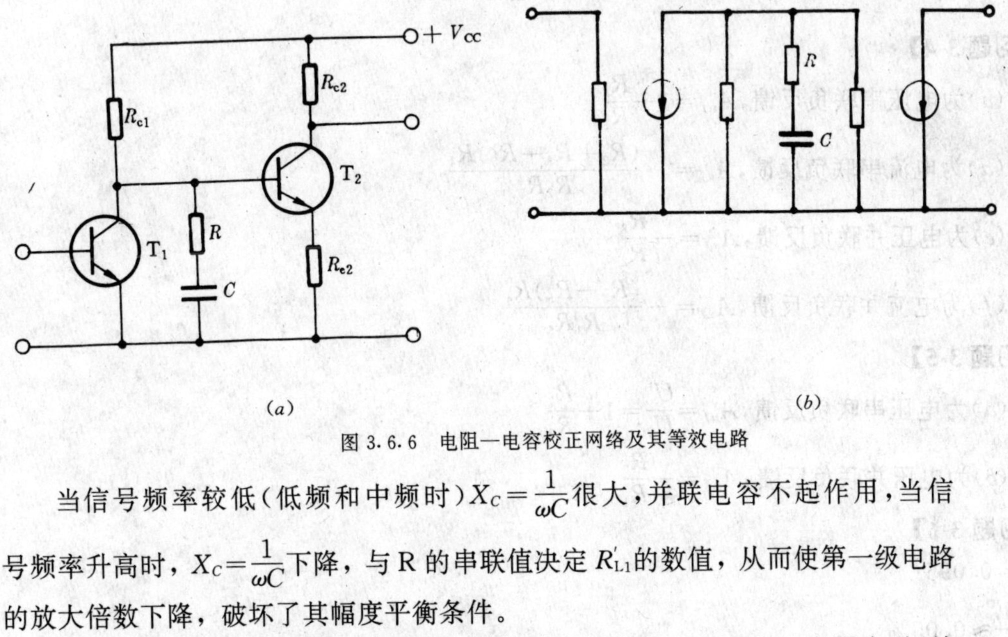


图 3.6.6 电阻—电容校正网络及其等效电路

当信号频率较低(低频和中频时)$X_C=\dfrac{1}{\omega C}$很大,并联电容不起作用,当信号频率升高时,$X_C=\dfrac{1}{\omega C}$下降,与 R 的串联值决定 $R'_{L1}$的数值,从而使第一级电路的放大倍数下降,破坏了其幅度平衡条件。

由 RC 组成的校正网络应加在时间常数最大的放大级,因其有一电阻串联,故与电容校正相比,高频电压放大倍数的影响要小些。

# 三、自我检测题和部分习题参考答案

## 自我检测题答案

**（一）选择填空**

1.（1）$b$，$a$。（2）$a$，$d$，$b$，$c$。（3）$a$，$b$。 2.（1）$c$。（2）$b$。 3.$b$。

**（二）判断以下结论是否正确，并在相应的括弧中填√或×**

1.× 2.√ 3.√ 4.× 5.√ 6.√ 7.× 8.× 9.√

**（三）填空**

1. 稳定静态工作点。 2.（1）串联负反馈；（2）电压负反馈；（3）电流负反馈；（4）直流负反馈。 3. $\dfrac{\dot{A}}{1+\dot{A}\dot{F}}$，$\dfrac{1}{\dot{F}}$ 4.100 5. 电压串联负，电压并联负，电流串联负，电压串联负反馈。 6. $\dfrac{R_1}{R_1+R_F}$，$1+\dfrac{R_F}{R_1}$ 7.0.1，90，9

## 部分习题和思考题答案

**【习题 3-4】**

图($a$)为电压串联负反馈，$A_{uf}=1+\dfrac{R_2}{R_1}$

图($d$)为电流串联负反馈，$A_{uf}=-\dfrac{(R_2+R_3+R_5)R_4}{R_2R_5}$

图($e$)为电压并联负反馈，$A_{uf}=-\dfrac{R_3}{R_2}$

图($f$)为电流并联负反馈，$A_{uf}=-\dfrac{(R_3+R_5)R_4}{R_1R_5}$

**【习题 3-5】**

图($a$)为电压串联负反馈，$A_{uf}=\dfrac{U_o}{U_i}=1+\dfrac{R_7}{R_2}$

图($b$)为电压并联负反馈，$A_{uf}=-\dfrac{R_7}{R_1}$

**【习题 3-6】**

$F=0.095$

$\dfrac{dA_f}{A_f}\approx 0.05\%$

**【习题 3-8】**

1. $R_{F1}$从 $e_2$ 引回 $T_1$ 基极，构成电流并联负反馈。$R_{F2}$从 $c_2$ 引回 $T_1$ 射极构成电压串联负反馈。

2. $R_{e1}$两端并联电容，$R_{F2}$支路串联电容。

**【习题 3-9】**

1. 电压并联负反馈。

2. 放大倍数减小但稳定性提高，$R_{if}$和 $R_{of}$均减小。

3. $A_{uf}=-\frac{R_F}{R}$

**【习题 3-11】** 即减小 $R_{of}$，稳定输出电压，应引入电压负反馈。见图 P3.11。为电压串联负反馈，$R_F=19\text{k}\Omega$.

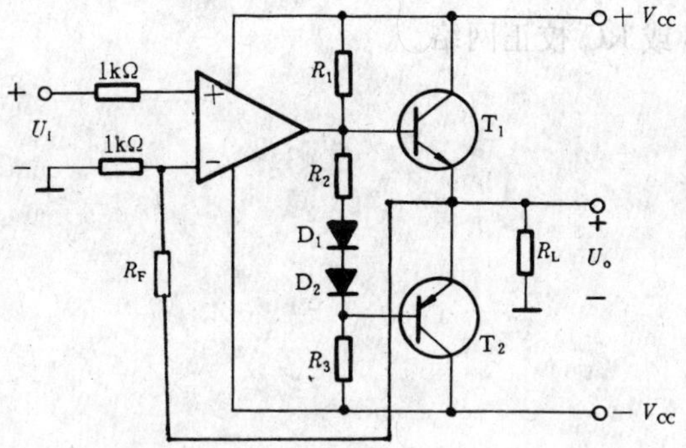


图 P3.11

**【习题 3-12】**

1. $U_{C1Q}=11.25\text{V}$，$U_{EQ}=-0.7\text{V}$.

2. $U_{C1}=11.19\text{V}$，$U_{C2}=11.31\text{V}$.

3. $b_3$ 应与 $c_1$ 相连。

4. $R_F=9\text{k}\Omega$.

**【习题 3-13】**

1. 串联负反馈。可从 $c_3$ 通过 $R_{F1}$ 接到 $b_2$.

2. 电流负反馈。可从 $e_3$ 通过 $R_{F2}$ 接到 $b_1$.

3. 直流负反馈。可从 $e_3$ 通过 $R_{F2}$ 接到 $b_1$，同时在 $R_{e3}$ 两端并联电容；也可从 $c_3$ 通过 $R_{F1}$ 接到 $b_2$ 同时在 $b_2$ 到地间接上电容。

$R_{F1}=19\text{k}\Omega$.

**【习题 3-14】**

图(*a*)电路为电压串联负反馈。稳定输出电压，提高输入电阻，降低输出电阻。$A_{uf}=11$。

图(*b*)电路为电压并联负反馈。稳定输出电压，降低输入电阻和输出电阻。$A_{uf}=-10$。

**【习题 3-16】**

1. 图(*a*)电路可能自激。$\because |\varphi_{AF}|=180°$ 时，$20\lg|\dot{A}\dot{F}|>0\text{dB}$.

2. 图(*b*)电路不满足自激条件。$\because |\varphi_{AF}|=180°$ 时，$20\lg|\dot{A}\dot{F}|<0\text{dB}$，由图可看出：$|G_m|\approx 20\text{dB}$，$|\varphi_m|\approx 45°$.

**【习题 3-17】**

1. $|\dot{A}|=10^5$，$|\dot{A}_f|=10$.

2. 不会自激。

**【习题 3-18】**

1. $|\dot{A}|=\dfrac{10^5}{\left(1+\mathrm{j}\,\dfrac{f}{10}\right)\left(1+\mathrm{j}\,\dfrac{f}{10^3}\right)\left(1+\mathrm{j}\,\dfrac{f}{10^4}\right)}$

2. 当 $\varphi=180°$时，$20\lg|\dot{A}\dot{F}|>0\text{dB}$，可能自激。

3. 可在 $c_1$ 对地端加 C 或 RC 校正网络。

# 第四章　模拟信号运算电路

## 一、教学安排与教学要求

**（一）教学安排**

本章共5学时：录像3学时，面授2学时。具体安排如下：

1. 录像内容

（1）运算电路(一)　理想运放概念；

（2）运算电路(二)　比例，求和电路；

（3）运算电路(三)　积分，微分，对数，指数电路，模拟乘法器。

2. 面授内容

（1）运算电路举例(一)；

（2）运算电路举例(二)。

**（二）教学要求**

1. 重点掌握的内容

（1）理想运放工作在线性区和非线性区时的特点；

（2）集成运放组件组成的比例（包括反相输入，同相输入和差动输入方式）电路的工作原理和输入输出关系；

（3）集成运放组件组成的求和（反相输入）电路及积分电路的工作原理及输入、输出关系。

2. 一般掌握的内容

（1）同相求和电路的工作原理及输入输出的定性关系；

（2）微分电路的工作原理及输入输出的定性关系。

3. 一般了解的内容

（1）模拟乘法器的工作原理及典型应用；

（2）对数与指数电路的工作原理。

## 二、重点和难点的分析

### 4.1　概　　述

在第二章学习了集成放大电路基础的前提下，本章和第五章介绍集成放大电路的应用电路。实现模拟信号的运算是集成运算放大器的一个重要应用方面。本章介绍几种常用信号运算电路。

（一）理想运放的特点

把实际集成运放看成理想运放可给电路的分析带来方便，同时所得到的结论基本正确。因此，理想运放的主要特点是分析运放应用电路的基础。理想运放的主要特点有以下几条：

理想运放的主要特点有哪几条？

1. **开环差模电压增益 $A_{od}=\infty$；**
2. **差模输入电阻 $R_{id}=\infty$；**
3. **输出电阻 $R_o=0$；**
4. **共模抑制比 $K_{CMR}=\infty$.**

（二）理想运放工作在线性区和非线性区的特点

理想运放工作在线性区和非线性区各有什么特点？

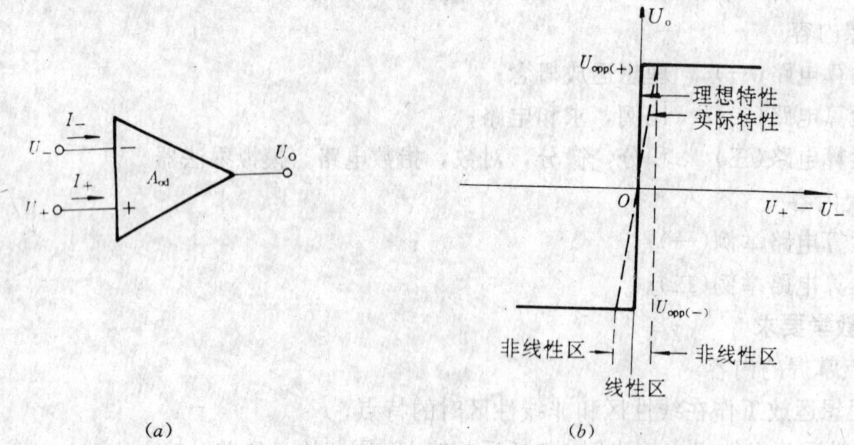


图 4.1.1　集成运放的符号和电压传输特性

图 4.1.1 (*a*) 为集成运算放大器的符号。它有两个输入端 $U_+$ 和 $U_-$，$U_+$ 称为同相输入端，$U_-$ 称为反相输入端，$U_O$ 为输出端。

1. 理想运放工作在线性区的特点

运放工作在线性区时，其输出与输入之间应满足以下线性关系

$$U_O=A_{od}(U_+-U_-) \tag{4.1.1}$$

①因为理想运放开环电压放大倍数 $A_{od}=\infty$，故式（4.1.1）可写成

$$A_{od}=\frac{U_O}{U_+-U_-}$$

可得：

$$U_+=U_- \tag{4.1.2}$$

即：**运放同相输入端的电位 $U_+$ 与反相输入端的电压 $U_-$ 相等。**

②因为理想运放的输入电阻 $R_{id}=\infty$，故在输入端 $\sum_-$ 和 $\sum_+$，没有电流流入运算放大器，故

$$I_-=0，I_+=0$$

即，**理想运放的输入电流等于零。**

2. 理想运放工作在非线性区时的特点

运放工作在非线性区时，输入和输出间不满足线性关系，即

$$U_O\neq A_{od}\ (U_+-U_-)$$

图 4.1.1 (*b*) 示出了其电压传输特性。集成运放工作在非线性区时，因为 $A_{od}$ 很大，只要输入端有很小的电压变化，其输出电压就会超出线性范围，或达到正向饱和电压 $U_{opp(+)}$ 值或达到负向饱和电压 $U_{opp(-)}$ 值。

①当 $U_+>U_-$ （$U_+-U_->0$）时：$U_o=U_{opp(+)}$

当 $U_+<U_-$ （$U_+-U_-<0$）时：$U_o=U_{opp(-)}$

② $I_+=I_-=0$

即理想运放的**输入电流等于零**，因为其输入电阻为无穷大。

**（三）“虚短”、“虚地”和“虚断”的概念**

什么是理想运放的“虚短”、“虚地”和“虚断”现象？运放工作在什么状态时方能出现这些现象？

1.“虚短”的概念

**虚短**是理想运放工作在线性区时的重要现象之一。理想运放工作在线性区时，$U_+$ 与 $U_-$ 两点的电位相等，如同两点短路了一样，把这一现象称之为“虚短”。

2.“虚地”的概念

**虚地**则是“虚短”现象的一个特例。在图 4.1.2 中，因为 $I_+=I_-=0$，故 $U_+=0$，而 $U_-=U_+=0$，所以 $U_-$ 点虽不接地却如同接地一样，故称为“虚地”。

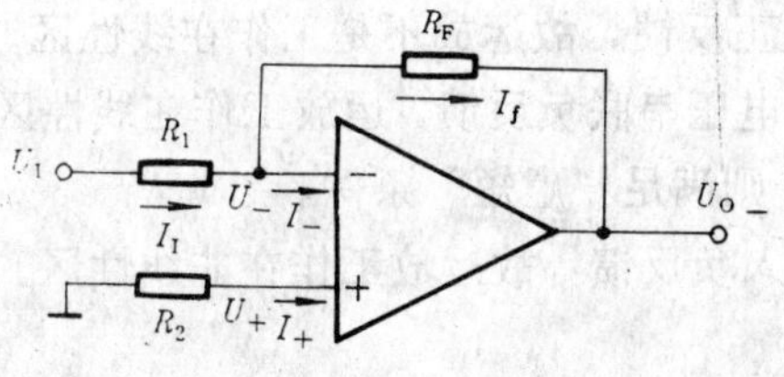


图 4.1.2　运放中的“虚地”

3.“虚断”的概念

**虚断**也是理想运放的重要现象之一。由于理想运放 $I_+=I_-=0$，如同该两点被断开一样，这种现象被称作“虚断”。

4. 判断“虚短”、“虚地”的方法

如何判断和区分集成运放的“虚短”和“虚地”现象？

“虚短”是集成运放工作在线性区时的重要现象，因此首先应该分辨出运放是否工作在线性区。一般来说，由于运放的开环放大倍数 $A_{od}$ 很大，为了保证运放的工作信号不超出线性范围，通常在电路中引入一个深度负反馈。因此，判断“虚短”，从电路结构上就看其是否引入了负反馈。

一般来说，运放工作在线性区，因为 $U_+=U_-$，故虚短现象总是存在的。此时，若有某一端是地电位，则另一输入端即为“虚地”。

**【例 4.1.1】**　电路如图 4.1.3 所示。设各集成运放均为理想运放，试判断哪些电路满足“虚短”条件，哪些电路满足“虚地”条件。

**解**　本题练习“虚短”、“虚地”现象的判断方法。

首先应判断运放是否工作在线性区，即判断是否引入了深度负反馈。若引入了负反馈，便满足了“虚短”条件，再看 $U_-=U_+$ 是否为 0，若为 0，便满足了“虚地”的条件。

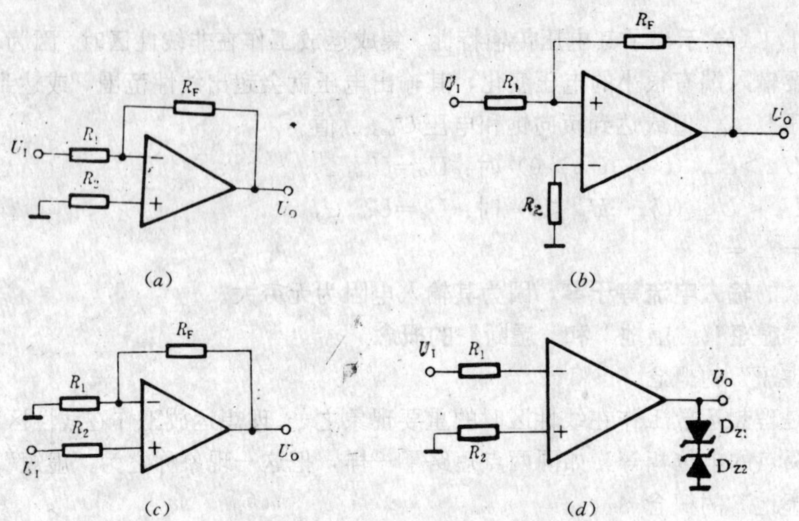


图 4.1.3 例 4.1.1 电路

图（$a$）电路，$R_F$ 引入了电压并联负反馈，运放工作在线性区，由于 $U_-=U_+=0$，满足“虚地”条件。

图（$b$）电路，$R_F$ 引入的是正反馈，故运放不是工作在线性区。

图（$c$）电路，因 $R_F$ 引入了电压串联负反馈，运放工作在线性区，由于 $U_+=U_i$（$I_+=0$），则 $U_-=U_+=U_i$，则满足“虚短”条件。

图（$d$）电路，由于没有引入负反馈，故运放工作在非线性区。

比例电路有哪三种基本形式？各有什么特点？其输入和输出电压间的关系是怎样的？

## 4.2 比 例 电 路

**比例电路**是实现输出电压 $U_O$ 与输入电压 $U_I$ 成一定比例关系的运算电路。一般表达式为：

$$U_O=KU_I$$

其中 $K$ 为比例系数。根据输入信号的不同接法，比例电路有三种基本形式：**反相输入**、**同相输入**和**差动输入**。

三种基本形式比例电路的性能比较见教材 244 页表 4-1。

由表中输出电压和输入电压的关系式可以看出，输出电压与输入电压间实现一定的比例关系，其值的大小与集成运放内部的参数无关，仅仅取决于外电路参数的取值。

电压跟随器是同相比例电路的一个特例。当同相比例电路的 $R_F=0$ 或 $R_1=\infty$ 时，$U_O=\left(1+\frac{R_F}{R_1}\right)=U_I$。

**【例 4.2.1】** 电路如图 4.2.1 所示。设各集成运放均为理想运放。试判断它们是否满足“虚短”和“虚地”的条件，各集成运放分别工作在什么组态，试列出 $U_{O1}$，$U_{O2}$，$U_{O3}$的表达式。

**解** 本题练习比例电路的分析方法。

图（$a$）电路：$A_1$，$A_2$，$A_3$ 均引入了深度负反馈，都工作在线性区。根据电路

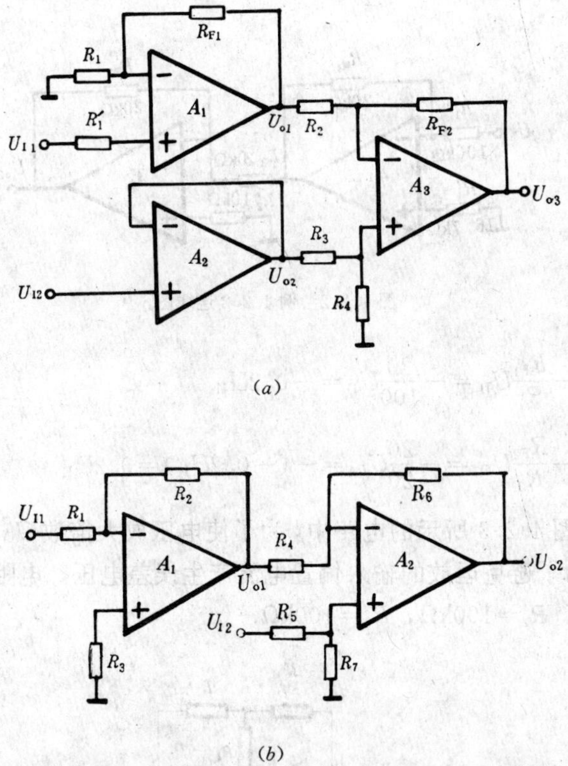


图 4.2.1　例 4.2.1 电路

结构可知，$A_1$ 组成同相比例电路。由于 $U_-=U_+=U_{I1}$，故满足"虚短"条件，$U_{O1}=\left(1+\frac{R_{F1}}{R_1}\right)U_{I1}$；$A_2$ 组成电压跟随器，由于 $U_-=U_+=U_{I2}$，故满足"虚短"条件，$U_{O2}=U_{I2}$；$A_3$ 组成差动输入比例电路。由于 $U_-=U_+\neq 0$，故满足"虚短"条件，$U_{O3}=-\frac{R_{F2}}{R_2}(U_{O1}-U_{O2})=-\frac{R_{F2}}{R_2}[(1+\frac{R_{F1}}{R_1})U_{I1}-U_{I2}]$　$(R_2=R_3, R_{F2}=R_4)$。

图(*b*)电路：$A_1$，$A_2$ 均引入了深度负反馈。都工作在线性区。根据电路结构可知，$A_1$ 组成反相比例电路。$U_-=U_+=0$，故满足"虚地"条件，$U_{O1}=-\frac{R_2}{R_1}U_{I1}$. $A_2$ 组成差动输入比例电路。由于 $U_-=U_+\neq 0$，故满足"虚短"条件，$U_{O2}=-\frac{R_6}{R_4}(U_{O1}-U_{I2})=-\frac{R_6}{R_4}\left(-\frac{R_2}{R_1}U_{I1}-U_{I2}\right)=\frac{R_6}{R_4}\left(\frac{R_2}{R_1}U_{I1}+U_{I2}\right)$.

**【例 4.2.2】**　试用集成运放实现 $U_O=0.2U_I$ 的比例运算，画出电路图。

**解**　本题练习用集成运放设计比例电路的方法。

根据设计要求，$\frac{U_O}{U_I}=0.2$，即可采用同相比例运算电路，且 $\frac{U_O}{U_I}=\left(1+\frac{R_F}{R_1}\right)=0.2$. 但同相比例电路 $\frac{U_O}{U_I}\geqslant 1$，无法直接实现 $\frac{U_O}{U_I}=0.2$ 的要求。因此我们设想用两级反相比例电路，使其 $A_{uf1}=-0.2$，$A_{uf2}=-1$，将两级串联起来，实现 $A_{uf}=A_{uf1}\times A_{uf2}=0.2$ 的要求。相应电路见图 4.2.2 所示。

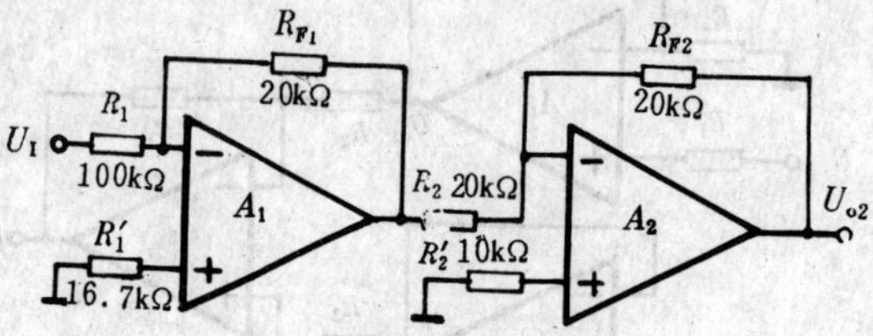


图 4.2.2 例 4.2.2 连线图

由图可得：$U_{O1}=-\frac{R_{F1}}{R_1}U_{I1}=-\frac{20}{100}U_{I1}=-0.2U_{I1}$

$$U_{O2}=-\frac{R_{F2}}{R_2}U_{O1}=-\frac{20}{20}U_{O1}=-(-0.2U_{I1})=0.2U_{I1}$$

**【例 4.2.3】** 在图 4.2.3 所示的电路中，为了使电压放大倍数 $U_O/U_I=-50$，电阻 $R_4$ 应选多大？为了避免运放的输入偏置电流产生误差电压，电阻 $R'_1$ 应选多大？已知 $R_1=100\text{k}\Omega$，$R_2=100\text{k}\Omega$，$R_3=100\text{k}\Omega$.

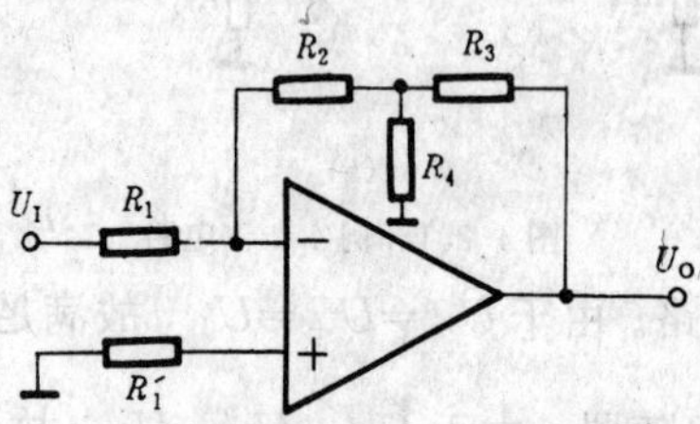


图 4.2.3 例 4.2.3 电路

**解** 本题练习由 T 形反馈网络组成的反相比例电路的分析方法。

根据教材式(4.2.17)可知，$A_{uf}=\frac{U_O}{U_I}=-\frac{R_2+R_3+\frac{R_2R_3}{R_4}}{R_1}$，代入数据可求得

$$R_4\approx 2\text{k}\Omega$$

$$R'_1=R_1/\!/[R_2+(R_3/\!/R_4)]\approx 50\text{k}\Omega$$

## 4.3 求和电路

求和电路是实现将若干输入信号进行求和运算的电路。其输出与输入的一般关系式为：

$$U_O=K_1U_{I1}+K_2U_{I2}+\cdots+K_nU_{In} \qquad (4.3.1)$$

其中 $K$ 为比例系数。根据输入信号的不同接法，求和电路有反相输入、同相输入和双端输入三种形式。现将反相输入和同相输入两种结构形式的电路及其性能列于表 4.3.1 中。

**求和电路有哪几种基本形式？各有什么特点？其输入与输出间的关系是怎样的？**

**表 4.3.1 求和电路**

| | 电　　路 | 输入、输出间关系 | 说　　明 |
|---|---|---|---|
| 反相求和电　　路 | 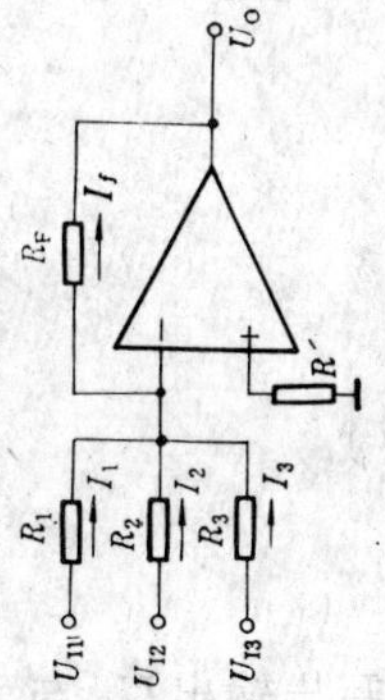  | $U_O=-\left(\frac{R_F}{R_1}U_{I1}+\frac{R_F}{R_2}U_{I2}+\frac{R_F}{R_3}U_{I3}\right)$ $=-\frac{R_F}{R}(U_{I1}+U_{I2}+U_{I3})$ （当 $R_1=R_2=R_3=R$ 时） | $R'=R_1/\!/R_2/\!/R_3/\!/R_F$ “虚断”$I_-=0$ “虚地”$U_-=U_+=0$ |
| 同相求和电　　路 | 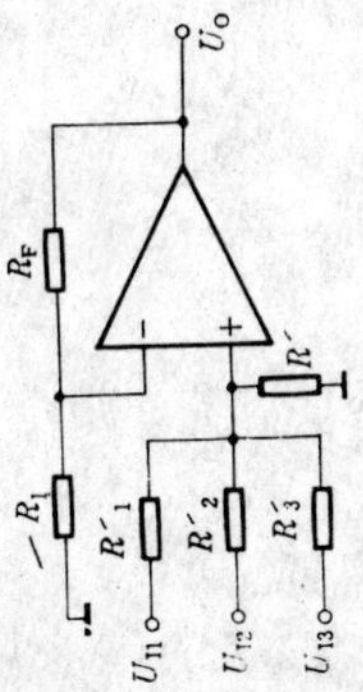  | $U_O=\left(1+\frac{R_F}{R_1}\right)\left(\frac{R_+}{R'_1}U_{I1}+\frac{R_+}{R'_2}U_{I2}+\frac{R_+}{R'_3}U_{I3}\right)$ | “虚断”$I_+=0$ “虚短”$U_-=U_+$ $U_+=R_+(\frac{U_{I1}}{R'_1}+\frac{U_{I2}}{R'_2}+\frac{U_{I3}}{R'_3})$ $R_+=R'_1/\!/R'_2/\!/R'_3/\!/R'$ |

**【例 4.3.1】** 电路如图 4.3.1 所示。设各集成运放均为理想运放。

（1）试说明各集成运放工作在什么组态？并写出其输出 $U_O$ 的表达式。

（2）若已知电路参数如下：$U_{I1}=0.4\text{mV}$，$U_{I2}=-0.2\text{mV}$，$R_1=R_2=10\text{k}\Omega$，$R_F=20\text{k}\Omega$，$R'_1=R'_2=20\text{k}\Omega$，$R'=20\text{k}\Omega$，求输出 $U_O$ 的数值。

（3）为了避免运放的输入偏置电流产生误差电压，电阻 $R_P$ 的取值应为多少？

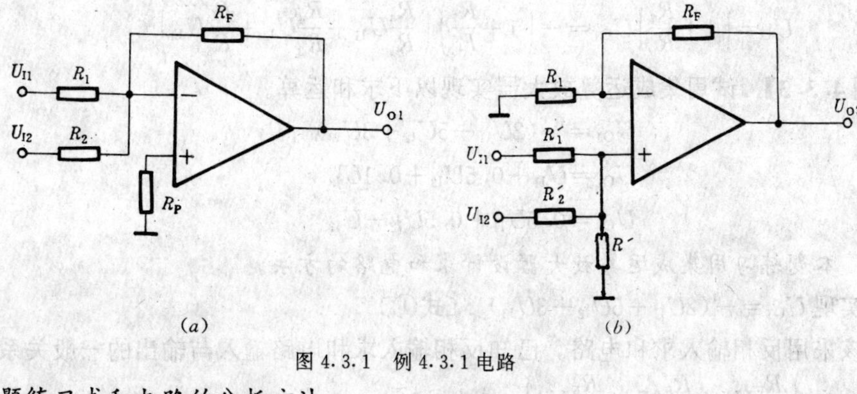


(a)　　(b)

图 4.3.1　例 4.3.1 电路

**解**　本题练习求和电路的分析方法。

图（a）为反相输入求和电路。

$$U_O=-\left(\frac{R_F}{R_1}U_{I1}+\frac{R_F}{R_2}U_{I2}\right)$$

$$=-\left[\frac{20}{10}\times0.4+\frac{20}{10}\times(-0.2)\right]=-0.4\text{mV}$$

$$R_P=R_1/\!/R_2/\!/R_F=4\text{k}\Omega$$

图($b$)为同相输入求和电路。

$$U_O=\left(1+\frac{R_F}{R_1}\right)\left(\frac{R_+}{R_1'}U_{I1}+\frac{R_+}{R_2'}U_{I2}\right)$$

$$=\left(1+\frac{20}{10}\right)\left[\frac{6.7}{20}\times0.4+\frac{6.7}{20}\times(-0.2)\right]$$

$$\approx0.2\text{mV}$$

式中 $R_+=R_1'/\!/R_2'/\!/R'=6.7\text{k}\Omega$

**【例 4.3.2】** 电路如图 4.3.2 所示。设 $A_1$、$A_2$ 均为理想运放。写出输出 $U_O$ 与输入 $U_I$ 关系的表达式。

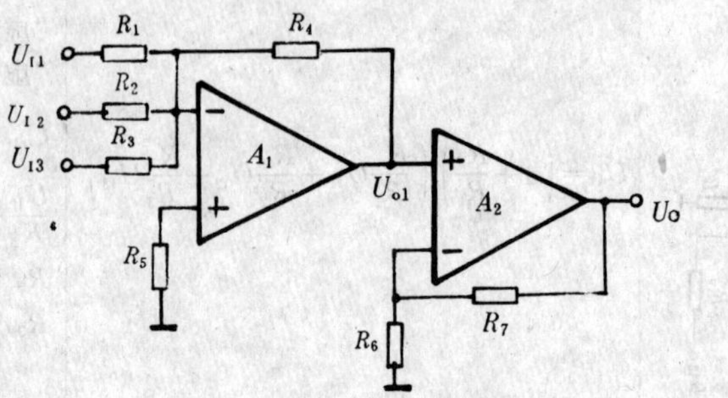


图 4.3.2 例 4.3.2 电路

**解** 本题练习求和—比例电路的综合分析方法。

由图可知,$A_1$ 组成反相求和电路。

$$U_{O1}=-\left(\frac{R_4}{R_1}U_{I1}+\frac{R_4}{R_2}U_{I2}+\frac{R_4}{R_3}U_{I3}\right)$$

$A_2$ 组成同相比例电路。

$$U_O=\left(1+\frac{R_7}{R_6}\right)U_{O1}=-\left(1+\frac{R_7}{R_6}\right)\left(\frac{R_4}{R_1}U_{I1}+\frac{R_4}{R_2}U_{I2}+\frac{R_4}{R_3}U_{I3}\right)$$

**【例 4.3.3】** 试用集成运算放大器实现以下求和运算。

$$U_{O1}=-(2U_{I1}+5U_{I2}+3U_{I3})$$

$$U_{O2}=U_{I1}+0.5U_{I2}+0.1U_{I3}$$

$$U_{O3}=0.5U_{I1}+0.5U_{I2}-U_{I3}$$

**解** 本题练习用集成运算放大器设计求和电路的方法。

要实现 $U_{O1}=-(2U_{I1}+5U_{I2}+3U_{I3})$ 〔式①〕

应该采用反相输入求和电路。已知反相输入求和电路输入与输出的一般关系式为 $U_O=-\left(\frac{R_F}{R_1}U_{I1}+\frac{R_F}{R_2}U_{I2}+\frac{R_F}{R_3}U_{I3}\right)$ 〔式②〕

比较式①和式②,可知 $\frac{R_F}{R_1}=2$,$\frac{R_F}{R_2}=5$,$\frac{R_F}{R_3}=3$.若取 $R_F=30\text{k}\Omega$,则 $R_1=15\text{k}\Omega$,

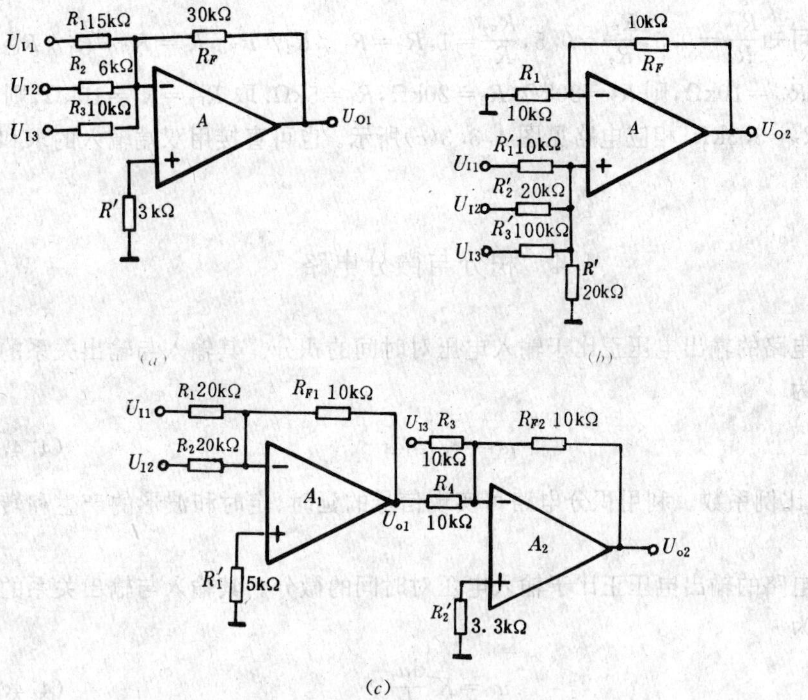


图 4.3.3　例 4.3.3 连线图

$R_2=6\text{k}\Omega, R_3=10\text{k}\Omega$，而 $R'=R_1/\!/R_2/\!/R_3/\!/R_F\approx 3\text{k}\Omega$. 电路见图 4.3.3($a$)所示。

要实现 $U_{O2}=U_{I1}+0.5U_{I2}+0.1U_{I3}$　〔式③〕

应采用同相输入的求和电路。已知同相输入求和电路输入与输出的一般关系式为 $U_O=\left(1+\dfrac{R_F}{R_1}\right)\left(\dfrac{R_+}{R_1'}U_{I1}+\dfrac{R_+}{R_2'}U_{I2}+\dfrac{R_+}{R_3'}U_{I3}\right)$　(式④).

比较式③和④，可知 $1+\dfrac{R_F}{R_1}=1$，可是同相输入求和电路的结构形式不能使 $1+\dfrac{R_F}{R_1}=1$. 因此考虑将式③改写成如下形式：

$$U_{O2}=2(0.5U_{I1}+0.25U_{I2}+0.05U_{I3})\quad(\text{式⑤})$$

比较式④和⑤，可得 $1+\dfrac{R_F}{R_1}=2, \dfrac{R_+}{R_1'}=0.5, \dfrac{R_+}{R_2'}=0.25, \dfrac{R_+}{R_3'}=0.05$. 若取 $R_+=5\text{k}\Omega$，则 $R_1'=10\text{k}\Omega, R_2'=20\text{k}\Omega, R_3'=100\text{k}\Omega$. 又知 $R_+=R_1'/\!/R_2'/\!/R_3'/\!/R'$，可求得 $R'\approx 20\text{k}\Omega$.

根据 $1+\dfrac{R_F}{R_1}=2$，可取 $R_F=R_1=10\text{k}\Omega, R_-=R_F/\!/R_1=5\text{k}\Omega$，正好满足 $R_+=R_-$ 的要求，相应电路见图 4.3.3($b$)所示。

要实现 $U_{O3}=0.5U_{I1}+0.5U_{I2}-U_{I3}$的关系，仅用单个反相输入求和电路或同相输入求和电路不易实现，可考虑用两个集成运放实现。

首先用反相输入求和电路实现 $U_{O1}=-(0.5U_{I1}+0.5U_{I2})$然后再用反相输入求和电路实现 $U_{O2}=-(U_{O1}+U_{I3})=-[-(0.5U_{I1}+0.5U_{I2})+U_{I3}]=0.5U_{I1}+0.5U_{I2}-U_{I3}$的关系。

已知反相输入求和电路输入与输出的一般关系式为 $U_O=-\left(\dfrac{R_F}{R_1}U_{I1}+\dfrac{R_F}{R_2}U_{I2}\right)$，

比较两式可知$\frac{R_{F1}}{R_1}=0.5$，$\frac{R_{F1}}{R_2}=0.5$，$\frac{R_{F2}}{R_3}=1$，$R_1'=R_1/\!/R_2/\!/R_{F1}$，$R_2'=R_3/\!/R_4/\!/R_{F2}$.

若取 $R_{F1}=10\text{k}\Omega$，则 $R_1=20\text{k}\Omega$，$R_2=20\text{k}\Omega$，$R_1'=5\text{k}\Omega$. 取 $R_{F2}=R_3=10\text{k}\Omega$，则 $R_4=10\text{k}\Omega$，$R_2'=3.3\text{k}\Omega$. 相应电路见图 4.3.3($c$)所示。也可直接用双端输入的求和电路实现.（略）。

## 4.4 积分与微分电路

积分电路的输出电压正比于输入电压对时间的积分。其输入与输出关系的一般表达式为

$$u_O=K\int u_I\mathrm{d}t \tag{4.4.1}$$

其中 $K$ 为比例系数。利用积分电路可实现信号的延时、定时和波形的产生和转换等功能。

微分电路的输出电压正比于输入电压对时间的微分。其输入与输出关系的一般表达式为

$$u_O=K\frac{\mathrm{d}u_I}{\mathrm{d}t} \tag{4.4.2}$$

其中 $K$ 为比例系数。利用微分电路可实现对波形的变换。

现将积分电路和微分电路的性能列于表 4.4.1 中。

**【例 4.4.1】** 基本积分电路如图 4.4.1($a$)所示。设在其输入端加有如图($b$)所示的方波，试画出理想情况下输出电压的波形，并标出其幅值。已知 $R=1\text{M}\Omega$，$C=1\mu\text{F}$. 当 $t=0$ 时，$u_O=0$.

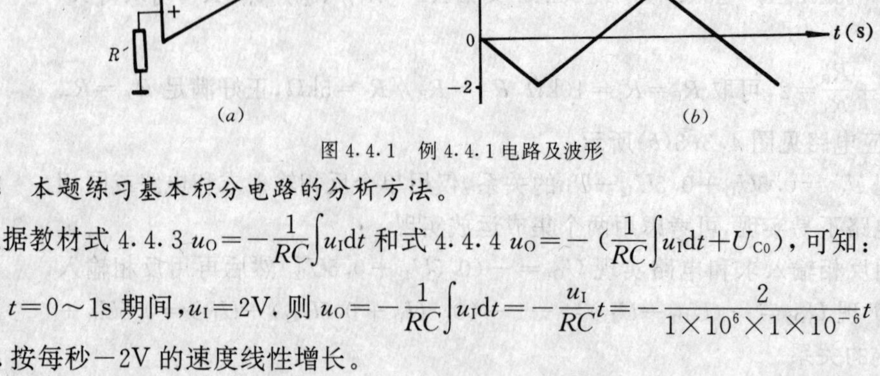


图 4.4.1 例 4.4.1 电路及波形

**解** 本题练习基本积分电路的分析方法。

根据教材式 4.4.3 $u_O=-\frac{1}{RC}\int u_I\mathrm{d}t$ 和式 4.4.4 $u_O=-\left(\frac{1}{RC}\int u_I\mathrm{d}t+U_{C0}\right)$，可知：

在 $t=0\sim1\text{s}$ 期间，$u_I=2\text{V}$. 则 $u_O=-\frac{1}{RC}\int u_I\mathrm{d}t=-\frac{u_I}{RC}t=-\frac{2}{1\times10^6\times1\times10^{-6}}t=-2t$. 按每秒 $-2\text{V}$ 的速度线性增长。

在 $t=1\sim3\text{s}$ 期间，$u_I=-2\text{V}$. 则 $u_O=-\left[\frac{1}{RC}\int u_I\mathrm{d}t+U_{C0}\right]=$

**表 4.4.1　积分电路和微分电路**

| | | 电　　路 | 输入输出关系 | 说　　明 |
|---|---|---|---|---|
| 积分和微分电路 | 积分电路（反相输入） | 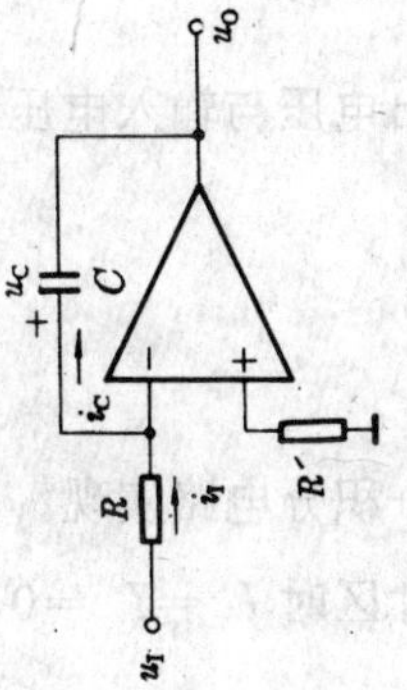 | $u_O=-u_C=-\frac{1}{C}\int i_C\mathrm{d}t=-\frac{1}{RC}\int u_I\mathrm{d}t$<br>$u_O=-(\frac{1}{RC}\int u_I\mathrm{d}t+U_{C0})$（当电容两端有初始电压$U_{C0}$） | $R'=R$<br>"虚地"$U_-=U_+=0$<br>电压并联负反馈 |
| | 微分电路① | 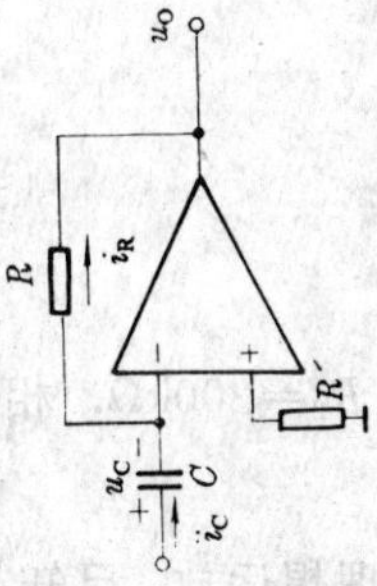 | $u_O=-i_RR=-i_CR=-RC\frac{\mathrm{d}u_C}{\mathrm{d}t}=-RC\frac{\mathrm{d}u_I}{\mathrm{d}t}$ | 电压并联负反馈，$R'=R$<br>"虚地"$U_-=U_+=0$.<br>(1)对高频噪声及干扰非常敏感，抗干扰能力差；<br>(2)RC 产生滞后移相环节，易产生自激振荡；<br>(3)输入突变时，输出电压很大，甚至超过运放最大输出电压值 |
| | 微分电路②（实用电路） | 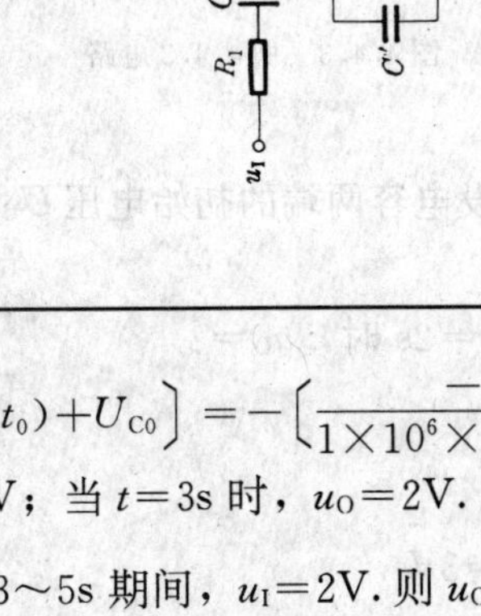 | | $R_1C\approx RC_1$<br>(1)正常工作频率下，使$R_1\ll\frac{1}{\omega C}$，$\frac{1}{\omega C}\gg R$ 故 $R_1$，$C_1$ 基本不起作用。当 $f\uparrow$，$R_1$，$C_1$ 的接入将使微分电路的 $A_{uf}\downarrow$，抑制干扰；<br>(2)$RC_1$ 构成超前相位移，防止自激振荡；<br>(3)$D_{Z1}$，$D_{Z2}$背靠背，限制了输出电压的幅度；<br>(4)$R'C'$ 并联的校正环节消除自激 |

$-\left[\frac{u_I}{RC}(t-t_0)+U_{C0}\right]=-\left[\frac{-2}{1\times10^6\times1\times10^{-6}}(t-1)+2\right]=2(t-1)-2\mathrm{V}$，当 $t=2\mathrm{s}$ 时，$u_O=0\mathrm{V}$；当 $t=3\mathrm{s}$ 时，$u_O=2\mathrm{V}$. 即按每秒＋2V 的速度线性增长。

在 $t=3\sim5\mathrm{s}$ 期间，$u_I=2\mathrm{V}$. 则 $u_O=-\left[\frac{1}{RC}\int u_I\mathrm{d}t+U_{C0}\right]=$

$-\left[\frac{u_I}{RC}(t-t_0)+U_{C0}\right]=-\left[\frac{2}{10^6\times10^{-6}}(t-3)-2\right]=-2(t-3)+2$，当 $t=4\text{s}$ 时，$u_O=0\text{V}$. 当 $t=5\text{s}$ 时，$u_O=-2\text{V}$. 即按每秒 $-2\text{V}$ 的速度线性增长，以后重复上述过程。相应输出波形见图 4.4.1($b$)所示。

**【例 4.4.2】** 试用集成运放设计一个运算电路，使输出电压与输入电压满足如下关系：

$$u_O=-10\int u_{I1}dt-5\int u_{I2}dt$$

**解** 本题练习用积分电路设计电路的方法。

由表达式可知，该电路有两个输入电压，因此用求和—积分电路实现。

已知积分电路 $u_O=-\frac{1}{C}\int i_C dt$。又知理想运放工作在线性区时 $I_+=I_-=0$，$U_-+U_-=0$，可得：

$$\begin{aligned}u_O&=-\frac{1}{C}\int i_C dt=-\frac{1}{C}\int(i_1+i_2)dt\\&=-\frac{1}{C}\int\left(\frac{u_{I1}}{R_1}+\frac{u_{I2}}{R_2}\right)dt\\&=-\left(\frac{1}{R_1C}\int u_{I1}dt+\frac{1}{R_2C}\int u_{I2}dt\right)\end{aligned}$$

根据要求 $\frac{1}{R_1C}=10$，$\frac{1}{R_2C}=5$，若取 $C=1\mu\text{F}$，则 $R_1=100\text{k}\Omega$，$R_2=200\text{k}\Omega$. 相应电路见图 4.4.2 所示。

**【例 4.4.3】** 电路如图 4.4.3 所示。设运算放大器均为理想运放。已知 $R_1=33\text{k}\Omega$，$R_2=50\text{k}\Omega$，$R_3=R_4=R_5=100\text{k}\Omega$，$C=10\mu\text{F}$.

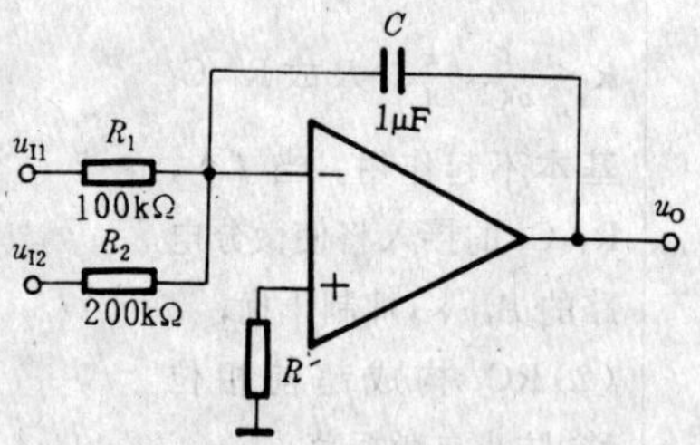


图 4.4.2 例 4.4.2 电路图

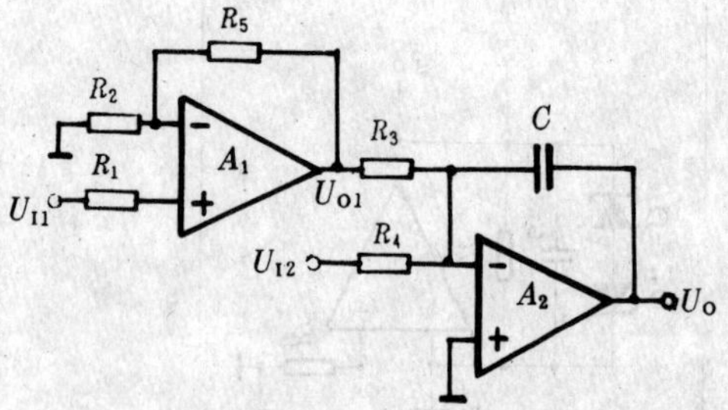


图 4.4.3 例 4.4.3 电路

(1) 当 $U_{I1}=1\text{V}$ 时，$U_{O1}=?$

(2) 要使 $U_{I1}=1\text{V}$ 时，$U_O$ 维持在 0V，则 $U_{I2}=?$（设电容两端的初始电压 $U_C=0$.）

(3) 设 $t=0$ 时，$U_{I1}=1\text{V}$，$U_{I2}=0\text{V}$，$u_C=0\text{V}$，求 $t=2\text{s}$ 时，$u_O=?$

**解** 本题练习同相比例—积分电路的综合分析方法。

(1) $A_1$ 组成同相比例电路，当 $U_{I1}=1\text{V}$ 时，

$$U_{O1}=\left(1+\frac{R_5}{R_2}\right)U_{I1}=\left(1+\frac{100}{50}\right)\times1=3\text{V}$$

(2) $A_2$ 组成反相求和—积分电路

$$u_O=-\frac{1}{C}\int i_C\mathrm{d}t=-\frac{1}{C}\int(i_3+i_4)\mathrm{d}t$$
$$=-\frac{1}{C}\int\left(\frac{U_{O1}}{R_3}+\frac{U_{I2}}{R_4}\right)\mathrm{d}t$$

已知 $U_{O1}(U_{I1}=1\mathrm{V}$ 时$)=3\mathrm{V}$，要使 $U_O=0\mathrm{V}$，则 $U_{I2}=-3\mathrm{V}$.

(3) $$u_O=-\left(\frac{1}{RC}\int u_I\mathrm{d}t+U_{C0}\right)$$
$$=-\left(\frac{1}{R_3C}\int u_{O1}\mathrm{d}t\right)$$
$$=-\frac{U_{O1}}{R_3C}t$$
$$=-\frac{3}{100\times10^3\times10\times10^{-6}}\times2$$
$$=-6\mathrm{V}$$

## 4.5 对数与指数电路

对数电路的输出电压与输入电压的对数成正比，其一般表达式为

$$u_O=K\ln u_I \tag{4.5.1}$$

利用集成运放和二极管组成的基本对数电路如图 4.5.1 所示。

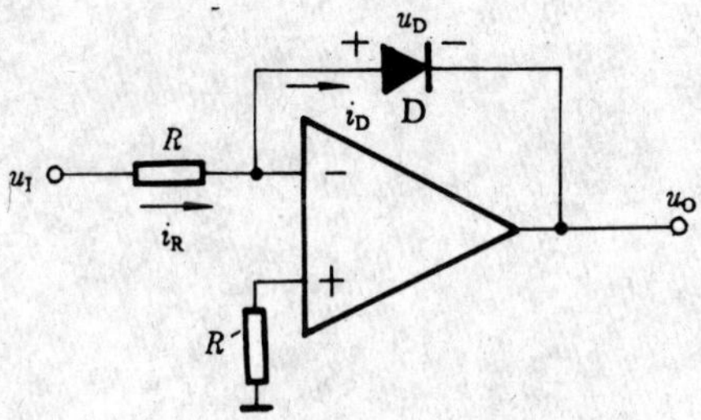


图 4.5.1 基本对数电路

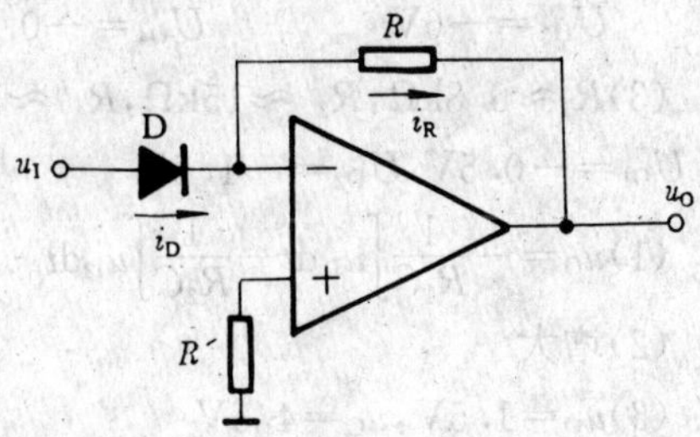


图 4.5.2 基本指数电路

由图 4.5.1 可知：流过二极管的电流 $i_D$ 与二极管 $u_D$ 间有如下关系：

$$i_D\approx I_S\mathrm{e}^{u_D/U_T}\qquad(\text{当 } \mathrm{e}^{u_D/U_T}\gg1 \text{ 时})$$

或

$$u_D\approx U_T\ln\frac{i_D}{I_S}$$

而

$$u_O=-u_D=-U_T\ln\frac{i_D}{I_S}$$
$$\approx-U_T\ln\frac{u_I}{I_SR}\qquad\left(i_D=\frac{u_I}{R}\right) \tag{4.5.2}$$

实现了对数运算。

指数电路的输出电压与输入电压的指数成正比，其一般表达式为：

$$u_O=K\mathrm{e}^{u_I} \tag{4.5.3}$$

利用集成运放和二极管组成的指数电路如图 4.5.2 所示。

由图 4.5.2 可知：

$$i_D\approx I_S\mathrm{e}^{u_D/U_T}=I_s\mathrm{e}^{u_I/U_T}$$

$$u_O=-i_R\cdot R=-I_S R e^{u_I/U_T} \qquad (4.5.4)$$

实现了指数运算。

## 三、自我检测题和部分习题参考答案

### 自我检测题答案

**（一）选择填空**

1.（1）$a$。（2）$a$。　2. $a$。　3.（1）$b$，$a$。（2）$b$，$a$。（3）$b$、$c$。（4）$b$，$a$。（5）$b$、$a$。　4.（1）$a$，$c$。（2）$b$，$a$。　5.（1）$b$。（2）$b$。　6. $c$。　7. $c$，$d$。　8.（1）$b$。（2）$b$。

**（二）判断以下结论是否正确，并在相应的括弧中填√或×**

1. ×　2. √　3. ×　4. √　5. ×

**（三）填空**

1. (1) $U_{O1}=-\frac{R_{F1}}{R_{11}}U_{I1}$　　$U_{O2}=(1+\frac{R_{F2}}{R_{21}})U_{I2}$

$U_{O3}=-\frac{R_{F3}}{R_{13}}(U_{I3}-U_{I'3})$　　$U_{O4}=-\left(\frac{R_{F4}}{R_{41}}U_{I41}+\frac{R_{F4}}{R_{42}}U_{I42}+\frac{R_{F4}}{R_{43}}U_{I43}\right)$

(2) $U_{O1}=-2\text{V}$　　$U_{O2}=3.5\text{V}$

$U_{O3}=-6\text{V}$　　$U_{O4}=-0.2\text{V}$

(3) $R_1'\approx6.8\text{k}\Omega, R_2'\approx15\text{k}\Omega, R_4'\approx11.1\text{k}\Omega$

2. $U_{O1}=-0.5\text{V}, U_{O2}=-1.5\text{V}$

3. (1) $u_O=-\frac{1}{R_1C}\int u_{I1}\text{d}t-\frac{1}{R_2C}\int u_{I2}\text{d}t$

(2) 增大

(3) $u_O=1.5\text{V}, u_O=4.5\text{V}$

### 部分习题和思考题答案

**【习题 4-1】**

图($a$)，($e$)电路满足“虚地”条件，图($c$)，($d$)电路满足“虚短”条件。

**【习题 4-2】**　+20

**【习题 4-3】**

(1) $U_{O1}=\left(1+\frac{R_3}{R_2}\right)U_I$

$U_{O2}=-\frac{R_5}{R_4}U_{O1}$

(2) $U_O=U_{O1}-U_{O2}=\left(1+\frac{R_3}{R_2}\right)\left(1+\frac{R_5}{R_4}\right)U_I$

(3) $A_{uf}=\frac{U_O}{U_I}=\left(1+\frac{R_3}{R_2}\right)\left(1+\frac{R_5}{R_4}\right)=25$

【习题 4-4】

$$(1)A_{uf}=-\frac{R_2+R_3+\frac{R_2R_3}{R_4}}{R_1}\approx-202$$

$R_{if}\approx R_1=100\text{k}\Omega$

(2)$R_F\approx 20\ 200\text{k}\Omega$

【习题 4-7】

可用两个反相比例电路实现,使 $A_{uf1}=-0.5$,$A_{uf2}=-1$.

【习题 4-8】

$$U_{O1}=-\left(\frac{R_3}{R_1}U_{I1}+\frac{R_3}{R_2}U_{I2}\right)$$

$$U_{O2}=R_7\left(\frac{R_3}{R_1R_6}U_{I1}+\frac{R_3}{R_2R_6}U_{I2}-\frac{1}{R_5}U_{I3}\right)$$

【习题 4-9】 输出电压的波形见图 P4.9。

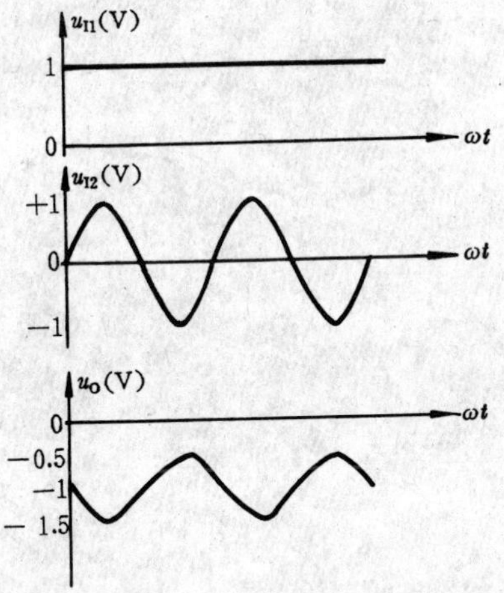


图 P4.9

【习题 4-11】

可用两个反相求和电路实现。使 $U_{O1}=-(2U_{I1}+U_{I3})$,$U_O=-(U_{O1}+0.5U_{I2})$.

【习题 4-13】 当 $R=10\text{k}\Omega$,$C=2\mu\text{F}$ 时的波形见图 P4.13。

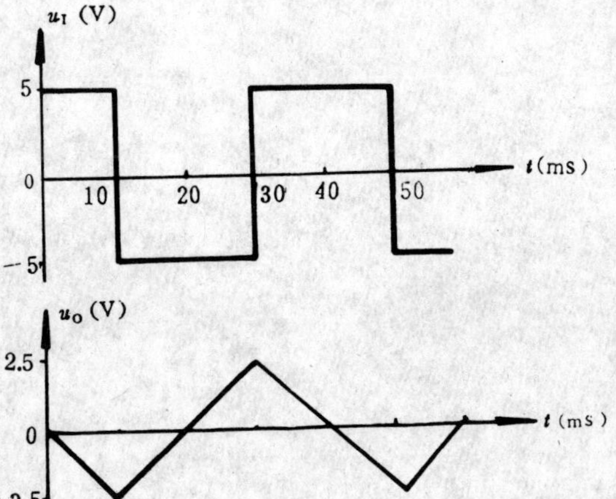


图 P4.13

**【习题 4-15】**

(1)$A_1$:同相比例，　　$A_2$:反相求和，$A_3$:差动比例，$A_4$:积分电路。

(2)$u_{O1}=\left(1+\dfrac{100}{50}\right)u_{I1}=3u_{I1}$

$u_{O2}=-(u_{I2}+2u_{I3})$

$u_{O3}=-2(3u_{I1}+u_{I2}+2u_{I3})$

$u_{O4}=-\dfrac{1}{5}\int(3u_{I1}+u_{I2}+2u_{I3})\mathrm{d}t$

# 第五章　信号处理电路

## 一、教学安排与教学要求

**（一）教学安排**

本章共 4 学时：录像 2 学时，面授 2 学时。具体安排如下：

1．录像内容

（1）信号处理电路（一）　　有源滤波器；

（2）信号处理电路（二）　　电压比较器。

2．面授内容

（1）有源滤波器；

（2）电压比较器。

**（二）教学要求**

1．重点掌握的内容

（1）低通、高通、带通和带阻滤波电路的功能及根据要求选择相应的滤波电路；

（2）理想运放工作在非线性区的特点；

（3）过零比较器、滞回比较器的工作原理及它们输入、输出间的关系。

2．一般掌握的内容

（1）二阶低通滤波电路的工作原理。$A_{up}$，$f_0$ 的估算方法；

（2）单限比较器、双限比较器的工作原理及它们输入输出间的关系。

3．一般了解的内容

（1）高通、带通、带阻滤波电路的工作原理及它们 $A_{up}$，$f_0$ 的估算方法；

（2）集成电压比较器的工作原理和特点。

## 二、重点和难点的分析

### 5.1′　概　述

与信号运算电路一样，信号处理电路也是集成运算放大器应用的一个重要方面。它的种类很多，本章主要介绍几种滤波电路和电压比较电路。

**（一）集成运放工作在非线性区的特点**

理想运放工作在非线性区的特点是：

（1）$U_+ > U_-$ 时，　　$U_O = +U_{OPP}$

**理想运放工作在非**

$U_{+}<U_{-}$时，　　$U_O=-U_{OPP}$

(2) $I_{+}=I_{-}=0$

图 5′.1.1 示出了它的电压传输特性。实线为理想特性，虚线为实际特性。

线性区的特点是什么？

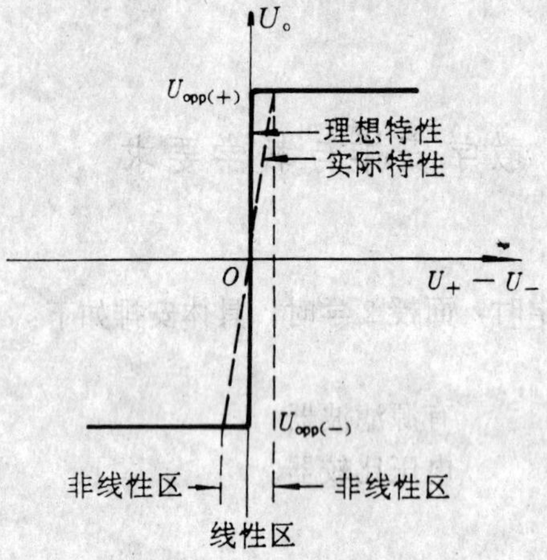


图 5′.1.1　集成运放的电压传输特性

## 5.1　有源滤波器

把由电阻、电容、电感等无源元件构成的滤波电路称为无源滤波器；由无源网络和有源器件（三极管、集成运放等）组成的滤波电路即为有源滤波电路。

什么叫有源网络，什么叫无源网络？

### （一）RC 电路的选频特性

图 5.1.1 示出了由 RC 元件组成的低通电路和高通电路及其相应的幅频特性。

试说明 RC 电路的选频特性。RC 选频网络的主要缺点是什么？

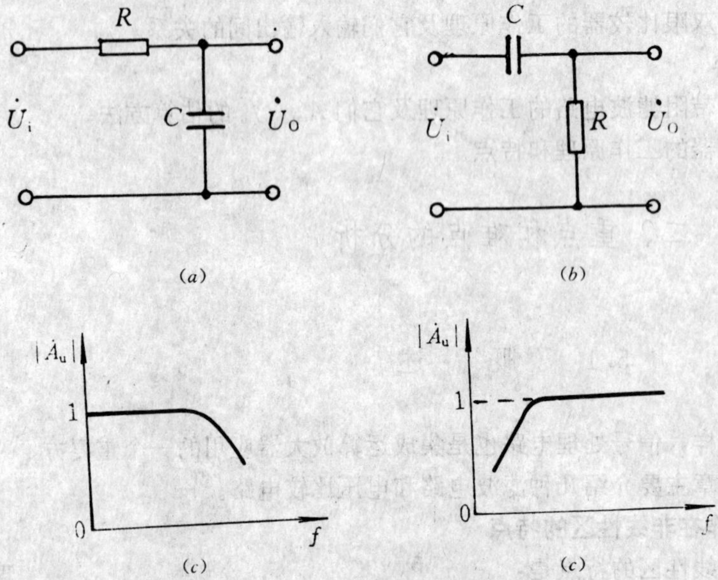


图 5.1.1　RC 电路及幅频特性

由图 5.1.1($a$)可知，该电路

$$\dot{A}=\frac{\dot{U}_o}{\dot{U}_i}=\frac{1/j\omega C}{R+\frac{1}{j\omega C}}=\frac{1}{1+j\omega RC}=\frac{1}{1+j\frac{\omega}{\omega_0}} \tag{5.1.1}$$

由图 5.1.1($b$)可知，该电路

$$\dot{A}=\frac{\dot{U}_o}{\dot{U}_i}=\frac{R}{R+\frac{1}{j\omega C}}=\frac{1}{1+j\frac{1}{\omega RC}}=\frac{1}{1-j\frac{\omega_0}{\omega}} \tag{5.1.2}$$

由式 5.1.1 和图 5.1.1($c$)可知，图 5.1.1($a$)电路的传输特性具有通过低频信号，阻止高频信号的作用，因此称为 RC 低通电路。

由式 5.1.2 和图 5.1.1($d$)可知，图 5.1.1($b$)电路的传输特性具有通过高频信号，阻止低频信号的作用，因此称为 RC 高通电路。

两电路的截止频率 $$f_0=\frac{1}{2\pi RC} \tag{5.1.3}$$

**(二)有源滤波电路**

RC 电路的主要缺点是：

1. 传输特性的传输系数较低。由幅频特性可以看出，其传输系数最大只能达到 1。若在其输出并联电阻，则传输系数还将下降，且截止频率也将发生变化。

2. 带负载能力较差。

将 RC 无源网络接至集成运放的输入端就构成了有源滤波电路。现将各种有源滤波电路的电路结构、工作特点、参数计算方法归纳于表 5.1.1 中。

**表 5.1.1 有源滤波电路**

| | 低通滤波电路 | | 二阶高通滤波电路 | 带通滤波电路 | 带阻滤波电路 |
|---|---|---|---|---|---|
| | 一阶有源滤波电路 | 二阶有源滤波电路 | | | |
| 电路 | 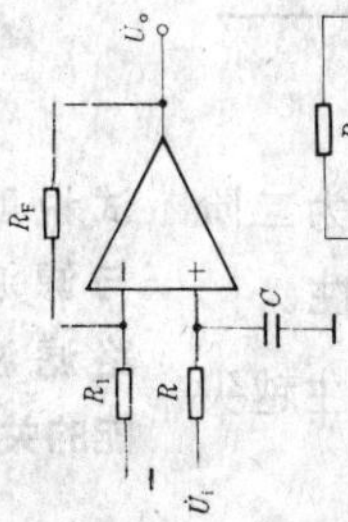 | 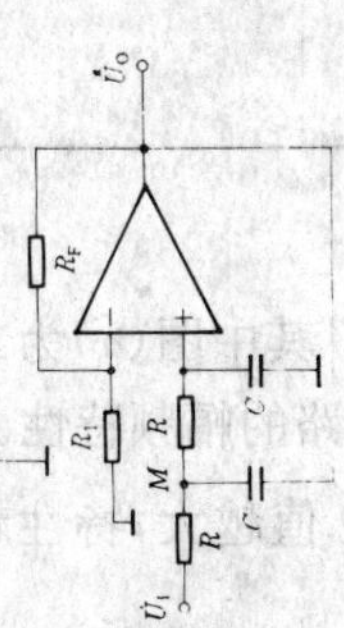 | 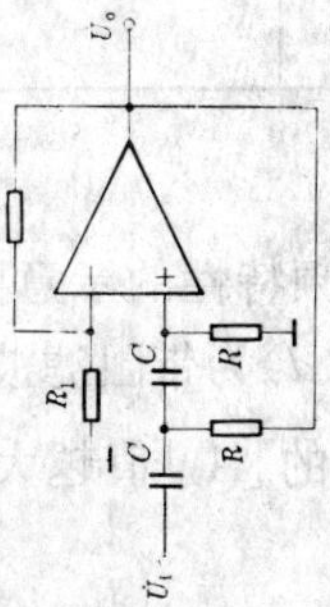 | 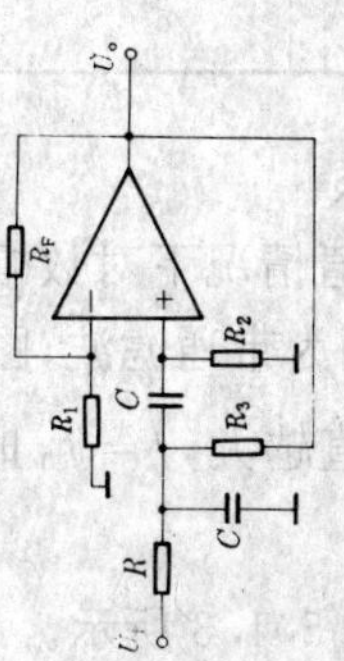 | 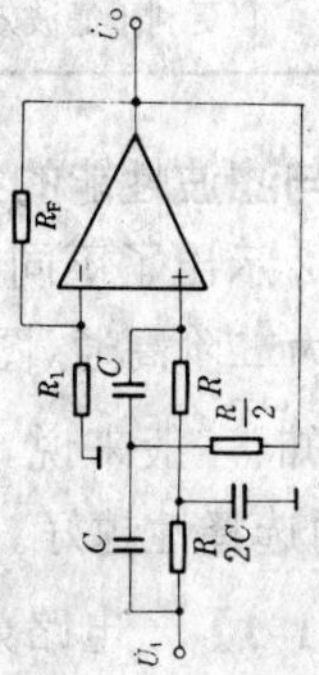 |

续表

| | 低通滤波电路 | | 二阶高通滤波电路 | 带通滤波电路 | 带阻滤波电路 |
|---|---|---|---|---|---|
| | 一阶有源滤波电路 | 二阶有源滤波电路 | | | |
| 幅频特性(示意) | 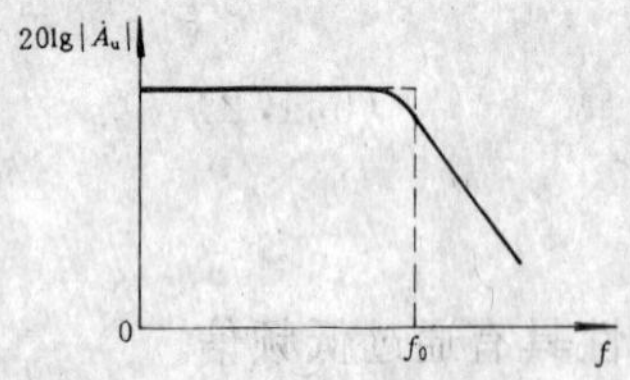 | | 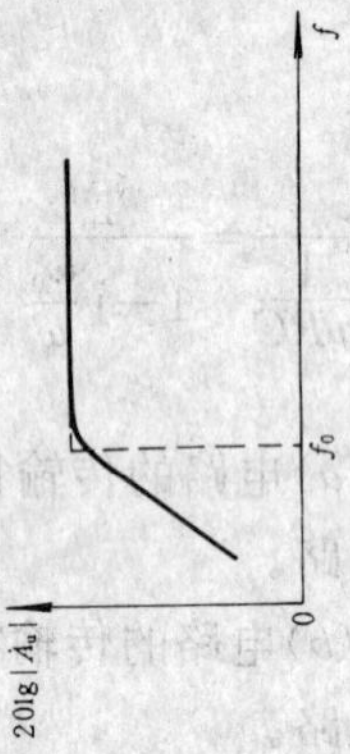 | 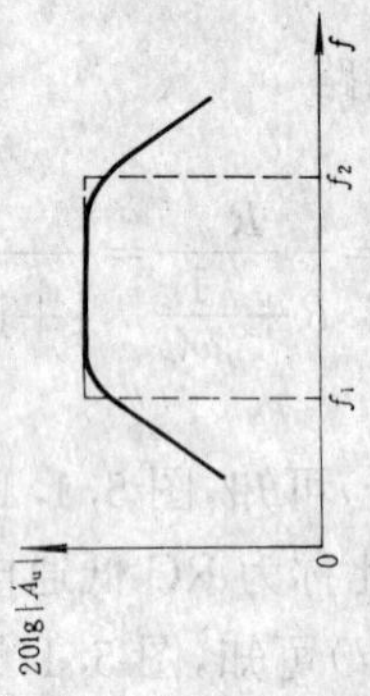 | 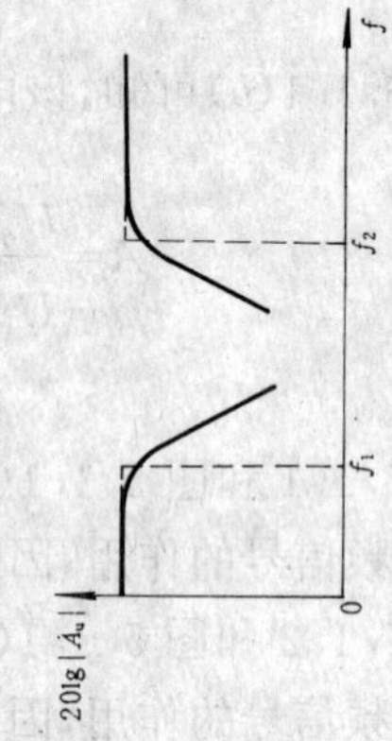 |
| 参数计算 | $A_{up}=1+\frac{R_F}{R_1}$<br>$f_0=\frac{1}{2\pi RC}$ | $A_{up}=1+\frac{R_F}{R_1}$<br>$f_0=\frac{1}{2\pi RC}$<br>$Q=\frac{1}{3-A_{up}}$ | $A_{up}=1+\frac{R_F}{R_1}$<br>$f_0=\frac{1}{2\pi RC}$<br>$Q=\frac{1}{3-A_{up}}$ | $A_{up}=1+\frac{R_F}{R_1}$(设 $R_2=2R,R_3=R$)<br>$f_0=\frac{1}{2\pi RC}$<br>$B=(2-\frac{R_F}{R_1})f_0$<br>$f_0$ 称中心频率 | $A_{up}=1+\frac{R_F}{R_1}$<br>$f_0=\frac{1}{2\pi RC}$<br>$B=f_2-f_1=2(2-A_{up})f_0$<br>$f_0$ 称中心频率 |
| 特点 | 1. 电压串联负反馈，输入电阻高，输出电阻低，提高了电路的带负载能力。<br>2. 提高了电路的增益 | | | 1. 将一个低通 RC 和一个高通 RC 电路串接起来，接运放同相输入端。<br>2. 设低通滤波器和高通滤波器的通带频率分别为 $f_2$ 和 $f_1$，且 $f_2>f_1$ | 1. 电容 C 和电阻 $\frac{R}{2}$、电阻 R 和电容 2C 分别构成两个"T"形状——双 T 带阻滤波器 |
| | 3. 一级 RC 构成一阶网络，幅频特性斜率为 −20dB/10倍频程，衰减太慢 | 3. 二阶 RC 构成二阶网络，幅频特性斜率为 −40dB/10 倍频程，较接近理想特性。<br>4. 将输出引回 C，更利于滤波效果 | | | |

## (三)Q 与滤波性能的关系

图 5.1.2 示出了不同 $Q$ 值情况下对数幅频特性的示意图。其中图($a$)为二阶低通，图($b$)为二阶高通，图($c$)为带通滤波，图($d$)为带阻滤波电路的幅频特性。

**试说明 Q 与滤波电路滤波性能的关系。**

由图可知：一般来说，$Q$ 值越大，$f=f_0$ 时的 $|\dot{A}_u|$ 值越大，$Q$ 值越大，特性越尖锐，则频率的选择性越好。

**【例 5.1.1】** 电路如图 5.1.3 所示。设 $R_1=82\text{k}\Omega$，$R_F=50\text{k}\Omega$，$R=16\text{k}\Omega$，$C=0.1\mu\text{F}$.

(1) 说明该电路的名称，简述其工作原理。

(2) 试计算该电路通带截止频率 $f_0$ 和通带电压放大倍数 $A_{up}$ 的值。

(3) 定性画出该电路的对数幅频特性。

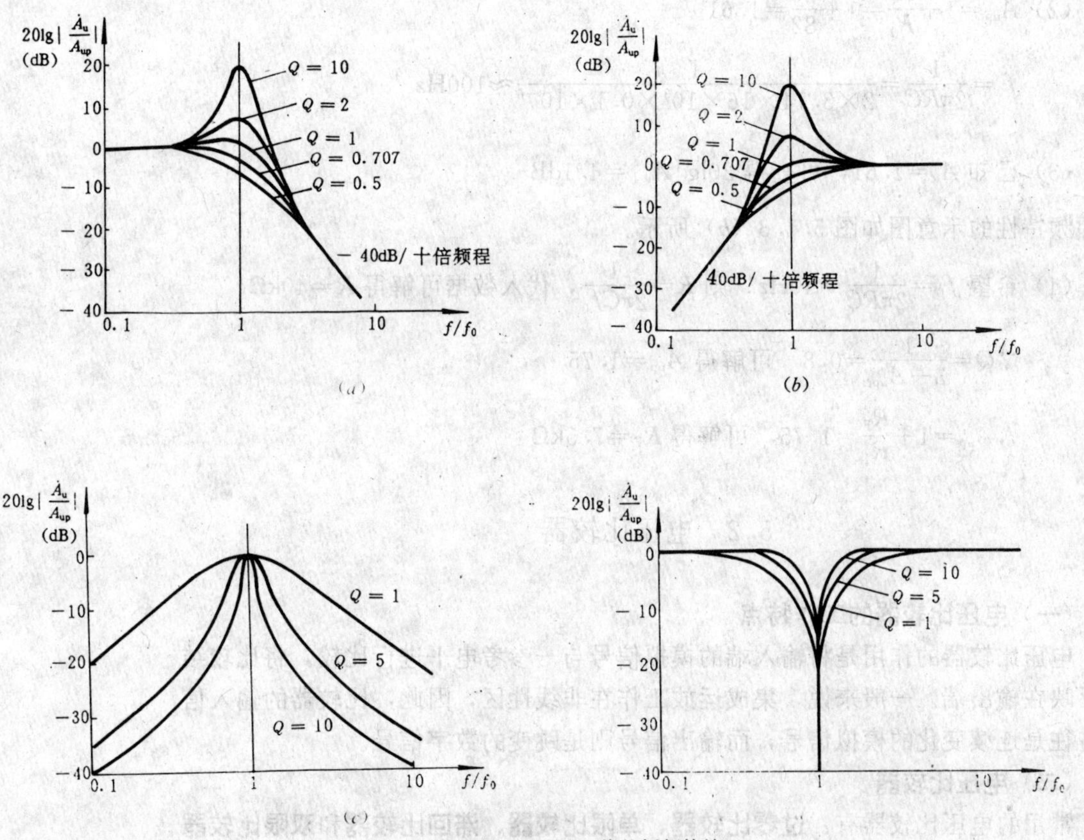


图 5.1.2 不同 $Q$ 值的幅频特性

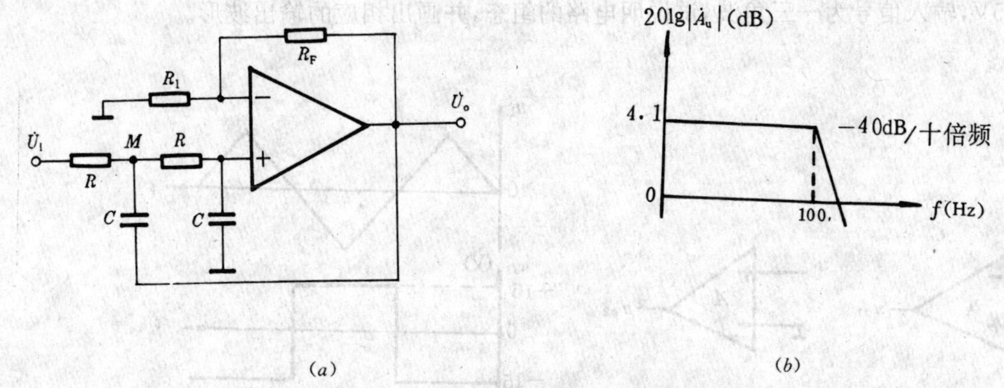


图 5.1.3 例 5.1.1 电路及幅频特性

(4) 设 $R_1=10\text{k}\Omega$，$C=0.1\mu\text{F}$，$Q=0.8$，若希望它的 $f_0=40\text{Hz}$，求 $R$ 和 $R_F$ 的阻值。

**解** 本题练习二阶低通有源滤波电路的分析方法。

(1) 当 $f=0$ 时，信号电压直接加到运放同相输入端，电容相当于开路；随着信号频率的增大，容抗减小，信号被分流，使输出电压变小，表现出低通的滤波特性。

(2) $A_{up}=1+\frac{R_F}{R_1}=1+\frac{50}{82}=1.61$

$$f_0=\frac{1}{2\pi RC}=\frac{1}{2\times3.14\times16\times10^3\times0.1\times10^{-6}}\approx100\text{Hz}$$

(3) 已知 $\dot{A}_u=1.61$，可查得 $20\lg|\dot{A}_u|=4.1\text{dB}$

其幅频特性的示意图如图 5.1.3 (*b*) 所示。

(4) 希望 $f_0=\frac{1}{2\pi RC}=40\text{Hz}$ 则 $R=\frac{1}{2\pi Cf_0}$，代入数据可解得 $R=40\text{k}\Omega$.

$\because Q=\frac{1}{3-A_{up}}=0.8$ 可解得 $A_{up}=1.75$

$\therefore A_{up}=1+\frac{R_F}{R_1}=1.75$，可解得 $R_F=7.5\text{k}\Omega$

## 5.2 电压比较器

### （一）电压比较器的工作特点

电压比较器的作用是将输入端的模拟信号与一参考电平进行比较，将比较结果反映在输出端。一般来说，集成运放工作在非线性区，因此，比较器的输入信号往往是连续变化的模拟信号，而输出信号则是跳变的数字信号。

### （二）电压比较器

常用的电压比较器有：**过零比较器**、**单限比较器**、**滞回比较器**和**双限比较器**等。现将它们的电路结构、传输特性及工作特点归纳于表 5.2.1 中。

**【例 5.2.1】** 电路如图 5.2.1(*a*)和(*b*)所示。设 *A* 为理想运放。其最大输出幅度为±15V，输入信号为一三角波，试说明电路的组态，并画出相应的输出波形。

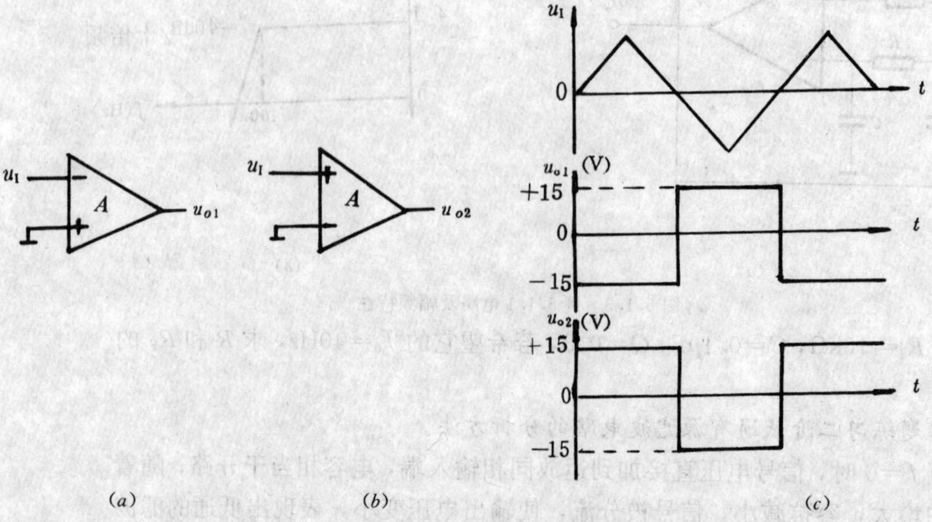


图 5.2.1 例 5.2.1 电路及波形

**表 5.2.1 电压比较器**

<table>
<tr><td></td><td colspan="2">过　零　比　较　器</td></tr>
<tr><td></td><td>最简单的过零比较器</td><td>二 极 管 限 幅 过 零 比 较 器</td></tr>
<tr><td>电路</td><td>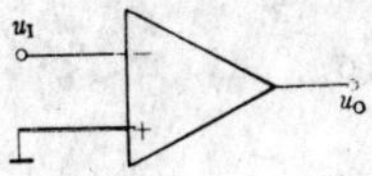
</td><td>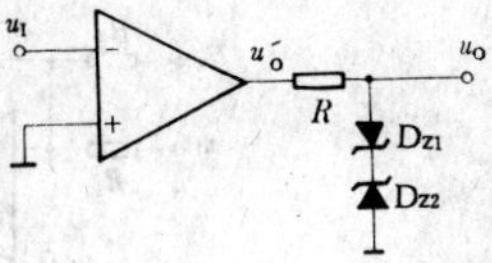

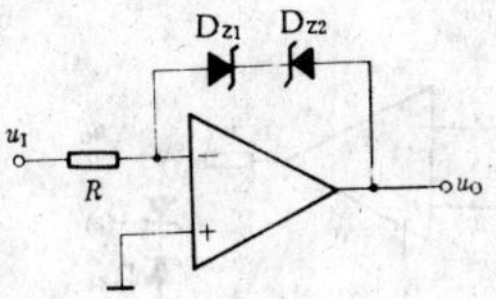
</td></tr>
<tr><td>电压传输特性</td><td>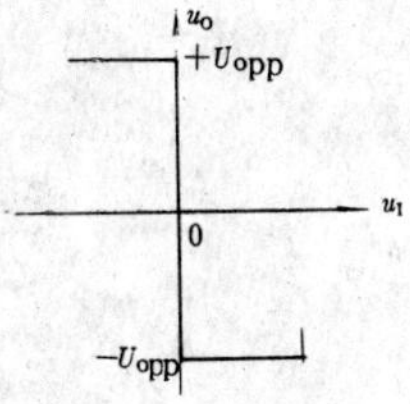
</td><td>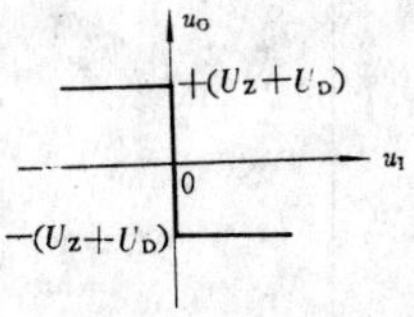
</td></tr>
<tr><td>工作原理</td><td>$u_I>0$ 时，$u_O=-U_{opp}$；<br>$u_I<0$ 时，$u_O=+U_{opp}$</td><td>$u_I>0$ 时，$u_O=-(U_Z+U_D)$；<br>$u_I<0$ 时，$u_O=+(U_Z+U_D)$</td></tr>
<tr><td>特点和用途</td><td colspan="2">门限电压为零</td></tr>
</table>

<table>
<tr><td></td><td colspan="2">单　限　比　较　器</td></tr>
<tr><td></td><td>基 本 单 限 比 较 器</td><td>求 和 型 单 限 比 较 器</td></tr>
<tr><td>电路</td><td>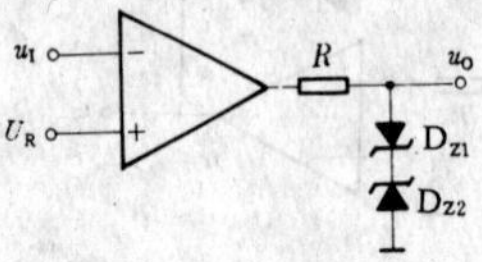
</td><td>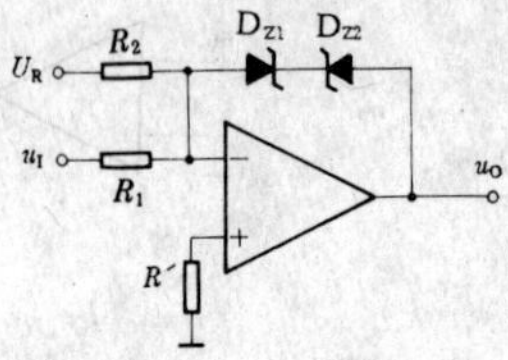
</td></tr>
<tr><td>电压传输特性</td><td>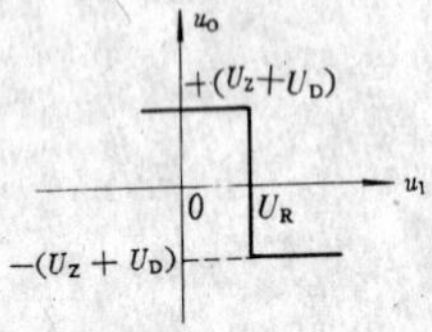
</td><td>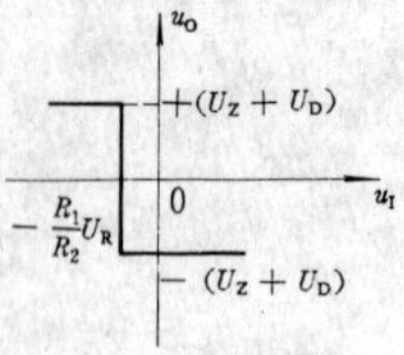
</td></tr>
<tr><td>工作原理</td><td>$u_I<U_R$ 时，$u_O=+(U_D+U_Z)$；<br>$u_I>U_R$ 时，$u_O=-(U_D+U_Z)$</td><td>$u_I>-U_R\frac{R_1}{R_2}$时，$u_O=-(U_D+U_Z)$；<br>$u_I<-U_R\frac{R_1}{R_2}$时，$u_O=+(U_D+U_Z)$</td></tr>
<tr><td rowspan="2">特点和用途</td><td>门限电压为$U_R$</td><td>门限电压为$-U_R\frac{R_1}{R_2}$</td></tr>
<tr><td colspan="2">结构简单，灵敏度高，但抗干扰能力较差。可检测输入信号的电平是否高于或低于某个给定的门限电平</td></tr>
</table>

续表

| | 滞回比较器 | | 双限比较器 |
|---|---|---|---|
| | 反相输入滞回比较器 | 同相输入滞回比较器 | |
| 电路 | 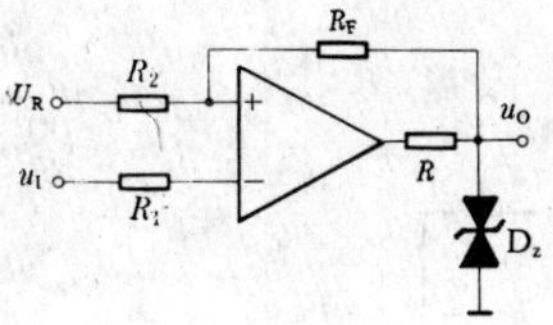  | 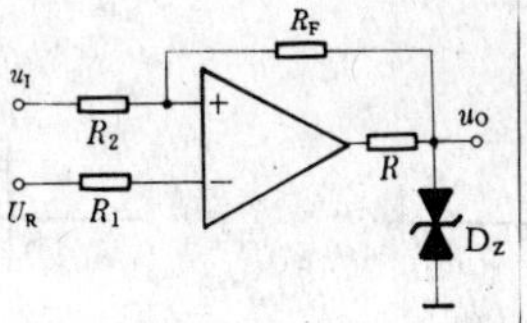  | 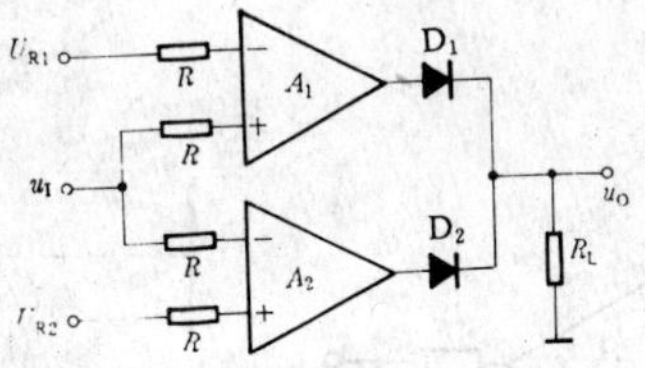  |
| 电压传输特性 | 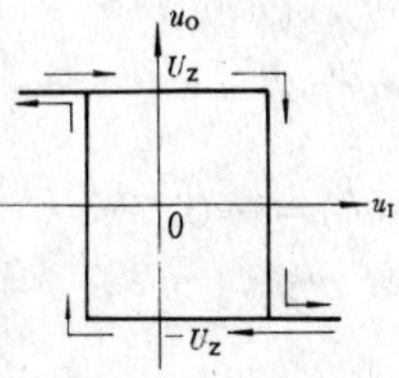  | 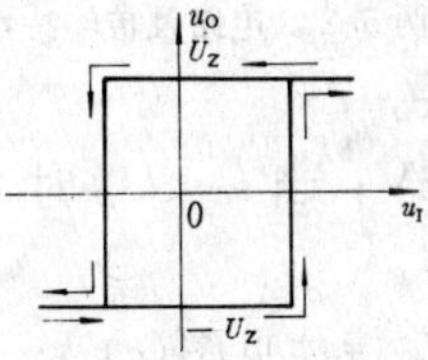  | 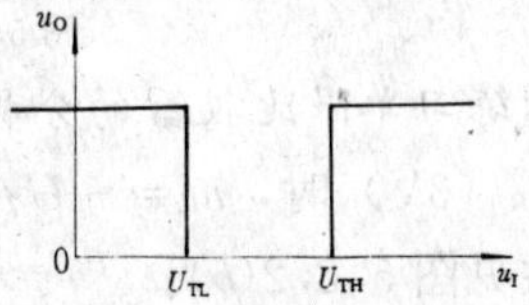  |
| 工作原理 | $U_{T+}=U_R\dfrac{R_F}{R_2+R_F}+U_Z\dfrac{R_2}{R_2+R_F}$；<br>$U_{T-}=U_R\dfrac{R_F}{R_2+R_F}-U_Z\dfrac{R_2}{R_2+R_F}$；<br>$\Delta U_T=U_Z\dfrac{2R_2}{R_2+R_F}$ | $U_{T+}=\left(1+\dfrac{R_2}{R_F}\right)U_R+U_Z\dfrac{R_2}{R_F}$；<br>$U_{T-}=\left(1+\dfrac{R_2}{R_F}\right)U_R-U_Z\dfrac{R_2}{R_F}$；<br>$\Delta U_T=U_Z\dfrac{2R_2}{R_F}$ | $U_{R1}$，$U_{R2}$为两个参考电压 |
| 特点和用途 | 输入信号逐渐增大或减小时，所对应的门限电压是不同的，分别为上门限电压$U_{T+}$和下门限电压$U_{T-}$，两者之差为回差电压。<br>抗干扰能力较强，可用于波形的形成和变换 | | 两个门限电压分别为$U_{R1}$和$U_{R2}$<br>检测输入信号的电平是否处在两个给定的参考电压之间 |

**解** 本题练习过零比较器的分析方法。

图($a$)为反相输入过零比较器,图($b$)为同相输入过零比较器。相应波形见图($c$)所示。

**【例 5.2.2】** 电路如图 5.2.2($a$)所示。设 $A$ 为理想运放,稳压管 $D_Z$ 稳压值为 6V,正向压降为 0.7V,参考电压 $U_R$ 为 3V.说明电路工作在什么组态,并画出该电路输入与输出关系的电压传输特性。若 $U_I$ 与 $U_R$ 的位置互换,试画出其电压传输特性。

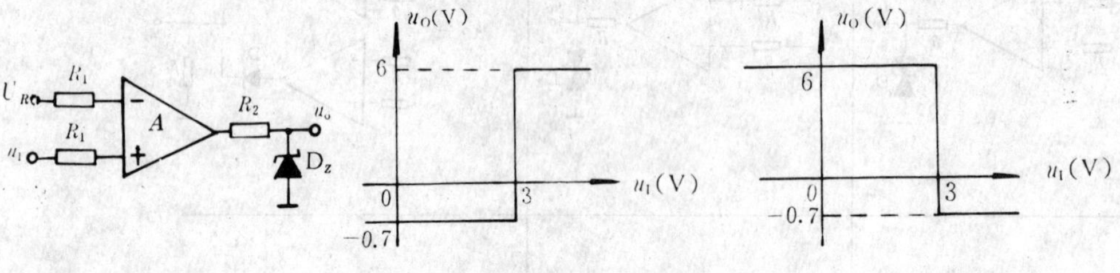


图 5.2.2 例 5.2.2 电路及传输特性

**解** 本题练习单限比较器的分析方法。

当 $u_I > U_R$ (3V) 时, $u_O = +U_Z = +6V$; 当 $u_I < U_R$ 时, $u_O = -U_D = -0.7V$. 电压传输特性见图 5.2.2($b$)。

若将 $U_R$ 与 $u_I$ 的位置互换,其电压传输特性见图($c$)。

**【例 5.2.3】** 电路如图 5.2.3($a$)所示。

(1) 说明该电路的名称。

(2) 已知集成运放最大输出电压为±12V,画出电路的电压传输特性。(已知 $R_1 = 1k\Omega, R_2 = 2k\Omega, R_3 = 1k\Omega$.)

(3) 求上、下门限电压和门限宽度。

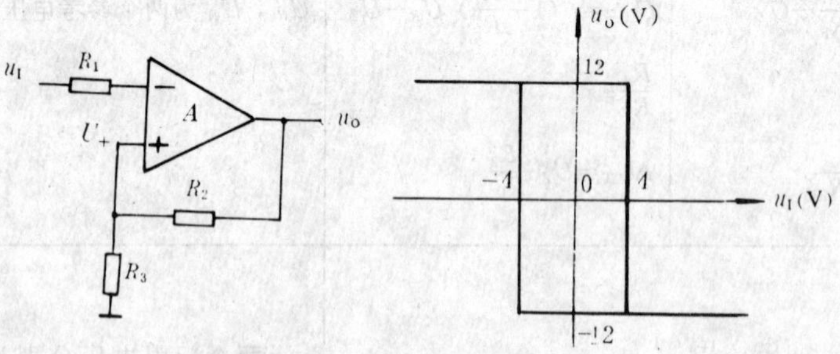


图 5.2.3 例 5.2.3 电路及电压传输特性

**解** 本题练习滞回比较电路的分析方法。

(1) 该电路为反相输入滞回比较器。

(2) $U_+ = \pm U_O \dfrac{R_3}{R_2 + R_3} = \pm 12 \times \dfrac{1}{1+2} = \pm 4V$. 其电压传输特性见图($b$)。

(3) $U_{T+} = 4V, U_{T-} = -4V, \Delta U_T = 8V$.

**【例 5.2.4】** 电路如图 5.2.4($a$)($b$)所示。试说明电路的名称,并画出它们的

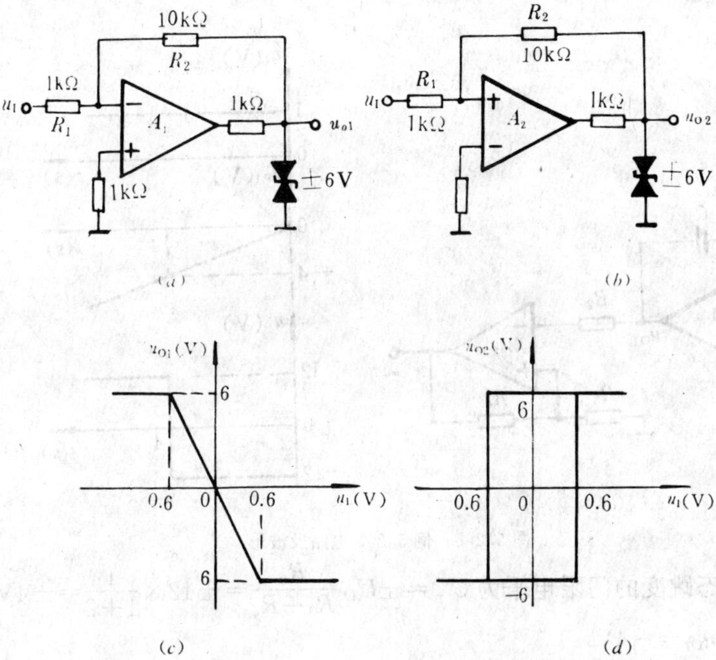


图 5.2.4 例 5.2.4 电路及电压传输特性

电压传输特性。已知稳压管稳压值 $U_D = \pm 6V$，$R_1 = 1k\Omega$，$R_2 = 10k\Omega$.

**解** 本题练习比例电路和滞回比较电路的分析方法。

图(*a*)为反相比例电路。$u_{O1} = -\frac{R_2}{R_1}u_I = -\frac{10}{1}u_I = -10u_I$. $u_O$ 的最大值为±6V，它与 $u_I$ 的关系为反相比例运算，比例系数为−10，相应波形见图(*c*)。

图(*b*)为同相输入的滞回比较器。

若 $u_I$ 为正，$u_{O2} = +6V$，此时 $U_+ = U_Z \frac{R_1}{R_1+R_2} + u_I \frac{R_2}{R_1+R_2} = \frac{6}{11} + \frac{10}{11}u_I$，$u_I$ 由正逐渐减小，当 $U_+ < 0$ 时，$u_O$ 发生负跳变，即 $\frac{6}{11} + \frac{10}{11}u_I < 0$，可解得 $u_I < -0.6$ 时 $u_O$ 发生负跳变；

若 $u_I$ 为负，$u_{O2} = -6V$，此时 $U_+ = -U_Z \frac{R_1}{R_1+R_2} + u_I \frac{R_2}{R_1+R_2} = -\frac{6}{11} + \frac{10}{11}u_I$，$u_I$ 由负逐渐增大，当 $U_+ > 0$ 时，$u_O$ 发生正跳变，即 $-\frac{6}{11} + \frac{10}{11}u_I > 0$，可解得 $u_I > 0.6V$ 时 $u_O$ 发生正跳变。电压传输特性见图 5.2.4(*d*)所示。

**【例 5.2.5】** 电路如图 5.2.5(*a*)所示。设 $A_1$，$A_2$ 均为理想运放，其 $\pm U_{OPP} = \pm 12V$(已知 $R_1 = 100k\Omega$，$R_2 = 10k\Omega$，$R_3 = 1k\Omega$，$R_4 = 2k\Omega$，$C = 10\mu F$).

(1)指出 $A_1$，$A_2$ 各组成什么电路？

(2)设 $t=0$ 时，$u_C = 0$，$u_O = -12V$。当加入 $u_I = 1V$ 的阶跃信号后，多少时间后，$u_O$ 跳变为+12V？

(3)试画出 $u_{O1}$ 和 $u_{O2}$ 的电压波形，并标明幅值。

**解** 本题练习积分—比较电路的综合分析方法。

(1)$A_1$ 组成反相积分电路，$A_2$ 组成反相输入滞回比较电路。

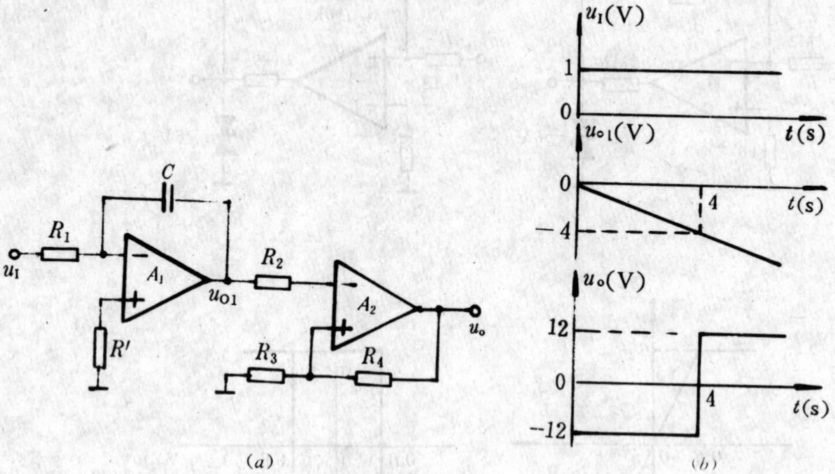


图 5.2.5　例 5.2.5 电路及波形

(2)$A_2$ 发生状态跳变的门限电平为 $U_+=\pm U_O\dfrac{R_3}{R_3+R_4}=\pm12\times\dfrac{1}{1+2}=\pm4\text{V}$.

故 $u_{O2}$状态翻转时,$u_{O1}=-4\text{V}$.

又因 $u_{O1}=-\dfrac{1}{R_1C}\int u_I\mathrm{d}t$,$-4\text{V}=-\dfrac{t}{R_1C}$($U_I=1\text{V}$ 时),可解得 $t=4\text{s}$.

(3)相应波形见图($b$)。

**【例 5.2.6】**　(习题 5.17)　在图 5.2.6($a$)所示的电路中,设集成运放 $A_1$,$A_2$ 均为理想运放,且其最大输出电压 $U_{opp}=\pm12\text{V}$,二极管的正向压降 $U_D=0.7\text{V}$,已知 $U_{R1}=-2\text{V}$,$U_{R2}=+1\text{V}$.

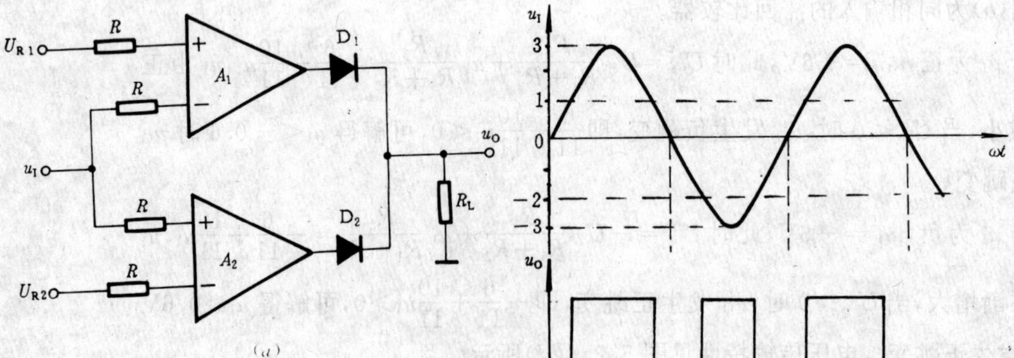


图 5.2.6　例 5.2.6 电路及波形

(1)试画出电路的传输特性，说明此电路是何种类型的比较器？

(2)设 $u_I=3\sin\omega t$(V)，试画出相应的 $u_O$ 波形。

**解** 本题练习双限比较器的分析方法。

$u_I<U_{R1}$(−2V)时，$A_1$ 输出高电平，$A_2$ 输出低电平，$D_1$ 导通，$D_2$ 截止，$u_O$ 输出高电平。

$u_I>U_{R2}$(+1V)时，$A_1$ 输出低电平，$A_2$ 输出高电平，$D_1$ 截止，$D_2$ 导通，$U_O$ 输出高电平。

$U_{R1}<u_I<U_{R2}$时，$A_1$，$A_2$ 均输出低电平，$D_1$，$D_2$ 均截止，$u_O$ 输出低电平。

电压传输特性见图(*b*)。

当 $u_I=3\sin\omega t$(V)时，相应输出端的波形见图(*c*)。

# 三、自我检测题和部分习题参考答案

## 自我检测题答案

**(一) 选择填空**

1. (1) *d*。(2) *a*。(3) *c*。(4) *b*。2. (1) *a*。(2) *b*。(3) *b*。(4) *a*。 3. (1) *b*, *c*, *f*。(2) *a*, *d*, *e*, *g*。 4. *b*, *a*。 5. (1) *a*。(2) *c*。(3) *a*, *b*。(4) *c*. (5) *d*。(6) *a*。

**(二) 填空**

1. (1) 带阻滤波器。(2) 高通滤波器。(3) 带通滤波器。(4) 低通滤波器。

2. (1) 无源一阶高通滤波电路。(2) 无源一阶低通滤波电路。(3) 无源一阶带阻滤波电路。(4) 有源二阶带通滤波电路。(5) 有源一阶高通滤波电路。(6) 有源三阶低通滤波电路。

3. 响应时间短，输出端可直接与 TTL 电路连接。

**(三)** 图(*a*)为反相输入过零比较器。

图(*b*)为同相输入过零比较器。

图(*c*)为反相输入过零比较器（限幅）。

图(*d*)为同相输入过零比较器（限幅）。

图(*e*)为同相输入单限比较器。

图(*f*)为反相输入求和型单限比较器。

图(*g*)为同相输入滞回比较器。

图(*h*)为反相输入滞回比较器。

各电路的电压传输特性如图 T5.3 所示。

## 部分习题和思考题答案

**【习题 5-1】** 图 (*a*) 电路为过零比较器，集成运放工作在非线性区。

图(*b*)为滞回比较器，集成运放工作在非线性区。

图(*c*)为反相比例运算电路，集成运放工作在线性区。

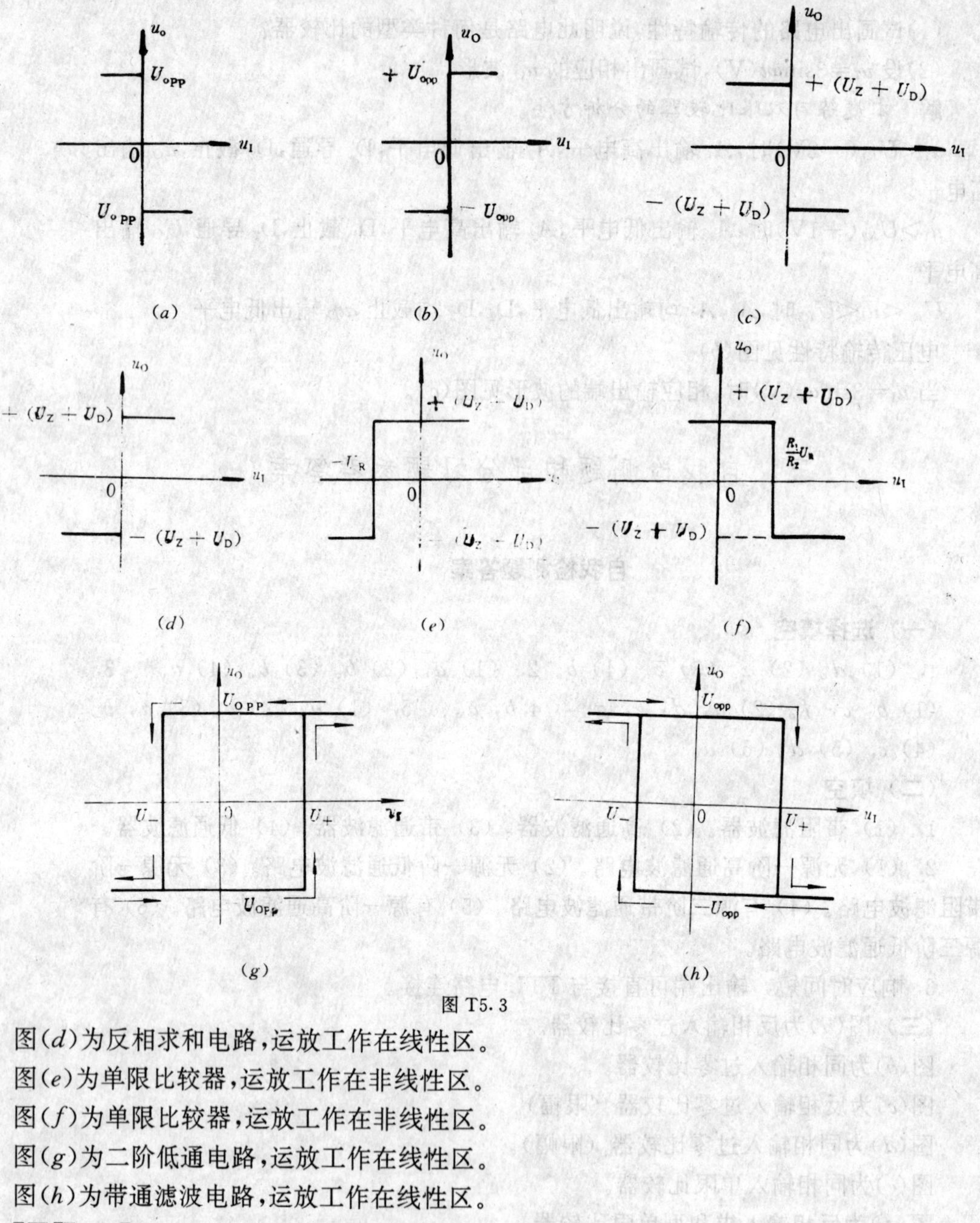


图 T5.3

图($d$)为反相求和电路，运放工作在线性区。

图($e$)为单限比较器，运放工作在非线性区。

图($f$)为单限比较器，运放工作在非线性区。

图($g$)为二阶低通电路，运放工作在线性区。

图($h$)为带通滤波电路，运放工作在线性区。

**【习题 5-2】**

$$A_{up}=1+\frac{R_F}{R_1}=1+\frac{10}{15}=1.67$$

$$f_0=\frac{1}{2\pi RC}=\frac{1}{2\times3.14\times3\times0.05\times10^{-3}}\approx1.06\text{kHz}$$

$20\lg|A_u|=4.45\text{dB}$，对数幅频特性见图 P5.2。

**【习题 5-4】** $R=\frac{1}{2\pi Cf_0}=\frac{1}{6.28\times0.05\times200\times10^{-6}}\approx16\text{k}\Omega$

根据 $Q=\frac{1}{3-A_{up}}$ 可解得 $A_{up}=1.75$

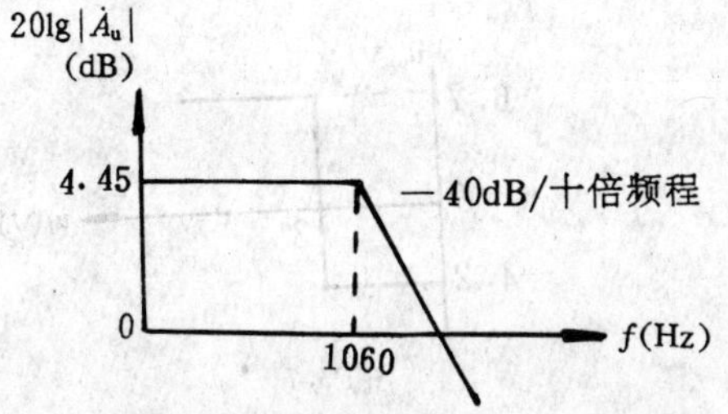


图 P5.2

根据 $A_{up}=1+\dfrac{R_F}{R_1}$可知$\dfrac{R_F}{R_1}=0.75$。若选 $R_1=10\text{k}\Omega$，则 $R_F=7.5\text{k}\Omega$

**【习题 5-5】**　(1) 一阶高通滤波电路。

(2) $f_0=\dfrac{1}{2\pi RC}=\dfrac{1}{2\times3.14\times2.5\times0.022\times10^{-3}}\approx3\text{kHz}$

$$A_{up}=1+\frac{R_F}{R_1}=1+\frac{5}{5}=2$$

(3) $20\lg|\dot{A}_u|=6\text{dB}$，对数幅频特性见图 P5.5。

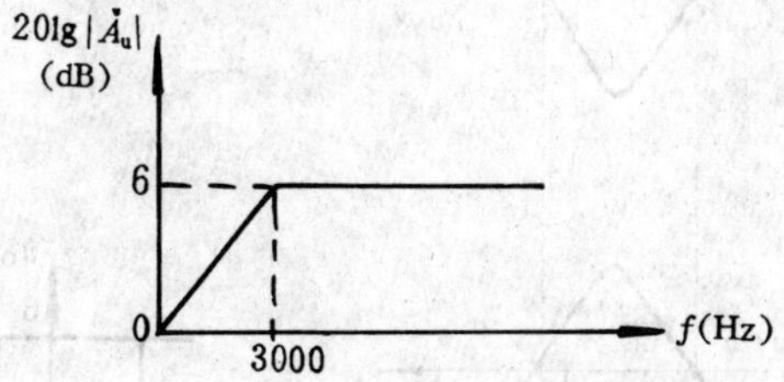


图 P5.5

**【习题 5-6】**　$u_I=-U_R\dfrac{R_1}{R_2}=-2\text{V}$

电路的传输特性见图 P5. 6 (*a*)。对应 $u_I$ 画出 $u_O$ 的波形见图 P5.6(*b*)。

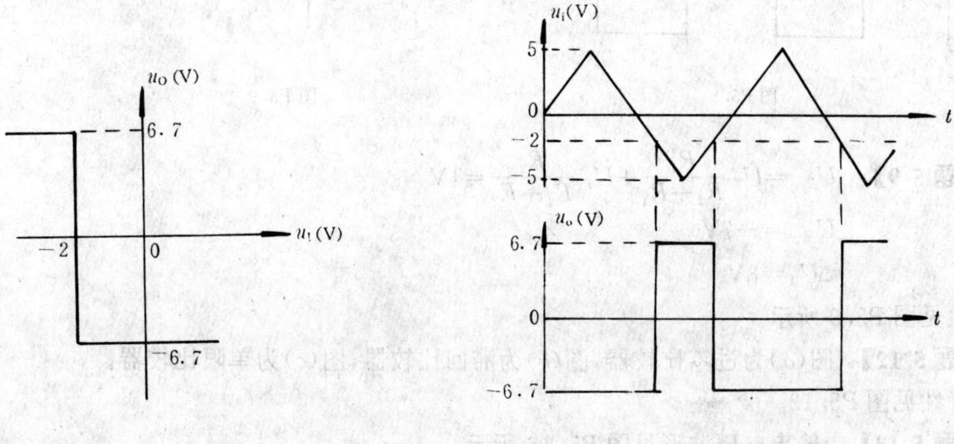


图 P5.6

**【习题 5-7】** 传输特性见图 P5.7 所示。

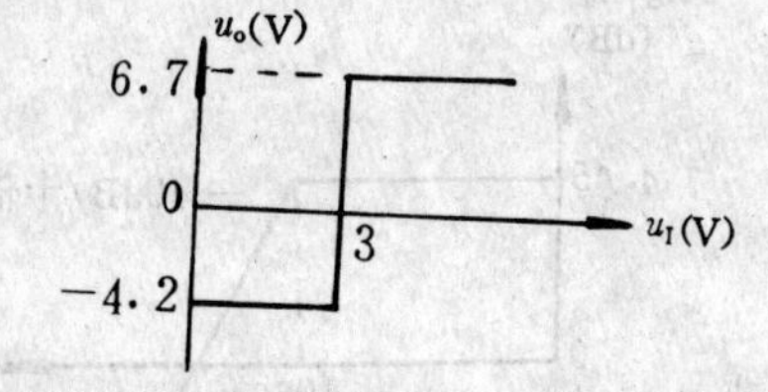


图 P5.7

**【习题 5-8】** $A_1$:反相比例电路,线性区。

$A_2$:过零比较电路,非线性区。

$A_3$:电压跟随器,线性区。

输出 $u_O$ 的波形如图 P5.8 所示。

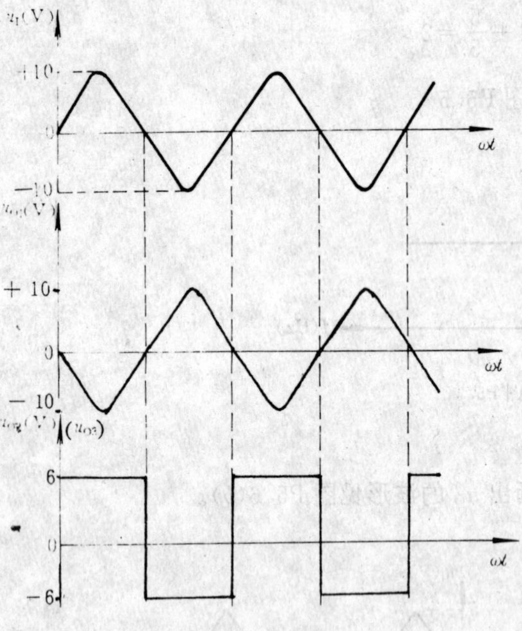


图 P5.8

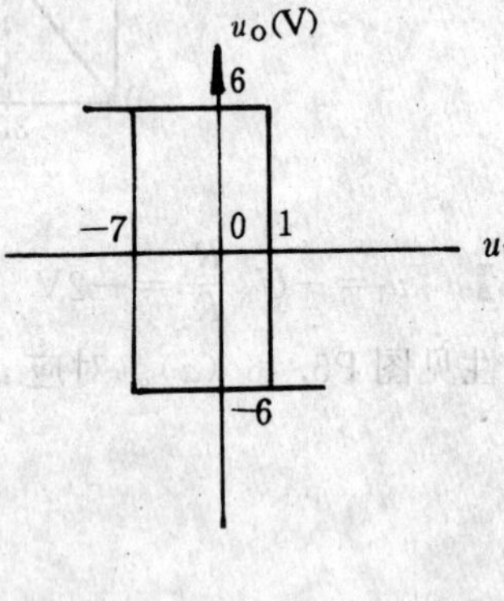


图 P5.9

**【习题 5-9】** $U_{T+}=U_Z\dfrac{R_1}{R_1+R_2}+U_R\dfrac{R_2}{R_1+R_2}=1\text{V}$

$U_{T-}=-7\text{V}$

$\Delta U_T=8\text{V}$

传输特性见图 P5.9 所示。

**【习题 5-12】** 图($a$)为过零比较器,图($b$)为滞回比较器,图($c$)为单限比较器。其传输特性见图 P5.12。

**【习题 5-13】** 输出电压波形见图 P5.13 所示。

**【习题 5-14】** 两电路的传输特性分别见图 P5.14($a$)和($b$)所示。

**【习题 5-15】** 电路输出 $u_O$ 的波形见图 P5.15 所示。

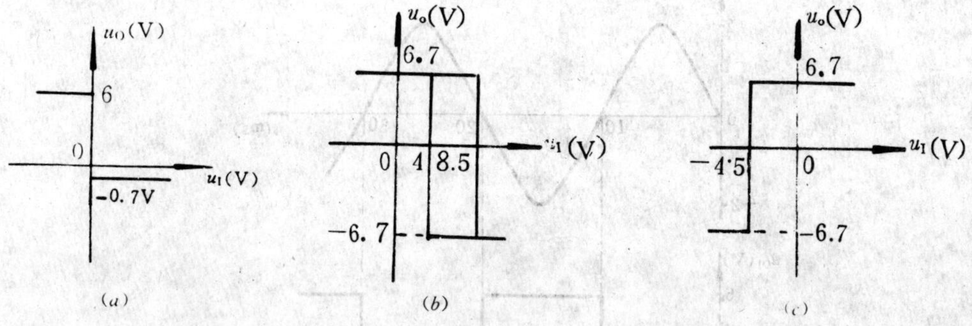


图 P5.12

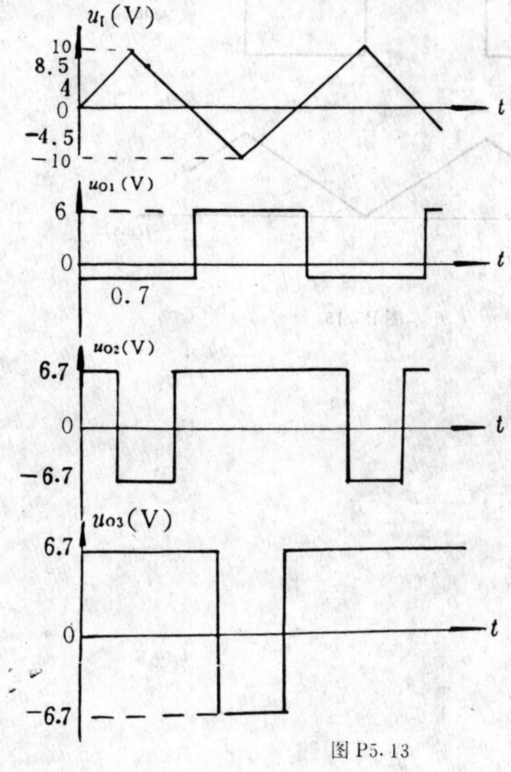


图 P5.13

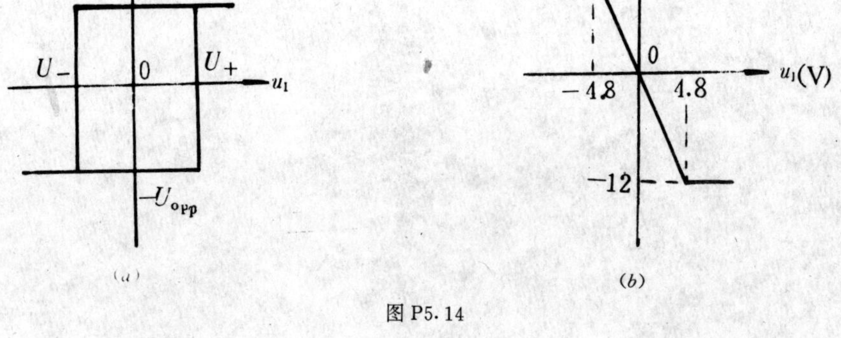


图 P5.14

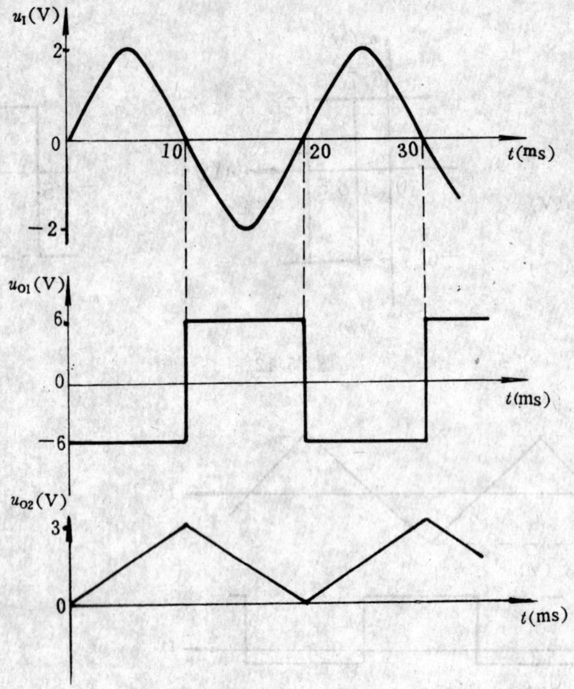


图 P5.15

# 第六章　波形发生电路

## 一、教学安排与教学要求

**（一）教学安排**

本章共 6 学时：录像 5 学时，面授 1 学时。具体安排如下：

1. 录像内容

（1）正弦波发生电路（一）　电路组成，分析方法；

（2）正弦波发生电路（二）　文氏电桥式 RC 振荡电路；

（3）正弦波发生电路（三）　LC 振荡电路；

（4）正弦波发生电路（四）　LC、石英晶体振荡器；

（5）非正弦波发生电路。

2. 面授内容

（1）波形发生电路。

**（二）教学要求**

1. 重点掌握的内容

（1）产生正弦波振荡的幅度平衡条件和相位平衡条件；

（2）RC 文氏桥振荡电路的起振条件以及振荡频率 $f_0$（$R_1=R_2$，$C_1=C_2$）的估算方法；

（3）判断变压器耦合，电感三点式，电容三点式振荡电路是否满足振荡的相位平衡条件。

2. 一般掌握的内容

（1）RC 文氏桥振荡电路的选频特性；

（2）变压器耦合、电感三点式、电容三点式正弦波振荡电路振荡频率 $f_0$ 的估算方法；

（3）各种正弦波振荡电路的特点，根据要求选择合适的振荡电路。

3. 一般了解的内容

（1）RC 文氏桥正弦波振荡电路幅度稳定的措施；

（2）石英晶体振荡电路的工作原理及特点；

（3）非正弦波振荡电路的工作原理。

## 二、重点和难点的分析

### 6.1 概 述

在通讯、广播、自控和测量等技术领域中，常常需要一定频率的正弦波作为信号源，有时还需要矩形波、锯齿波等非正弦信号。这一章主要介绍几种常用的产生正弦波信号的信号发生电路，然后讨论几种典型的非正弦波振荡电路。

**（一）自激振荡**

放大电路输入端不加信号，在它的输出端也会出现具有一定频率和幅度的输出信号的现象。

**（二）正弦波振荡和负反馈放大电路的自激振荡**

正弦波振荡电路实际上是一个没有输入信号带选频网络的正反馈放大器。

**什么是自激振荡？正弦波振荡和负反馈放大电路的自激振荡有什么不同？**

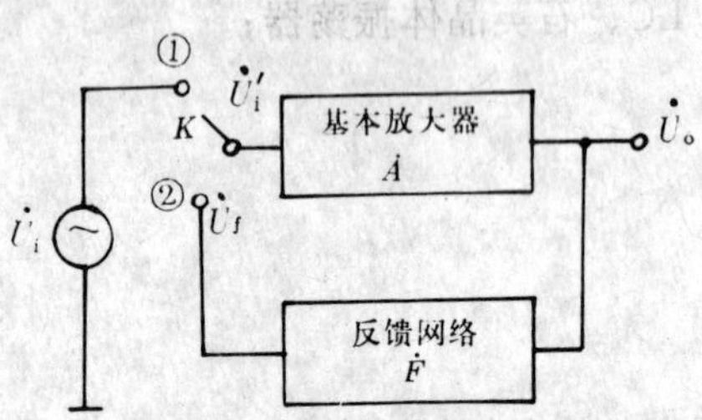


图 6.1.1 正弦波振荡电路框图

在图 6.1.1 所示的反馈放大电路中，如将开关 K→①端，$\dot{U}_o=\dot{U}_i'\dot{A}=\dot{U}_i\dot{A}$，$\dot{U}_f=\dot{U}_o\dot{F}=\dot{U}_i'\dot{A}\dot{F}$；再将开关 K→②端，若 $\dot{U}_f$ 与 $\dot{U}_i$ 的幅度和相位均相等，则 $\dot{U}_o=\dot{U}_i'\dot{A}=\dot{U}_f\dot{A}$，仍为原来的信号没有改变，即撤消了外加信号 $\dot{U}_i$，在输出端得到了一个一定频率和幅度的输出信号。

$$\text{由于 } \dot{U}_i'\approx\dot{U}_f, \qquad \text{则} \frac{\dot{U}_i'}{\dot{U}_f}=1$$

$$\frac{\dot{U}_f}{\dot{U}_i}=\frac{\dot{U}_f}{\dot{U}_o}\cdot\frac{\dot{U}_O}{\dot{U}_i'}=\dot{F}\cdot\dot{A}=1 \quad \text{（幅度条件）}$$

又因为振荡电路实际上是一个正反馈放大电路，因此它的环路相移应为 2π 的整数倍。即，

$$\varphi_A+\varphi_F=\pm 2n\pi \ (n=0,1,2,\cdots) \qquad \text{（相位条件）}$$

在图 6.1.2 所示的负反馈放大电路框图中，反馈网络引入的是负反馈，反馈信号 $\dot{U}_f$ 与输入信号 $\dot{U}_i$ 相位相反，$\dot{U}_i'=\dot{U}_i-\dot{U}_f$. 要使电路产生自激振荡，必须使反馈信号 $\dot{U}_f$ 与输入信号 $\dot{U}_i$ 相位相同，因此需要附加相移 $(2n+1)\pi$. 因此负反馈放大电路产生自激振荡的相位条件为

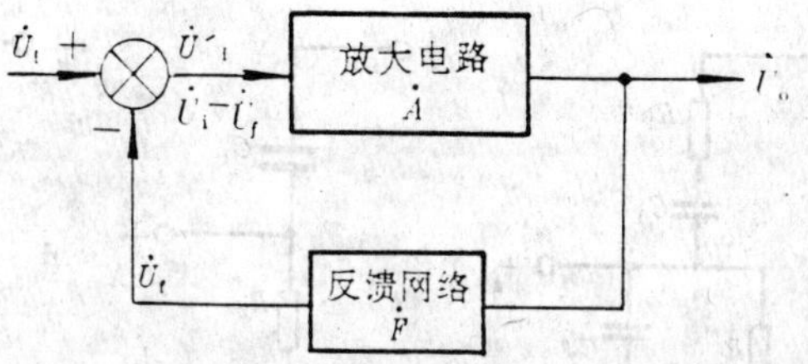


图 6.1.2 负反馈放大电路框图

$$\varphi_A+\varphi_F=\pm(2n+1)\pi \quad (n=0,1,2,\cdots)$$

从第三章的分析已知，负反馈放大电路闭环放大倍数 $\dot{A}_f=\dfrac{\dot{A}}{1+\dot{A}\dot{F}}$，负反馈条件下，$|\dot{A}_f|<|\dot{A}|$，$|1+\dot{A}\dot{F}|>1$；若当信号频率很高或很低时，$\dot{A}$和 $\dot{F}$的幅值要发生变化，相位也要发生变化。当 $\Delta\varphi=\pm(2n+1)\pi$ 时，负反馈变成了正反馈，若 $|1+\dot{A}\dot{F}|=0$，$\dot{A}_f=\infty$，则产生自激振荡。即

$$\dot{A}\dot{F}=-1$$

**（三）产生正弦波振荡的条件**

产生正弦波振荡的条件是什么？

产生正弦波振荡必须满足其**幅度平衡条件**和**相位平衡条件**，分别见式6.1.1和6.1.2。

$$|\dot{A}\dot{F}|=1 \tag{6.1.1}$$

$$\arg\dot{A}\dot{F}=\varphi_A+\varphi_F=\pm 2n\pi(n=0,\ 1,\ 2,\ \cdots) \tag{6.1.2}$$

## 6.2 RC 正弦波振荡电路

以 R，C 元件作为选频网络构成的正弦波振荡电路称作 RC **正弦波振荡电路**。常用的有**文氏桥式**（RC **串并联式**）、**移相式**和**双** T **网络式**。

**（一）RC 串并联网络的构成和特性**

图 6.2.1（*a*）为 $R_1$ 和 $C_1$ 串联，$R_2$ 和 $C_2$ 并联构成的串并联网络。当输入信号 $\dot{U}$的频率较低时，$\dfrac{1}{\omega C_1}\gg R_1$，$\dfrac{1}{\omega C_2}\gg R_2$，$R_1$，$C_2$ 的作用可以忽略，低频等效电路用图 6.2.1（*b*）所示的 RC 高通电路表示。信号频率越低，$\dfrac{1}{\omega C_1}$值越大，输出信号 $\dot{U}_f$ 的值越小，且 $\dot{U}_f$ 的相位比 $\dot{U}$的相位越超前，当频率接近零时，$\dot{U}_f$ 趋近零，相移超前趋近 $+\dfrac{\pi}{2}$. 当输入信号 $\dot{U}$的频率较高时，$\dfrac{1}{\omega C_1}\ll R_1$，$\dfrac{1}{\omega c_2}\ll R_2$，$C_1$ 和 $R_2$ 的作用可以忽略，等效电路用图 6.2.1（*c*）所示的 RC 低通电路表示。信号频率越高，$\dfrac{1}{\omega C_2}$值越小，输出信号 $\dot{U}_f$ 的值越小，且 $\dot{U}_f$ 比 $\dot{U}$的相位越滞后，当频率接近无穷大

时，$\dot{U}_f$ 趋近零，相移滞后趋近$-\frac{\pi}{2}$. 图 6.2.2 示出了 RC 串并联网络 $\dot{F}$的频率特性。

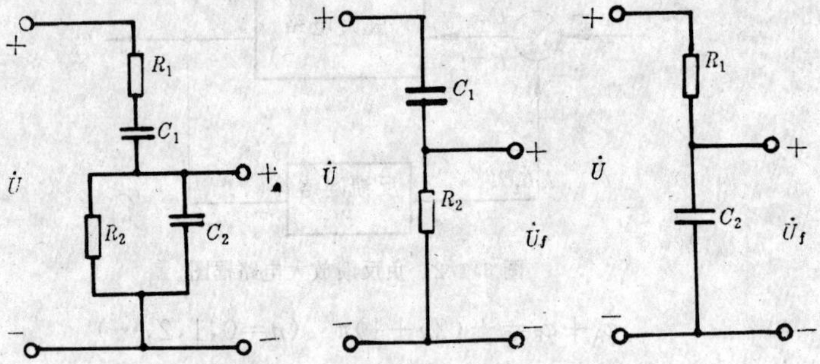


图 6.2.1　RC 串并联网络及等效电路

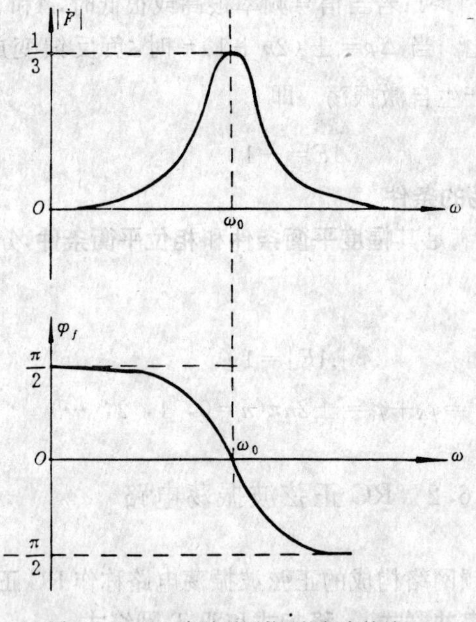


图 6.2.2　RC 串并联网络$\dot{F}$的频率特性

由图可以看出：

1. 在信号频率的变化过程中，总有一中间频率，相移为零，且输出电压幅值最大。

2. 电路有选频特性，$\omega=\omega_0=\frac{1}{RC}$. 且 $\dot{F}$最大为$\frac{1}{3}$ （$\dot{A}=\frac{1}{\dot{F}}=3$）.

**常用的 RC 正弦波振荡电路有哪几种？各有什么特点？**

**（二）RC 正弦波振荡电路性能比较**

现将三种 RC 正弦波振荡电路的电路结构、性能特点列于表 6.2.1 中。

由表 6.2.1　可以总结出 RC 正弦波振荡器主要有如下特点：

(1) 结构简单，经济方便；

(2) 振荡频率与 RC 的乘积成反比，改变 $R$, $C$ 值，可改变振荡频率。但若要求振荡频率较高时，则 $R$, $C$ 的取值较小，一般实现起来较为困难。因此 RC 正弦波振荡电路多用于产生几赫～几百千赫的正弦波信号。

**表 6.2.1　RC 正弦波振荡电路**

| | 文氏桥式 | 移相式 | 双 T 网络式 |
|---|---|---|---|
| 电路 | 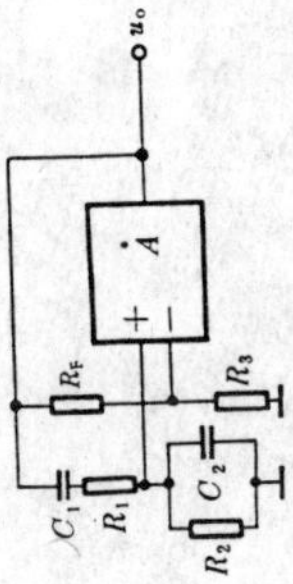 | 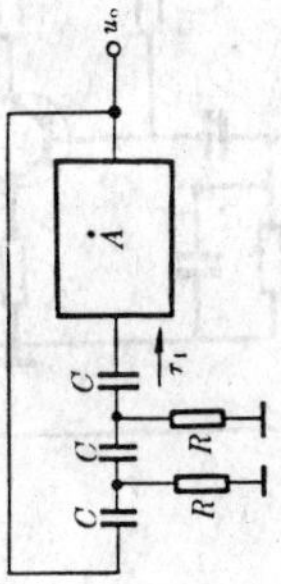 | 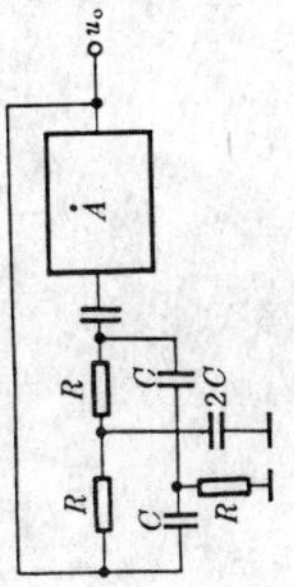 |
| 振荡频率 | $f_0=\frac{1}{2\pi RC}$ ($R_1=R_2=R$，$C_1=C_2=C$) | $f_0\approx\frac{1}{2\pi\sqrt{6}\,RC}$ | $f_0\approx\frac{1}{5RC}$ |
| 起振条件 | $\lvert\dot{A}\rvert>3$ | $\beta>29$ | |
| 特点 | 频率易调，波形较好，需加负反馈网络 | 电路简单，但波形较差，调频不便 | 选频特性较好，但频率调节困难 |

**【例 6.2.1】**　试判断图 6.2.3 各电路能否产生正弦波振荡，并简述理由。若可能振荡，估算振荡频率 $f_0$。

**解**　本题练习文氏桥振荡电路振荡条件的判断方法。

根据图 6.2.2RC 串并联网络 $\dot{F}$ 的相频特性可以看出：RC 串并联网络作为选频和反馈网络，当 $\omega=\omega_0$（$\omega_0=\frac{1}{RC}$）时，$\varphi_F=0$。因此，判断相位平衡条件时只要看放大环节的相移 $\varphi_A$ 是否满足 $2n\pi$ 的条件即可。

图（$a$）中已知 $\varphi_F=0$，而放大电路是单管共集电极电路。输入、输出相位相同，即 $\varphi_A=0$，故相位条件满足。但因是共集电极电路，$|A_u|\leqslant 1$，幅度平衡条件不满足，故该电路不能振荡。

图（$b$）电路中已知 $\varphi_F=0$，而放大电路是单管共射电路，$\varphi_A=-\pi$，故 $\varphi_A+\varphi_F\neq 2n\pi$，相位条件不满足，故不能振荡。

图（$c$）电路中已知 $\varphi_F=0$，而放大电路部分是两级共射电路。采用瞬时极性法：断开反馈网络至输入端的连接点 A，设该点电压的瞬时极性为正，相应有关各点的电压瞬时极性如图中所示。可以看出反馈至输入端连接点的电压瞬时极性也为正，即 $\varphi_A=2n\pi$，满足相位平衡条件，可能振荡。

$$f_0=\frac{1}{2\pi RC}=\frac{1}{2\times 3.14\times 1.6\times 10^3\times 0.1\times 10^{-6}}$$

$$=\frac{1}{10^{-3}}=1\text{kHz}$$

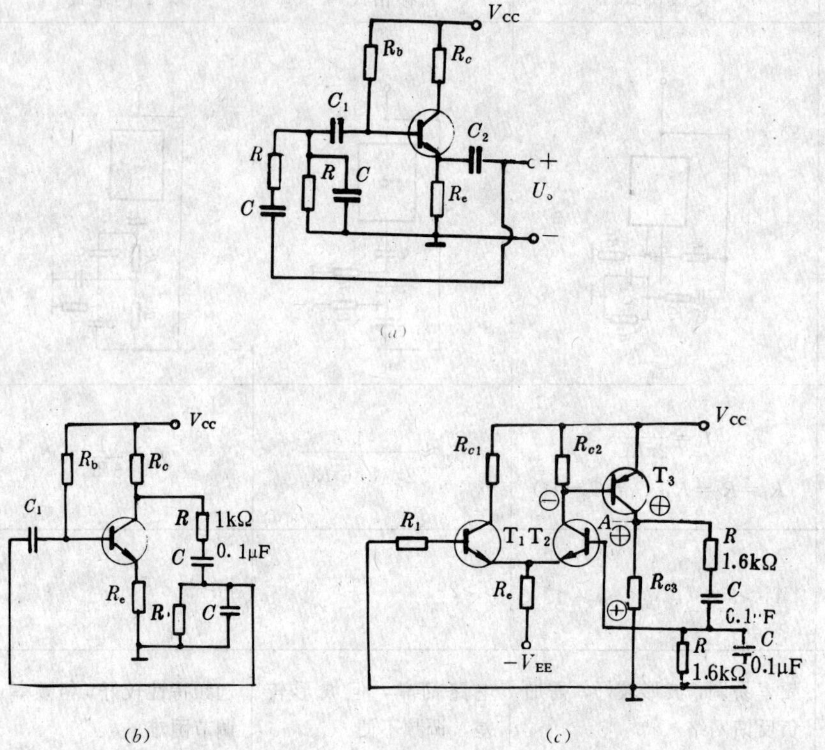


图 6.2.3　例 6.2.1 电路

**【例 6.2.2】**（习题 6.7）　在图 6.2.4($a$)中，回答下列问题：

(1) 要组成一个文氏电桥 RC 振荡电路，图中各端点应如何连接？

(2) 当 $R=10\text{k}\Omega$，$C=0.1\mu\text{F}$ 时，振荡频率 $f_0=$？（忽略负载效应。）

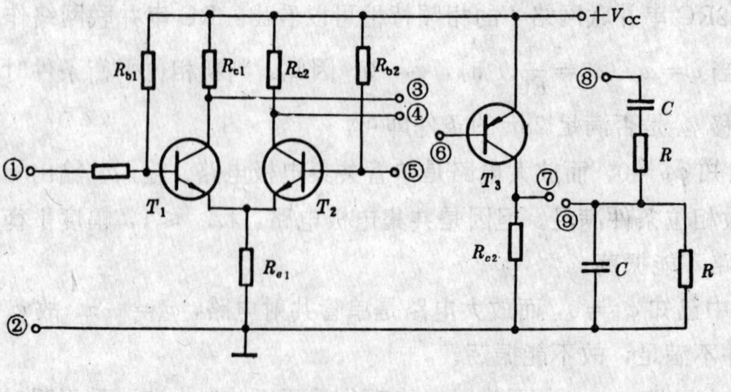


图 6.2.4 ($a$)　例 6.2.2 电路

**解**　本题练习文氏桥电路要满足正弦波振荡，电路的连接方法。

本电路放大环节由差动放大电路和 $T_3$ 组成的共射电路组成。已知 $\varphi_F=0$，要使 $\varphi_A=0$，要注意以下几点：

1. 正确判断差放电路各点的相位关系

在差动放大电路中，同一三极管基极与集电极的信号相位相反，与对管集电极的信号相位相同。另外，$T_3$ 是共射电路，基极和集电极相位也相反。

2. 要使 $\varphi_A=0$，注意电路的正确连接。

实现正弦波振荡有两种可能：一是反馈信号引回 $T_1$ 的输入①端。设输入①端瞬时极性为正，$T_1$ 集电极③为负。要使 $\varphi_A=2n\pi$，即⑨端引回为正，将③接⑥，$T_3$ 集电极电位为正。二是反馈信号引回 $T_2$ 的输入⑤端。设输入⑤端瞬时极性为正，$T_2$ 集电极④为负，将④接⑥使 $T_3$ 集电极⑦为正，⑦接⑧，从⑨端引回接⑤使 $\varphi_A$ 为 0，另外将①接②。故第一种接法：①接⑨，③接⑥，⑦接⑧；第二种接法：⑤接⑨，④接⑥，⑦接⑧，①接②。
相应电路如图 6.2.4($b$) 和($c$)。

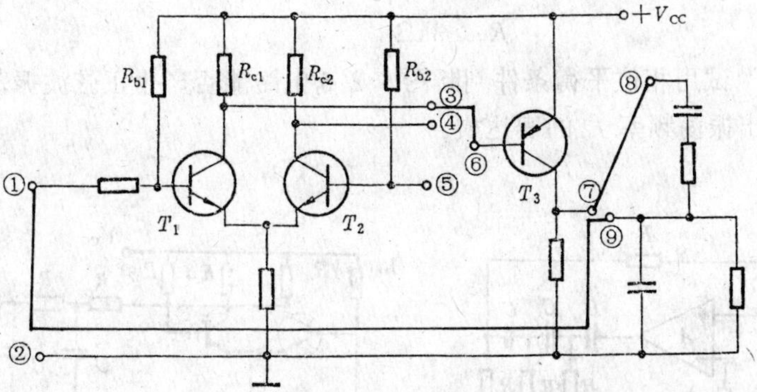


($b$)

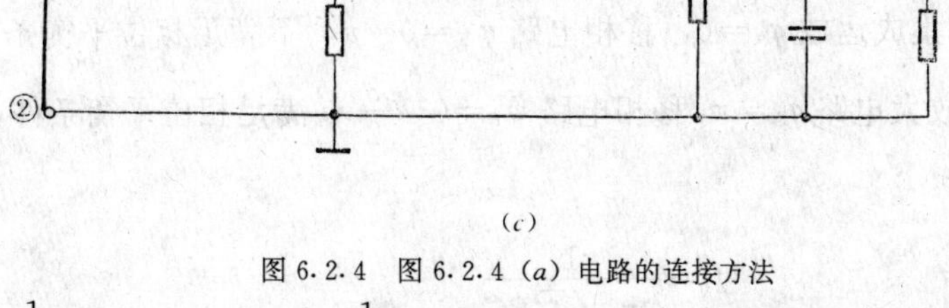


($c$)

图 6.2.4 图 6.2.4 ($a$) 电路的连接方法

(2) $f_0=\dfrac{1}{2\pi RC}=\dfrac{1}{2\times3.14\times10\times10^3\times0.1\times10^{-6}}\approx159\text{Hz}$

**【例 6.2.3】**（习题 6.8） 为了使图 6.2.5 电路产生正弦波振荡，图中 $j$，$k$，$m$，$n$ 四点应如何连接，并估算 $R_F$ 的阻值(已知 $R_s=1.5\text{k}\Omega$)。

**解** 本题练习文氏桥振荡电路要满足相位平衡条件电路的连接方法及满足幅度平衡条件 $R_F$ 的计算方法。

采用瞬时极性法各点电压的瞬时极性如图中所示。将 $n\to k$ 和 $n\to j$，可满足正弦波振荡的相位平衡条件。

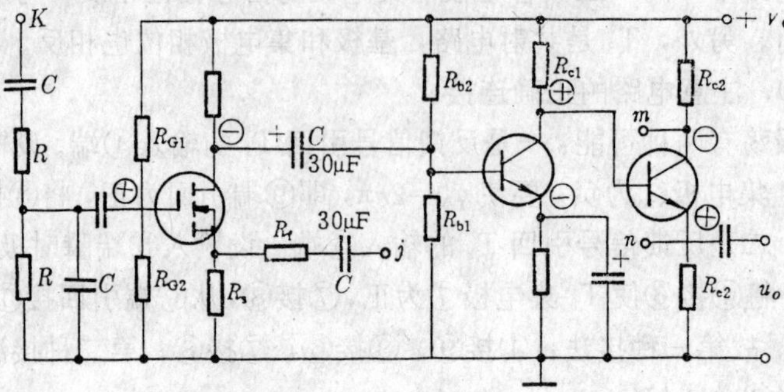


图 6.2.5　例 6.2.3 电路

根据 $R_F>2R_s$，可算出

$$R_F>3k\Omega$$

**【例 6.2.4】**　试用相位平衡条件判断图 6.2.6 电路能否产生正弦波振荡。若可能振荡，试列出振荡频率 $f_0$ 的表达式。

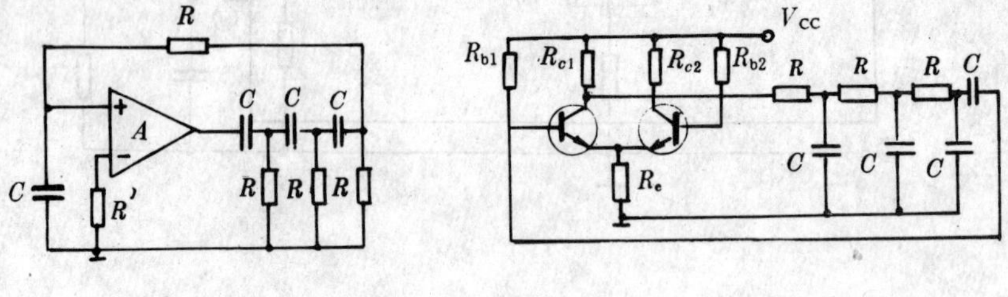


(a)　　　　　　　　(b)

图 6.2.6　例 6.2.4 电路

**解**　本题练习移相式电路振荡条件的判断方法。

已知一级 RC 电路相移为 $0\sim\frac{\pi}{2}$ 且小于 $\frac{\pi}{2}$，判断移相式振荡电路相位平衡条件的方法是先看放大电路的相位关系，即 $\varphi_A$ 为多少，然后看移相电路相移 $\varphi_F$ 情况，若 $\varphi_A+\varphi_F=2n\pi$，则满足相位平衡条件。

图($a$)电路中，集成运放 $\varphi_A=0$，移相电路 $\varphi_F=0\sim\pi$，不满足相位平衡条件。

图($b$)电路中，放大电路 $\varphi_A=\pi$，移相电路 $\varphi_F=0\sim\frac{3}{2}\pi$，满足相位平衡条件，故可能振荡。

$$f_0\approx\frac{1}{2\pi\sqrt{6}RC}$$

## 6.3　LC 正弦波振荡电路

常用的 LC 正弦波振荡电路有哪几种？各有什么特点？

### (一) 三种 LC 正弦波振荡电路性能比较

常用的 LC **正弦波振荡电路**有**变压器反馈式**、**电感三点式**和**电容三点式**三种结构形式。现将这三种电路的电路结构，性能特点列于表 6.3.1 中。

表 6.3.1 LC 正弦波振荡电路

<table>
<tr><td rowspan="2"></td><td rowspan="2">变压器反馈式</td><td rowspan="2">电感三点式<br>(电感反馈式)</td><td colspan="2">电容三点式(电容反馈式)</td></tr>
<tr><td>电容三点式</td><td>电容三点式改进电路</td></tr>
<tr><td>电路</td><td>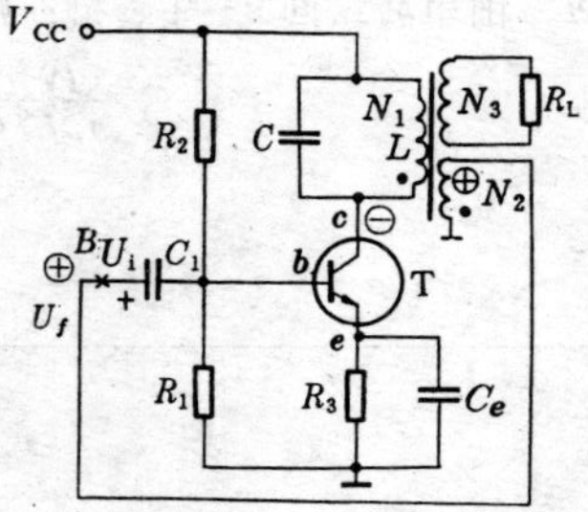</td><td>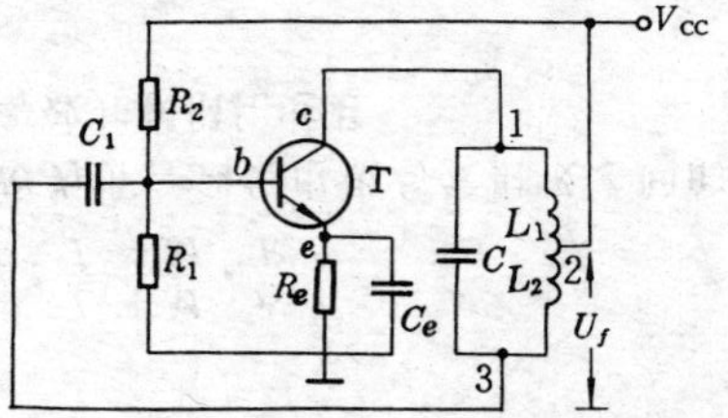<br>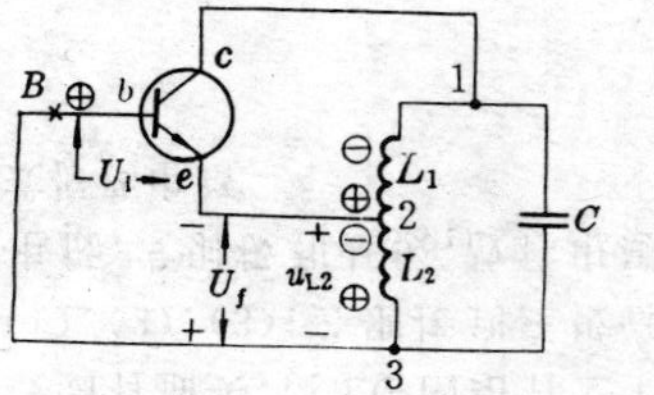</td><td>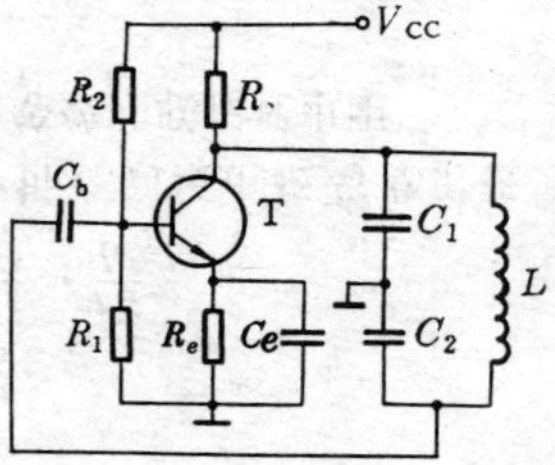<br>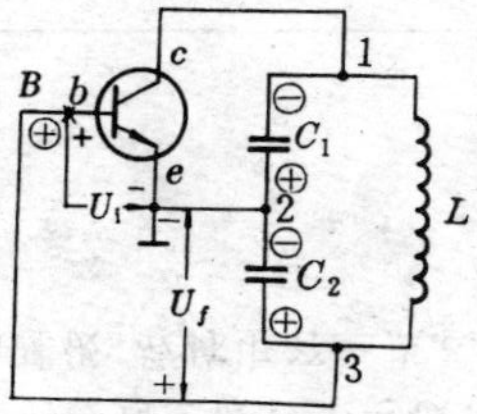</td><td>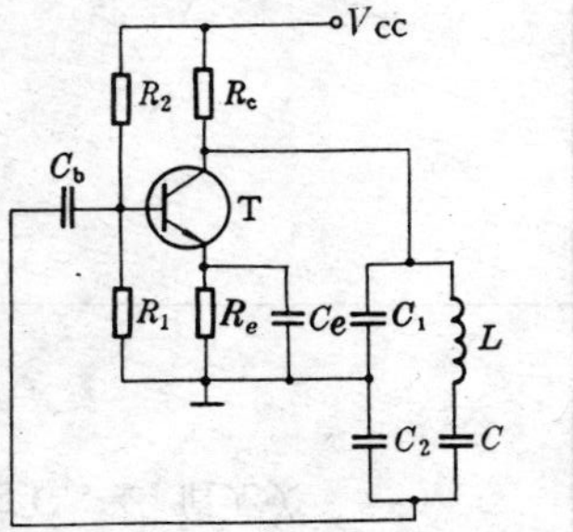</td></tr>
<tr><td>振荡频率</td><td>$f_0 \approx \frac{1}{2\pi\sqrt{LC}}$</td><td>$f_0 \approx \frac{1}{2\pi\sqrt{LC}} = \frac{1}{2\pi\sqrt{(L_1+L_2+2M)C}}$</td><td>$f_0 \approx \frac{1}{2\pi\sqrt{LC}} = \frac{1}{2\pi\sqrt{L\frac{C_1C_2}{C_1+C_2}}}$</td><td>$f_0 \approx \frac{1}{2\pi\sqrt{L\times\frac{1}{1/C_1+1/C_2+1/C}}}$<br>当 $C \ll C_1 = C_2$ 时,<br>$f_0 \approx \frac{1}{2\pi\sqrt{LC}}$</td></tr>
</table>

续表

| | 变压器反馈式 | 电感三点式（电感反馈式） | 电容三点式（电容反馈式） | |
|---|---|---|---|---|
| | | | 电容三点式 | 电容三点式改进电路 |
| 电路结构特点 | 选频网络由 LC 并联电路组成。反馈信号由变压器绕组 $N_2$ 来实现，故称变压器反馈式振荡电路 | 电感线圈有抽头，使 LC 网络有三个端点（1）、（2）、（3），分别接到三极管的集电极，发射极和基极，故称电感三点式振荡电路 | LC 网络有三个端点（1）、（2）、（3），分别接到三极管集电极、发射极和基极，故称电容三点式振荡电路 | 在电感回路串联 C，使 $f_0 \approx \frac{1}{2\pi\sqrt{LC}}$，（当 $C_1 = C_2 \gg C$ 时）振荡频率基本由 LC 的数值决定，而与 $C_1$，$C_2$ 值无关 |
| 起振条件 | $\beta > \frac{r_{be} R' C}{M}$<br>$r_{be}$ 为三极管 b－e 间等效电阻。$R'$ 为折合到振荡电路中的等效总损耗电阻。<br>$M$ 为变压器绕组 $N_1$ 和 $N_2$ 的互感 | $\beta > \frac{L_1 + M}{L_2 + M} \cdot \frac{r_{be}}{R'}$<br>$R'$ 为折合到集电极与发射极之间的等效并联损耗电阻 | $\beta > \frac{C_2}{C_1} \cdot \frac{r_{be}}{R'}$<br>$R'$ 为折合到集电极与发射极之间的等效并联损耗电阻 | |

由表 6.3.1 可以看出：

(1)LC 正弦波振荡电路主要依靠 LC 并联回路作选频网络，当 $\omega=\omega_0=\frac{1}{2\pi\sqrt{LC}}$ 时，谐振回路并联阻抗为纯阻性，$\varphi=0$。式中 $L$,$C$ 分别表示为谐振回路的等效电感和等效电容。

(2) LC 正弦波振荡电路的工作频率一般高于几十千赫，用于产生较高频率的工作信号。

(3) 电感三点式振荡电路频率调节方便。采用可变电容可得到一个较宽的频率调节范围，但该电路输出中含有较大的高次谐波，输出波形较差，多用于要求不高的电子设备中；电容三点式振荡电路高次谐波分量较小，输出波形较好，但该电路频率调节不方便且调节范围较窄。

**（二）LC 正弦波振荡电路相位平衡条件判断方法**

LC 正弦波振荡电路相位平衡条件为 $\varphi_A+\varphi_F=2n\pi$. 有两种判断方法：

1. 单独判断放大电路、反馈网络输入和输出的相位关系，即 $\varphi_A$ 和 $\varphi_F$ 各为多少。然后看 $\varphi_A+\varphi_F$ 是否为 $2n\pi$.

2. 根据输入信号的瞬时极性依次判断各有关各点的相位关系，看反馈电压 $\dot{U}_f$ 的极性与 $\dot{U}_i$ 的极性是否相同。

不论采用哪种判断方法，都需要搞清楚以下几方面的问题：

1. 正确寻找振荡电路的输入端

LC 正弦波振荡电路可产生频率高达 1000MHz 以上的正弦波信号，由于普通集成运放的频带较窄，而高速集成运放又比较贵，因此 LC 正弦波振荡电路一般由分立元件组成。

振荡电路一般没有输入信号。要正确寻找选频(反馈)网络返回至输入回路的端点。

2. 正确判断放大电路输入、输出间的相位关系

对于共射组态输入输出(基集间)相位相反，共集组态，输入输出(基射间)相位相同，共基组态，输入输出(射集间)相位相同。

**如何确定反馈电压 $\dot{U}_f$ 及其极性？**

3. 正确确定反馈电压 $\dot{U}_f$

一般说来，反馈电压 $\dot{U}_f$ 取自引回到的输入端与公共端之间。需要注意的是，电路中的公共端除电路本身接地端外，直流电源交流短路可视为公共端。

4. 正确判断反馈的极性电压

对于电感三点式：电感中间抽头的瞬时电位一定在首尾两端点的瞬时电位之间，即：

(1) 若电感的中间抽头交流接地，则首端与尾端信号电压相位相反。

(2) 若电感的首端或尾端交流接地，则电感其它两个端点的信号电压相位相同。

(3) 同名端信号极性相同。

5. 正确寻找回路电感和电容

若电路符合振荡条件，则振荡频率由式 $f_0=\frac{1}{2\pi\sqrt{LC}}$ 确定。式中的 $L$ 和 $C$ 为谐振回路总的等效电感和等效电容。

**【例 6.3.1】** 试用相位平衡条件判断图 6.3.1 各电路是否满足振荡条件，若满足，试列出 $f_0$ 的表达式。

**解** 本题练习 LC 正弦波振荡电路相位平衡条件的判断方法。本题用判断方法的第二种。检查输入信号和反馈信号的极性是否相同来确定。

图 (*a*) 电路为变压器反馈式振荡电路。断开 *a* 点，输入 $\dot{U}_i$ 瞬时极性为正，各端点的瞬时极性如图中所示(公共端极性相同)。可见在 $L_2$ 上得到一个上负下正的反馈电压 $\dot{U}_f$ 反送到输入端，因为 $\dot{U}_f$ 与 $\dot{U}_i$ 相位相反，故该电路不满足相位平衡条件，不能振荡。

图 (*b*) 电路为变压器反馈式振荡电路。放大电路为共基组态。断开 *a* 点（三极管发射极)，输入 $\dot{U}_i$ 瞬时极性为正，因为是共基接法，其输出（集电极）的电压瞬时极性也为正，根据同名端电压瞬时极性相同的原则，在 $L_2$ 上得到上负下正的反馈电压 $\dot{U}_f$ 反送回输入端。因为 $\dot{U}_f$ 与 $\dot{U}_i$ 相位相同，故满足相位平衡条件。

$$f_0\approx\frac{1}{2\pi\sqrt{L_1C}}$$

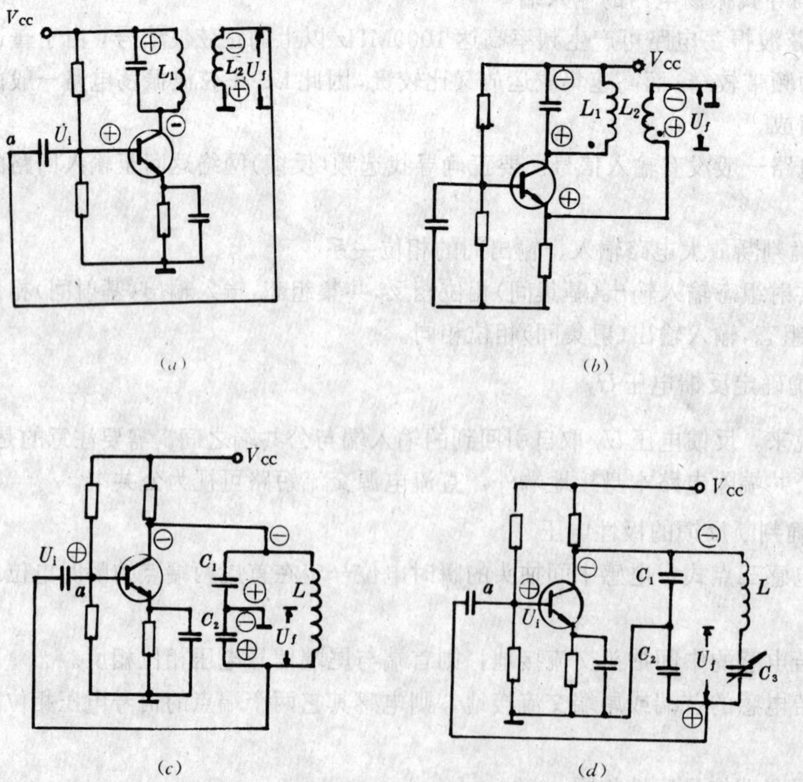


图 6.3.1 例 6.3.1 电路

图 ($c$) 电路为电容三点式振荡电路。断开 $a$ 点，输入 $\dot{U}_i$ 瞬时极性为正，相应各点电压的瞬时极性如图中所示。可见在 $C_2$ 上得到了一个上负下正的反馈电压 $\dot{U}_f$ 反送到输入端。因为 $\dot{U}_f$ 与 $\dot{U}_i$ 相位相同，故满足相位平衡条件。

$$f_0 \approx \frac{1}{2\pi\sqrt{LC}} = \frac{1}{2\pi\sqrt{L\dfrac{C_1C_2}{C_1+C_2}}}$$

图 ($d$) 电路为电容三点式振荡电路的改进形式。断开 $a$ 点，加入 $\dot{U}_i$ 为正，各点电压瞬时极性如图中所示。可见在 $C_2$ 上得到上负下正的反馈电压 $\dot{U}_f$ 与 $\dot{U}_i$ 相位相同，故该电路满足相位平衡条件

$$f_0 \approx \frac{1}{2\pi\sqrt{LC}}$$

$$= \frac{1}{2\pi\sqrt{L\left(\dfrac{1}{C_1}+\dfrac{1}{C_2}+\dfrac{1}{C_3}\right)}}$$

**【例 6.3.2】**（习题 6.10）　电路如图 6.3.2 所示。试问各电路的 $j$，$k$，$m$，$n$ 各点应如何连接，能满足正弦波振荡的相位平衡条件。并说明它们各属于什么类型的振荡电路？

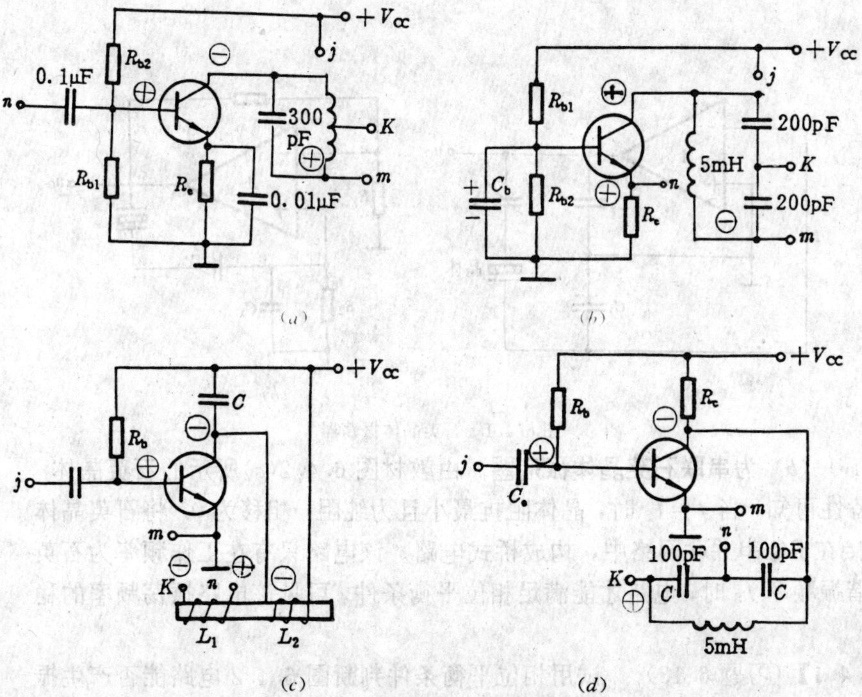


图 6.3.2　例 6.3.2 电路

**解**　本题练习试用相位平衡条件组成 LC 正弦波振荡电路的办法。

图 ($a$) 电路中，根据电路结构，反馈信号反送回输入端（三极管基极），断开此

点，加入 $\dot{U}_i$ 为正，各点电压极性如图中所示。可见 $m$ 点连接 $n$ 点，$k$ 接 $j$ 能满足相位平衡条件。该电路为电感三点式。

图$(b)$电路中，根据电路结构，反馈信号送至三极管的发射极，放大电路为共基组态。各点电压瞬时极性如图所示。可见 $k$ 接 $n$，$j$ 接 $m$ 能满足相位平衡条件。该电路为电容三点式。

图$(c)$电路中，根据电路结构，反馈信号反送回三极管的基极。断开此点加入 $\dot{U}_i$ 为正，各点电压瞬时极性如图中所示。可见 $j$ 接 $n$，$k$ 接 $m$ 能满足相位平衡条件。该电路为电感反馈式。

图$(d)$电路中，根据电路结构，反馈信号送至三极管的基极。断开此点加入 $\dot{U}_i$ 为正，各点电压瞬时极性如图中所示。可见 $m$ 接 $n$，$j$ 接 $k$ 能满足相位平衡条件，该电路为电容三点式。

## 6.4 石英晶体振荡电路

**石英晶体振荡器有什么特点和哪两种结构形式？**

图 6.4.1 ($a$) 为**并联石英晶体振荡器**。由教材图 6.4.2 ($c$) 所示的石英晶体谐振器的特性可知，当 $f$ 在 $f_S$ 和 $f_P$ 之间时，石英晶体呈现电感性。它与电容 $C_1$，$C_2$ 和 $C_s$ 构成改进型电容三点式振荡电路。因为 $f_S$ 与 $f_P$ 极接近，即石英晶体的阻抗呈感性的频率范围很窄，所以并联石英晶体振荡器的振荡频率是很稳定的。

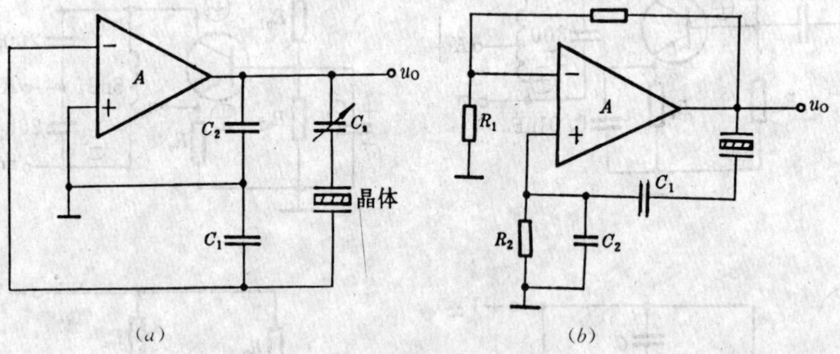


图 6.4.1　石英晶体振荡器

图 6.4.1 ($b$) 为**串联石英晶体振荡器**。由教材图 6.4.2($c$)所示的石英晶体谐振器的特性可知，当 $f=f_S$ 时，晶体阻抗最小且为纯阻，相移为 0. 将石英晶体代替 R 串接在 RC 串并联网络中，构成桥式电路。该电路只有在工作频率为石英晶体串联谐振频率 $f_S$ 时，电路才能满足相位平衡条件。可见该电路振荡频率的稳定度极高。

**【例 6.4.1】**（习题 6.13）　试用相位平衡条件判断图 6.4.2 电路能否产生振荡。如能振荡说明它们属于哪种类型的石英晶体振荡器？石英晶体在电路中各起什么作用？

**解**　本题练习石英晶体振荡器的分析方法。

图 ($a$) 电路为串联石英晶体振荡器。当 $f=f_S$ 时，晶体呈纯阻，相移为 0，又

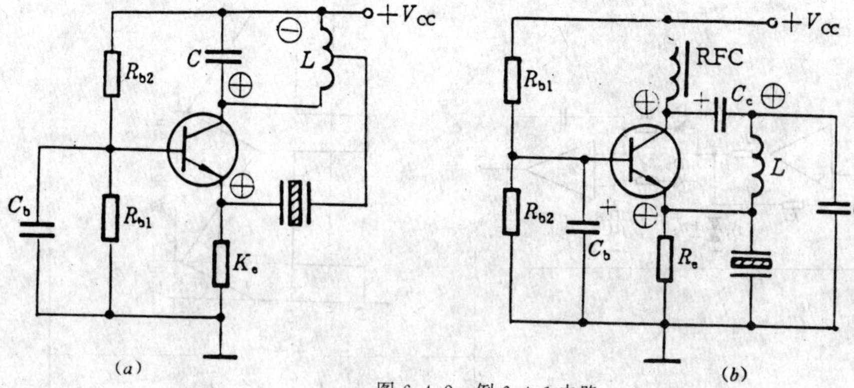


图 6.4.2　例 6.4.1 电路

知反馈电压取自电感中点与 $V_{CC}$ 之间，上负下正，故该电路满足相位平衡条件。石英晶体提供单一频率。

图（*b*）电路为并联石英晶体振荡器。当 $f$ 在 $f_S \sim f_P$ 间时，呈感性。与 L，C 组成电感三点式电路。由图可知反馈电压取自石英晶体两端，极性为上正下负，该电路满足相位平衡条件。石英晶体作为选频和反馈网络。

## 6.5　非正弦波振荡电路

现将各种非正弦波（矩形波、三角波、矩齿波）振荡电路的结构形式、电路特点列于表 6.5.1 中。

**【例 6.5.1】**（习题 6.16）　电路如图 6.5.1（*a*）所示。设运算放大器 $A$ 为理想运放，又知 $R_1=R_2=R_3=50\text{k}\Omega$，$R_4=2\text{k}\Omega$，$C=0.02\mu\text{F}$，$U_Z=\pm 6\text{V}$，试求：

（1）分析电路的组成和各部分的功能；

（2）计算 $u_O$ 的幅值和振荡周期 $T$；

（3）画出电容器上电压 $u_C$ 和输出电压 $u_O$ 的波形。

**解**　本题练习方波发生器的分析方法。

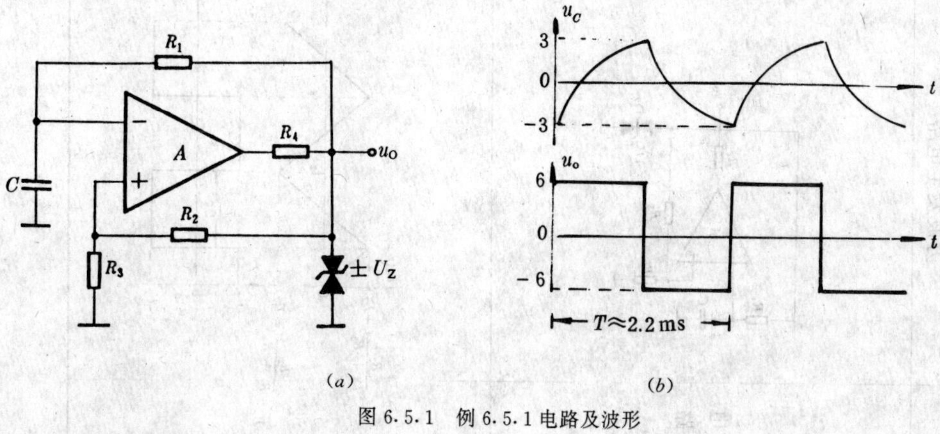


图 6.5.1　例 6.5.1 电路及波形

表 6.5.1　非正弦波振荡电路

| | 方波发生电路 | 矩形波发生电路 | 三角波发生电路 | 锯齿波发生电路 |
| --- | --- | --- | --- | --- |
| 电路 | 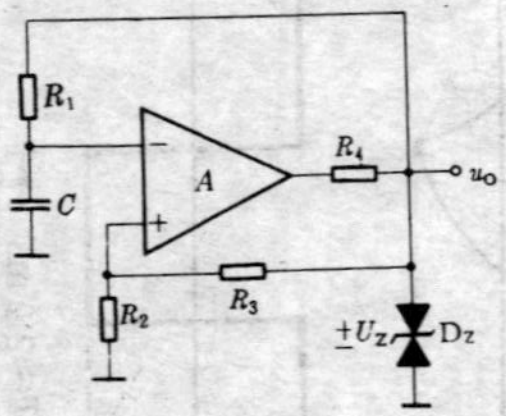 | 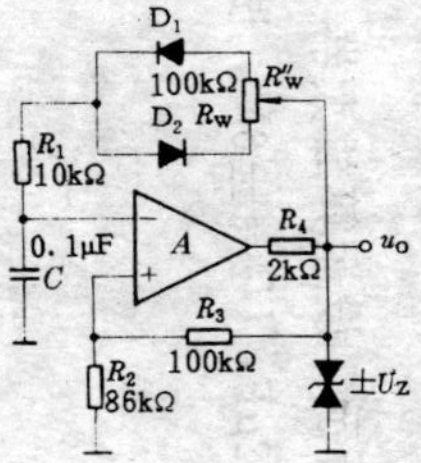 | 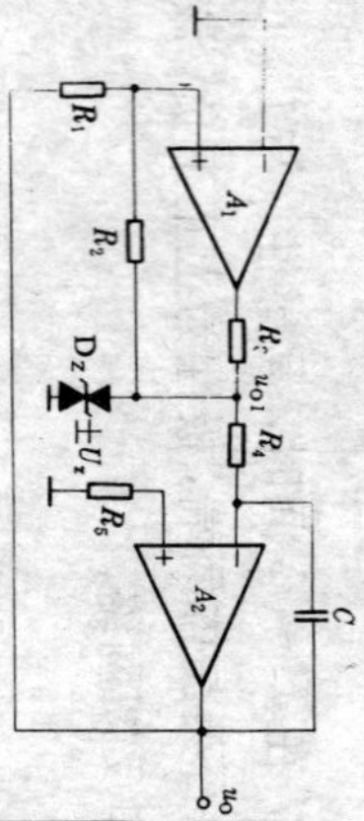 | 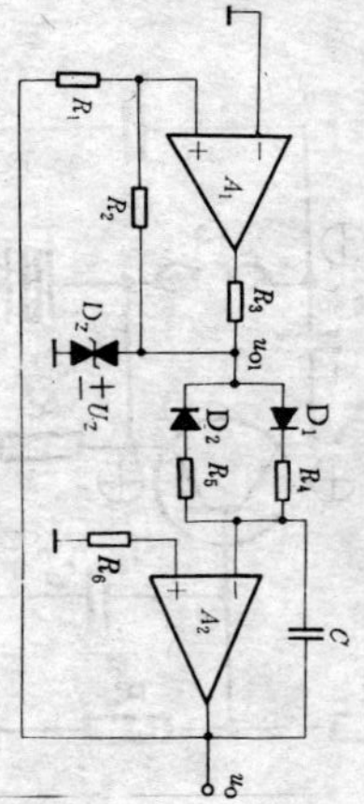 |
| 波形 | 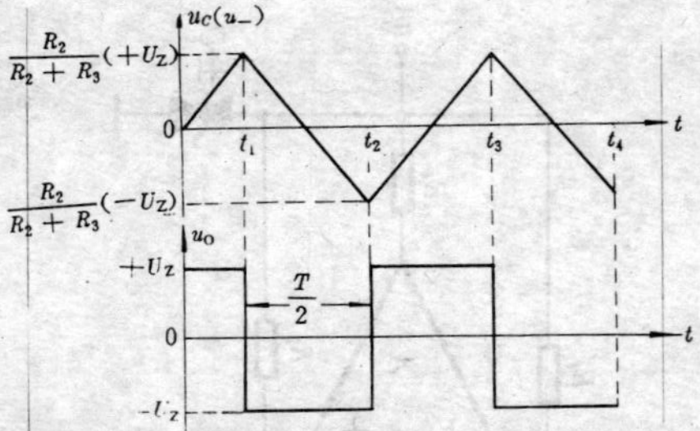 | 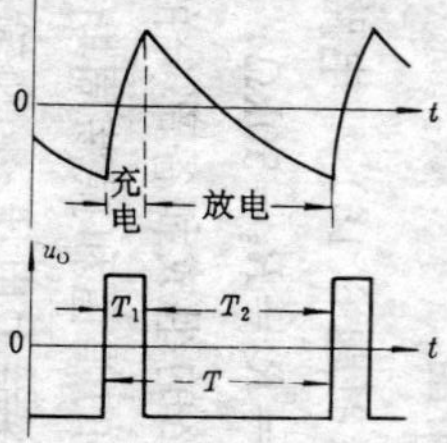 | 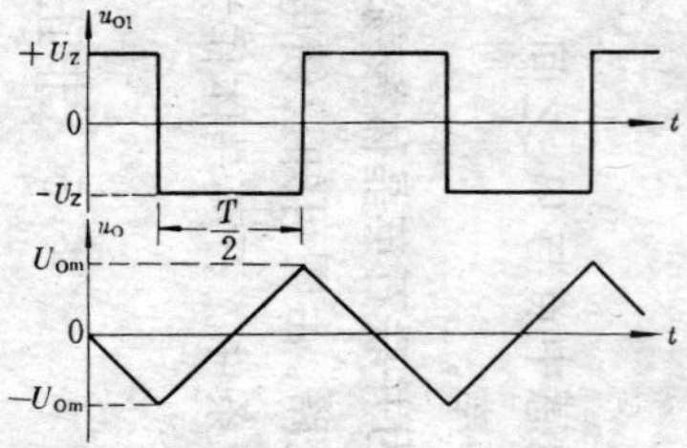 | 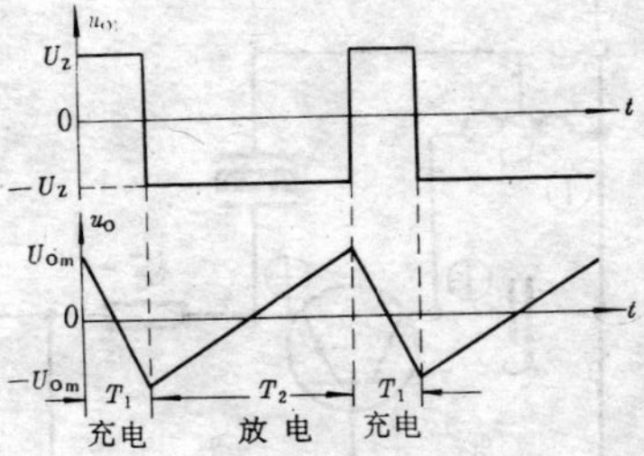 |

续表

| | 方波发生电路 | 矩形波发生电路 | 三角波发生电路 | 锯齿波发生电路 |
|---|---|---|---|---|
| 振荡周期 | $T=2R_1C\ln\left(1+\frac{2R_2}{R_3}\right)$ | $T_1=\tau_{充}\ln\left(1+\frac{2R_2}{R_3}\right)$<br>$T=(\tau_{充}+\tau_{放})\ln\left(1+\frac{2R_2}{R_3}\right)$ | $T=\frac{4R_1R_4C}{R_2}$<br>$U_{om}=U_Z\cdot\frac{R_1}{R_2}$ | $T=2\frac{R_1}{R_2}(R_4+R_5)C$<br>占空比 $D=\frac{T_1}{T}=\frac{1}{1+R_5/R_4}$ |
| 电路特点 | 改变 $R_1$，$C$，$\frac{R_2}{R_3}$的比值可改变周期 $T$ | 调节 $R_w$ 可改变输出波形的占空比 | 输出电压的峰值 $U_{om}$ 与 $U_Z$ 和 $R_1/R_2$ 的比值有关。改变$\frac{R_1}{R_2}$的比值和 $R_4$，$C$ 的数值可改变振荡周期 | 改变 $R_5/R_4$ 的比值可改变占空比 |
| 工作原理 | 设 $u_C=0$，$(U_- - < U_+)$；$u_o=+U_Z$，$U_+=+U_Z\frac{R_2}{R_2+R_3}$，输出 $u_o$（$+U_Z$）通过 $R_1$ 向 C 充电，$u_C\nearrow$，($\tau_{充}=R_1C$).<br>当 $u_C>U_+$ 时 $(U_->U_+)$ $u_o=-U_Z$，$U'_+=-U_Z\frac{R_2}{R_2+R_3}$. $u_C$ 的高电平通过 $R_1$ 放电（$\tau_{放}=R_1C$).<br>周而复始产生振荡。由于 $\tau_{放}=\tau_{充}$，故输出 $u_o$ 的高低电平宽度相等 | 控制 $\tau_{充}$ 和 $\tau_{放}$ 的比值即可得到输出高低电平宽度不同的 $u_o$ 波形，即矩形波发生电路。<br>当 $R'_w<R''_w$ 时，$\tau_{充}\approx(R_1+R'_W)C$，小于 $\tau_{放}\approx(R_1+R''_W)C$，输出高电平变窄。<br>当 $R'_W>R''_W$ 时，$\tau_{充}\approx(R_1+R'_W)C$ 大于 $\tau_{放}\approx(R_1+R''_W)C$，输出高电平变宽 | 设 $u_{o1}=+U_Z$，电容 C 充电，$u_o$ 线性下降，当 $u_o$ 下降 $(U_+)$ 略低于 0 时，$u_{o1}=-U_Z$，电容 C 放电，$u_o$ 线性上升，当 $u_o$ 上升 $(U_+)$ 略大于 0 时，$u_{o1}=+U_Z$，C 充电……，周而复始产生振荡。<br>因电容充放电回路相同，故 $u_o$ 是三角波 | 利用二极管的单向导电特性使积分电路中充电与放电的回路不同。由电路可知：$\tau_{充}\approx R_4C$，$\tau_{放}\approx R_5C$，（本电路中选 $R_4<R_5$） |

（1）$A$，$R_2$，$R_3$，$R_4$ 和 $D_Z$ 组成滞回比较器，起开关作用；$R_2$，$R_3$ 形成正反馈，$R_4$ 和 $D_Z$ 实现输出限幅，$R_1$，C 串联，起反馈和延迟作用；电容充放电的电压作为滞回比较器的输入。

（2）$u_O = \pm U_Z = \pm 6V$

$$T = 2R_1C\ln\left(1+\frac{2R_2}{R_3}\right)$$

$$= 2\times 50\times 10^3\times 0.02\times 10^{-6}\ln\left(1+\frac{2\times 50}{50}\right)$$

$$\approx 2.2\text{ms}$$

（3）$u_C = U_+ = \pm U_Z\dfrac{R_3}{R_2+R_3} = \pm 6\times\dfrac{150}{50+50} = \pm 3V$

$u_C$ 和 $u_O$ 的波形见图 6.5.1(*b*)所示。

**【例 6.5.2】**（习题 6.18） 电路如图 6.5.2(*a*)所示。若已知 $R_4 = 2R_3 = 20k\Omega$，且振荡频率为 50Hz，$C = 1\mu F$，试求电阻 $R_1$，$R_2$，$R_3$ 的数值；写出 $u_O$ 的表达式，并画出 $u_C$ 和 $u_O$ 的波形。

**解** 本题练习矩形波发生器的分析方法。

根据公式
$$T = (R_1+R_2)C\ln\left(1+\frac{2R_3}{R_4}\right)$$

可得
$$f = \frac{1}{T} = \frac{1}{(R_1+R_2)C\ln\left(1+\dfrac{2R_3}{R_4}\right)}$$

代入数据，
$$f = \frac{1}{(R_1+R_2)\times 10^{-6}\times\ln\left(1+\dfrac{20}{20}\right)}$$

可解得
$$R_1+R_2 = \frac{1}{50\times 0.7\times 10^{-6}} \approx 30k\Omega$$

根据 $R_2 = 2R_1$，可得 $R_1 = 10k\Omega$，$R_2 = 20k\Omega$，也可知 $R_3 = 10k\Omega$.

$u_O = \pm U_Z$，$u_C = U_Z\dfrac{R_3}{R_3+R_4} = U_Z\dfrac{10}{30} = \dfrac{1}{3}U_Z$

$u_C$ 和 $u_O$ 的波形见图 6.5.2(*b*)所示。

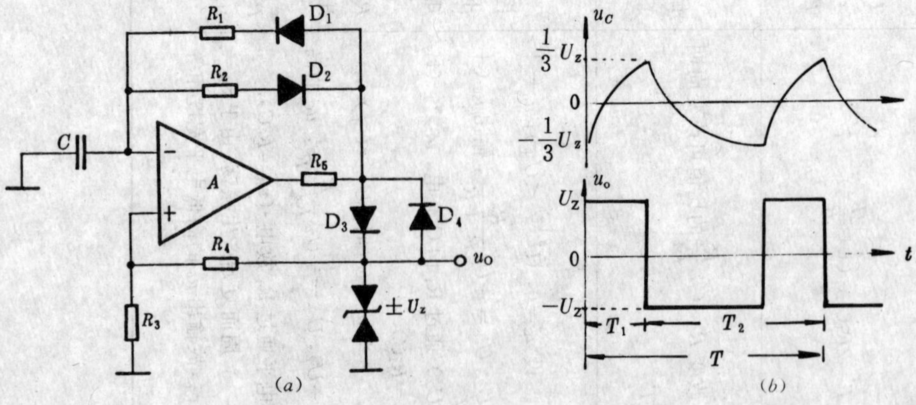


图 6.5.2 例 6.5.2 电路及波形

**【例 6.5.3】** 分析图 6.5.3 所示电路。

(1) $A_1$，$A_2$ 分别组成什么电路？整个电路具有什么功能？简单说明 $R_1 \sim R_5$ 及二极管 D 的作用。

(2) 设 $R_4 \geqslant R_3$，画出 $u_{O1}$和 $u_{O2}$的波形示意图，并标明幅值。

(3) 试求其振荡周期 $T$ 和频率 $f$. 设 $U_Z = \pm 6\text{V}$，$R_2 = R_4 = 20\text{k}\Omega$，$R_1 = 10\text{k}\Omega$，$R_5 = 150\text{k}\Omega$，$R_3 = 3.9\text{k}\Omega$，$C = 0.1\mu\text{F}$.

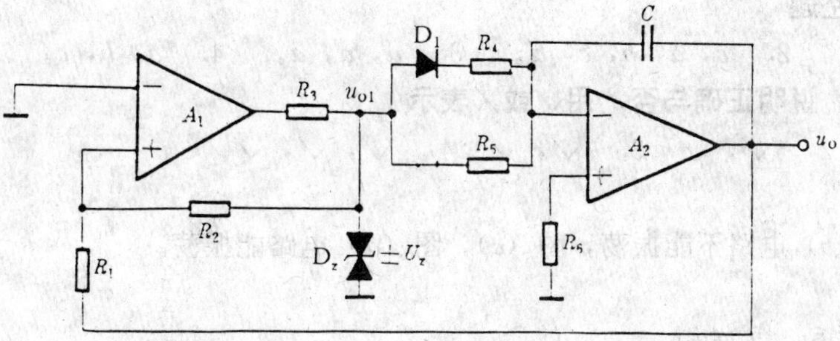


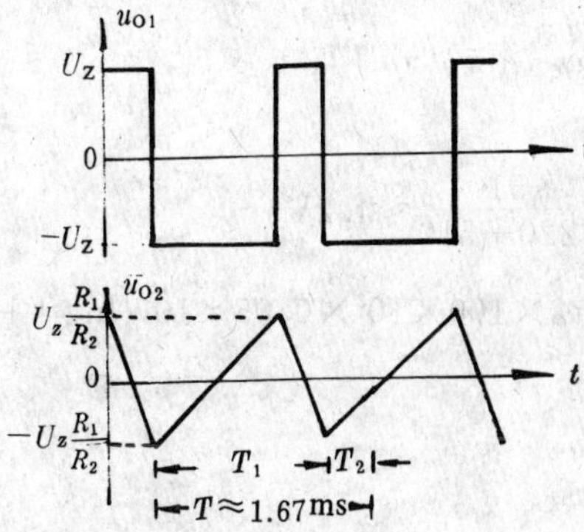


(b)

图 6.5.3 例 6.5.3 电路及波形

**解** 本题练习矩形波、锯齿波发生电路的分析方法。

(1) $A_1$ 组成滞回比较器。其中 $R_1$、$R_2$ 将 $u_{O1}$，$u_{O2}$反馈 $A_1$ 的同相输入端，与零电位比较，实现状态的转换。$R_3$ 为限流电阻，与稳压管 $D_Z$ 实现 $A_1$ 输出电平的限幅。$A_2$ 组成反相积分电路，由于二极管 D 的单向导电作用，使 C 的充、放电时间常数不同 ($U_{O1}$为正时，由 D，$R_4$，$R_5$ 并联为电容 C 提供正向充电通路；$U_{O1}$为负时，仅由 $R_5$ 提供反向充电通路)。

(2) $u_{O1}$和 $u_{O2}$的示意波形见图 (b) 所示。

(3) $T_1 = 2R_5C\dfrac{R_1}{R_2} = 2 \times 150 \times 0.1 \times 10^3 \times 10^{-6} \times \dfrac{10}{20} = 15 \times 10^{-3}\text{s} = 15\text{ms}$

$$T_2 = 2(R_4 /\!/ R_5)C\frac{R_1}{R_2} = 2 \times \frac{20 \times 150}{20 + 150} \times 10^3 \times 0.1 \times 10^{-6} \times \frac{10}{20}$$

$$= 1.76 \times 10^{-3}\text{s} = 1.76\text{ms}$$

$$T = T_1 + T_2 = 15 + 1.76 = 16.76\text{ms}$$

$$f = \frac{1}{T} = \frac{1}{16.76 \times 10^{-3}} = 0.06 \times 10^3 = 60\text{Hz}$$

## 三、自我检测题和部分习题参考答案

### 自我检测题答案

**(一) 选择填空题**

1. $b$, $a$, $b$。 2. $c$, $a$, $b$, $c$, $d$。 3. $a$, $a$, $a$。 4. $a$, $b$, $c$。

**(二) 是非题。说明正确与否，用√或×表示**

1. ×，× 2. √，√ 3. √，√ 4. √，√，√

**(三) 判断题**

图 ($a$)，图 ($b$) 电路不能振荡，图 ($c$)，图 ($d$) 电路能振荡。

**(四) 连线题**

图 ($a$)：③连⑤，②连⑥。

图 ($b$)：①连⑥，②连④，③连⑤。

图 ($c$)：①连③。

图 ($d$)：①连④，②连③。

**(五)** 1. $U_{opp}=2U_Z=12\text{V}$

2. $U_{cm}=U_Z\dfrac{R_2}{R_2+R_3}=6\times\dfrac{510}{220+510}\approx 4.2\text{V}$

3. $T=2RC\ln\left(1+\dfrac{2R_2}{R_3}\right)=2\times100\times10^3\times0.05\times10^{-6}\ln\left(1+\dfrac{2\times510}{220}\right)$

$\approx 17\text{ms}$

$f=\dfrac{1}{T}\approx 60\text{Hz}$

### 部分习题和思考题答案

**【习题 6-3】** 图 ($a$) 电路不能产生正弦波振荡，$\varphi_A\neq 2n\pi$.

图 ($b$) 电路满足振荡的相位和幅度平衡条件，可能振荡。

图 ($c$) 电路 $\varphi_A=2n\pi$，满足振荡条件，可能振荡。

图 ($d$) 电路 $\varphi_A=0°$，$\varphi_F$ 由三级移相式电路组成，其相位最多不超过 270°，故不可能振荡。

**【习题 6-4】** 集成运放同、反相输入端位置及 $R_1$、$R_f$ 互换。

$$f_0=\frac{1}{2\pi RC}=\frac{1}{2\times3.14\times100\times10^3\times0.01\times10^{-6}}$$

$$=\frac{1}{6.28\times10^{-3}}\approx 160\text{Hz}$$

**【习题 6-9】** 图($a$)电路不能振荡。

图($b$)电路不能振荡。

图($c$)电路可能振荡。

$$f_0\approx\frac{1}{2\pi\sqrt{LC}}=\frac{1}{2\pi\sqrt{L\dfrac{C_1C_2}{C_1+C_2}}}=\frac{1}{2\times3.14\sqrt{0.5\times10^{-3}\times\dfrac{40\times40}{40+40}\times10^{-12}}}$$

$$=\frac{1}{6.28\sqrt{0.5\times10^{-3}\times20\times10^{-12}}}=\frac{1}{6.28\sqrt{100\times10^{-16}}}$$

$$=\frac{1}{6.28\times10\times10^{-8}}=1.6\text{MHz}$$

图($d$)电路可能振荡。

$$f_0=\frac{1}{2\pi\sqrt{LC}}=\frac{1}{2\pi\sqrt{L\frac{C_1C_2}{C_1+C_2}}}=\frac{1}{2\times3.14\sqrt{5\times10^{-3}\times\frac{300\times270}{300+270}\times10^{-12}}}$$

$$\approx0.2\text{MHz}$$

**【习题 6-15】** 图($a$)电路 $L_1$ 使集电极对地短路。将 $L_1$,$L_2$ 换成电容 $C_1$,$C_2$.图($b$)电路集电极加电容。

**【习题 6-19】**

$$U_{O1}=\pm U_Z$$

$$U_{om}=U_Z\frac{R_1}{R_2}=\frac{1}{2}U_Z$$

$$T\approx\frac{4R_1R_4C}{R_2}=\frac{4\times10\times10^3\times150\times10^3\times0.1\times10^{-6}}{20\times10^3}$$

$$\approx30\text{ms}$$

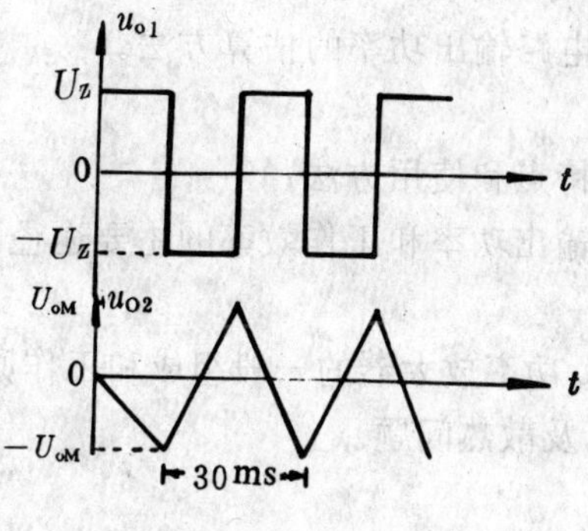


图 P6.19

# 第七章　功率放大电路

## 一、教学安排与教学要求

**（一）教学安排**

本章共 2 学时：录像 2 学时，面授 0 学时。具体安排如下：

1. 录像内容

（1）功率放大电路（一）；

（2）功率放大电路（二）。

**（二）教学要求**

1. 重点掌握的内容

（1）功率放大电路的功能和特点；

（2）OTL，OCL 直接耦合功率放大电路的工作原理；

（3）直接耦合功率放大电路输出功率的估算方法。

2. 一般掌握的内容

（1）集成功率放大器的特点和使用方法；

（2）功率放大电路提高输出功率和工作效率的主要途径。

3. 一般了解的内容

（1）实用的 OTL，OCL 功率放大器的一般组成和工作原理；

2. 功率管的选择原则以及散热问题。

## 二、重点和难点的分析

### 7.1　概　　述

**（一）功率放大电路的主要特点**

**功率放大电路的主要特点是什么？**

功率放大电路的主要作用是向负载提供较大的功率，因此这种放大电路具有以下主要特点：(1)**输出交流(信号)功率较大**。它和电压放大器不同，着眼点不是放在输出电压比输入电压尽可能高上，而是要求输出交流(信号)电压和交流（信号）电流的乘积要大，保证输出较大的交流功率。如果输入信号是一定频率的正弦波，则功率放大电路最大输出功率表达式为

$$P_{om}=\frac{1}{2}U_{om}\cdot I_{om}$$

其中 $U_{om}$ 和 $I_{om}$ 为输出正弦信号的电压和电流幅值。注意，电路中直流成分和非信

号频率的交流成分所产生的功率不是输出功率。

(2) **电路的工作效率要高**。由于功率放大电路输出功率较高，所以消耗在电路内的能量和电源提供的能量也大。因此，分析这种电路十分重视电路能量转换中的效率，简称工作效率。通常效率用 $\eta$ 表示，其表达式为

$$\eta = P_{om}/P_V \times 100\%$$

其中 $P_{om}$为输出最大功率，$P_V$ 为电流供给的直流功率。

(3) **非线性失真要小**。功率放大电路不仅输出电压幅值大，而且电流幅值也大。因此，器件都是工作在大信号状态，容易产生非线性失真。在两管推挽工作时还容易产生**交越失真**。这些失真会在输出信号中产生其它频率分量，引起波形畸变。一般情况下，输出功率愈大，非线性失真愈严重。

(4) 为了得到尽可能大的输出功率，晶体管一般工作在接近**临界参数**的状态，如 $U_{(BR)CEO}$，$I_{CM}$和 $P_{CM}$。因此，选择功率放大管时，必须注意管子的实际工作值不能超过这些临界参数，有时还要采用散热措施和过压、过流保护电路。由于工作在大信号状态，分析电路不能再用小信号微变等效电路，而要采用**图解法**。

### （二）功率管工作状态的类别

**功率放大管的三种工作状态是什么？**

本章介绍的功率放大电路的晶体管，一般工作在**甲类、乙类或甲乙类**状态，下面分别介绍器件在上述几种状态下的特点：

(1) 甲类工作状态下的器件，在信号的整个周期内都是导通的。只要工作在管子的线性区，这种电路信号失真很小，其平均电流、平均电压不随信号大小的变化而变化，所以电源供给的直流功率不变。在输出信号不失真的情况下，输出信号愈大，输出功率愈高，管子的工作效率也愈高；反之，输出信号愈小、输出功率愈小，效率也愈低。但是，电阻负载的甲类功率放大电路的效率最大为25%。

(2) 乙类工作状态的器件，只在信号的半个周期是导通的。所以一般采用推挽电路，用两只参数对称的晶体管轮流导通的方法，在负载上得到完整的输出波形。这种电路在无信号时，管子处于截止状态，故不消耗电源功率。随着输入信号增大，输出功率增大。当输出信号电压的幅度接近静态工作点 $U_{CEQ}$电压时，输出功率最大。乙类功率放大电路的效率最高可达 78.5%。

(3) 甲乙类工作状态的器件，在信号大半个周期内导通。所以采用推挽电路时，输入信号为零（静态）时管子仍然处于导通状态。不过，输入信号很小时，两个推挽管同时工作，可以克服乙类工作状态产生的交越失真。由于甲乙类工作状态下静态时有电流，电路消耗电源功率，故它的效率低于乙类，但高于甲类。又因它能克服交越失真，所以实际功率放大器绝大多数工作在甲乙类状态。

**【例 7.1.1】** 图 7.1.1 为单管甲类功率放大电路，假设三极管 T 的极限参数足够大，且 $\beta=30$，$U_{BE}=0.7V$，$U_{CES}=0.5V$，又知 $V_{CC}=4.5V$. 当输入信号瞬时值最大时管子临界饱和，输入信号瞬时值最小时管子临界截止，试计算：

(1) 电路在负载上最大不失真功率 $P_{om}$；

(2) 基极偏置电阻 $R_b$ 的取值；

(3) 电路的效率 $\eta$ =？

**解** 本题练习甲类功率放大电路的分析方法。

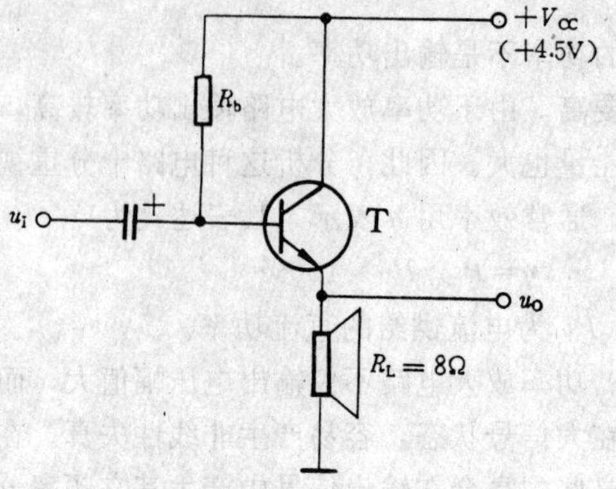


图 7.1.1　例 7.1.1 的电路图

因为该电路三极管工作在甲类状态，输入信号的整个周期内管子处于导通状态。可以根据管子刚刚饱和及刚刚截止两种情况估算出负载上的电压和电流值，再计算输出功率等参数。

(1) 当输入信号瞬时值最大时，管子刚刚饱和，这时 $U_{CES}=0.5V$，可求出

$$u_{omax}=V_{CC}-U_{CES}=4.5-0.5=4V$$

由

$$i_{omax}=\frac{u_{omax}}{R_L}=\frac{4}{8}=500mA$$

当输入信号瞬时值最小（负向最大）时，管子刚刚截止，故

$$i_{omin}=0$$

$$u_{omin}=0V$$

可以得到输出信号电压幅值为 $U_{om}=\frac{u_{omax}}{2}=2V$，电流幅值 $I_{om}=\frac{i_{omax}}{2}=250mA$，故输出最大不失真功率为

$$P_{om}=\frac{1}{2}U_{om}\cdot I_{om}=\frac{1}{2}\times 2\times 0.25=0.25W$$

(2) 为了求出偏置电阻 $R_b$，必须先求静态工作点。假设三极管特性曲线比较理想，则静态电流和电压应等于最大值的一半，故 $I_{CQ}=250mA$，$U_{CEQ}=2V$. 所以可求

$$I_{BQ}=\frac{I_{CQ}}{\beta}=\frac{250}{30}=8.3mA$$

则

$$R_b=\frac{V_{CC}-U_{BE}}{I_{BQ}}=\frac{4.5-0.7}{8.3}=0.46k\Omega$$

故 $R_b$ 的取值为 460Ω.

(3) 为了求电路的效率，先求电源供给的直流功率为

$$P_V=V_{CC}\cdot I_{CQ}=4.5\times 0.25=1.13W$$

故

$$\eta=\frac{P_{om}}{P_V}=\frac{0.25}{1.13}=0.22=22\%$$

可见甲类功率放大电路效率较低，小于 25%。

## 7.2　互补对称功率放大电路

功率放大电路主要功能是向负载提供足够的输出功率，同时要求非线性失真

限制在一定范围内，并具有较高的效率。因此，重点要掌握能较好地实现上述性能指标的OTL和OCL功率输出级的电路。

### （一）OTL甲乙类互补对称输出级

图7.2.1为OTL甲乙类互补对称输出级电路。为了减小交越失真，在$T_1$和$T_2$基极间串接$D_1$和$D_2$，使交流输入信号为零时，管子$T_1$和$T_2$均已具有一个较小的静态基流。在加入输入信号电压后，即使幅度很小，两个三极管也能轮流导电，而且交替过程中转移特性曲线比较平滑，从而避免产生大的交越失真。

什么是OTL甲乙类互补对称电路？

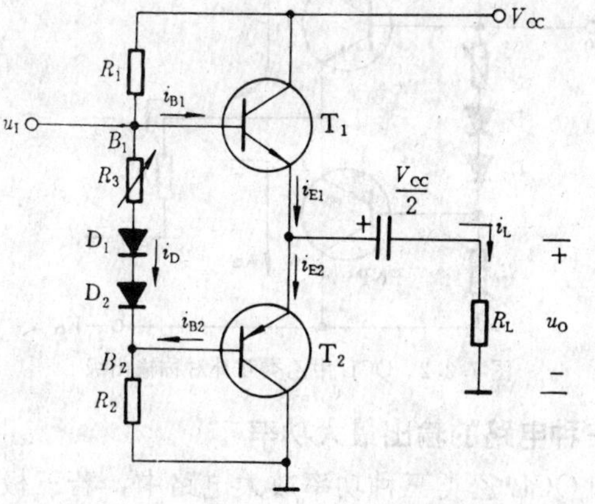


图7.2.1　OTL甲乙类功率输出级

为了保证电路具有较高的效率，通常在甲乙类互补对称输出级中，选择管子的静态电流较小，使每个管子工作状态接近乙类。特性曲线上的$Q$点与横坐标轴靠得很近，所以估算$P_{om}$的方法可以同乙类电路一样。

由于在输出电容的两端电压近似为$V_{CC}/2$，$U_{CES}$又很小，故最大输出功率的表达式可以写为

$$P_{om}=\frac{1}{2}\cdot\frac{(V_{CC}/2-U_{CES})^2}{R_L}$$
$$\approx\frac{1}{8}\cdot\frac{V_{CC}^2}{R_L}$$

### （二）OCL甲乙类互补对称输出级

OCL甲乙类互补对称输出级原理电路图，如图7.2.2所示。该电路与OTL电路有以下几点不同：

OCL甲乙类互补对称电路的特点是什么？

1. 电路中取消了输出电容，这样可以改善电路的低频响应，同时便于集成化。因此，在当前实际电路中应用十分广泛。

2. 该电路要求有正、负两个电源：$+V_{CC}$和$-V_{CC}$。以便为$T_1$和$T_2$轮流导通时分别提供能源。

3. 负载电阻$R_L$直接与$T_1$和$T_2$的发射极相连。要求两管参数对称，电路静态时输出端准确为零。如果因为器件故障，或因电路失调使输出端静态电压不为零时，可能会有较大的电流流过负载，容易造成器件损坏。因此，实际电路中，$R_L$回路往往串接一个熔断丝，起保护作用。

由于$|+V_{CC}|=|-V_{CC}|=V_{CC}$，若$T_1$和$T_2$饱和压降为$U_{CES}$，且数值很小，则

最大输出功率的表达式为

$$P_{om}=\frac{1}{2}\cdot\frac{(V_{CC}-U_{CES})^2}{R_L}$$

$$\approx\frac{1}{2}\cdot\frac{V_{CC}{}^2}{R_L}$$

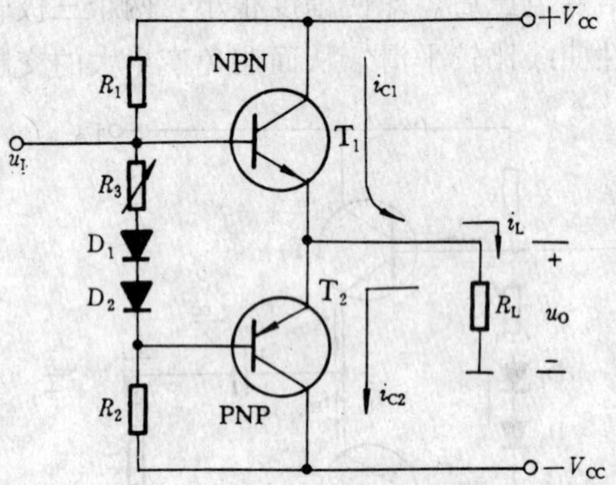


图 7.2.2 OCL 甲乙类互补对称输出级

**(三) 用图解法表示三种电路的输出最大功率**

在甲类、OTL 乙类和 OCL 乙类三种功率放大电路中，若三极管输出特性相同，所用电源电压均为 $V_{CC}$，则用图解法估算三种功放电路最大输出功率的示意图如图 7.2.3 (*a*)，(*b*)，(*c*) 所示。图中功率三角形面积（斜线部分）代表了最大输出功率。表达式如图中所示。

图 7.2.3 (*a*)，为单管射极输出器组成的甲类功率放大电路。静态工作点 $Q$ 设在特性曲线性中间，输出电压最大幅度接近 $(V_{CC}/2-U_{CES})$；图 (*b*) 为 OTL 乙类功率放大电路，加在每个推挽管上的实际电源电压为 $V_{CC}/2$，静态工作点设在横坐标轴上，输出电压最大幅度也接近 $(V_{CC}/2-U_{CES})$；图 (*c*) 为 OCL 乙类功率放大电路，加在每个推挽管上的电源电压为 $V_{CC}$（或 $-V_{CC}$），静态工作点也在横轴上，故输出电压最大幅度接近 $(V_{CC}-U_{CES})$。

从图 7.2.3 可以看到以下几点：

1. 甲类电路静态电流很大，效率很低。尽管 $P_{om}$ 表达式与 OTL 乙类相同，但取得同样的输出功率，它的耗电要比 OTL 电路大得多，管子的参数要求也高。

2. OCL 电路的最大输出功率要比 OTL 电路大得多。如果忽略管子饱和压降 $U_{CES}$，则 OCL 乙类的 $P_{om}$ 约为 OTL 乙类的四倍。但是，OCL 电路需要双电源供电。

**【例 7.2.1】** 图 7.2.4 是 OTL 乙类功放输出级的原理图，已知 $V_{CC}=24V$，$R_L=8\Omega$，电容 $C$ 足够大，试求：

(1) 忽略 $U_{CES}$ 时，最大输出功率 $P_{om}$ 和管耗 $P_{cm}$；

(2) 若 $U_{CES}=1V$，保证正弦输出 $P_{om}=8W$，$V_{CC}=?$

(3) 若改为 OCL 电路 $|V_{CC}|=24V$，忽略 $U_{CES}$，$P_{om}$ 和 $P_{cm}$ 如何？

**解** 本题练习 OTL 乙类功放电路的分析方法。

根据 OTL 电路中求 $P_{om}$ 和 $P_{cm}$ 的估算公式作计算，可知：

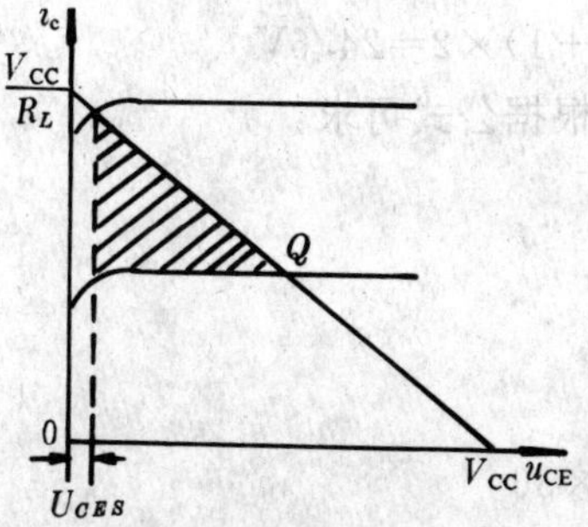


$$P_{om}=\frac{1}{2}\frac{(V_{CC}/2-U_{CES})^2}{R_L}$$

(*a*) 甲类

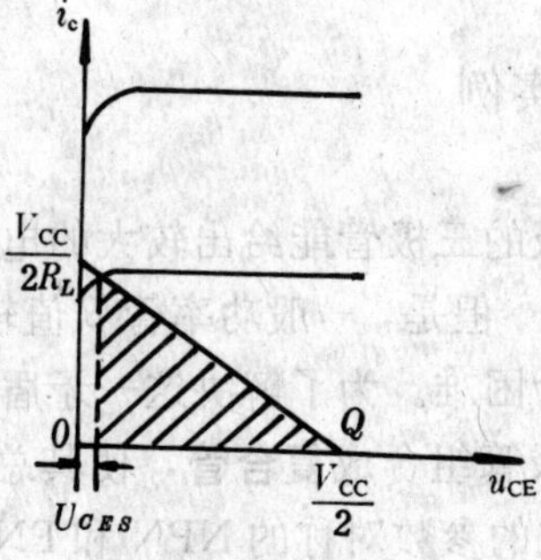


$$P_{om}=\frac{1}{2}\frac{(V_{CC}/2-U_{CES})^2}{R_L}$$

(*b*) OTL 乙类

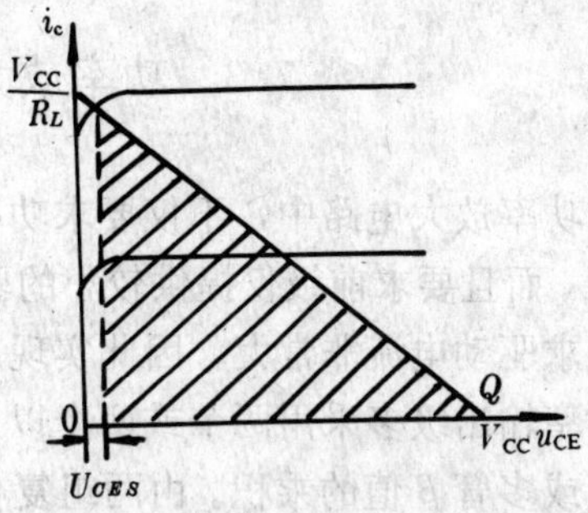


$$P_{om}=\frac{1}{2}\frac{(V_{CC}-U_{CES})^2}{R_L}$$

(*c*) OCL 乙类

图 7.2.3　三种功放图解 $P_{om}$ 比较

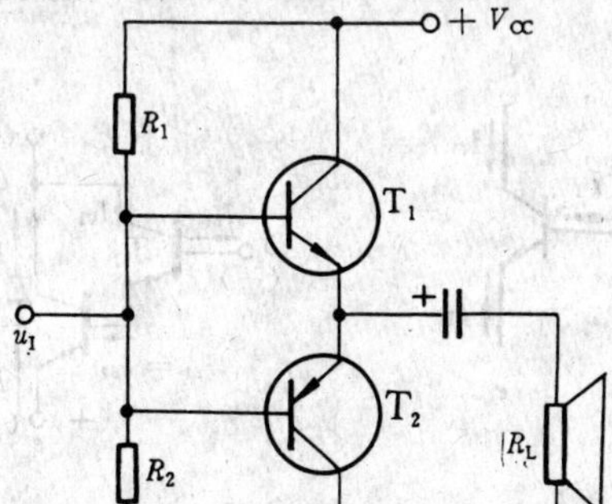


图 7.2.4　例 7.2.1 的电路

(1)　　$P_{om}\approx\frac{1}{8}\cdot\frac{V_{CC}^2}{R_L}=\frac{1}{8}\times\frac{24^2}{8}=9W$

$P_{cm}=0.2P_{om}=0.2\times9=1.8W$

(2)　　$\because P_{om}=\frac{(V_{CC}/2-U_{CES})^2}{2R_L}$

$$\therefore V_{CC}=(\sqrt{2R_L \cdot P_{om}}+U_{CES})\times 2$$

$$=(\sqrt{2\times 8\times 8}+1)\times 2=24.6\text{V}$$

(3)当改为 OCL 电路之后，根据公式可求：

$$P_{om}=\frac{(V_{CC}-U_{CES})}{2R_L}$$

$$=\frac{(24-0)^2}{2\times 8}$$

$$=36\text{W}$$

$$P_{cm}=0.2P_{om}=0.2\times 36$$

$$=7.2\text{W}$$

可见，电路改为 OCL 电路后，输出最大功率提高了四倍，每个管子的管耗也增加了四倍。

## 7.3 功率放大电路实例

**准互补对称电路的结构特点是什么？**

实际的功率放大电路中，不仅要求功率输出级的三极管能给出较大的电流和较高的电压，而且要求前级仅提供较小的驱动电流。但是，一般功率管 $\beta$ 值较小，往往要求驱动电流非常大，因此实现起来较为困难。为了解决这一矛盾，实际电路的功率输出级多采用两个或两个以上的三极管组合成**复合管**，使其总的 $\beta$ 值约为两管或多管 $\beta$ 值的乘积。由两组复合管组成的参数对称的 NPN 和 PNP 推挽电路，一般称为**准互补对称电路**。

复合管的接法很多，既可由同一类型的三极管组成复合管，也可由两个不同类型的三极管组成一个复合管。图 7.3.1（$a$）和（$b$）是由同一类型的三极管分别组成 NPN 和 PNP 管；图 7.3.1（$c$）和（$d$）则是由两种不同类型的三极管分别组

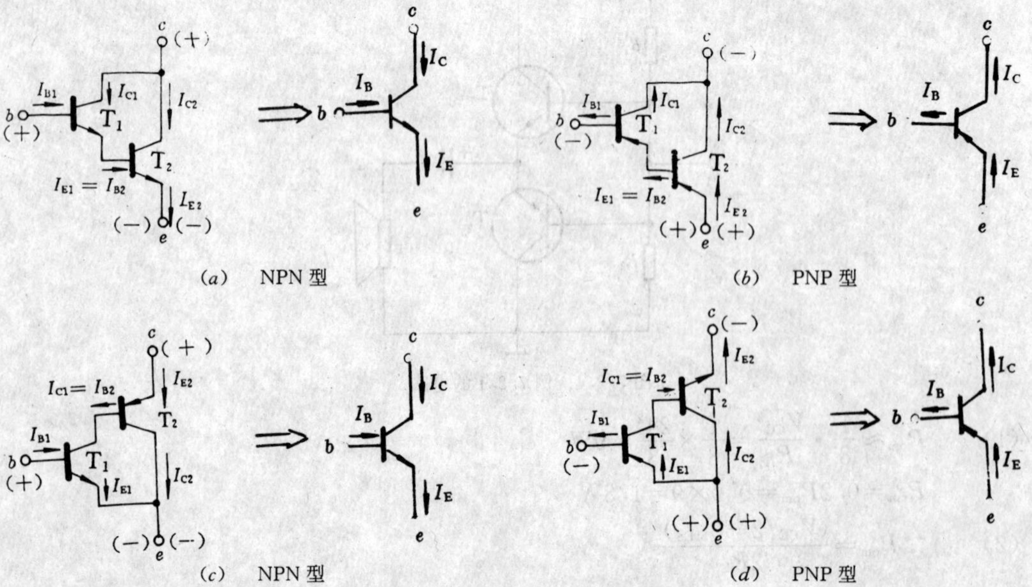


图 7.3.1 复合管的接法和类型

成 NPN 和 PNP 管。

复合管连接方法应注意下面三个问题：

1. 两管复合后，外加电压的极性应保证两管都能正常工作，而且前级三极管输出电流与后级三极管输入电流形成正常的通路。

**如何连接复合管？**

2. 两管复合后总管的类型(NPN 或 PNP)由复合管三个电极中电流方向来确定。当两个不同类型的三极管组成复合管时，复合管的类型决定于前级三极管。

3. 为了使两个复合管参数对称，一般在两个复合管中，选后级三极管为同一型号的大功率三极管，以便特性之间实现良好的匹配。

**【例 7.3.1】** 试分析图 7.3.2 所示电路是否能组成复合管 OCL 电路？电路若要成为准互补对称输出级需要什么条件？画出电路图。

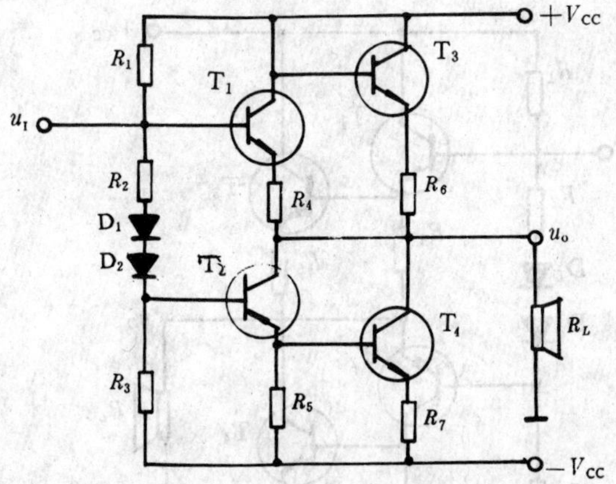


图 7.3.2 例 7.3.1 的电路图

**解** 本题帮助熟悉复合管准互补对称输出级电路，解题时应以复合管连接是否正确着手分析，然后再分析电路的其他条件。

图中 $T_1$ 和 $T_3$ 都是 NPN 型管，但两管连接方式没有形成复合管。若要形成 NPN 型复合管，$T_3$ 的基极必须连接 $T_1$ 的发射极，如图 7.3.3($a$)所示。

图中 $T_2$ 和 $T_4$ 分别由 PNP 型和 NPN 型管复合在一起，但两管的电流方向不能形成通路，故也不能成为复合管，若要形成 PNP 型复合管，必须把 $T_2$ 的集电极和发射极调换连接，如图 7.3.3($b$)所示。

综上所述，该电路不能组成复合管 OCL 电路。

若要实现准互补对称 OCL 电路，$T_1$ 和 $T_3$，$T_2$ 和 $T_4$ 必须按图 7.3.3($a$)和($b$)连接。同时，要求四只管子的 $\beta$ 值必须满足下面关系：

$$\beta_1 \cdot \beta_3 = \beta_2 \cdot \beta_4$$

另外，为了使复合管参数尽可能对称，使特性曲线之间实现良好的匹配，$T_2$，$T_4$ 采用相同型号(NPN)的大功率三极管。具体电路图如图 7.3.3($c$)所示。

**【例 7.3.2】** 功率放大电路如图 7.3.4 所示，为了提高带负载能力，减小非线性失真，试在图中通过一个电阻 $R_F$ 引入极间负反馈，画出连线图。若要求电压放大倍数 $\left|\frac{U_O}{U_I}\right| = 100$，应选用 $R_F$ 的阻值为多少？若 $T_3$，$T_4$ 的饱和压降为 1V，求

最大输出功率 $P_{om}$ = ?

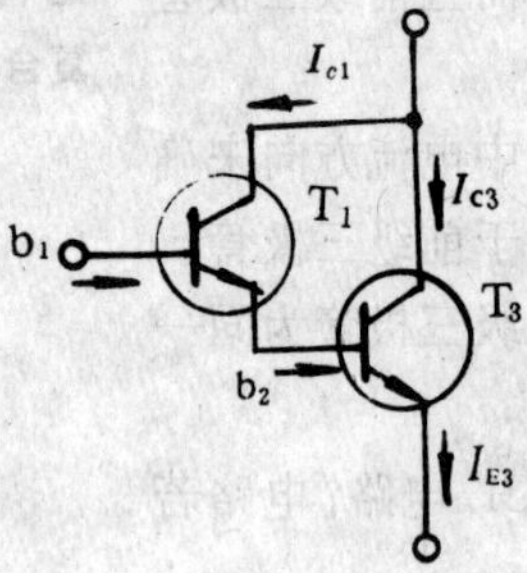


(a) NPN 复合管

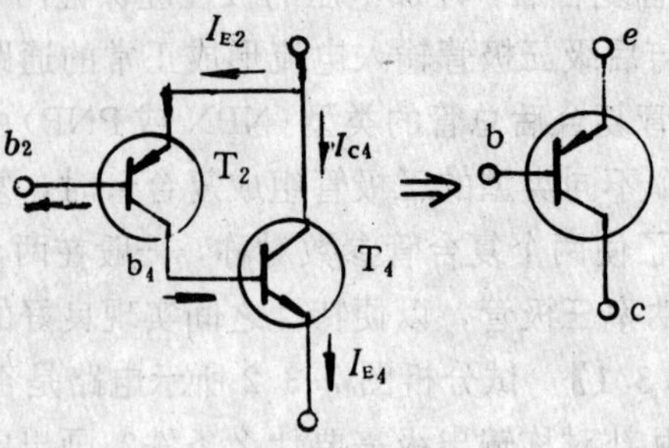


(b) PNP 复合管

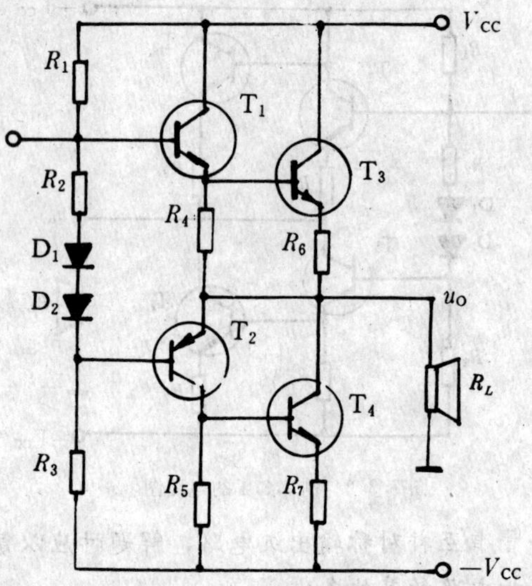


(c) OCL 电路

图 7.3.3 例 7.3.1 的电路

**解** 本题训练功率放大电路中的负反馈电路的联接与估算方法。该电路为典型 OCL 功率放大器。为实现题中要求的极间负反馈，必须引入电压串联负反馈，反馈电阻需接在输出端与 $T_2$ 基极之间，如图 7.3.5 所示。

根据深负反馈近似估算法，该电路电压放大倍数为

$$A_{uf}=\left|\frac{U_O}{U_I}\right|=1+\frac{R_F}{R_{b2}}$$

故

$$R_F=\left(\left|\frac{U_O}{U_I}\right|-1\right)R_{b2}$$

$$=(100-1)R_{b2}=99\text{k}\Omega$$

又因电路输出功率主要取决于互补对称输出级，已知

$$P_{om}=\frac{1}{2}\cdot\frac{(V_{CC}-U_{CES})^2}{R_L}$$

故电路的最大输出功率为

$$P_{om}=\frac{1}{2}\times\frac{(15-1)^2}{8}=12.25\text{W}$$

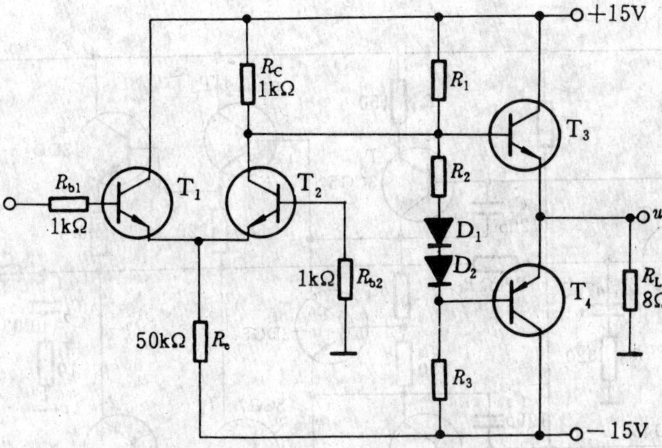


图 7.3.4 例 7.3.2 的电路图

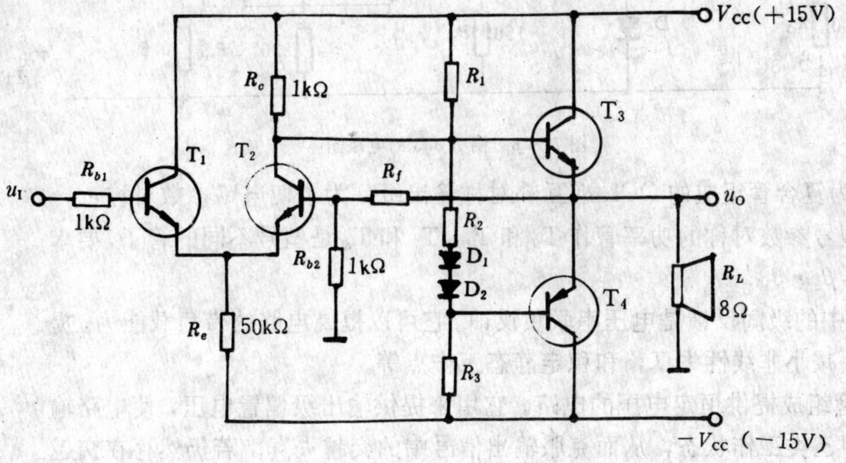


图 7.3.5 例 7.3.2 图解

**【例 7.3.3】** 图 7.3.6 为准互补对称功率放大电路，试回答下列问题：

(1) 三极管 $T_1$～$T_{10}$在电路中各起什么作用？

(2) 电路中，级间负反馈是什么形式？能起什么作用？

(3) 三极管 $T_6$ 的功能是什么？若有交越失真，调整哪个元件？

(4) 静态时，若输出电压不为零，调整哪个元件？

(5) 三极管 $T_5$ 是什么电路，它起什么作用？

**解** *本题用以熟悉实际应用中典型的 OCL 功率放大电路。*

电路分为三部分：由具有恒流源的差放电路作输入级；由带有源负载的共射放大电路作中间级（或称驱动级）；由 OCL 准互补对称电路作输出级。

(1) 三极管 $T_1$ 和 $T_2$ 为差分对管，要求参数对称，以克服零点漂移。$T_3$ 为恒流源电路，由 $D_1D_2$ 提供固定偏置，以保持 $T_3$ 管电流稳定。

$T_4$ 管为 PNP 型共射放大管，$T_5$ 构成有源负载，其等效电阻非常高，可以提高电路的电压放大倍数。$T_6$ 和 $R_{C4}$，$R_{C5}$构成 $U_{BE}$电压倍增电路，为互补对称输出级提供基极偏置电压。

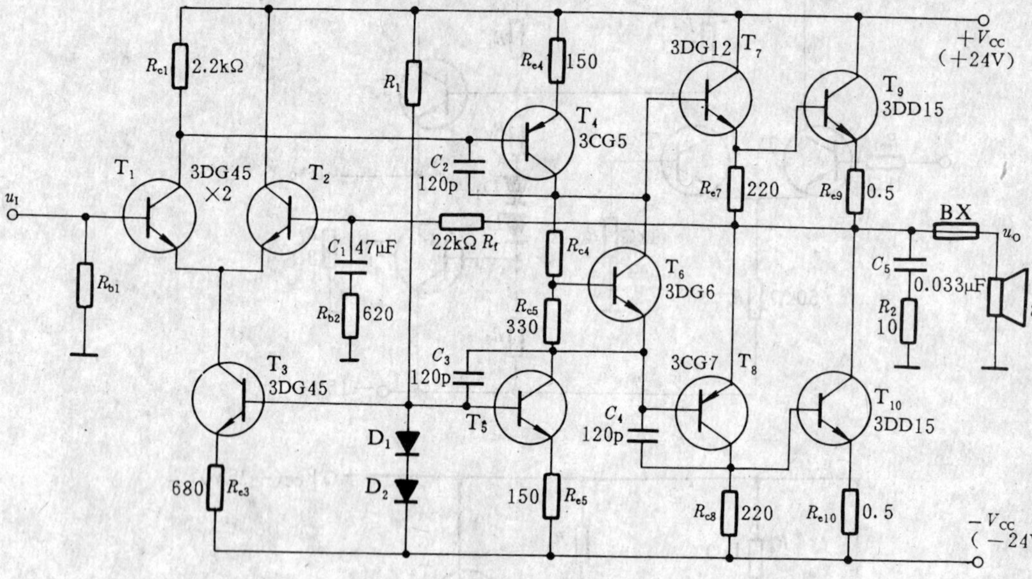


图 7.3.6　例 7.3.3 的电路图

$T_7$～$T_{10}$为复合管组成的 OCL 准互补对称输出级，为了使电路参数对称，一般选用同一型号参数对称的功率管作 $T_9$ 和 $T_{10}$，$T_7$ 和 $T_8$ 是型号不同的管子，要求满足 $\beta_7 \cdot \beta_9 = \beta_8 \cdot \beta_{10}$.

(2) 电路中的级间反馈是电压串联负反馈。它可以提高电路的带负载能力，提高输入电阻，减小非线性失真，和稳定静态工作点等。

(3) $T_6$ 管组成提供恒定电压的电路。它用来提供输出级偏置电压，使电路输出级工作在甲乙类工作状态，从而克服输出信号中的交越失真。若仍然存在交越失真，说明提供的偏置电压偏低，可调整 $R_{C4}$，使之阻值加大，直至交越失真消失。

(4) 输出静态不为零，说明电路不对称。最简单的方法可以调整 $R_{C1}$，以便适当调整静态工作点。如果 $U_O > 0V$，$R_{C1}$可调小一些，若 $U_O < 0V$，$R_{C1}$可调大一些。

(5) $T_5$ 是恒流源电路，它可以提高中间级的电压放大倍数，保证输出级正、负半周都有较大的动态范围，而不致必须采用自举电路等改进措施。

## 7.4　集成功率放大器

### (一) 集成功率放大器的特点和选用方法

集成功率放大器是把功率放大电路的主要元件做在一块半导体芯片上的器件。它随着半导体集成工艺水平不断提高，电路功能不断完善，在电子电路中应用越来越广泛。本章介绍的典型电路主要是音频功率放大器和驱动器。它们一般用于电视机、收音机、录音机、音响设备以及仪器、仪表中的低频功率放大电路。

1. 集成功率放大器的特点

集成功率放大器的特点是什么？

它与分立元件组成的电路比较，有以下特点：

(1) 体积小，重量轻，外接元件少，调试简单，使用方便。由于大批量生产，成本较低，价格也较便宜。

(2) 由于集成器件可以通过工艺提高管子的对称性，减小分布参数的影响，采用一些改进措施，所以在性能上可以十分优良。例如：温度稳定性好，功耗低，电源利用率高，失真小等。

(3) 集成电路在设计中一般都增加有各种保护电路，如过流保护、过热保护、过压保护和启动、消除噪声等电路，所以集成功率放大器性能稳定，可靠性很高。

2. 集成功率放大器的选用方法

集成功率放大器的选用方法是怎样的？

(1) 首先根据需要考虑器件的性能价格比。即在保证性能指标的前提下，选用价格便宜，使用方便，所用外接元件较小的器件。

(2) 要满足系统对功率放大器输出功率的要求。选用器件的输出功率指标要大于实际需要的最大功率，但又不是愈高愈好。能用散热片的要利用散热片，以提高管子的利用率。另外，还要根据单、双通道功放的要求，选择合适的器件。立体声电路要选用双通道功放。有时为提高功率，在单通道电路中也用双通道功放做成 BTL 推挽电路，以得到更大的输出功率。

(3) 在有特殊要求的场合，如高温条件，则要选择有过热闭锁设施的集成功率放大器；在高级收录机和音响设备中，则要选择非线性失真小，频带宽，调谐方便等性能优良的功率放大器。

### (二) 集成功率放大电路的分析

集成功率放大电路一般是将 OTL 或 OCL 电路的主要元件集成在半导体芯片上，除去少数外接元件之外，主要电路组成和分立元件电路基本相同，所以工作原理也大同小异。

**【例 7.4.1】** 图 7.4.1 是集成功率放大器 5G31 的内部电路原理图，其中虚线部分表示外接元件。试问：

(1) 电路由哪几部分组成，各起什么作用？

(2) 如果 $V_{CC}=12V$，$R_L=8\Omega$，输出级三极管的饱和压降 $U_{CES}=2V$，该电路最大输出功率 $P_{om}$ 是多少？

(3) 电路中 $T_3$，$T_4$，$T_6$，$T_7$，$T_8$ 和 $C_4$，$C_5$ 的主要作用是什么？

**解** 该电路是常用的一种集成功率放大器，掌握其电路组成和原理，就能更合理地使用该器件。

(1) 该器件也分为三个组成部分：

*a*. 输入级：由 $T_1$，$T_2$ 和 $R_5$ 组成单端输入、双端输出的长尾式差动放大电路组成。

*b*. 中间级：$T_4$ 和 $T_5$ 组成两级电压放大器，其中 $R_9$ 是由 $T_5$ 组成的共射放大电路的负载电阻，其输出电压推动互补对称输出级。

*c*. 输出级：由 $T_9$～$T_{13}$ 组成 OTL 甲乙类互补对称输出级，其中 $T_9$，$T_{10}$ 组成 NPN 复合管，$T_{11}$，$T_{12}$，$T_{13}$ 组成 PNP 型复合管。

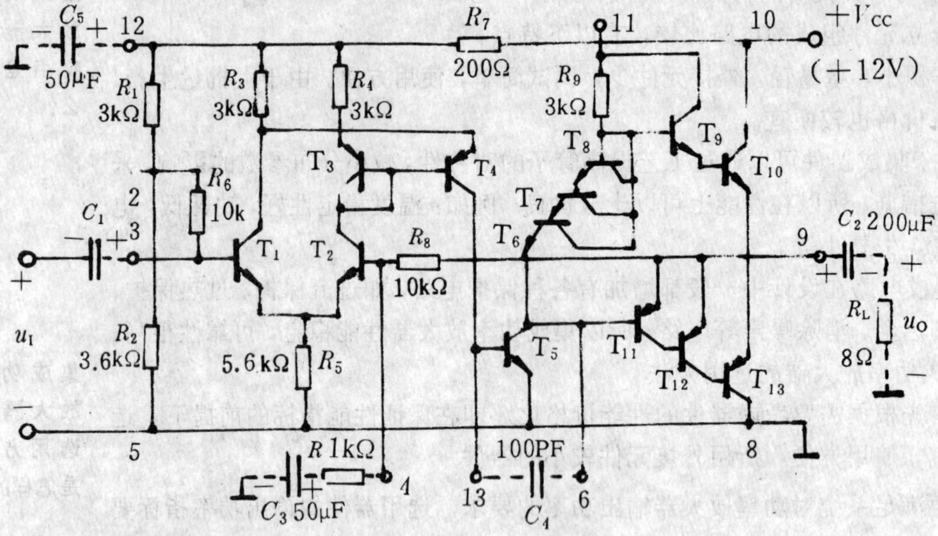


图 7.4.1　例 7.4.1 的电路图

(2) 根据 OTL 电路输出最大功率表达式，可以求出：

$$P_{om}=\frac{1}{2}\frac{(V_{CC}/2-U_{CES})^2}{R_L}$$

$$=\frac{1}{2}\times\frac{(6-2)^2}{8}$$

$$=1\text{W}$$

(3) 在电路中，以下元件的主要功能和作用为：

(*a*) $T_3$：连接成二极管，为 $T_4$ 管提供固定的偏置电压，使 $T_4$ 管工作在放大状态。同时，$T_3$ 和 $T_4$ 参数对称，还能起到温度补偿作用。

(*b*) $T_4$：组成放大器，它的基极和发射极分别接在 $T_1$ 和 $T_2$ 的集电极，它将第一级差放电路的双端输出信号经过放大转换为单端信号，从集电极输出到 $T_5$ 基极。由于 $T_4$ 为 PNP 型三极管，可以产生电平偏移，使 $T_5$ 基极电位下降，从而获得正常的偏压 $U_{BE5}\approx0.7$V.

(*c*) $T_6$，$T_7$ 和 $T_8$：接成三只二极管串联，一方面利用它们的正向压降提供 $T_9$ 和 $T_{11}$基极间的直流偏置，保证输出管工作在甲乙类，以便消除交越失真。另一方面三个正向二极管交流等效电阻很小，对于工作信号可以认为 $T_9$ 和 $T_{11}$的基极与 $T_5$ 集电极直接相连。由于 R 是 $T_5$ 的集电极电阻，使 $T_5$ 的输出信号直接推动互补对称输出级。

(*d*) $C_4$ 和 $C_5$：$C_4$ 为校正电容，使 $T_5$ 管集电极与基极之间在高频时产生负反馈，以补偿高频的相移，防止产生自激振荡，有的称它为“消振”电容。$C_5$ 为去耦电容，它与 $R_7$ 电阻组成前两级的滤波去耦电路，以防止通过电源内阻产生寄生振荡。

**【例 7.4.2】**　用集成 5G31 功率放大器符号（见图 7.4.2），画出电路基本应用的外部接线图。说明输入端、输出端、电源电压、接地端和必要的外部接线及元件。

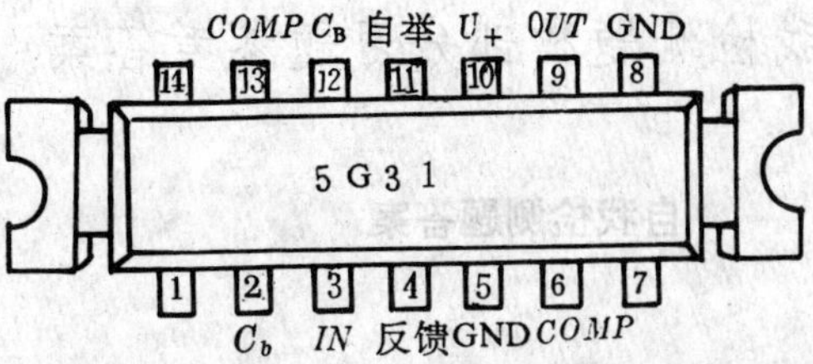


图 7.4.2 例 7.4.2 图

**解** 本题主要练习集成功率放大器的连线方法，熟悉所需的外部元件和器件各引出端的功能。

电路连线图如图 7.4.3 所示。

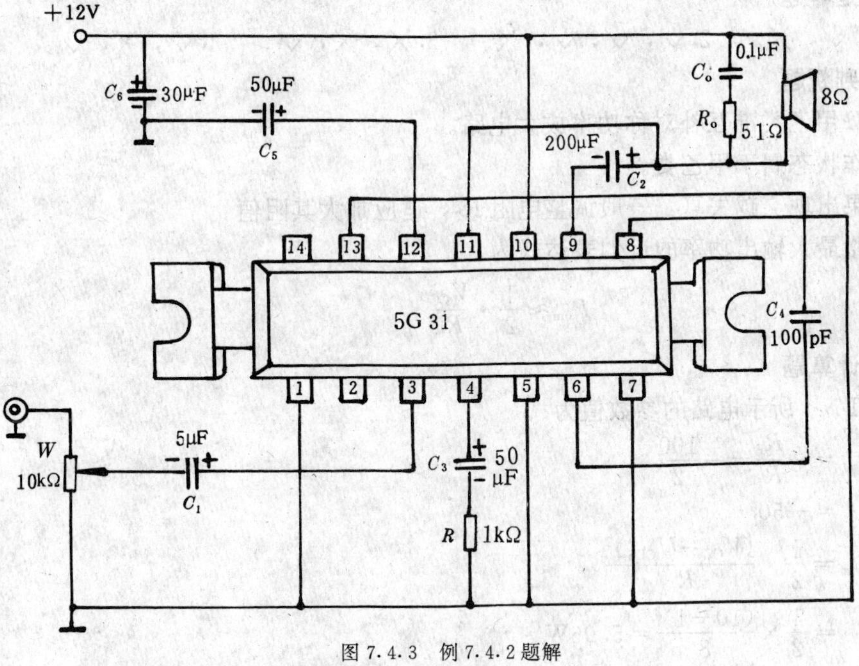


图 7.4.3 例 7.4.2 题解

其中：$C_1$ 为耦合电容，引入输入信号；

$C_2$ 为输出耦合电容，保证 OTL 输出级正常工作；

$C_3$ 和 $R$ 为反馈支路电容和电阻，确定电路的电压增益；

$C_4$ 为校正电容，防止电路自激；

$C_5$，$C_6$ 为去耦电容，避免产生寄生振荡；

$C_0$，$R_0$ 为补偿元件，以便使负载在高频时仍为纯电阻负载。

# 三、自我检测题和部分习题参考答案

## 自我检测题答案

**（一）填空题**

1. 输出信号功率，①输出功率；②效率；③非线性失真。
2. 提高电源电压、选用大功率器件、改善散热条件，改变功率管的工作状态、选择最佳负载。
3. 甲类；乙类；乙类；甲乙类。
4. 无输出变压器的功率放大电路；采用单电源供电，有输出电容；减小一倍。

**（二）是非题**

1. √，√，×。 2. √，√，√，×。 3. ×，×，√。 4. √，×，√。

**（三）判断题**

1. OCL 甲乙类准互补对称功率放大电路。
2. 工作状态属于甲乙类。
3. 如果出现交越失真，一般调整电阻 $R_2$，适应加大其阻值。
4. 电路最大输出功率的近似表达式为

$$P_{om} \approx \frac{1}{2} \cdot \frac{V_{CC}^2}{R_L}$$

**（四）计算题**

1. 图 T7.4 所示电路的参数值为

（1）$A_{uf} = -\frac{R_F}{R_1} = -\frac{100}{2}$

$= -50$

（2）$P_{om} = \frac{1}{2} \cdot \frac{(V_{CC} - U_{CES})^2}{R_L}$

$= \frac{1}{2} \times \frac{(10-1)^2}{8} = 5.06\text{W}$

（3）1W

2. 图 T7.3 所示电路的参数值为

（1）$U_{CEmax} \approx V_{CC} - (-U_{om}) \approx 2V_{CC} \approx = 30\text{V}$

（2）$I_{cmax} \approx \frac{(V_{CC} - U_{CES})}{R_L + R_5} = \frac{15-2}{8.5} = 1.53\text{A}$

（3）$P_{om} = \frac{1}{2} \cdot \frac{(V_{CC} - U_{CES} - I_{cmax} \cdot R_5)^2}{R_L}$

$= \frac{1}{2} \times \frac{(15-2-1.53 \times 0.5)^2}{8}$

$\approx 9.36\text{W}$

## 部分习题和思考题答案

**【习题 7-1】**　（见例 7.1.1）

**【习题 7-2】**

（1）电路的最佳负载电阻 $R_0=240\Omega$

（2）$n=\frac{R_0}{R_L}=\frac{240}{8}=30$

（3）$P_{om}\approx 0.075W$；$\eta\approx 50\%$

（4）如果 $R_L=8\Omega$ 直接串在三极管集电极，则输出最大功率可从输出特性中求出：

$$P_{om}\approx\frac{1}{2}\times\frac{I_{cmax}}{2}\times\frac{I_{cmax}\cdot R_L}{2}$$
$$=\frac{1}{2}\times 0.025\times 0.2$$
$$=0.0025W$$
$$\eta\approx\frac{P_{om}}{P_V}=\frac{0.0025}{0.025\times(6-0.2)}$$
$$=\frac{0.0025}{0.025\times 5.8}=1.72\%$$

**【习题 7-4】**　（见例 7.2.1）。

**【习题 7-5】**　（见例 7.2.1）。

**【习题 7-6】**　（见例 7.2.1）。

**【习题 7-8】**　（见例 7.3.2）。

**【习题 7-10】**

（1）$T_1$ 应为 NPN 管，$T_2$ 应为 PNP 管。

（2）最大信号输出功率为

$$P_{om}=\left(\frac{9-1}{\sqrt{2}}\right)^2\times\frac{1}{8}=4W$$

（3）最大输出电流为

$$i_{omax}=\frac{9-1}{8}=1A$$
$$\beta>\frac{1000}{10}=100$$

（4）应接成电压串联负反馈。由 $u_O$ 点经 $R_F$ 引到运放的反相输入端，在此端再接 1kΩ 的电阻到地，信号源 $u_S$ 通过 1kΩ 电阻接到同相输入端，电路如图 P7.10 所示。

（5）$\because 1+\frac{R_5}{R_1}=\frac{U_o}{U_s}$，$\therefore R_F=50-1=49k\Omega$.

**【习题 7-11】**

（1）$V_{CC}\geqslant\sqrt{2P_{om}\cdot R_L}+U_{CES}$

$$=\sqrt{2\times 20\times 8}+1$$
$$=17.9+1=18.9V$$

所示电源电压最小为 19V.

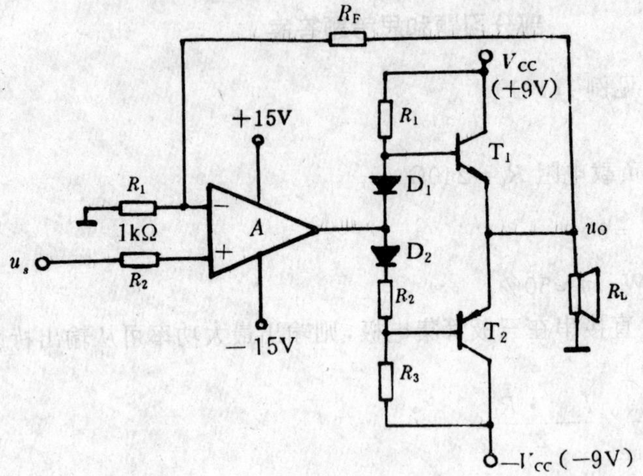


图 P7.10

(2) $P_{cm} \geqslant 0.2P_{om}$

$=4W$

每只管子额定功率不应小于 4W.

(3) 为保证 $P_{om}=20W$，要求

$U_{om} \geqslant V_{CC}-U_{CES} \approx 19-1=18V$

又知 $A_{uf}=1+\dfrac{R_5}{R_1}=\dfrac{U_{om}}{\sqrt{2}U_s}$，故

$$R_F=\left(\frac{U_{om}}{\sqrt{2}U_s}-1\right)R_1$$

$$=\left(\frac{18}{\sqrt{2}\times 0.1}-1\right)\times 1=127k\Omega$$

取 $R_F$ 的阻值为 133kΩ.

**【习题 7-12】** （见例 7.3.3）。

**【习题 7-15】** （见例 7.4.1）。

**【习题 7-16】** （见例 7.4.2）。

# 第八章　数—模和模—数转换电路

## 一、教学安排与教学要求

**（一）教学安排**

本章共 6 学时：录像 3 学时，面授 3 学时。具体安排如下：

1. 录像内容

（1）D/A 转换器；

（2）A/D 转换器（一）；

（3）A/D 转换器（二）。

2. 面授内容

（1）D/A 转换器的主要技术指标及使用方法；

（2）采样保持电路，并联比较型 A/D 转换器；

（3）A/D 转换的原理及主要技术指标。

**（二）教学要求**

1. 重点掌握的内容

（1）数—模和模—数转换的概念，D/A 转换器和 A/D 转换器的用途；

（2）D/A 转换器和 A/D 转换器输入信号和输出信号的关系。

2. 一般掌握的内容

（1）倒 T 形电阻网络 D/A 转换器的基本组成和工作原理；

（2）逐次渐近型 A/D 转换器的基本组成和工作原理。

3. 一般了解的内容

（1）D/A 和 A/D 转换器的主要性能指标，转换精度和转换速度的关系；

（2）采样—保持电路的用途，基本电路组成和工作原理；

（3）并联比较型和双积分型 A/D 转换器的工作原理、性能特点和主要用途。

## 二、重点和难点的分析

### 8.1　概　　述

**（一）数—模和模—数转换器**

什么叫数—模转换器？

1. 将数字信号转换成模拟信号的电路称为**数—模转换器**，简称 D/A 转换器或 DAC。

2. 将模拟信号转换成数字信号的电路称为**模—数转换器**，简称 A/D 转换器或 ADC。

### （二）D/A 和 A/D 转换器的主要性能指标

反映 D/A 和 A/D 转换器性能的主要指标有三个：

1. **分辨率**：它反映了两种变换器中最小数字量所对应的模拟量数值的大小。在 D/A 转换器中一般用最低有效位权电压与最大输出电压值之比表示；在 A/D 转换器中一般以数字量的位数表示。

2. **精度**：它主要反映转换器在转换过程中所产生的相对误差。转换器产生转换误差的原因很多，如参考电压的波动、元器件的性能误差、电路工作点漂移等。

应该指出的是，分辨率也影响转换器的精度。一般来说分辨率越高，精度也会越高。但分辨率和转换误差是两个不同的指标，前者由数字量的位数决定，而后者则取决于电路的综合误差。

3. **转换时间**：它反映了转换器的转换速度。一般是指输入信号开始变化，到建立稳定的输出信号所需的时间。不难分析，数字量位数愈多，转换时间会愈长。可见，精度和速度是相互矛盾的。

**什么叫模一数转换器？D/A 和 A/D 转换器三个主要性能指标是什么？**

### （三）D/A 和 A/D 转换器的分类

1. D/A 转换器

目前最常用的 D/A 转换器分为以下几种：

- D/A 转换器
  - 权电阻网络 D/A 转换器
  - T 形电阻网络、倒 T 型电阻网络 D/A 转换器
  - 权电流型 D/A 转换器

2. A/D 转换器

目前常用的 A/D 转换器分为以下几种：

- A/D 转换器
  - 直接转换器
    - 逐次渐近型
    - 并联比较型
  - 间接转换器
    - U—T 变换型
      - 单积分型
      - 双积分型
      - 四重积分型
    - U—F 变换型

## 8.2 D/A 转换器

### （一）倒 T 型 D/A 转换器的工作原理

1. 电路组成

（1）**电阻网络**。根据数字量的位数 $n$，用阻值 $R$ 和 $2R$ 的电阻构成 $n$ 级倒 T 形电阻网络，以便从 $n$ 个网络支路中得到二进制的加权电流。

（2）**电子开关**。$n$ 位二进制数的每一位数控制相应网络支路中的电子开关，根据取值确定支路电流是否流入求和电路。

（3）**求和电路**。由运算放大器组成求和电路，将流入求和电路的支路电流相加，输出与之成正比的电压。

**D/A 转换器的三个主要组成部分是什么？**

2. 三位倒 T 形电阻网络 D/A 转换器的工作原理

（1）电阻网络和电子开关的工作过程

图 8.2.1 是三位倒 T 形电阻网络和电子开关的示意图。

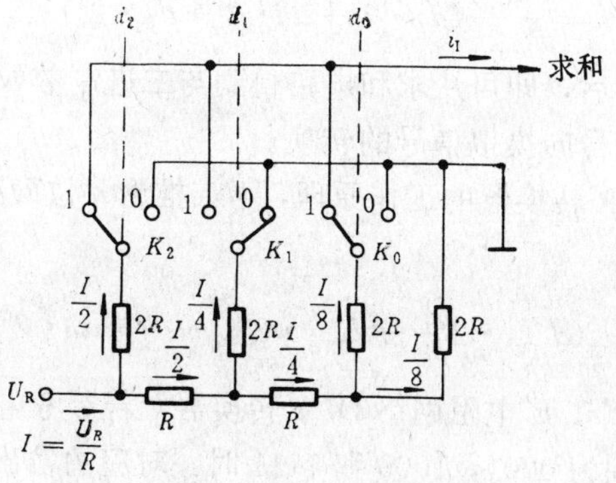


图 8.2.1　三位倒 T 形电阻网络

由于求和输入端的电位也是地电位（虚地），所以，无论开关 K 的位置是 1 还是 0，都如同接地。不难看出三级网络向右看的等效电阻均为 $R$。因此，各支路电流如图中所示。流过开关 $K_2$，$K_1$，$K_0$ 的电流分别为 $I/2$，$I/4$，$I/8$。

三位二进制数 $d_2d_1d_0$ 分别控制电子开关 $K_2$，$K_1$，$K_0$，当 $d_i$ 取值为 1 时，开关 $K_i$ 置 1；当 $d_i$ 取值为 0 时，开关 $K_i$ 置 0. 假设 $d_2d_1d_0=101$，则开关位置如图 8.2.1 所示。支路电流 $\frac{I}{2}$ 和 $\frac{I}{8}$ 进行求和运算，得到了与数字量相对应的加权电流，即

$$i_1=d_2\frac{I}{2}+d_1\frac{I}{4}+d_0\frac{I}{8}$$
$$=\frac{I}{2}+\frac{I}{8}$$

(2)求和电路工作过程

求和电路如图 8.2.2 所示，假设运放为理想运放。根据理想运放的性能特点，$A\to\infty$，$R_i\to\infty$，$R_o\to 0$，故可知在线性工作条件下：

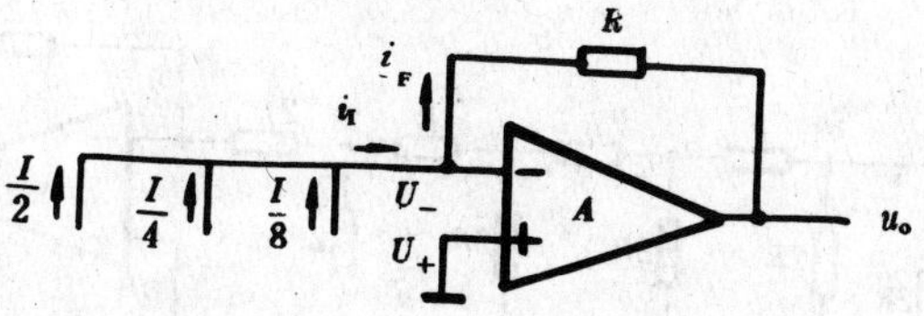


图 8.2.2　求和电路

$$U_+\approx U_-$$
$$i_I\approx i_F$$

则可知

$$u_O=-i_F\cdot R=-i_IR$$
$$=-(d_2\frac{I}{2}+d_1\frac{I}{4}+d_0\frac{I}{8})R$$

$$=-\frac{I}{8}(d_2\cdot 2^2+d_1\cdot 2^1+d_0\cdot 2^0)R$$

$$=-\frac{U_R}{2^3}(d_2\cdot 2^2+d_1\cdot 2^1+d_0\cdot 2^0)$$

可见，数字量确定之后，即可从求和电路得到与二进制数权重相对应的模拟电压，从而实现了数字信号向模拟信号的转换。

根据三位倒T形D/A转换器的工作原理，不难推论$n$位D/A转换器输出电压与输入数字量的关系式：

$$u_O=-\frac{U_R}{2^n}\ (d_{n-1}\cdot 2^{n-1}+d_{n-2}\cdot 2^{n-2}+\cdots+d_0\cdot 2^0)$$

**D/A转换器输出电压的关系式是怎样的？**

**【例8.2.1】** 四位倒T形电阻网络D/A转换器，若参考电压$U_R=10V$，试求：数字量$d_3d_2d_1d_0$分别为0001，1000和1111时，对应的输出模拟电压$U_o$值，并说明该电路的分辨率是多少？

**解** 本题用来熟悉D/A转换器输入和输出之间的关系表达式和分辨率的表示法。

$$\because\quad u_O=-\frac{U_R}{2^4}(d_3\cdot 2^3+d_2\cdot 2^2+d_1\cdot 2^1+d_0\cdot 2^0)$$

代入所给的数字量可求出：

当$d_3d_2d_1d_0=0001$时，$U_O=\frac{10}{2^4}\times 1=0.625V$；$d_3d_2d_1d_0=1000$时，$U_O=5V$；$d_3d_2d_1d_0=1111$时，$U_O=\frac{10}{2^4}\times(8+4+2+1)=9.375V$.

因为分辨率的表达式为$\frac{1}{2^n-1}$，故本电路的分辨率为$\frac{1}{15}=0.067$.

**【例8.2.2】** T形电阻网络D/A转换器如图8.2.3所示。已知参考电压$U_R=8V$，二进制数字量$d_i$的取值，决定开关$K_i$对应位置(0或1)。试问：

(1)该电路的工作原理？

(2)$d_3d_2d_1d_0$分别为1001和1010时，$U_O=$？

(3)某一位$d_i=1$，其他位为0时，$U_O$的表达式？

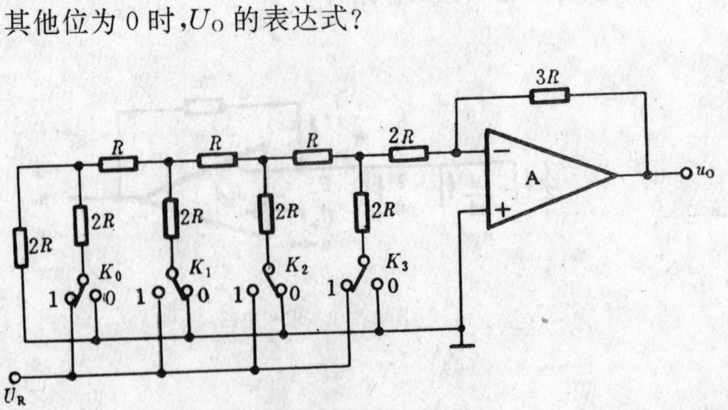


图8.2.3 T形电阻网络D/A转换器

**解** 本题训练对电阻网络的分析方法，掌握T形电阻网络D/A转换器的工作原理。

(1) 假设$d_0=1$，$d_1$，$d_2$，$d_3$均为0，故只有$K_0$接参考电压$U_R$，其他$K_i$接地，

则电阻网络等效电路如图 8.2.4($a$)所示。

如果用戴维南定理自 $AA$ 端向右逐级化简，可以看出每经过一级节点，输出电压就要衰减 1/2，所以 $K_0$ 所接参考电压 $U_R$ 等效到 DD 端所提供的电压只有 $U_R/2^4$. 同理，当 $U_R$ 分别接到 $K_1$，$K_2$，$K_3$ 时，在 DD 端所能提供的电压分别为 $U_R/2^3$，$U_R/2^2$，$U_R/2$，而 DD 端等效输出电阻永远为 $R$.

根据叠加原理，每个开关接通 $U_R$ 后，所产生的输出电压应叠加一起，故 T 形网络 DD 端的等效总输出电压为

$$U_\Sigma=\frac{U_R}{2^4}\ (d_3\times2^3+d_2\times2^2+d_1\times2^1+d_0\times2^0)$$

所以，总的 T 形网络 D/A 转换器的等效电路如图 8.2.4($b$)所示。故

$$\begin{aligned}u_O&=-\frac{3R}{3R}U_\Sigma\\&=-\frac{U_R}{2^4}(d_3\times2^3+d_2\times2^2+d_1\times2^1+d_0\times2^0)\end{aligned}$$

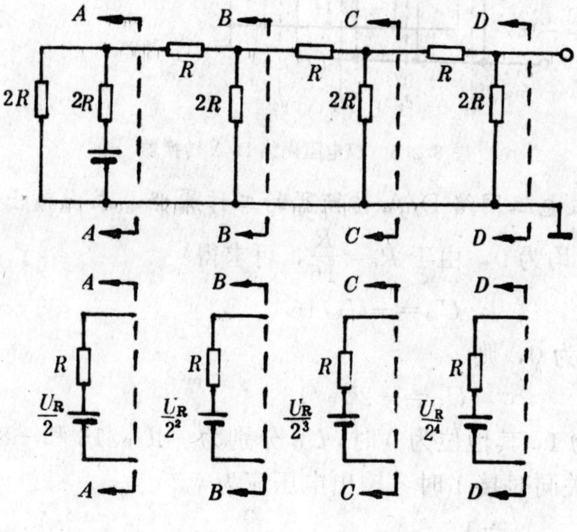


($a$)$K_0$ 接通时 T 形网络等效电路

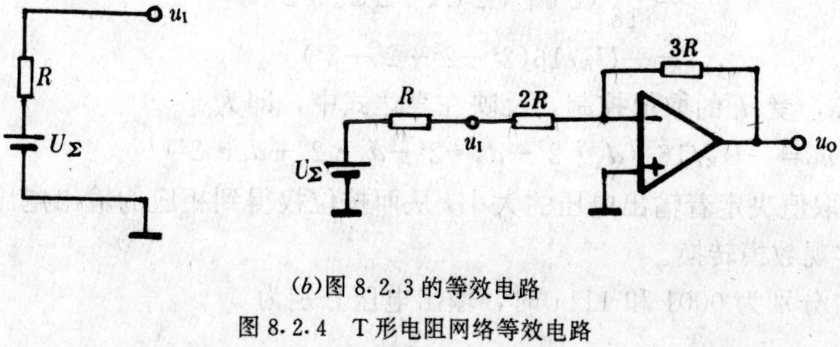


($b$)图 8.2.3 的等效电路

图 8.2.4　T 形电阻网络等效电路

(2)当 $d_3d_2d_1d_0$ 分别为 1001 和 1010 时，

$$U_{O1}=\frac{8}{2^4}(2^3+1)=4.5\text{V}$$

$$U_{O2}=\frac{8}{2^4}(2^3+2^1)=5\text{V}$$

(3) 若 $d_i=1$,其他位均为 0,则输出电压表达式为

$$U_{Oi}=\frac{U_R}{2^4}d_i\cdot 2^i$$
$$=\frac{1}{2}2^i$$
$$=2^{i-1}$$

**【例 8.2.3】** 图 8.2.5 是四位权电阻网络 $D/A$ 转换器，$d_i=1$，$K_i$ 置 1；$d_i=0$，$K_i$ 置 0. 试分析电路输出表达式，要求出 $d_3d_2d_1d_0$ 分别为 0001 和 1111 时，输出电压 $U_O$ 的值。

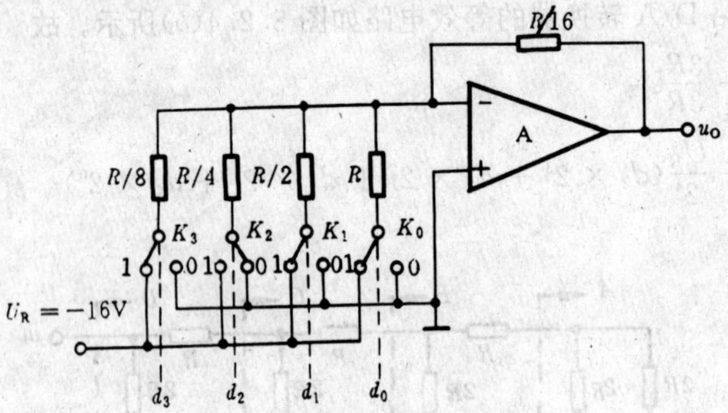


图 8.2.5　权电阻网络 D/A 转换器

**解**　*本题用以熟悉权电阻网络 D/A 转换器的工作原理，求出输出表达式。*

假设 $d_0=1$，其他位均为 0，由于 $R_F=\frac{R}{16}$，可求得

$$U_O=-U_R/16$$

若　$d_1=1$，其他位为 0，则

$$U_O=-2U_R/16$$

同理，$d_2$，$d_3$ 分别为 1，其他位为 0 时，$U_O$ 分别为 $-4U_R/16$ 和 $-8U_R/16$. 根据叠加原理，当四个开关同时接 1 时，输出电压应为

$$U_O=\frac{-1}{16}(8U_R+4U_R+2U_R+U_R)$$
$$=\frac{-1}{16}(2^3U_R+2^2U_R+2^1U_R+2^0U_R)$$
$$=-U_R/16(2^3+2^2+2^1+2^0)$$

如果开关 $K_i$，受 $d_i$ 的取值控制，反映在表达式中，即为

$$u_O=-U_R/16\ (d_3\cdot 2^3+d_2\cdot 2^2+d_1\cdot 2^1+d_0\cdot 2^0)$$

所以，数字量的取值决定着输出电压的大小，从而按位权得到相应的输出电压值。可知该电路能实现数模转换。

当 $d_3d_2d_1d_0$ 分别为 0001 和 1111 时，输出电压分别为

$$U_{O1}=-U_R/16=-\frac{-16}{16}=1\text{V}$$

$$U_{O2}=-U_R/16\ (2^3+2^2+2^1+2^0)$$
$$=-\frac{-16}{16}\ (8+4+2+1)\ =15\text{V}$$

### （二）集成 D/A 转换器

1. DAC0832 8 位 D/A 转换器

性能特点：它主要由两个 8 位寄存器和一个 8 位倒 T 形电阻网络 D/A 转换器组成。由于使用了两个寄存器，所以能够进行两次缓冲操作，使之操作方式可以灵活掌握。可以使用双缓冲、单缓冲和直通输入三种操作方式。该电路的逻辑输入可与 TTL 兼容。

**集成 D/A 转换器 DAC0832 的性能特点是什么？**

**【例 8.2.4】** 根据 DAC0832 的结构和外引线图［见主教材图 8.2.3 (*a*) 和 (*b*)］，试将该 D/A 转换器连接成单缓冲操作方式，画出连线图。

**解** 本题用来熟悉对 DAC0832 的使用和连接方法。

由于输入寄存器 (1) 受 1LE，$\overline{CS}$和$\overline{WR}_1$ 控制，三者相**与**为低电平时，寄存器工作在传输状态，否则它工作在锁存状态。

同理，寄存器 (2) 受$\overline{WR}_2$和$\overline{XFER}$控制，二者相**与**输出为低电平时，寄存器 (2) 工作在传输状态，否则工作在锁存状态。

题目要求工作在单缓冲方式，即要求一个寄存器发挥锁存功能，另一寄存器工作在传输状态，即信号只经一次缓冲则送入 D/A 转换电路。因此，可以使$\overline{WR}_2=\overline{XFER}=0$，让寄存器 (2) 只起传输信号的作用；令 1LE$=1$，$\overline{CS}=0$，用一控制信号控制$\overline{WR}_1$. 当$\overline{WR}_1=0$时，寄存器 (1) 接收信号；当$\overline{WR}_1=1$时，寄存器 (1) 锁存信号，送至 D/A 转换电路进行转换。

该电路的连线图如图 8.2.6 所示。求和电路由运算放大器 F007 实现，电源用 ±15V。输入数字量由 4～7 和 13～16 加入，输出模拟电压由运放输出端得到。

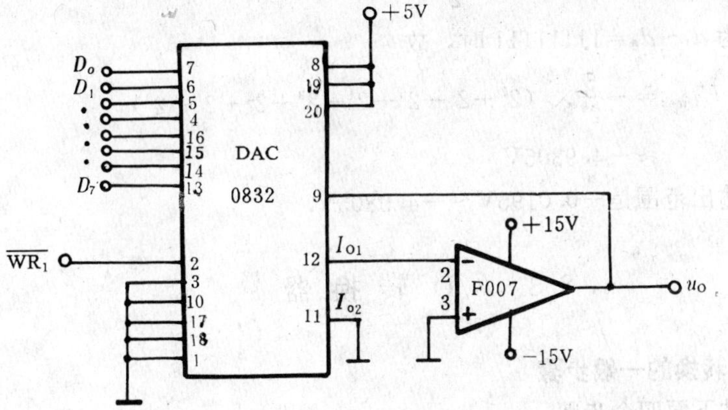


图 8.2.6 DAC0832 连线图

**【例 8.2.5】** 如果将图 8.2.6 的连线改成双极性模拟信号输出，电路如何改动？试画出连线简图。

**解** 本题训练使用集成 D/A 转换器得到双极性模拟信号输出的连线方法。

根据主教材 8.2.5 节双极性模拟信号输出表达式 (8.2.7)：

$$u_{O(双)}=-(2u_{O(单)}+U_R)$$

可知电路连线中，控制和输入部分不必改变，只是在求和电路中需加一级运放，有关改动部分的连线如图 8.2.7 所示。

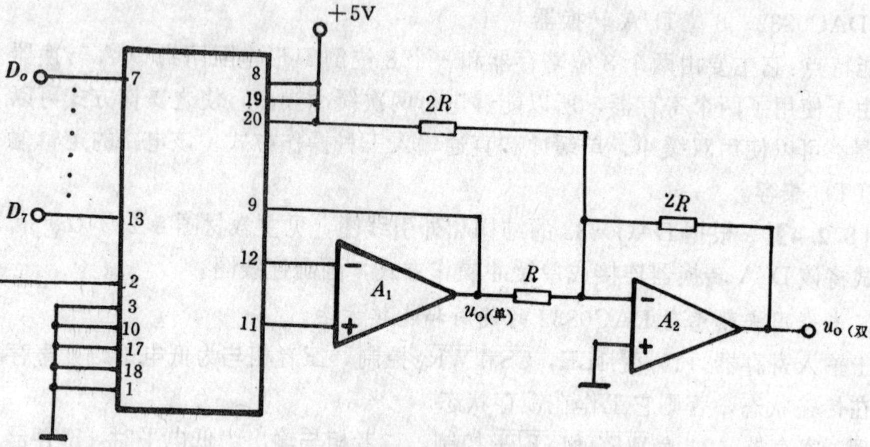


图 8.2.7 例 8.2.5 的电路图

**【例 8.2.6】** DAC0832 的接线如图 8.2.6 所示，已知 $U_R=5V$，求模拟电压的最大值和最小值（保留四位小数）。

**解** 求解倒 T 形 D/A 转换电路的输出电压。因为输出电压的表达式为

$$u_O=-\frac{U_R}{2^8}(d_7\cdot 2^7+d_6\cdot 2^6+d_5\cdot 2^5+d_4\cdot 2^4+d_3\cdot 2^3+d_2\cdot 2^2+d_1\cdot 2^1+d_0\cdot 2^0)$$

最小输出电压为 $d_7\sim d_0=00000001$ 时，故

$$u_{Omin}=-\frac{5}{2^8}=-0.0195V$$

最大输出电压为 $d_7\sim d_0=11111111$ 时，故

$$U_{Omax}=-\frac{5}{2^8}\times(2^7+2^6+2^5+2^4+2^3+2^2+2^1+2^0)\approx -4.9805V$$

该电路单极性输出范围是 −0.0195V～−4.9805V.

## 8.3 A/D 转换器

### （一）A/D 转换的一般步骤

**A/D 转换的四个步骤是怎样的？**

一般需经过下面四个步骤：

1. **采样**：按一定的时间间隔提取模拟信号的瞬时值，使连续变化的信号变成离散的信号。

为了能够从采样后的离散信号中恢复出原来的模拟信号，要求采样频率 $f_S$ 与模拟信号的最高频率 $f_{Imax}$ 满足下面关系：

$$f_S\geqslant 2f_{Imax}$$

2. **保持**：把采样后每个离散值保持一段时间，以便让模—数转换电路有足够的转换时间，以使转换后的信号准确、可靠。

3. **量化**：把采样、保持后的信号，变换成最小数量单位的整数倍，以便于转

换成对应的数字量。

最小数量单位一般称为**量化单位**，它的大小取决于数字量的位数和模拟量的变化范围。

4. **编码**：用二进制代码表示量化后的信号，以便于数字电路或计算机系统对信号进行加工和处理。

在实际电路中，采样—保持通常用一个单元电路实现，并有专门的单片集成电路产品。而量化、编码也是由一个电路实现，通常介绍的 A/D 转换器主要是完成后者功能的电路。

**（二）逐次渐近型 A/D 转换器**

利用逐次比较渐近的方法，实现用数字信号表示模拟信号的电路，称为**逐次渐近型 A/D 转换器**。它属于直接 A/D 转换器。

**逐次渐近型 A/D 转换器的五个主要部分是什么？**

1. 电路组成

逐次渐近型 A/D 转换器的框图如图 8.3.1 所示。它由五部分组成：

(1) **节拍控制电路**：在时钟信号 CP 的控制下，产生节拍脉冲，从而控制逐次渐近寄存器和输出控制电路。

(2) **逐次渐近寄存器**：用来寄存逐次渐近的数字量，并根据比较器的输出结果，确定“保留”或“取消”相应位所设置的 1.

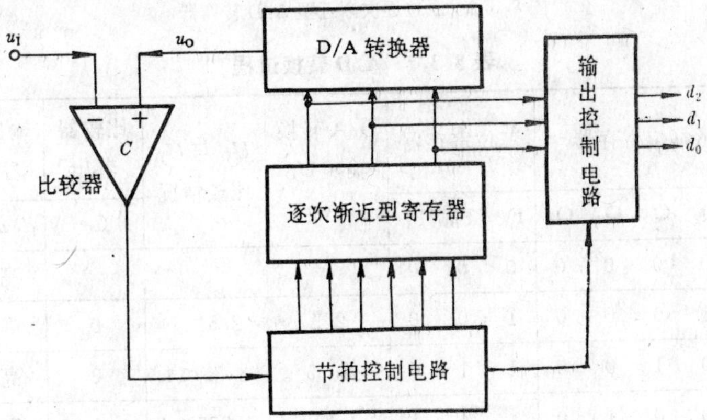


图 8.3.1　逐次渐近型 A/D 转换器框图

(3) **D/A 转换器**：将逐次渐近寄存器中的数字量，转换成对应的模拟量，以便送入比较器同输入模拟信号进行比较。

(4) **电压比较器**：将输入模拟电压 $u_I$ 和 D/A 转换器输出的模拟电压 $u_O$ 进行比较，若 $u_I \geqslant u_O$ 比较器输出 $C=0$，使寄存器中对应位的 1 保留；若 $u_I < u_O$，则比较器输出 $C=1$，使寄存器对应位的 1 取消。

(5) **输出控制电路**：完成一次转换后，由节拍控制电路发出信号，打开输出三态门，将数字量输出。

2. 三位逐次渐近型 A/D 转换器工作原理

三位逐次渐近型 A/D 转换器原理图如图 8.3.2 所示。

假设三位 D/A 转换器参考电压 $U_R=-5V$，输入模拟信号 $U_I=4V$，A/D 转换器各部分的信号情况如表 8.3.1 所示。

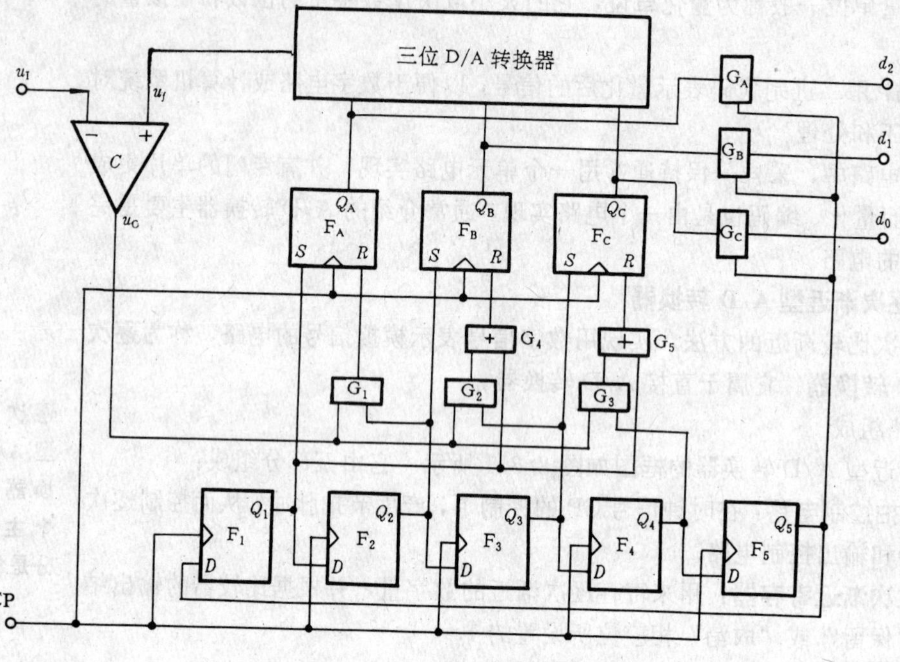


图 8.3.2　三位逐次渐近型 A/D 转换器

**表 8.3.1　A/D 转换过程**

| 时钟脉冲 \ 输出状态 | 环形移位寄存器 | | | | | 三位寄存器 | | | D/A 转换输出 $U_O$ (V) | $U_O$ 与 $U_I$ 比较情况 | 比较器输出 | 输出数字量 |
|---|---|---|---|---|---|---|---|---|---|---|---|---|
| | $Q_1$ | $Q_2$ | $Q_3$ | $Q_4$ | $Q_5$ | $F_A$ | $F_B$ | $F_C$ | | | $C_O$ | $d_2\ d_1\ d_0$ |
| 复零 | 1 | 0 | 0 | 0 | 0 | 0 | 0 | 0 | | | | 高阻 |
| $CP_1$ | 0 | 1 | 0 | 0 | 0 | 1 | 0 | 0 | 2.5 | 2.5<4 | 0 | 高阻 |
| $CP_2$ | 0 | 0 | 1 | 0 | 0 | 1 | 1 | 0 | 3.75 | 3.75<4 | 0 | 高阻 |
| $CP_3$ | 0 | 0 | 0 | 1 | 0 | 1 | 1 | 1 | 4.375 | 4.375>4 | 1 | 高阻 |
| $CP_4$ | 0 | 0 | 0 | 0 | 1 | 1 | 1 | 0 | 3.75 | 3.75<4 | 0 | 110 |
| $CP_5$（复零） | 1 | 0 | 0 | 0 | 0 | 0 | 0 | 0 | | | | 高阻 |

该电路完成一次转换需要经过五个时钟周期，第四个 CP 脉冲到来后输出数字量，第五个 CP 脉冲即使电路复零，准备新的转换。

**【例 8.3.1】**　如果八位逐次渐近型 A/D 转换器的时钟信号频率为 1MHz，试计算完成一次转换需要多长时间？要求采样—保持电路保持信号的时间需多长？

**解**　因为逐次渐近型 A/D 转换器在时钟频率确定后，其转换时间只与数字量的位数有关，而与输入信号的大小无关，所以转换时间和对采样—保持时间的要求都是由数字量位数决定。

由于转换过程中要求有复零和输出两个节拍，所以在 $n$ 位 A/D 转换器中，转换时间和保持时间均为

$$\tau=(n+2)T_C$$

其中 $T_C$ 为时钟脉冲周期。本题 $n=8$，$T_C=1\mu s$ 故

$$\tau=(8+2)\times 1 =10\mu s$$

3. 逐次渐近型 A/D 转换器的优缺点

**优点**：由于这种 A/D 转换器的转换时间是由时钟频率和转换后数字量的位数决定，因此适当选择时钟频率和位数，可以得到较高的转换速度，同时也比较容易与前后级电路实现同步。

**缺点**：电路较复杂，它包含 D/A 转换器，电压比较器，还有一些辅助电路和采样—保持电路等，所以产生误差的因素较多，所以电路的精度受一定影响。如果要提高精度，需加改进措施。

**逐次渐近型 A/D 转换器的优缺点是什么？**

目前，随着集成电路工艺的改进，逐次渐近型 A/D 转换器的性能也不断提高。定型产品中输出位数一般在 8 位至 18 位，转换时间约为 1μs 至 $10^2\mu s$ 之间，它的应用已十分广泛。

### （三）并联比较型 A/D 转换器

**并联比较型 A/D 转换器的构成和特点是什么？**

并联比较型 A/D 转换器也是一种直接 A/D 转换器。输入的模拟电压同时在一组比较器中进行电压比较，每个比较器的比较电平按量化电平的要求从小到大各不相同，比较结果分别存入寄存器中，根据各个寄存器的状态，再通过代码转换器转换成二进制代码，从而完成 A/D 转换过程。

这种并联比较型 A/D 转换器有以下特点：

1. 转换速度较快。转换时间只决定于比较器、寄存器和代码转换器的延迟时间，而与数字量的位数基本无关。

2. 位数多时需要比较器和触发器较多，尤其在需要分辨率很高时，电路太复杂，不经济，也不便于集成化。

### （四）双积分型 A/D 转换器

双积分型 A/D 转换器属于间接 A/D 转换器。它是 U—T 型 A/D 转换器。

1. 电路组成

图 8.3.3 是双积分型 A/D 转换器的原理性框图。它包括：积分器、比较器、计数器、控制电路、时钟信号源等几部分。

**双积分型 A/D 转换器的工作过程是怎样的？**

2. 工作过程

在转换开始之前，计数器清零、$K_3$ 闭合，电容 C 放电使 $u_C=0$. 转换过程主要有以下两步：

(1) $K_1$ 闭合，$K_3$ 断开，输入信号 $u_I$ 进行定时($T_1$)积分。积分结束时，积分器输出电压为

$$u_O(T_1)=-\frac{T_1}{RC}u_I$$

(2)$K_2$ 闭合，$K_1$ 断开，参考电压 $-U_R$ 进行反向定压积分。当积分器输出电压

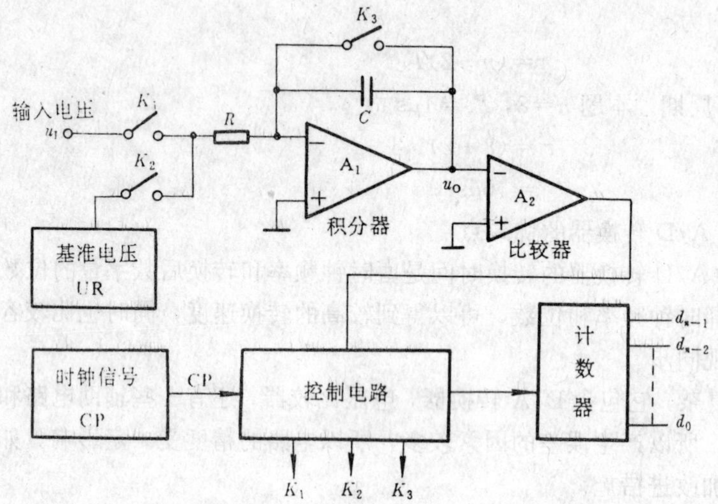


图 8.3.3 双积分型 A/D 转换器

上升为零时，反相积分停止，因此

$$u_O(T_1)-\frac{1}{RC}\int_0^{T_2}(-U_R)\mathrm{d}t=0$$

即

$$\frac{T_2}{RC}U_R=\frac{T_1}{RC}u_I$$

$$T_2=\frac{T_1}{U_R}u_I$$

可见，反向积分的时间 $T_2$ 与输入电压 $u_I$ 成正比，即将输入模拟电压转换成了时间。如果在 $T_2$ 内对时钟信号计数，则计数得到的数字量为

$$D=\frac{T_1}{T_C U_R}u_I$$

$$=\frac{N}{U_R}u_I$$

其中时钟脉冲周期为 $T_C=\frac{T_1}{N}$. 这样就实现了将输入模拟电压变换成了数字信号。

3. 电路特点

**双积分型 A/D 转换器的特点是什么？**

(1) **抗干扰能力强**。由于转换过程使用了积分器，平均值为 0 的交流干扰或对称性干扰对积分结果无影响。所以，在积分时间等于交流电网周期的整数倍时，能有效地抑制电网的工频干扰。

(2) **工作性能比较稳定**。因为转换过程中进行正、反向两次积分，而且积分时间常数相同，所以转换结果不受时间常数的影响。可见，$R$ 和 $C$ 参数的缓慢变化不会影响电路的转换精度。对元件的精度要求不高，可以降低电路的成本。

(3) **电路结构比较简单**。它同逐次渐近型 A/D 转换器相比，不需要使用 D/A 转换器，产生误差的因素也少一些。

(4) **工作速度较低**。因为每进行一次转换需要完成两次积分，再加上转换前的准备时间，所以每次转换要比 $2T_1$ 还要长一些。实际上每次转换时间与输入模拟电压的大小有关，输入模拟电压越大，转换时间就越长。目前，常用的单片集成双积分 A/D 转换器工作速度约在每秒几十次以内。

**【例 8.3.2】** 图 8.3.4 是双积分型 A/D 转换器原理电路图。假设初始状态 $S_0$ 由闭合变为打开，比较器输出由低电平变为高电平，CP 通过门 $G_1$ 使计数器开始计数，$S_1$ 置于 $u_I$ 并开始对输入信号积分。当二进制计数器计数，最高位有进位信号时，$S_1$ 置于 $-U_R$，再开始反向定压积分。试问：

（1）当输入信号最大值 $u_{I(max)}=2V$，要求转换器的分辨率为≤0.1mV 时，二进制计数器的总容量 $N$ 至少是多少？

（2）二进制计数器至少应为几位？

（3）若时钟频率为 500kHz，要求采样—保持电路的保持时间为多少毫秒？

（4）若 $U_R=-2V$，$u_I=1V$ 时，计数器输出 $D$ 等于多少？

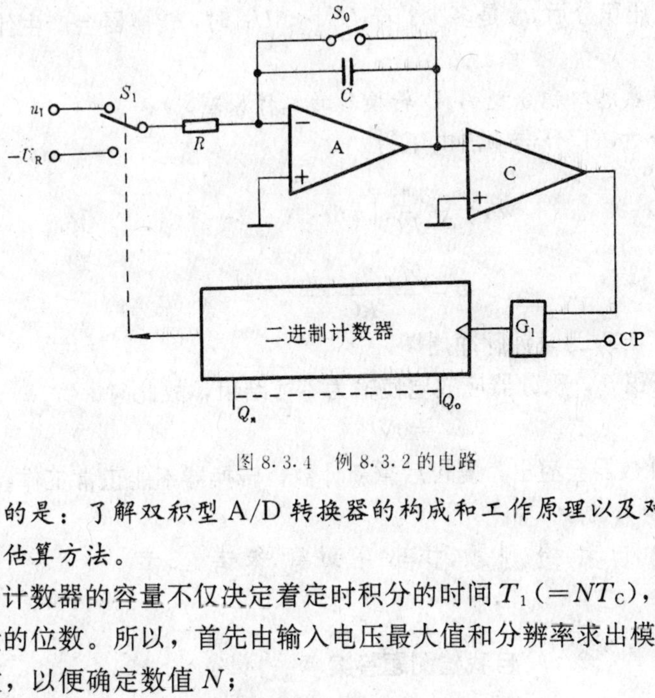


图 8.3.4　例 8.3.2 的电路

**解**　本题目的是：了解双积型 A/D 转换器的构成和工作原理以及对计数器容量和转换时间的估算方法。

因为二进制计数器的容量不仅决定着定时积分的时间 $T_1$（$=NT_C$），而且也决定着输出数字量的位数。所以，首先由输入电压最大值和分辨率求出模拟电压需要的量化电平数，以便确定数值 $N$；

根据 $N$ 的数值选定二进制计数器的位数；

由时钟频率求转换时间，确定采样—保持时间；

最后根据公式 $D=\frac{N}{U_R}u_I$，求数字量。

（1）

$$
\begin{aligned}
N &\geqslant \frac{u_{I(max)}}{\text{分辨率}}+1 \\
&=\frac{2\times10^3}{0.1}+1 \\
&=20001
\end{aligned}
$$

（2）如果二进制计数器的位数为 $n$，则应满足下面不等式

$$2^n \geqslant N > 2^{n-1}$$

可以求出 $n=15$，故需要 15 位二进制计数器。如果最高位再附加一位计数器，则需 16 位二进制计数器。

(3) 转换时间即为采样—保持时间 $T_H$，则

$$T_H \geqslant 2^n T_C = 2^n \cdot \frac{1}{f_c} = 2^{15} \times \frac{1}{500}$$
$$= 65.536\text{ms}$$

(4) 当 $u_I = 1\text{V}$ 时

$$D = \frac{N}{U_R} u_I$$
$$= \frac{20001}{2} \times 1 \approx 10^4$$

**【例 8.3.3】** 图 8.3.3 所示双积分型 A/D 转换器，写出第一次积分后的 $u_O$ 表达式；第二次反向定压积分后 $u_O$ 是多少？若 $|U_R| < |U_I|$ 时，转换器会产生什么现象？

**解** 本题进一步熟悉双积分型 A/D 转换器的工作原理。

第一次定时积分后，积分器输出电压为

$$u_O = -\frac{1}{RC}\int_0^{T_1} u_I \mathrm{d}t$$
$$= -\frac{2^n \cdot T_c \cdot u_I}{RC}$$

其中 $n$ 为计数器位数，$T_c$ 为时钟脉冲周期。

第二次反向定压积分，积分器应放电使输为零才结束，故此时

$$u_O = 0\text{V}$$

由于 $u_I$ 太大，计数器会溢出，复位后重新计数，转换器不能正常工作。

## 三、自我检测题和部分习题参考答案

### 自我检测题答案

**（一）填空题**

1. D/A，A/D。
2. ①电阻网络，②电子开关，③求和电路。
3. 分辨率，精度，转换时间。分辨率，±0.01V。
4. 采样，保持，量化，编码。
5. 直接 A/D，间接 A/D，并联比较型，双积分型，双积分型。

**（二）是非题**

1.√，√。 2.×，×。 3.×，×。 4.√，×。 5.√，×。

**（三）计算题**

1.（5.93V），（3.2%）。 2.（111），（110），（110）。 3.（4.096ms），

(2.048ms)，(2048)。

## 部分习题和思考题答案

**【习题 8-1】** (见例 8.2.1)。

**【习题 8-2】** (见例 8.2.2)。

**【习题 8-3】** $U_O = 0V$

波形图见图 P8.3。

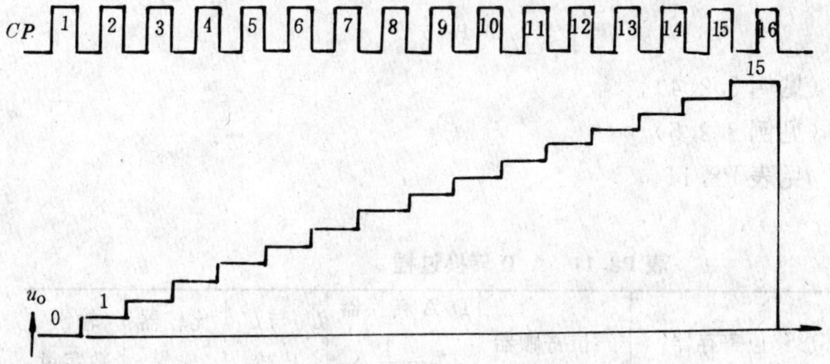


图 P8.3

**【习题 8-4】** (见例 8.2.3)。

**【习题 8-5】**

(1) 真值表见表 P8.5。

**表 P8.5 习题 8-5 真值表**

| $d_3$ | $d_2$ | $d_1$ | $d_0$ | $U_O$ | $d_3$ | $d_2$ | $d_1$ | $d_0$ | $U_O$ |
|---|---|---|---|---|---|---|---|---|---|
| 0 | 0 | 0 | 0 | 0 | 1 | 0 | 0 | 0 | 8 |
| 0 | 0 | 0 | 1 | 1 | 1 | 0 | 0 | 1 | 9 |
| 0 | 0 | 1 | 0 | 2 | 1 | 0 | 1 | 0 | 10 |
| 0 | 0 | 1 | 1 | 3 | 1 | 0 | 1 | 1 | 11 |
| 0 | 1 | 0 | 0 | 4 | 1 | 1 | 0 | 0 | 12 |
| 0 | 1 | 0 | 1 | 5 | 1 | 1 | 0 | 1 | 13 |
| 0 | 1 | 1 | 0 | 6 | 1 | 1 | 1 | 0 | 14 |
| 0 | 1 | 1 | 1 | 7 | 1 | 1 | 1 | 1 | 15 |

(2) 如果输出电压为双极性输出，电路图如图 P8.5 所示。接电阻 $R_B$ 和外加电源 $V_{BB}$. 为了使 $d_3d_2d_1d_0 = 1000$ 时，$U_O = 0V$，则应满足

$$\frac{U_R}{R/8} = -\frac{V_{BB}}{R_B}$$

若 $V_{BB} = 16V$，则

$$R_B = \frac{R}{8}$$

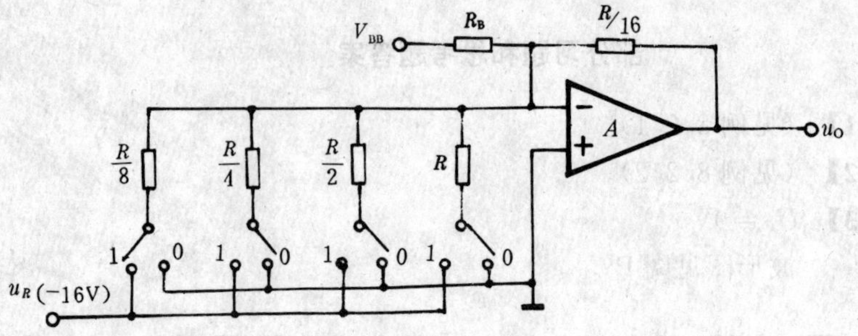


图 P8.5

【习题 8-6】（见例 8.2.4）。

【习题 8-7】（见例 8.2.5）。

【习题 8-11】 见表 P8.11。

**表 P8.11 A/D 转换过程**

| 时钟脉冲 \ 输出状态 | 环形移位寄存器 | | | | | 三位寄顾器 | | | D/A 转换器 $U_O-\frac{1}{2}\triangle$ | $U_I$ 与 $U_O$ 比较 | 比较器输出 | 输出数字量 |
|---|---|---|---|---|---|---|---|---|---|---|---|---|
| | $Q_1$ | $Q_2$ | $Q_3$ | $Q_4$ | $Q_5$ | $F_A$ | $F_B$ | $F_C$ | ($V$) | | $C$ | $d_2\ d_1\ d_0$ |
| 复零 | 1 | 0 | 0 | 0 | 0 | 0 | 0 | 0 | | | | 高阻 |
| $CP_1$ | 0 | 1 | 0 | 0 | 0 | 1 | 0 | 0 | 3.5 | $U_I>U_O$ | 0 | 高阻 |
| $CP_2$ | 0 | 0 | 1 | 0 | 0 | 1 | 1 | 0 | 5.5 | $U_I>U_O$ | 0 | 高阻 |
| $CP_3$ | 0 | 0 | 0 | 1 | 0 | 1 | 1 | 1 | 6.5 | $U_I>U_O$ | 0 | 高阻 |
| $CP_4$ | 0 | 0 | 0 | 0 | 1 | 1 | 1 | 1 | 6.5 | $U_I>U_O$ | 0 | 1 1 1 |

【习题 8-13】（见例 8.3.1）。

【习题 8-15】（见例 8.3.2）。

【习题 8-16】

$$T\geqslant 2N\cdot T_C=2\times 2^8\times 1$$
$$=2\times 256\times 1$$
$$=512\mu s$$

【习题 8-17】

当$|u_I|>|U_R|$时，计数器溢出，复 0 后重新计数，转换器不能正常工作。

若 $u_I$ 为正值，则要求 $U_R$ 为负值，而且$|U_R|>|u_I|$.

【习题 8-18】

(1) 第一次定时积分

$$u_{O1}=-\frac{2^{12}\cdot T_C\cdot u_I}{RC}$$

(2) 第二次定压积分

$$u_{O2}=0$$

(3) $T_1=NT_C=2^{12}\times 0.1=204.8\mu s$

$$T_2=\frac{U_I}{U_R}T_1=102.4\mu s$$

(4) $D=\frac{N}{U_R}u_I=\frac{2^{12}}{4}\times 2=2048$

**【习题 8-20】**

因为要保证电路正常工作，要求 $u_{I(max)}\leqslant u_{O(max)}=5V$. 四位二进制计数器输出的数字量最小变化所引起的模拟量变化为

$$\begin{aligned}LSB&=\frac{u_{I(max)}}{2^n-1}\\&=\frac{5}{2^4-1}=1/3\end{aligned}$$

当 $u_I=2V$ 时

$$\begin{aligned}(Q_3Q_2Q_1Q_0)_{20}&=\left(\frac{u_I}{LSB}\right)_{10}\\&=\left(\frac{2}{1/3}\right)_{10}\\&=(6)_{10}\\&=(0110)_2\end{aligned}$$

故 $Q_3Q_2Q_1Q_0=0110$

所得输出产生的转换误差为

$$\begin{aligned}&LSB\times(d_3d_2d_1d_0)_2-U_I\\&=\frac{1}{3}\times(0110)_2-(2)_{10}\\&=\frac{1}{3}\times 6-2=0\end{aligned}$$

可见，当输出信号为 2V 时，转换误差（未考虑电路中其它因素产生的误差）为零。

# 第九章 直流电源

## 一、教学安排与教学要求

**（一）教学安排**

本章共 6 学时：录像 3 学时，面授 3 学时。具体安排如下：

1. 录像内容

（1）直流电源组成，整流滤波电路；

（2）稳压电路（一）；

（3）稳压电路（二）。

2. 面授内容

（1）整流、滤波、倍压整流电路；

（2）稳压电路（硅稳压管稳压电路、串联型稳压电路）举例；

（3）可控整流电路。

**（二）教学要求**

1. 重点掌握的内容

（1）单相桥式整流电路的工作原理，直流输出电压 $U_{O(AV)}$ 与变压器次级电压有效值 $U_2$ 的关系；

（2）串联型直流稳压电路的工作原理，输出电压 $U_O$ 调整范围的估算方法。

2. 一般掌握的内容

（1）电容滤波的特点，电容 C 的选择原则，以及滤波电路输出电压 $U_O$ 与变压器次级电压 $U_2$ 的关系；

（2）硅稳压管稳压电路的工作原理，限流电阻 R 的估算方法；

（3）集成三端稳压器的使用方法。

3. 一般了解的内容

（1）纹波的概念，各种整流滤波电路性能的比较，以及它们各自应用的场合；

（2）倍压整流电路的特点和工作原理；

（3）稳压电路中的保护措施，集成稳压器的主要组成和特点；

（4）开关型稳压电路的工作原理和特点；

（5）晶闸管和单结晶体管的特点和工作原理，典型可控整流电路的组成和工作过程。

## 二、重点和难点的分析

### 9.1 概　　述

**（一）直流电源的用途和主要技术要求**

直流电源的主要用途是为电子电路或设备提供所需的直流能源。通常各种电子电路都需要直流电压供电，而电网提供的是交流电，所以需要将电网的交流电变换成电路要求的稳定的直流电压。直流电源就是完成这一转换功能的电路或设备。它是电子电路中最常用的电路或设备。

对直流电源的主要技术要求有：

**对直流电源的主要技术要求有哪几条？**

1. 为电子电路提供合适的电压。一般从几伏到几十伏，有的电路要求上百伏的电压。

2. 要保证能提供足够的电流。因为电子电路靠直流电源提供能源，不仅要求一定的电压，还必须保证给出所需的电流，一般由几十毫安至几安以上的电流。

3. 要求提供的电压比较平滑，尽可能减小交流谐波，一般电子电路对纹波都有一定的指标要求。

4. 要求电压要稳定。尤其是负载电流发生变化时，或电网电压波动时，直流电源的电压应保持稳定，一般也有一定的指标要求。

**（二）直流电源的组成**

小功率直流电源一般包含：电源变压器、整流电路、滤波电路和稳压电路四部分，如图 9.1.1 所示。

本章主要讲解整流电路、滤波电路和稳压电路。

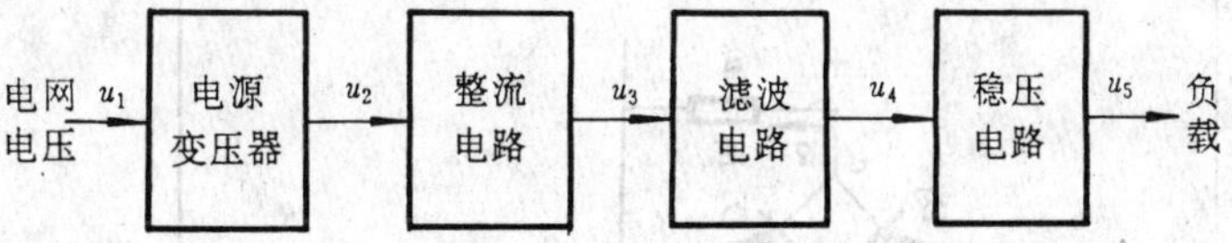


图 9.1.1　直流电源的组成

### 9.2　单相整流滤波电路

**（一）单相整流电路的种类及性能比较**

本章重点讲解单相桥式整流电路。因为它性能较好，目前应用最广泛，又具有典型性。掌握了它的组成和工作原理，很容易理解其他种类整流电路，例如单相半波整流电路和单相全波整流电路等。

**三种整流电路的性能和特点各是什么？**

为了深入理解桥式整流电路的性能，便于同其他两种整流电路在性能和波形方面进行比较，现将三种整流电路的原理图、波形图、主要性能和优缺点列于表 9.2.1，供读者参考。

表 9.2.1 三种整流电路的比较

| 种类 / 项目 | 单相桥式 | 单相全波 | 单相半波 |
| --- | --- | --- | --- |
| 电路 | 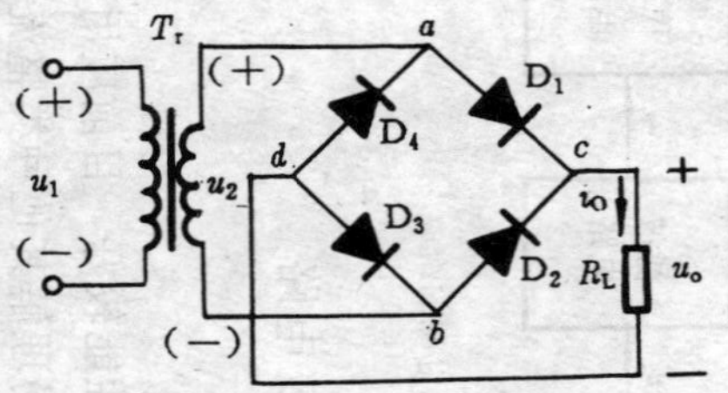  | 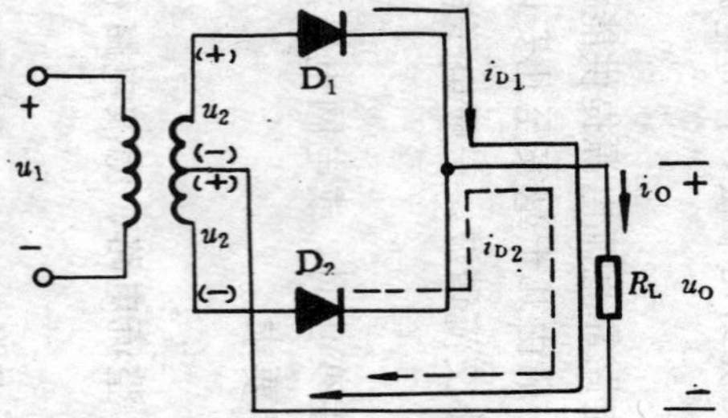  | 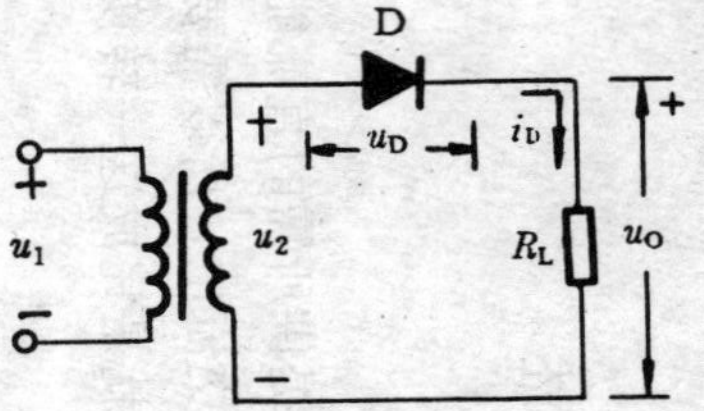  |

续表

| 项目 \ 种类 | 单相桥式 | 单相全波 | 单相半波 |
| --- | --- | --- | --- |
| 波形 | 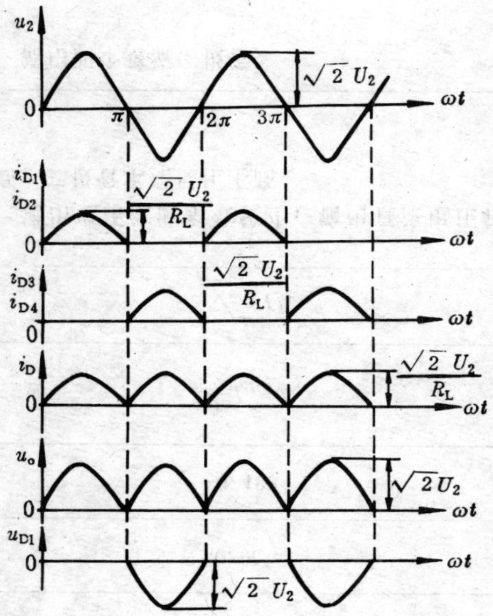 | 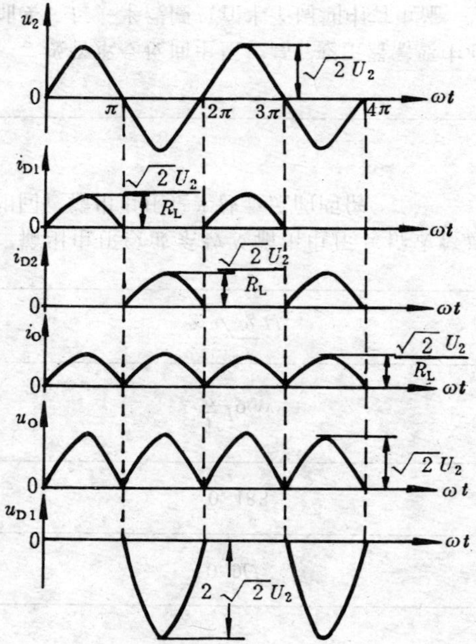 | 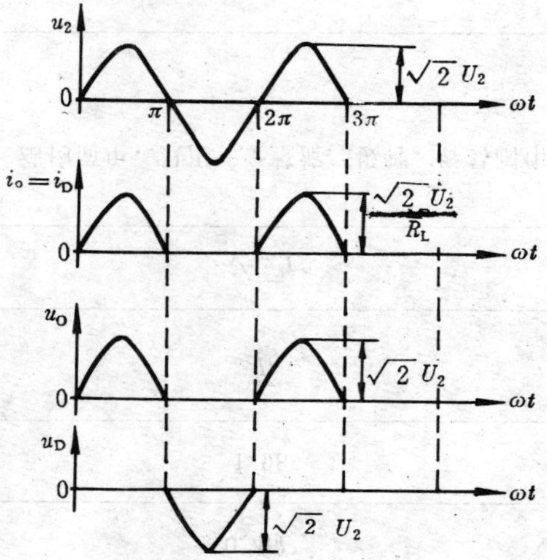 |

续表

| 种类<br>项目 | 单相桥式 | 单相全波 | 单相半波 |
|---|---|---|---|
| $U_O$ | $0.9U_2$ | $0.9U_2$ | $0.45U_2$ |
| $r$ | 0.483 | 0.483 | 1.985 |
| $I_{D(AV)}$ | $\frac{1}{2}I_{O(AV)}$ | $\frac{1}{2}I_{O(AV)}$ | $I_O$ |
| $U_{RM}$ | $\sqrt{2}U_2$ | $2\sqrt{2}U_2$ | $\sqrt{2}U_2$ |
| 优点 | 输出电压纹波系数较小；输出直流电压较高；二极管承受反压不高 | 输出电压纹波系数及输出电压与桥式整流相同；输出电压是半波整流的两倍 | 结构简单，只用一个整流二极管，容易制作 |
| 缺点 | 需用四个整流二极管 | 二极管承受反向电压较高，变压器需要中心抽头，每一半线圈只在半个周期中有电流 | 输出电压中纹波系数较高，输出直流电压减小一半，二极管半周不导电，利用率低 |

倍压整流电路的特点及原理是什么？

### （二）倍压整流的特点和工作原理

倍压整流电路的功能特点有两点：(1) 具有整流功能，能将交流电变换成直流电；(2) 具有倍压的功能，可以得到变压器次级电压 $U_2$ 若干倍的直流输出电压。

一般倍压整流电路主要是由二极管和电容组成。其工作原理是，利用二极管的单向导电的性能，将交流电变成脉动的直流电压，并将得到的直流电压分别存放在若干个电容上，然后将这些电容上存储的电压，按相同的极性串接起来输出，从而得到高出每个电容存储电压若干倍的直流电压。

图 9.2.1 是一种二倍压整流电路。不难看出，$D_1$ 和 $D_2$ 起整流作用，$C_1$ 和 $C_2$ 起储存电压作用。当 $u_2$ 为正半周时，$D_1$ 导通，脉动电流向 $C_1$ 充电，理想情况下 $C_1$ 上电压值就为 $\sqrt{2}U_2$（$U_2$ 为 $u_2$ 的有效值）；当 $u_2$ 为负半周时，$D_2$ 导通，脉动电流向 $C_2$ 充电，电压值为 $\sqrt{2}U_2$. 这两个电容上的电压都是上正下负，负载上的输出电压 $U_O$ 应等于两个电容电压的串联相加，故输出电压为

$$U_O=2\sqrt{2}U_2$$

按上述道理，只要在电路上适当接入更多的二极管和电容，可以从多个电容上相同极性的电压相加得到更高的直流电压，实现多倍压输出。

从图 9.2.1 也可看到，如果负载电流很大，二极管不理想，每个电容上的存储电压会低于 $\sqrt{2}U_2$ 而且有波动，所以这种倍压整流电路只适于负载电流较小的设备中。

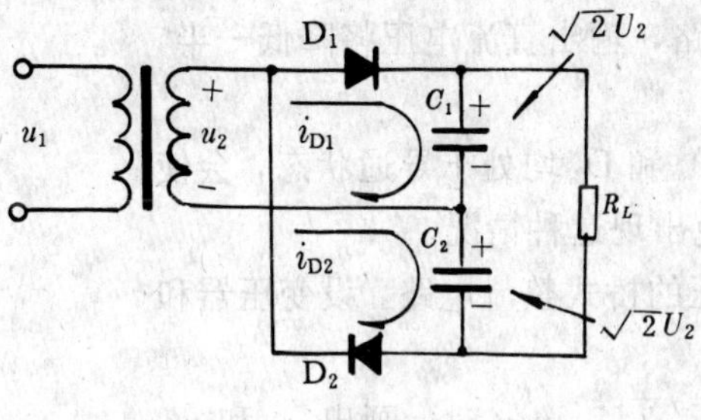


图 9.2.1　二倍压整流电路

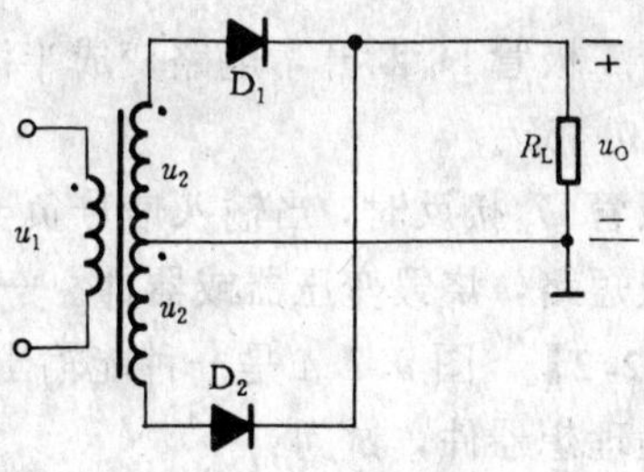


图 9.2.2　例 9.2.1 的电路图

**【例 9.2.1】**　全波整流电路如图 9.2.2 所示，变压器次级中心抽头接地，变压器输出电阻和二极管导通电阻可忽略不计。若 $u_2=\sqrt{2}U_2\sin\omega t$，试求：

(1) 画出 $u_2$，$i_{D1}$，$i_{D2}$，$i_O$，$u_O$ 的波形；

(2) 若 $u_2$ 的有效值为 $U_2$，求 $U_{O(AV)}$，$I_{D(AV)}$ 和二极管最大反向电压 $U_{RM}$；

(3) 二极管 $D_1$ 断开或反接会出现什么问题？

**解**　本题通过分析全波整流电路的工作原理，了解有关电压和电流的关系、主要参数和使用中可能出现的问题。分析结果与表 9.2.1 所示内容可进行比较，以便掌握该电路的特点。

(1) $u_2$，$i_{D1}$，$i_{D2}$，$i_O$ 和 $u_O$ 的波形图见图 9.2.3。

(2) $U_{O(AV)}=\frac{1}{\pi}\int_0^{\pi}\sqrt{2}U_2\sin\omega t\,d(\omega t)$

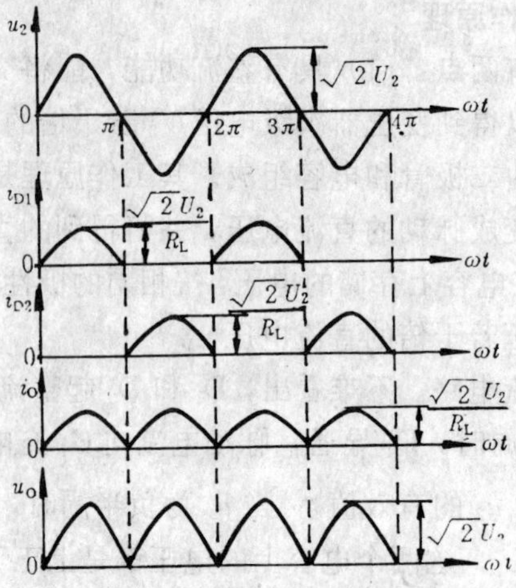


图 9.2.3 波形图

$$=\frac{2\sqrt{2}}{\pi}U_2$$

$$\approx 0.9U_2$$

$$I_{D1(AV)}=I_{D2(AV)}=\frac{1}{2}\cdot\frac{U_{O(AV)}}{R_L}$$

$$U_{RM}=2\sqrt{2}U_2$$

(3) 若二极管 $D_1$ 断开，电路变成半波整流电路，输出直流电压将降低一半，即 $U_{O(AV)}=0.45U_2$.

若二极管 $D_1$ 接反时，当输入信号负半周时，$D_1$ 和 $D_2$ 均处于导通状态，会使变压器次级短路，烧毁变压器或器件。一定要避免出现这种情况。

**【例 9.2.2】** 图 9.2.4 是一种能输出两种电压的桥式整流电路，设变压器和二极管都是理想器件，试问：

(1) 分析各二极管的工作情况，当 $u_{21}=u_{22}=\sqrt{2}U_2\sin\omega t$ 时，画出 $u_{O1}$ 和 $u_{O2}$ 的波形；

(2) 若 $U_2=10V$，试求 $u_{O1(AV)}$ 和 $u_{O2(AV)}$；

(3) 每个二极管的 $I_{D(AV)}$ 和 $U_{RM}$ 是多少？

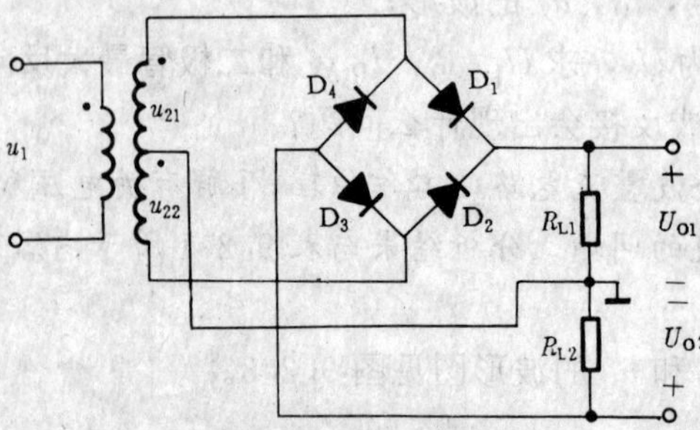


图 9.2.4 例 9.2.2 的电路图

**解** 本题练习分析整流电路的方法，熟悉电流和电压的关系以及各参数值。

(1) 当 $u_1$ 为正半周时，$u_{21}$和 $u_{22}$的极性都是上正下负。$u_{21}$使二极管 $D_1$ 导通，在 $R_{L1}$上形成正向电压 $u_{O1}$；$u_{22}$使二极管 $D_3$ 导通，在 $R_{L2}$上形成负向电压$-u_{O2}$.

当 $u_1$ 为负半周时，$u_{21}$和 $u_{22}$的极性都是下正上负。$u_{21}$使二极管 $D_4$ 导通，在 $R_{L2}$上形成负向电压$-u_{O2}$；$u_{22}$使二极管 $D_2$ 导通，在 $R_{L1}$上形成正向电压 $u_{O1}$.

上述波形图如图 9.2.5 所示。

(2) 上述电路实际是两个全波整流电路，故可求出

$$U_{O1(AV)}=U_{O1}=0.9U_2=9\text{V}$$

$$U_{O2(AV)}=U_{O2}=-0.9U_2=-9\text{V}$$

(3) 每个二极管的平均电流和最大反向电压分别为

$$I_{D(AV)}=\frac{1}{2}\cdot\frac{U_{O(AV)}}{R_L}=\frac{4.5}{R_L}\text{A}$$

$$U_{RM}=2\sqrt{2}U_2=28.28\text{V}$$

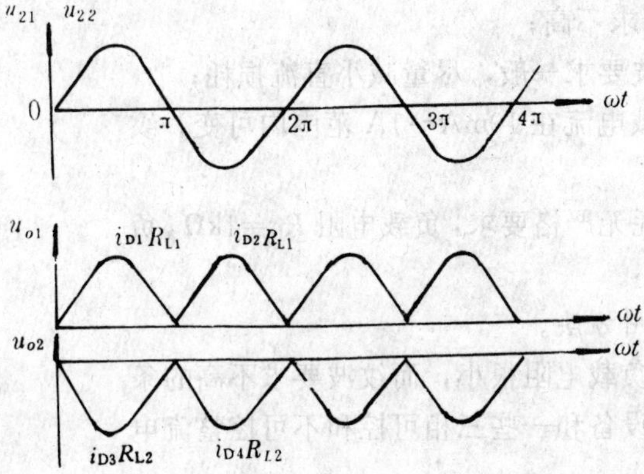


图 9.2.5 波形图

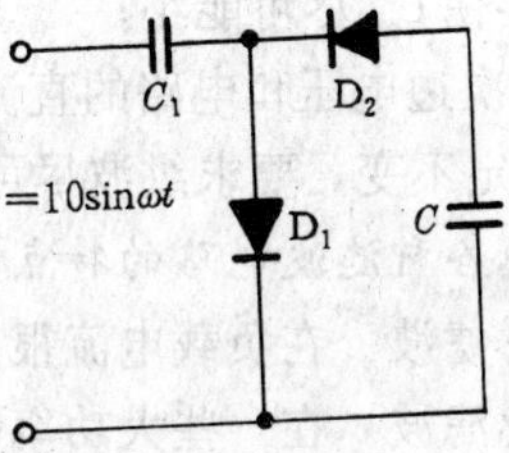


图 9.2.6 例 9.2.3 的电路图

**【例 9.2.3】** 估算图 9.2.6 所示电路中电容 C 两端的电压是多少，并说明电压极性。假设图中二极管为理想二极管，电容的漏电阻为无穷大。

**解** 该电路为倍压整流电路。本题练习倍压整流电路的分析方法。

理想二极管正向导通时管压降为 0，反向电阻为无穷大。因此，当电容上充有电荷时，不会通过反向二极管放电，也不会通过漏电阻放电。

当 $u$ 为正半周时，$D_1$ 导通。电压 $u$ 通过 $D_1$ 向电容 $C_1$ 充电，电压方向是左正右负。充电电压的最大值为 10V. 该电压不会通过截止二极管 $D_2$ 放电，故可保持最大值 10V.

当 $u$ 为负半周时，$D_2$ 导通。电压 $u_{C1}+u$ 通过 $D_2$ 向 C 充电，电压方向是下正上负。充电电压的最大值为 20V. 该电压也不会通过 $D_1$ 放电。可见，电容 C 上的电压应为 20V，电压方向是上负下正。

**（三）滤波电路**

1. 滤波电路的作用

尽可能减小脉动的直流电压中的交流成分，保留其直流成分，使输出电压纹波系数降低，波形变得比较平滑。

2. 滤波电路的构成及工作原理

滤波电路中，主要依靠储能元件，如电容、电感实现滤波功能。当脉动电压或电流较高时，电容或电感将能量储存在电场或磁场中，等到电压或电流变得较低时，它们又分别把储存的能量释放出来，以保持输出电压的波形比较平滑。

滤波的本质是什么？

因为电容两端的电压不能突变，所以在滤波电路中，它多与输出负载电阻并联连接，从而使输出电压的交流成分被滤除，保留其直流成分；又因电感中的电流不能突变，所以在滤波电路中，电感多与负载电阻串联连接，从而滤除输出电流的交流成分，使负载电阻上的电压主要保留了直流成分。

为了得到更好的滤波效果，一般又将电容、电感和电阻等元件组合起来，构成复式滤波电路，如LC 滤波器、RC—π型滤波器、LC—π型滤波器等。表 9.2.2 给出了几种滤波电路的原理图、性能和特点，供读者学习中参考和比较。

**【例 9.2.3】** 根据表 9.2.2 所示几种滤波电路的性能特点，试问在下列情况下，应该选用哪一种滤波电路。

(1) 负载电流为 10A，$R_L=1\Omega$，纹波要求不高；

(2) 负载电流为 10mA，$R_L=1k\Omega$，纹波要求一般，尽量减小直流损耗；

(3) 负载电阻为 100Ω 的可调电阻，负载电流在 10mA～1A 范围内可变，纹波要求一般，但要使 $U_2$ 尽可能小；

(4) 对变压器次边电压和电路的直流损耗无严格要求，负载电阻 $R_L=1k\Omega$，负载电流为 5mA 固定不变，要求纹波尽可能小。

**解** 本题熟悉各种滤波电路的特点和选用方法。

(1) 选用电感滤波。在负载电流很大，负载电阻很小，而纹波要求不高的条件下，多选用电感滤波。在一些大功率电源设备和一些三相可控和不可控整流电路中，大都采用电感滤波。

(2) 选用电容滤波电路。因为本题要求的负载电流较小且固定，$R_L$ 也较大，纹波要求一般，所以选用简单的电容滤波。由于本题对直流损耗有要求，为减小损耗故不选 RC—π型滤波。

(3) 选用 LC 滤波电路。由于本题要求负载电流可变，负载电阻值较小，而对纹波要求也不高，所以选用负载适应性较强的 LC 滤波器。因为电感上无直流压降，所以可减小 $U_2$ 的电压值。

(4) 选用 RC—π型滤波电路。由于本题要求负载电流较小且固定不变，而且对直流损耗要求不严格，所以选用 RC—π型滤波电路。因为这种滤波器虽然 R 上有直流损耗，但纹波系数较低，只是外特性较软，能满足上述要求。

**【例 9.2.4】** 图 9.2.7 是一种多电压输出的整流滤波电路，假设电路中变压器和二极管均为理想器件，电容器的容量也足够大，试问：

(1) 电路若不接滤波电容，$U_{O1(AV)}$ 和 $U_{O2(AV)}$ 的值和 $u_{O1}$，$u_{O2}$ 的波形如何？

(2) 接入滤波电容之后，$u_{O1}$ 和 $u_{O2}$ 有何变化？$U_{O1(AV)}$ 和 $U_{O2(AV)}$ 的值各为多少？

**解** 本题先分析整流电路，再考虑滤波电容的作用。

(1) 二极管 $D_1$ 和 $R_{L1}$ 构成半波整流电路。因为二极管 $D_1$ 是在输入信号负半周时导通，故 $U_{O1}$ 为负值。变压器次边电压 $U_2=U_{21}+U_{22}=30V+20V=50V$. 故当不考虑滤波电容 $C_1$ 时，可求出

表 9.2.2 几种滤波电路的性能比较

| 类型 | 电容滤波 | RC—π 型滤波 | 电感滤波 | LC 滤波 | LC—π 型滤波 |
|---|---|---|---|---|---|
| 电路原理图 | 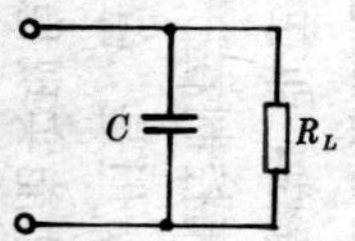 | 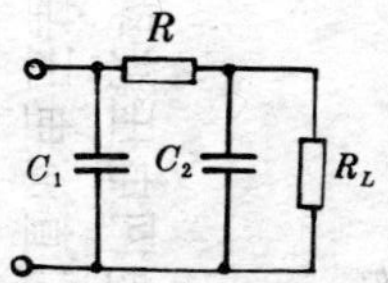 | 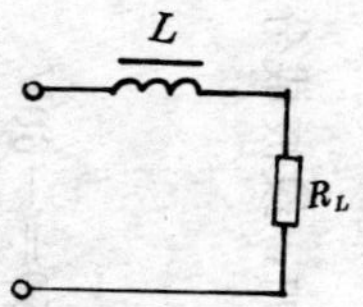 | 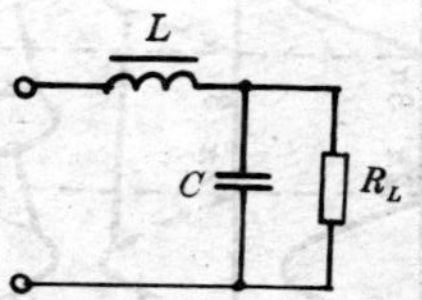 | 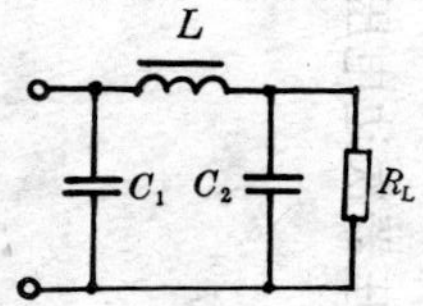 |
| $U_O$ | $\approx 1.2U_2$ | $\approx 1.2\frac{R_L}{R+R_L}U_2$ | $\approx 0.9U_2$ | $\approx 0.9U_2$ | $\approx 1.2U_2$ |
| 整流管冲击电流 | 大 | 大 | 小 | 小 | 大 |
| 外特性 | 软 | 软 | 硬 | 硬 | 软 |
| 适用场合 | 小电流 | 小电流 | 大电流 | 适应性较强 | 小电流 |
| 其他特点 | 电路简单，要求纹波系数小时，需要电容的容量太大 | 纹波系数比电容滤波小，电阻 R 上有直流压降和损耗 | 二极管中电流较平稳，电感大时太笨重 | 适用于大电流和小电流负载。因采用电感较笨重 | 纹波系数较低，L 上设有直流压降和损耗，但也需用电感 |

$$U_{O1(AV)}=-0.45U_2=-22.5\text{V}$$

二极管 $D_2$ 和 $D_3$ 与 $R_{L2}$ 构成全波整流电路，变压器次边电压 $U'_2=U_{22}=U_{23}=20\text{V}$，故当不考虑滤波电容 $C_2$ 时，可求出

$$U_{O2(AV)}=0.9U'_2=18\text{V}$$

$U_{O1}$ 和 $U_{O2}$ 的波形如图 9.2.8 中虚线所示。

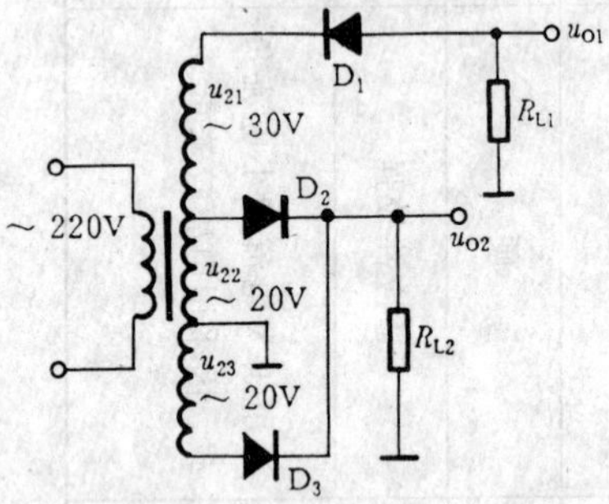


图 9.2.7　例 9.2.4 的电路

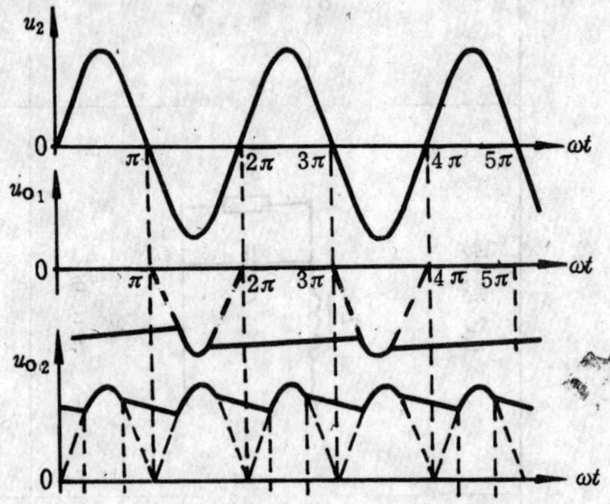


图 9.2.8　波形图

(2) 加滤波电容后，$U_{O1(AV)}$ 和 $U_{O2(AV)}$ 均应增加，纹波成分将减小，其波形示意图如图 9.2.8 中 $u_{O1}$ 和 $u_{O2}$ 的实线所示。

若电容足够大，可近似估算出

$$U_{O1(AV)}\approx-1.2U_2=-1.2\times50=-60\text{V}$$

$$U_{O2(AV)}\approx1.2U_2=1.2\times20=24\text{V}$$

## 9.3　稳 压 电 路

### (一) 稳压电路的功能

稳压电路的功能主要表现在两方面：(1) 当电网电压波动时，保证输出直流电压基本不变；(2) 当负载电流变化时，保证输出直流电压基本不变。

### (二) 稳压管稳压电路

1. 电路组成、性能特点和工作原理

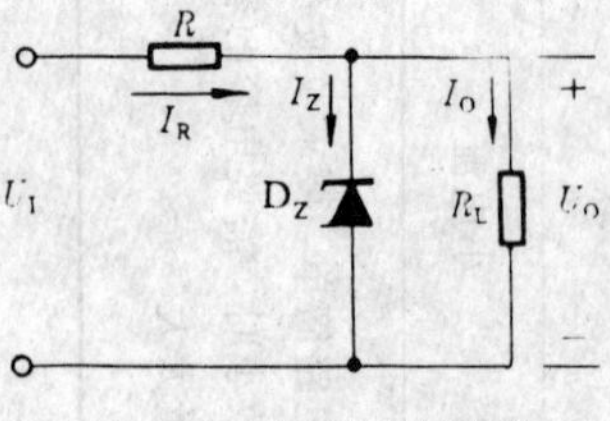


图 9.3.1　稳压管稳压电路

图9.3.1为稳压管稳压电路的原理图。其中稳压管 $D_Z$ 具有稳压特性，即在外加反向电压的条件下，只要其反向电流控制在一定范围内，管子两端电压基本保持稳定。但是，稳压电路必须还要串接一个限流电阻 R，才能实现稳压。这里电阻 R 是不可缺少的元件，它既起限流作用，又起到电压调整作用。下面分两种情况作一分析：

(1) 若电网电压波动，使 $U_I$ 上升时，则

$$U_I\uparrow\rightarrow U_O\uparrow\rightarrow I_Z\uparrow\uparrow\rightarrow I_R\uparrow\rightarrow U_R\uparrow\rightarrow U_O\downarrow$$

可见，在稳压管两端电压（$U_O$）上升时，引起它反向电流急剧上升，从而使 $I_R$ 加大，这时电阻 $R$ 上电压上升，调整输出电压 $U_O$ 维持基本不变。

（2）若负载改变，使 $I_L$ 增大时，则

$$I_L\uparrow\to I_R\uparrow\to U_O\downarrow\to I_Z\downarrow\downarrow\to I_R\downarrow\to U_R\downarrow\to U_O\uparrow$$

可见，在 $U_O$ 降低时，引起 $I_Z$ 急剧下降，从而使 $I_R$ 也减小，电阻 R 上压降降低，调整输出电压 $U_O$ 维持基本不变。

2. 限流电阻值的估算

为了使稳压管实现正常稳压功能，必须要求满足下面不等式：

$$I_{Zmin}<I_Z<I_{Zmax}$$

由此，可以推导出限流电阻 $R$ 的取值范围，即

$$R>\frac{U_{Imax}-U_Z}{I_{Zmax}+I_{Lmin}}$$

$$R<\frac{U_{Imin}-U_Z}{I_{Zmin}+I_{Lmax}}$$

限流电阻的估算公式是怎样的？

**【例 9.3.1】** 图 9.3.2 是桥式整流电容滤波稳压管稳压的稳压电路。要求 $U_O=9V$，负载电流 $I_L=0\sim20mA$，已知 $U_2=15V$，电网波动±10%，电容的容量足够大，稳压管为 2CWZE，$U_Z=9V$，$P_Z=1W$，$I_{Zmin}=30mA$，试选择合适的限流电阻 R。

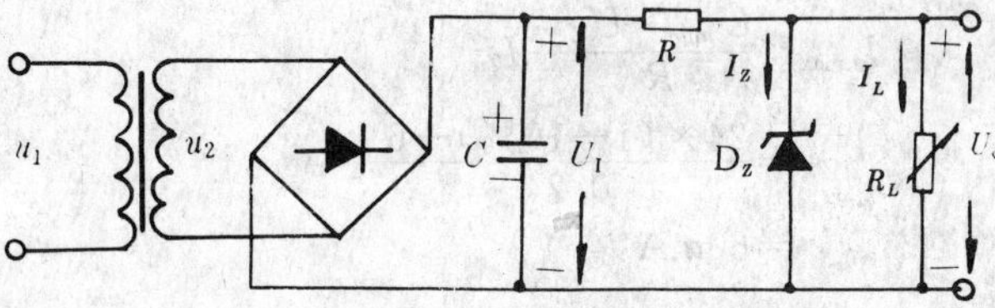


图 9.3.2　例 9.3.1 的电路

**解**　本题先求出整流滤波后的电压 $U_I$ 及其波动的最大和最小值，再根据稳压管已知参数求出 $I_{Zmax}$，最后利用公式求出 R 的取值范围，再选定标称值。

$$U_I\approx1.2U_2=1.2\times15=18V$$

$$U_{Imax}=18\times(1+10\%)=19.8V$$

$$U_{Imin}=18\times(1-10\%)=16.2V$$

又知

$$I_{Zmax}=\frac{P_Z}{U_Z}=\frac{1}{9}=111mA$$

代入公式可求出

$$R>\frac{U_{Imax}-U_Z}{I_{Zmax}+I_{Lmin}}=\frac{19.8-9}{0.111+0}=97\Omega$$

$$R<\frac{U_{Imin}-U_Z}{I_{Zmin}+I_{Lmax}}=\frac{16.2-9}{0.03+0.02}=144\Omega$$

可取 $R=120\Omega$ 的电阻，功率为

$$P_R=\frac{U^2}{R}=\frac{(19.8-9)^2}{120}=0.97W$$

所以选用 120Ω，2W 的炭膜电阻。

**【例 9.3.2】** 图 9.3.2 中，已知稳压管 $D_Z$ 的稳压值 $U_Z=6V$，$I_{Zmin}=5mA$，$I_{Zmax}=40mA$，变压器次级电压有效值 $U_2=20V$，电阻 $R=240\Omega$，电容 $C=200\mu F$. 试求：

(1) 整流滤波后的直流电压 $U_I=$？

(2) 当电网电压在 $\pm10\%$ 的范围内波动时，负载电阻 $R_L$ 允许的变化范围有多大？

**解** 本题着重练习估算 $R$ 值所用公式的使用方法。

(1) 因为电容 $C$ 已足够大，故可求出

$$U_I\approx1.2U_2=24V$$

(2) 根据限流电阻的估算公式

$$R>\frac{U_{Imax}-U_Z}{I_{Zmax}+I_{Lmin}}$$

$$R<\frac{U_{Imin}-U_Z}{I_{Zmin}+I_{Lmax}}$$

可以写出负载电流的最大值和最小值分别为

$$I_{Lmin}>\frac{U_{Imax}-U_Z}{R}-I_{Zmax}$$

$$=\frac{24\times(1+10\%)-6}{0.24}-40$$

$$=45mA$$

$$I_{Lmax}<\frac{U_{Imin}-U_Z}{R}-I_{Zmin}$$

$$=\frac{24\times(1-10\%)-6}{0.24}-5$$

$$=60mA$$

故可求出

$$R_L<\frac{U_O}{I_{Lmin}}=\frac{6}{0.045}=133\Omega$$

$$R_L>\frac{U_O}{I_{Lmax}}=\frac{6}{0.06}=100\Omega$$

可见，负载电阻 $R_L$ 的变化范围允许从 $100\Omega$ 变至 $133\Omega$ 之间。

**【例 9.3.3】** 图 9.3.2 所示电路中，若 $U_2=20V$，$R=600\Omega$，$C=500\mu F$，现要求输出电压 $U_O=12V$，并已知 $D_Z$ 的参数为：$U_Z=12V$，$r_Z\leqslant40\Omega$，$I_{ZM}=18mA$，试问，为使电路能正常工作，负载电阻 $R_L$ 的最大值为多少？在稳压范围内若负载电流变化 $\Delta I_L=10mA$，$U_O$ 的变化是多少？

**解** 负载电阻 $R_L$ 增大，会使稳压管电流增加，故 $I_Z$ 应小于 $I_{ZM}$ 才能保证电路安全的工作。从而得到求 $R_L$ 最大值的方法。另外负载电流的变化，会使 $I_Z$ 相应变化，且 $|\Delta I_L|\approx|\Delta I_Z|$，故可求 $U_Z$ 的变化。

$\because$ $U_I\approx1.2U_2=24V$

又 $I_{Lmin}>\frac{U_{Imax}-U_Z}{R}-I_{Zmax}=\frac{U_I-U_Z}{R}-I_{ZM}$

$$=\frac{24-12}{0.6}-18$$

$$=2\text{mA}$$

故 $$R_L < \frac{U_O}{I_{L\min}} = \frac{12}{2\times10^3} = 6\text{k}\Omega$$

所以负载电阻的最大值为 6kΩ。

∵ $$|\Delta I_L| \approx |\Delta I_Z|$$

又 $$\Delta U_Z = \Delta U_O$$

故 $$\Delta U_O = |\Delta I_L| \cdot r_Z$$

$$=10\times40=400\text{mV}=0.4\text{V}$$

所以，输出电压变化（绝对值）为 0.4V.

## （三）串联型稳压电路的分析和估算

### 1. 串联型稳压电路的原理

图 9.3.3 是串联型稳压电路的原理图。不难看出它实质上是在稳压管稳压电路的基础上，又加了负反馈放大电路而组成。稳压管给出的电压 $U_Z$ 是负反馈放大电路的输入信号，加在集成运放的同相输入端。输出信号 $U_O$ 从射极输出器给出，并通过电阻 $R_1$ 和 $R_2$ 分压后，送至运放的反相输入端。因此，两级放大器构成的反馈组态是电压串联负反馈。

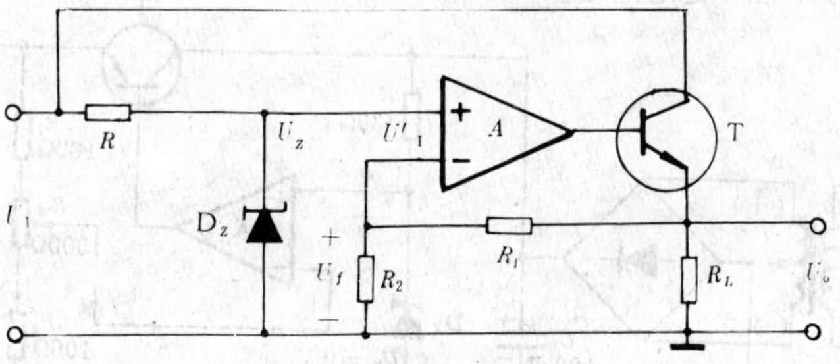


图 9.3.3　串联型稳压电路

假如因为外界原因引起输出电压 $U_O$ 升高，则反馈电压为

**试说明串联型稳压电路工作的原理**

$$U_F = \frac{R_2}{R_1+R_2} U_O$$

也会随着 $U_O$ 的升高而升高，因而运放的净输入电压 $U'_I = U_Z - U_F$ 将减小，结果使输出电压 $U_O$ 基本保持不变。这个变化过程为

$$\text{外部原因} \rightarrow U_O\uparrow \rightarrow U_F\uparrow \rightarrow U'_I = (U_Z - U_F)\downarrow$$

$$U_O\downarrow$$

可见，串联型稳压电源，是以稳压管（或其它恒定）电压为基准，利用电压串联负反馈来维持输出电压的稳定。

从电路中的反馈支路的构成可知，当满足 $AF\gg1$ 时，可以按照深度负反馈的估算公式，求电路的电压放大倍数，即

$$A_{uf} = \frac{U_O}{U_Z} \approx \frac{1}{F} = \frac{R_1+R_2}{R_2} = 1+\frac{R_1}{R_2}$$

故

$$U_O = \left(1+\frac{R_1}{R_2}\right) U_Z$$

可见，当基准电压固定时，改变 $R_1$ 和 $R_2$ 的比值，可以调节串联稳压电路的输出电压值。所以，电路中选用可调电位器作分压电阻，可以实现输出电压在一定范围内连续可调。

综上所述，串联型稳压电路比稳压管稳压电路具有以下优点：

（1）输出电压受电压负反馈控制，具有较高的稳定度。

（2）输出电压从射极输出器输出，具有较强的带负载能力。

（3）改变分压电阻值，可以调节输出电压，因此能实现直流电压连续可调。

**串联型稳压电路的优点是什么？**

2. 电路和采样电阻的估算

所谓采样电阻就是串联稳压电路负反馈支路的分压电阻。它一般由三个电阻构成，中间的电阻往往采用可调的电位器，改变其阻值，就能改变分压比，从而调整输出电压值，现举例说明。

**【例 9.3.4】** 图 9.3.4 是典型的串联型稳压电源的电路图。若已知 $U_Z=16V$，三极管 T 饱和时 $U_{CES}=2V$. 试求：

（1）输出电压的范围；

（2）整流滤波后的电压 $U_I$ 和变压器次级电压 $U_2$.

（3）调整管的管压降变化范围。

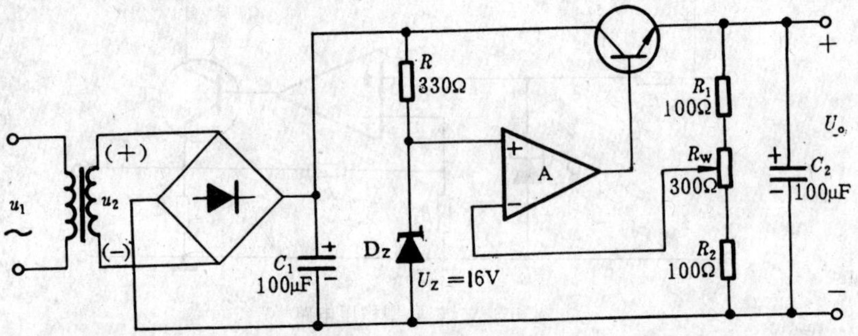


图 9.3.4　例 9.3.4 的电路图

**解**　本题重点是分析采样电阻值的变化对输出电压的影响，然后按整流、滤波的有关公式计算对应电压值。

（1）当电位器 $R_W$ 的滑动端调到上端时，

$$U_{O1}=\left(1+\frac{R_1}{R_2+R_W}\right)U_Z=\left(1+\frac{0.1}{0.1+0.3}\right)\times 16$$

$$=20V$$

当电位器 $R_W$ 的滑动端调到下端时，

$$U_{O2}=\left(1+\frac{R_1+R_W}{R_2}\right)U_Z=\left(1+\frac{0.1+0.3}{0.1}\right)\times 16$$

$$=80V$$

可见，$R_W$ 的可动端越向上调，输出电压越低；反之向下调，输出电压升高。输出电压的可调范围是 20～80V。

(2)求 $U_I$ 和 $U_2$ 必须根据输出电压的需要。为了保证输出电压为最大值时电路能正常工作，因此，$U_I$ 必须满足下式：

$$U_I \geqslant U_{Omax}+U_{CES}$$
$$=80+2$$
$$=82V$$

根据桥式整流电容滤波的输入和输出关系，要求满足$U_I \approx 1.2U_2$，故

$$U_2 \geqslant \frac{U_I}{1.2}$$
$$=\frac{82}{1.2}=68.3V$$

因此，要求变压器次级电压有效值不得小于 69V.

(3)当输出电压为最大值时，三极管 T 临界饱和，管压降为 $U_{CES}=2V$.当输出电压为最小值，即 $U_{Omin}=20V$ 时，$U_I=82V$ 依然不变，故两者电压的差值全部降在三极管 T 上，此时管压降为

$$U_{CE}=U_I-U_{Omin}=62V$$

可见，调整管的管压降变化范围在 2～62V 之间。

从例 9.3.4 可以得到，在用运放作放大环节时，输出电压的最大值和最小值表达式为

$$U_{Omax}=\frac{R_1+R_W+R_2}{R_2}\cdot U_Z$$
$$U_{Omin}=\frac{R_1+R_W+R_2}{R_W+R_2}\cdot U_Z$$

如果比较放大电路使用是一级 NPN 型三极管，则必须考虑三极管 $U_{BE}$的导通电压值，表达式一般为

$$U_{Omax}=\frac{R_1+R_W+R_2}{R_2}(U_Z+U_{BE})$$
$$U_{Omin}=\frac{R_1+R_W+R_2}{R_W+R_2}(U_Z+U_{BE})$$

**【例 9.3.5】** 在图 9.3.5 所示电路中，

(1)估算 $R_2$ 变化时 $U_O$ 的变化范围，假设三极管 $U_{BE}=0.7V$；

(2)如果 $T_1$ 管的 $\beta_1=50$，求能保证稳压的最大输出电流 $I_{E1max}=$？

(3)设 $U_I=24V$，试说明该电压是否符合调整电压的要求？当 $I_{E1}=50mA$ 时，$T_1$ 的最大耗散功率 $P_{Cmax}$出现在 $R_2$ 的滑动端处于什么位置上？并求出 $P_{Cmax}=$？

(4)如果电容 C 足够大，估算使 $U_I=24V$ 时，变压器次级电压 $U_2=$？

**解** 本题主要训练串联型稳压电路的分析和计算方法。

(1)根据输出电压的估算公式，可求出

$$U_{Omax}=\frac{R_1+R_2+R_3}{R_3}(U_Z+U_{BE})$$
$$=\frac{0.3+0.1+0.2}{0.2}(5.3+0.7)$$
$$=3\times 6=18V$$
$$U_{Omin}=\frac{R_1+R_3+R_2}{R_3+R_2}(U_Z+U_{BE})$$
$$=\frac{0.3+0.1+0.2}{0.3}(5.3+0.7)$$

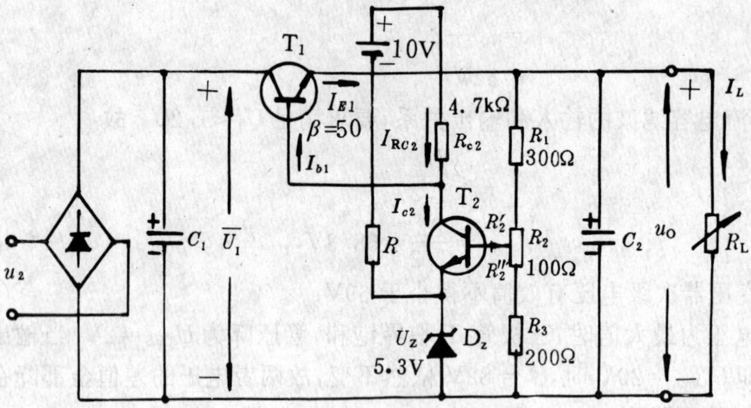


图 9.3.5 例 9.3.5 的电路

$$=12V$$

(2)因为 $T_1$ 输出电流最大时，一定是其基极电流最大。又因 $T_1$ 基极电流是由 $I_{RC2}$供给的，只有当 $T_2$ 管 $I_{C2}$为 0 时，$I_{B1}$才是最大的，故

$$I_{B1max}=I_{RC2}=\frac{10-0.7}{R_{C2}}$$

$$=\frac{9.3}{4.7}$$

$$\approx 2mA$$

所以，输出最大电流为

$$I_{E1max}=\beta_1\cdot I_{B1max}=50\times 2$$

$$=100mA$$

(3)为保证调整管 $T_1$ 正常工作，必须要求在输出直流电压最大时，管子 $T_1$ 仍然处于放大状态，以使其起到调整电压的作用。

故要求

$$U_I\geqslant U_{Omax}+U_{CES}$$

$$=18+U_{CES}$$

已知 $U_I=24V$，故 $T_1$ 管压降 $U_{CE}=6V$。它大于 $U_{CES}$，能使 $T_1$ 处于放大状态。所以，若 $U_I=24V$ 能够保证调整管所需的调整电压的要求。

为了求 $T_1$ 的最大管耗，作下面推导：

$$\because \quad P_{C1}=(U_I-U_O)\cdot\frac{U_O}{R_L}$$

$$\frac{\partial P_{C1}}{\partial U_O}=\frac{U_I}{R_L}-\frac{2U_O}{R_L}=0$$

故 $U_O=\frac{1}{2}U_I$ 时管耗最大，从上面分析计算，$U_O=U_{Omin}$时正好等于$\frac{1}{2}U_I$，故

调整管的最大管耗应发生在管压降最大时。所以，当 $R_2$ 的滑动端调整在最上端时，输出电压最低，$T_1$ 管压降最大，管耗最大。最大管耗的数值为

$$P_{C1max}=I_{E1}\cdot U_{CE}=I_{E1}\times(U_I-U_{Omin})$$

$$=50\times 10^{-3}\times 12$$

$=0.6\text{W}$

(4) 根据电容滤波当电容足够时，满足

$$U_I=1.2U_2$$

故

$$U_2=\frac{U_I}{1.2}=\frac{24}{1.2}$$
$$=20\text{V}$$

所以，变压器次级电压的有效值为 20V.

**【例 9.3.6】** 串联型稳压电源如图 9.3.6 所示。设整流滤波后的电压 $U_I=24\text{V}$，稳压管 $D_Z$ 的稳定电压 $U_Z=10\text{V}$，晶体三极管 $U_{BE}$ 均为 0.7V，调整管 $T_1$ 的 $\beta_1=100$，电阻 $R_1=R_2=200\Omega$，$R_3=500\Omega$，$R_4=4\text{k}\Omega$，$R_5=500\Omega$，$R_6=3\text{k}\Omega$，$R_L=150\Omega$. 试求：

(1) 要求 $U_O=15\text{V}$ 时，$R_2$ 的滑动端应在什么位置？

(2) 当 $U_O=15\text{V}$ 时，调整管 $T_1$ 的功耗 $P_{C1}$ 为多少？假设 $T_2$ 管集电极电流 $I_{C2}$ 可以忽略不计。

(3) 若图中稳压管 $D_Z$ 接反，电路能否正常工作？为什么？

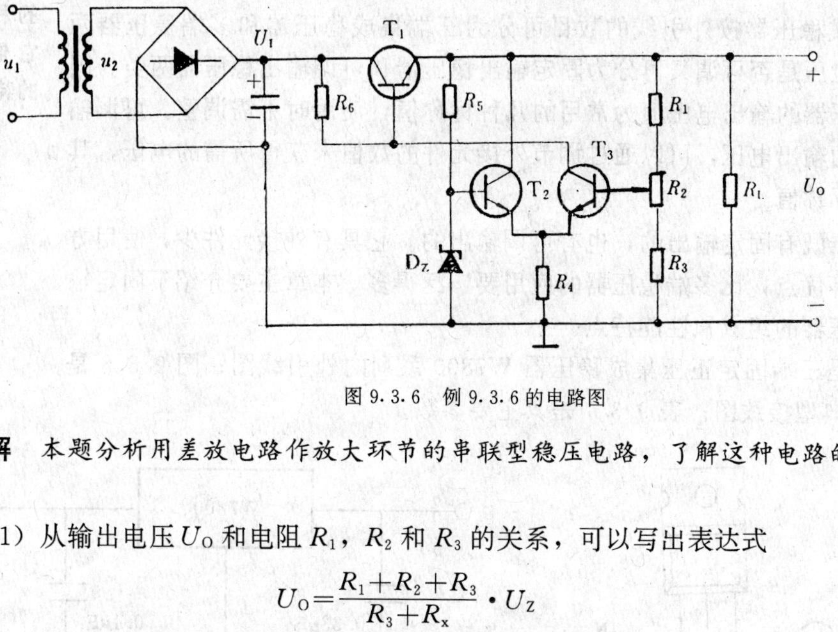


图 9.3.6 例 9.3.6 的电路图

**解** 本题分析用差放电路作放大环节的串联型稳压电路，了解这种电路的特点。

(1) 从输出电压 $U_O$ 和电阻 $R_1$，$R_2$ 和 $R_3$ 的关系，可以写出表达式

$$U_O=\frac{R_1+R_2+R_3}{R_3+R_x}\cdot U_Z$$

其中 $R_x$ 为电位器 $R_2$ 滑动端之下的阻值。代入已知条件可求出

$$R_x=(R_1+R_2+R_3)\frac{U_Z}{U_O}-R_3$$
$$=(0.2+0.2+0.5)\times\frac{10}{15}-0.5$$
$$=0.9\times\frac{2}{3}-0.5$$
$$=0.1\text{k}\Omega=100\Omega$$

可见，输出电压为 15V 时 $R_2$ 的滑动端应在中点位置。

(2) 如果忽略 $I_{C2}$的影响，流过 $T_1$ 的电流应包括负载电流 $I_L$，流过分压电阻的电流 $I_{R1}$和流过稳压管 $D_Z$ 的电流 $I_{R5}$. 先分别求出上述三个电流值，再求 $P_{C1}$.

$$I_L=\frac{U_O}{R_L}=\frac{15}{0.15}=100\text{mA}$$

$$I_{R1}=\frac{U_O}{R_1+R_2+R_3}=\frac{15}{0.2+0.2+0.5}=16.7\text{mA}$$

$$I_{R5}=\frac{U_O-U_Z}{R_5}=\frac{15-10}{0.5}=10\text{mA}$$

故可求出

$$\begin{aligned}P_{C1}&=(U_I-U_O)(I_1+I_{R1}+I_{R5})\\&=(24-15)\times(0.1+0.0167+0.01)\\&=9\times0.1267=1.14\text{W}\end{aligned}$$

(3) 若电路中的稳压管 $D_Z$ 极性接反，则基准电压只有 0.7V 左右，这时差放电路的 $T_2$ 和 $T_3$ 接近截止，故电路不能正常工作。

3. 集成稳压器的特点和使用

**试说明集成稳压器的种类和它们各自的特点**

集成稳压器也称集成电压调节器。它和分立元件的稳压电路一样，主要功能是将非稳定的直流电压变换成稳定的直流电压。

串联型集成稳压器按外引线的数目可分为三端集成稳压器和多端稳压器两类；按其输出电压是否可调又可分为固定输出稳压器和可调输出稳压器两类。固定输出集成稳压器的输出电压值为常用的几种标称值，使用时不需调整。可调输出集成稳压器的输出电压，可以通过调节外接元件的数值来获得所需的电压，其数值一般为非标称值。

三端稳压器既有固定输出的，也有可调输出的。它具有外接元件少，使用方便，安全可靠等优点，比多端稳压器的应用要广泛得多。本章主要介绍了固定输出三端集成稳压器的组成和性能特点。

图 9.3.7 是三端固定正压集成稳压器 W7800 系列的外引线图；图 9.3.8 是 W7800 系列的典型接线图；表 9.3.1 是其主要参数。

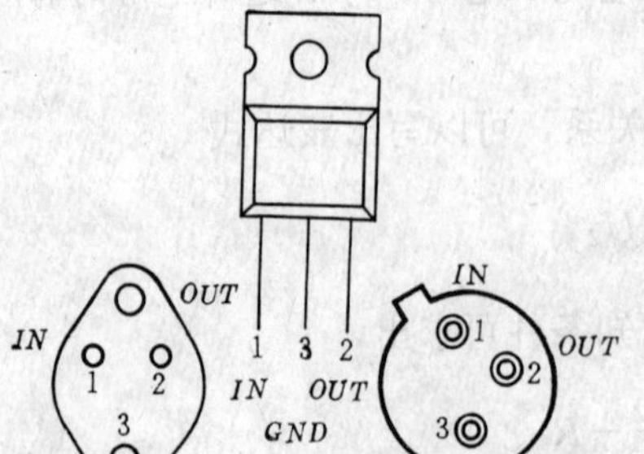


图 9.3.7　W7800 外引线图

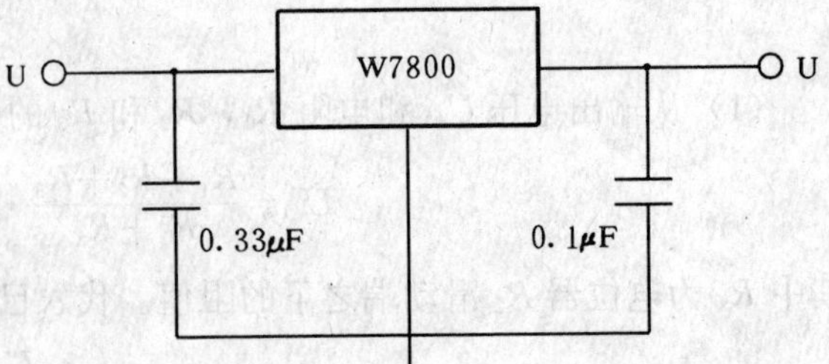


图9.3.8　W7800典型接法

表 9.3.1　W7800 系列稳压器主要参数表

| 参数名称 | 符号 | 单位 | W7805 | W7806 | W7808 | W7812 | W7815 | W7820 | W7824 |
|---|---|---|---|---|---|---|---|---|---|
| 输出电压 | $U_O$ | V | 5±5% | 6±5% | 8±5% | 12±5% | 15±5% | 20±5% | 24±5% |
| 输入电压 | $U_I$ | V | 10 | 11 | 14 | 19 | 23 | 28 | 33 |
| 电压调整率（最大值） | $S_V$ | mV | 50 | 60 | 80 | 120 | 150 | 200 | 240 |
| 电流调整率（最大值） | $S_I$ | mV | 80 | 100 | 120 | 140 | 160 | 200 | 240 |
| 纹波抑制比（典型值） | $S_{np}$ | dB | 68 | 65 | 62 | 61 | 60 | 58 | 56 |
| 静态工作电流 | $I_O$ | mA | 6 | 6 | 6 | 6 | 6 | 6 | 6 |
| 输出电压温漂（典型值） | $S_T$ | mV/℃ | 0.6 | 0.7 | 1 | 1.5 | 1.8 | 2.5 | 3 |
| 输出噪声电压（典型值） | $U_{No}$ | μV | 40 | 50 | 60 | 80 | 90 | 160 | 200 |
| 最小输入电压 | $U_{Imin}$ | V | 7.5 | 8.5 | 10.5 | 14.5 | 17.5 | 22.5 | 26.5 |
| 最大输入电压 | $U_{Imax}$ | V | 35 | 35 | 35 | 35 | 35 | 35 | 40 |
| 最大输出电流 | $I_{Omax}$ | A | | | 1.5 | | | | |

图 9.3.9 是三端固定负压集成稳压器 W7900 的外引线图；图 9.3.10 是 W7900 的典型接线图，其中用(*a*)为固定输出稳压电路，图(*b*)为可变输出稳压电路；表 9.3.2 是 W7900 系列稳压器的主要参数表。

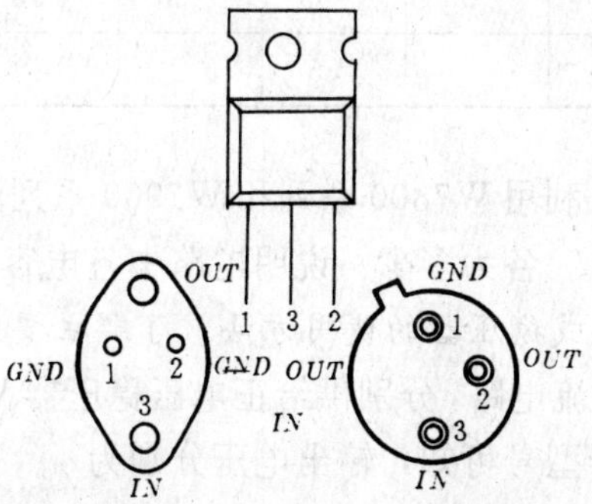


图 9.3.9　W7900 外引线图

在图 9.3.10 (*b*) 电路中，$U_O=U_{SET}\frac{R_1+R_2}{R_2}$，$U_{SET}$为所选器件的额定输出电压；$R_2=300\Omega$（对 W7905），$750\Omega$（对 W7912），$1k\Omega$（对 W7915）.

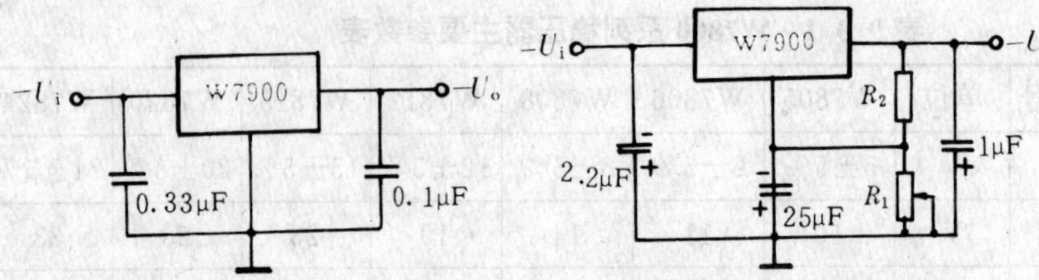


(*a*) 固定输出稳压电路　　　　(*b*) 可变输出稳压电路

图 9.3.10　W7900 典型接法

**表 9.3.2　W7900 系列稳压器主要参数表**

| 参数名称 | 符号 | 单位 | W7905 | W7906 | W7908 | W7912 | W7915 | W7920 | W7924 |
|---|---|---|---|---|---|---|---|---|---|
| 输出电压 | $U_O$ | V | −5±5% | −6±5% | −8±5% | −12±5% | −15±5% | −20±5% | −24±5% |
| 输入电压 | $U_I$ | V | −10 | −11 | −14 | −19 | −23 | −29 | −33 |
| 电压调整率（最大值） | $S_V$ | mV | 50 | 60 | 80 | 120 | 150 | 200 | 240 |
| 电流调整率（最大值） | $S_I$ | mV | 100 | 120 | 160 | 180 | 200 | 220 | 240 |
| 纹波抑制比（典型值） | $S_{np}$ | dB | 54 | 54 | 54 | 54 | 54 | 54 | 54 |
| 静态工作电流 | $I_D$ | mA | 6 | 6 | 6 | 6 | 6 | 6 | 6 |
| 输出电压温漂（典型值） | $S_T$ | mV/℃ | −0.4 | −0.5 | −0.6 | −0.8 | −0.9 | −1 | −1.1 |
| 输出电压噪声（典型值） | $U_{No}$ | μV | 40 | 50 | 60 | 100 | 120 | 160 | 200 |
| 最小输入电压 | $U_{Imin}$ | V | −7 | −8 | −10 | −14 | −17 | −22 | −26 |
| 最大输入电压 | $U_{Imax}$ | V | −35 | −35 | −35 | −35 | −35 | −35 | −40 |
| 最大输出电流 | $I_{Omax}$ | A | | | 1.5 | | | | |

**【例 9.3.7】**　图 9.3.11 是利用 W7800 系列和 W7900 系列两个稳压器构成的直流稳压电路。试求：$U_{O1}$和 $U_{O2}$各为多少？说明电路中各电容的作用。

**解**　本题练习固定三端集成稳压器的使用方法，了解主要元器件的作用。

该电路整流部分为全波整流电路，分别供给正电压稳压器 W78M15 和负电压稳压器 W79M06。根据稳压器型号可知，输出电压分别为

$$U_{O1}=15\text{V}$$

$$U_{O2}=-6\text{V}$$

电路中，$C_1$ 和 $C_2$ 为电容滤波的大电容；$C_3$ 和 $C_4$ 是为了抑制高频噪声，改善输出瞬态响应的电容。

**【例 9.3.8】**　图 9.3.12(*a*)和(*b*)画出了两个用三端集成稳压器 W7805 组成

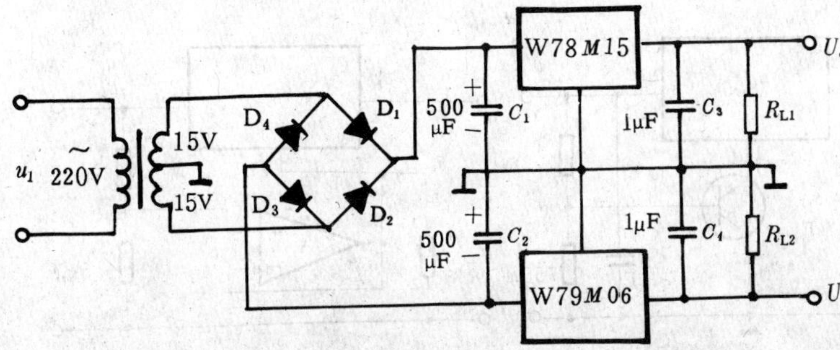


图 9.3.11 例 9.3.7 的电路图

的电路，已知 $I_W=5mA$，试求：

(1) 图 ($a$) $I_O$ 的表达式及数值；

(2) 图 ($b$) $U_O$ 的表达式和数值；

(3) 两个电路的功能是什么？

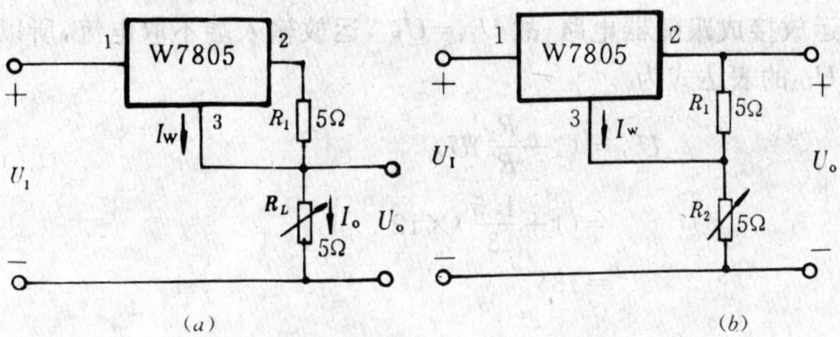


图 9.3.12 例 9.3.8 的电路

**解** 本题重点了解三端稳压器的使用方法和参数的简单估算。

因为 W7805 为固定正 5V 的稳压器，故引出端 2,3 之间为 5V，故在图($a$)和($b$)中

$$I_{R1}=\frac{U_{23}}{R_1}=\frac{5}{5}=1A$$

(1) 在图($a$)中，负载电阻 $R_L$ 与 $R_1$ 串接，流过 $R_L$ 的电流为

$$I_L=I_{R1}+I_W=1+0.005\approx 1A$$

可见，该电路为恒流源电路，输出电流并不随 $R_L$ 的改变而变化，始终保持约为 1A。

(2) 在图($b$)中，输出电压从 $R_1$ 和 $R_2$ 上取出，故

$$\begin{aligned}U_O&=(1+\frac{R_2}{R_1})U_{23}+I_WR_2\\&=(1+1)\times 5+0.005\times 5\\&\approx 10V\end{aligned}$$

该电路为输出可调的稳压电路，改变 $R_2$ 和 $R_1$ 的比值，即可得到所需的直流电压。

**【例 9.3.9】** 图 9.3.13 ($a$) 和 ($b$) 电路中，试求 $U_{O1}$ 和 $U_{O2}$ 各是多少？

**解** 本题主要了解三端集成稳压器的应用以及输出电压的估算方法。

(1) 图 ($a$) 中，$U_{23}=5V$，$U_{BE}=-0.7V$，$I_w=5mA$ 故

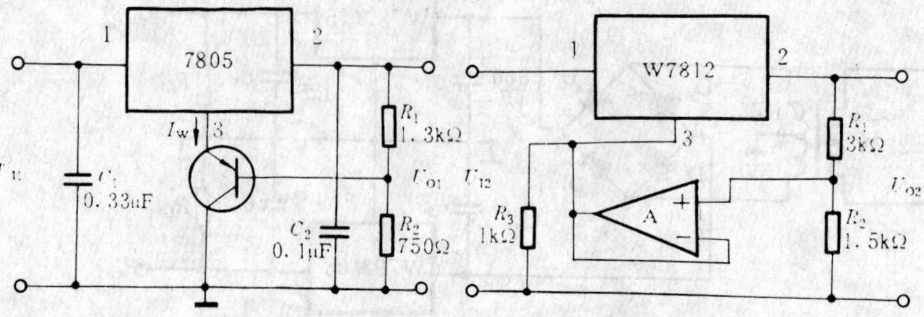


图 9.3.13　例 9.3.9 的电路

$$U_{O1}=(1+\frac{R_2}{R_1})(U_{23}-U_{BE})+\frac{I_W}{1+\beta}R_2$$
$$=(1+\frac{0.75}{1.3})\times(5+0.7)+\frac{5}{51}\times0.75$$
$$=8.99+0.07=9.06V$$

(2) 图($b$)中，运放接成跟随器电路，故 $U_{23}=U_{R1}$，运放输入端不取电流，所以 $I_{R1}=I_{R2}$，可以写出 $U_{O2}$ 的表达式为

$$U_{O2}=(1+\frac{R_2}{R_1})U_{23}$$
$$=(1+\frac{1.5}{3})\times12$$
$$=18V$$

## 9.4　开关型稳压电路

### (一) 开关型稳压电路的特点和组成

**开关稳压电路的特点是什么？**

1. 开关型稳压电路的特点

(1) 调整管工作在开关状态，本身的功耗较小，电路的效率很高，有的可达 80%～90%。

(2) 同串联型稳压电路相比，在输出功率相同的条件下，调整管的功率可减小，有时可不用散热片，因此可以做得体积小，重量轻。

(3) 电路中需加储能滤波环节，以便将断续的脉冲电压变成连续的平滑的直流电压。但是仍有射频干扰，使输出的纹波较大。

**开关稳压电源由哪几部分组成？各起什么作用？**

2. 开关型稳压电路的主要组成

主要由六部分组成：

(1) 开关脉冲发生器：产生脉宽可控的开关脉冲，以便控制开关调整管导通与截止。

(2) 开关调整管：在开关脉冲作用下，调整管工作在开关状态，输出相应的断续脉冲电压。

(3) 储能滤波电路：由电感、电容和二极管组成，起到储存能量、续流和滤波的作用，将断续的脉冲电压变成连续的平滑的直流电压。

(4) 采样电路：利用分压电阻从输出电压 $U_O$ 中取出一部分，反馈送到比较放大器。

(5) 基准电压：提供电压基准，一般由稳压管稳压电路或其他方式提供一个恒定电压，送给比较放大器。

(6) 比较放大器：将采样电压和基准电压进行比较放大，并用放大后的输出电压去控制振荡器，从而产生开关脉冲。采样、比较、放大和控制的过程，一定要形成负反馈的过程，以便实现稳压的作用。

不难看出，采样电路、基准电压和比较放大环节的功能和串联型稳压电路是一样的，其电路组成也类似。所不同的是开关脉冲发生器、开关调整管和储能滤波电路，这三部分主要反映了开关型稳压电路的特点。

## 9.5 可控整流电路

可控制流电路是用一种大功率半导体器件——晶闸管所组成的整流电路。这种晶闸管不仅能够整流，而且通过外加信号可以控制其导通角，从而控制整流输出电压的大小。

**什么是可控整流电路？**

### (一) 晶闸管的结构和特点

1. 结构

**晶闸管**又称**可控硅整流元件**。它和硅二极管不同，有三个电极：阳极 (A)、阴极 (K) 和控制极 (G)，内部由 $P_1N_1P_2N_2$ 四层半导体叠合而成，因此它有三个 PN 结。它的结构示意图和电路符号如图 9.5.1 所示。

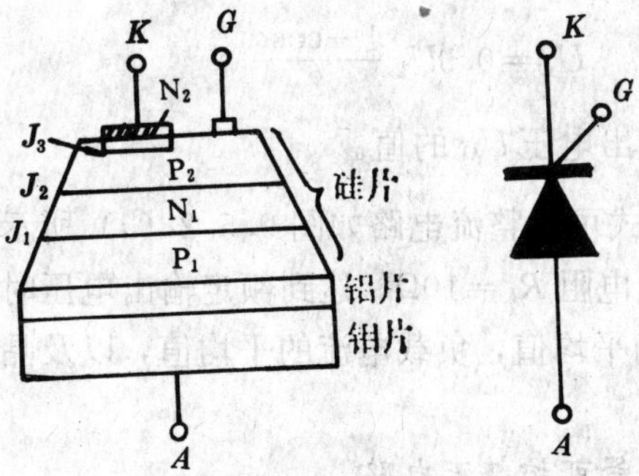


图 9.5.1 晶闸管的结构和符号

2. 特点

**晶闸管的性能特点是什么？**

(1) 在阳极和阴极之间外加正向电压，但控制极不加触发电压，则晶闸管一般不会导通。

(2) 晶闸管导通需同时满足两个条件：(*a*) 阳极和阴极间加正向电压；(*b*) 控制极外加一定幅度的正触发脉冲。

(3) 普通的晶闸管一旦导通，触发信号则失去控制作用。只要阳极、阴极间的正向电压存在，控制电压减小到零或反向，晶闸管仍然导通。

（4）要使晶闸管从导通变为阻断，必须减小阳极电流、或将阳极电源切断或反向。

**（二）单相桥式可控整流电路**

单相桥式可控整流电路的原理图如图 9.5.2（*a*）所示。如果已知 $u_2$ 的波形和加在控制极的触发脉冲波形 $u_G$，则输出电流和电压（$i_O$ 和 $u_O$）的波形如图 9.5.2（*b*）所示。

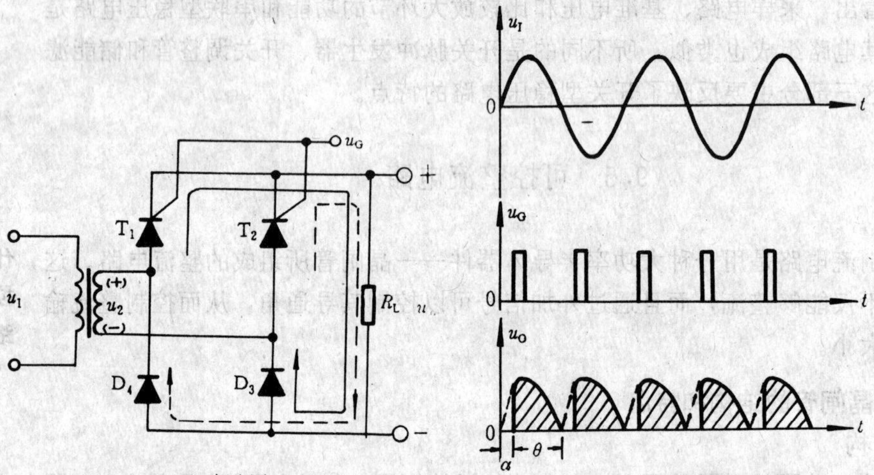


（*a*）电路图　　（*b*）波形图

图 9.5.2　单相桥式可控整流电路和波形

假设触发脉冲的**控制角**为 $\alpha$，晶闸管的**导电角**为 $\theta$，$\theta=\pi-\alpha$，则可控整流电路的输出直流电压为

$$U_O=0.9U_2\frac{1+\cos\alpha}{2}$$

改变 $\alpha$ 的大小，即可控制输出电压 $U_O$ 的值。

**试说明输出电压和控制角的关系**

**【例 9.5.1】**　单相桥式可控整流电路如图 9.5.2（*a*）所示。已知输入交流电源电压 $U_2$ 为 380V，负载电阻 $R_L=10\Omega$，达到额定输出电压时晶闸管的导电角 $\theta=150°$。试求：输出电压的平均值，负载电流的平均值，以及晶闸管承受的最大反向电压 $U_{RM}$。

**解**　本题练习求解晶闸管可控整流电路。

$\because\quad \theta=150°$

$\therefore\quad \alpha=180°-\theta=180°-150°=30°$

故
$$U_O=0.9U_2\frac{1+\cos\alpha}{2}=0.9\times380\times\frac{1+\cos30°}{2}\approx320\text{V}$$

流过负载的平均电流为

$$I_O=\frac{U_O}{R_L}=\frac{320}{10}$$

$$=32\text{A}$$

晶闸管承受的最大反向电压与桥式整流二极管相同，所以

$$U_{RM}=\sqrt{2}U_2=\sqrt{2}\times380=537\text{V}$$

**（三）可控整流触发电路**

在可控整流电路中，常用单结管组成脉冲产生电路，以便为晶闸管提供触发脉冲。

1．单结管的结构和性能特点

（1）结构

**单结管**只有一个 PN 结，故而得名。管子引出一个发射极，用 e 表示；引出两个基极，分别用 $b_1$ 和 $b_2$ 表示，它的电路符号如图 9.5.3(*a*)所示。

单结管一般在 $b_2$ 和 $b_1$ 之间，外加电源电压 $V_{BB}$，其等效电路如图 9.5.3(*b*)所示。其中二极管表示 PN 结，$r_{b2}$和 $r_{b1}$为 $b_2$，$b_1$ 之间的等效电阻。

为了测试单结管的性能，在 e 和 $b_1$ 之间外接电阻 R 和可变电压 $V_{EB1}$，测源其特性曲线如图 9.5.3(*c*)所示。

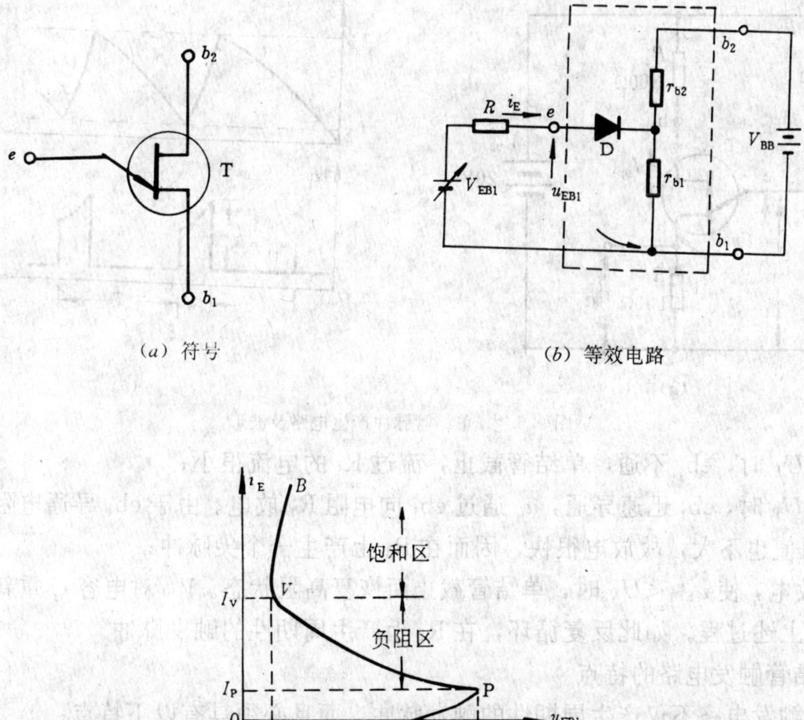


(*a*) 符号　(*b*) 等效电路

(*c*) 特性曲线

图 9.5.3　单结管的符号、等效电路和特性曲线

（2）性能特点

如果改变外加电压 $V_{EB1}$，可以测得单结管电流 $i_E$ 和电压 $U_{EB1}$ 的关系。从图 9.5.3(*c*)曲线可以看到它的性能有下面一些特点。

**单结管的性能特点是什么？**

(*a*) 在单结管 e 和 $b_1$ 之间电压 $u_{EB1}$ 改变时，只要 $u_{EB1}$ 小于峰点电压 $U_P$，管子保持截止状态，$i_E$ 很小，且 $eb_1$ 之间电压随外的电压增大而升高（曲线 *AP* 段）；

(*b*) 当 $u_{EB1} \geqslant U_P$ 时，电流 $i_E$ 迅速增大，但这时 $u_{EB1}$ 反而减小，呈现负阻特性（曲线 *PV* 段）。$u_{EB1}$ 最低降到谷点电压 $U_V$，之后 $u_{EB1}$ 略有增大而 $i_E$ 急剧增大，呈现二极管正向导通特性（曲线 *VB* 段），此时单结管进入饱和导通状态；

(*c*) 如果外加电压 $u_{EB1} < U_V$ 时，单结管又回到截止状态，电流 $i_E$ 很小。只有外加电压再次达到峰点电压 $U_P$ 时，单结管才再次导通，出现负阻特性，进入饱和导通状态。

2. 单结管脉冲产生电路

图 9.5.4(*a*)和(*b*)是单结管脉冲产生电路原理图和波形图。

电路中，在电源正端和 e 之间接可变电阻 R，在 e 和电源负端之间接充放电电容 C，在 $b_1$ 和 $b_2$ 端串接 $R_1$ 和 $R_2$。当接通电源之后，$V_{BB}$ 通过 R 向 C 充电，电容 C 上的电压 $u_C$（e 极电位）逐渐升高。

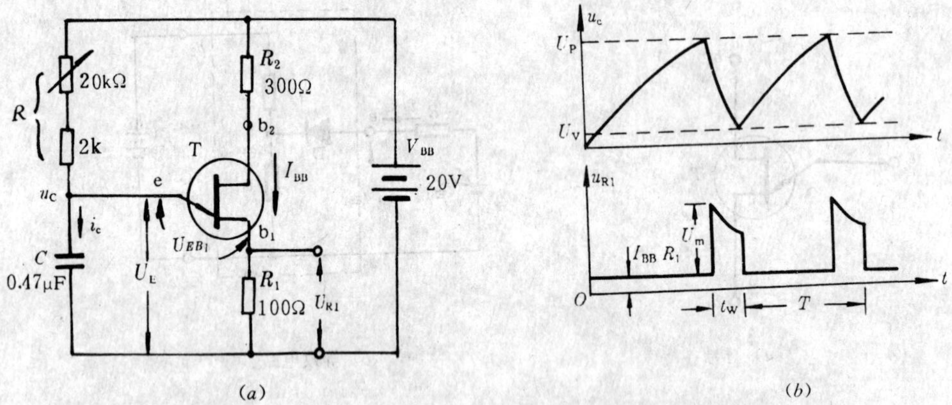


图 9.5.4　单结管脉冲产生电路及波形

当 $u_C < U_P$ 时，$eb_1$ 不通，单结管截止，流过 $R_1$ 的电流很小；

当 $u_C \geqslant U_P$ 时，$eb_1$ 迅速导通，$u_C$ 通过 $eb_1$ 向电阻 $R_1$ 放电。由于 $eb_1$ 导通电阻很小，$R_1$ 阻值也不大，故放电很快，因而在 $R_1$ 上产生一个尖脉冲；

当 $u_C$ 放电，使 $u_{EB1} < U_V$ 时，单结管截止而恢复高阻状态。$V_{BB}$ 对电容 C 重新充电，重复上述过程。如此反复循环，在 $R_1$ 上产生周期性的触发脉冲。

3. 单结管触发电路的特点

单结管触发电路不仅产生周期性的触发脉冲，而且必须具有以下特点：

（1）触发脉冲与主回路同步。也就是说保证触发电路能在整流电路每半个周期内以同样的导电角发出第一个脉冲。为此，一般将触发电路与主整流电路用同一个交流电源供电。

**单结管触发电路的特点是什么？**

（2）为控制晶闸管的导通时间，必须能改变控制角 *α*. 它要求单结管脉冲产生电路的充电时间可控。为此，通过改变 R 的阻值，以实现触发脉冲的移相。

(3) 为了使晶闸管可靠地工作，还对单结管触发电路产生的脉冲幅度和宽度有一定的要求。

单结管触发电路的电路图和波形图如图 9.5.5 (*a*) 和 (*b*) 所示。读者可自行分析该电路的工作原理。

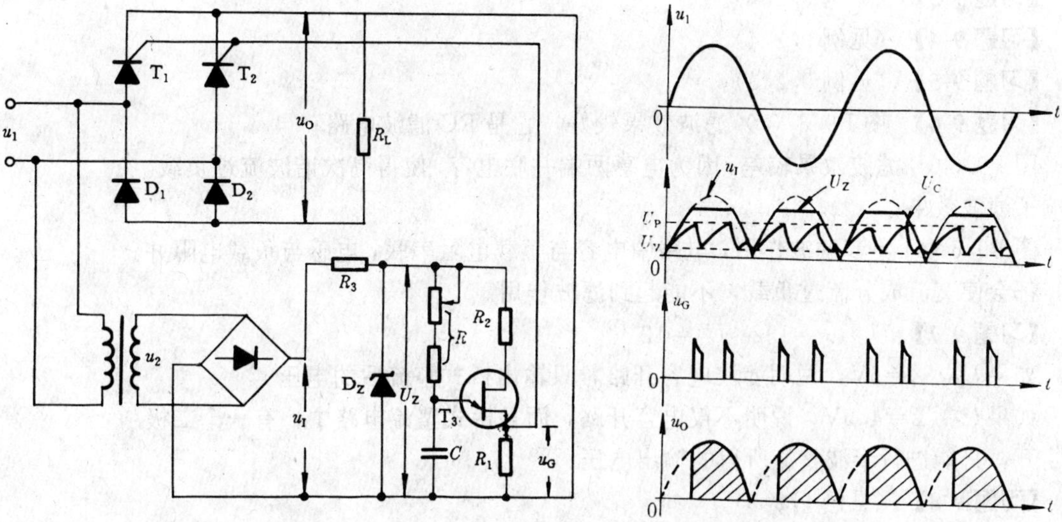


(*a*) 电路图　　　　　　(*b*) 波形图

图 9.5.5　单结管触发电路和波形图

## 三、自我检测题和部分习题参考答案

### 自我检测题答案

**(一) 是非题**

1. (×)，(×)。　2. (√)，(√)。　3. (√)，(×)，(√)，(√)。

4. (×)，(×)。　5. (√)，(√)。

**(二) 填空题**

1. 直流、变压、整流、滤波、稳压。

2. $0.9U_2$，$1.2U_2$。

3. 电流不能突变，较大，较小，不变 (180°)。

4. 限流电阻，串联，并联，较小，固定。

5. 放大，饱和；放大；基准电压，采样电压。

**(三) 估算题**

1. $U_I=18V$，$U_O=10V$，$U_{CE1}=8V$

2. $U_{Omin}=7.5V$，$U_{Omax}=15V$

3. $I_{D(AV)}=60mA$，$U_{RM}=21.2V$

4. $U_{CEmax}=12.3V$，$I_{Cmax}=180mA$

5. $U'_{Omax}=17.5V$，$U'_{Omin}=8.75V$

## 部分习题和思考题答案

**【习题 9-1】**（见例 9.2.1）。

**【习题 9-2】**（见例 9.2.2）。

**【习题 9-3】**（见例 9.2.4）。

**【习题 9-4】**（见例 9.2.4）。

**【习题 9-5】**（见例 9.2.3）。

**【习题 9-6】** 图 P9.6（*a*）滤波效果较好，它是 RC 滤波电路；

图 P9.6（*c*）滤波效果较差，因为电感两端并联电容，使得高次谐波流过负载，影响了滤波效果；

图 P9.6（*b*）不起滤波作用，电路中电容与负载电阻串联，电感与负载电阻并联，都会使交流成分流过负载，不能起到滤波作用。

**【习题 9-7】** $U_{O(AV)}=1.2\quad U_2=12V$

如果 $U_{O(AV)}=9V$，说明滤波电容开路，只输出桥式整流后的电压。

如果 $U_{O(AV)}=4.5V$，说明不仅电容开路，而且桥式整流电路中，有一个二极管断开，只能进行半波整流所得的输出电压。

**【习题 9-8】**（见例 9.2.3）。

**【习题 9-9】** 如果两个稳压管串联使用，可以得稳压值有：14V，6.7V，8.7V，1.4V.

如果并联使用所得稳压值有：6V，0.7V.

**【习题 9-10】** $$I_{Zmax}=\frac{P_Z}{U_Z}=\frac{200}{7}\approx 28.6mA$$

$$I_{Lmax}=\frac{U_Z}{R_{Lmin}}=\frac{7}{400}=0.0175=17.5mA$$

$$I_{Lmin}=\frac{U_Z}{R_{Lmax}}=\frac{7}{600}=0.0117=11.7mA$$

$$\because\quad I_{Zmax}=\frac{U_{Imax}-U_Z}{R}-I_{Lmin}$$

$$I_{Zmin}=\frac{U_{Imin}-U_Z}{R}-I_{Lmax}$$

故可求得

$$U_{Imax}\approx 11V$$

$$U_{Imin}=9.25V$$

因此，输入电压 $U_I$ 所允许的变化范围由 9.25V 至 11V.

**【习题 9-11】** $U_{Imax}=U_I(1+10\%)=26.4V$

$$U_{Imin}=U_I(1-10\%)=21.6V$$

$$\because\quad I_{Lmin}=\frac{U_{Imax}-U_Z}{R}-I_{Zmax}$$

$$I_{Lmax}=\frac{U_{Imin}-U_Z}{R}-I_{Zmin}$$

故可求得

$$I_{Lmin}=\frac{26.4-6}{0.24}-40$$
$$=45mA$$
$$I_{Lmax}=\frac{21.6-6}{0.24}-5$$
$$=60mA$$

所以

$$R_{Lmax}=\frac{U_Z}{I_{Lmin}}=\frac{6}{45}=133\Omega$$
$$R_{Lmin}=\frac{U_Z}{I_{Lmax}}=\frac{6}{60}=100\Omega$$

可见负载电阻的允许变化范围是从 100Ω 至 133Ω.

**【习题 9-12】**

(1)$U_{I(AV)}=1.2U_2=24V$

(2)当$R_L=1000\Omega$ 时,$I_Z$ 最大;

$R_L=400\Omega$ 时,$I_Z$ 最小;

(3)根据$\frac{U_{I(AV)}-U_O}{I_{Zmax}+I_{Lmin}}<R<\frac{U_{I(AV)}-U_O}{I_{Zmin}+I_{Lmax}}$

求得　$389\Omega<R<467\Omega$

**【习题 9-13】** 连接后的电路如图 P9.13 所示。

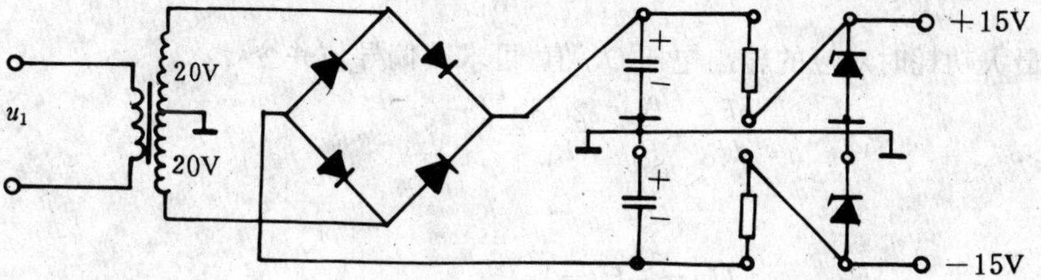


图 P9.13

**【习题 9-14】**

(1)$U_O=U_Z-U_{BE}=6.7-0.7=6V$

(2)$I_{D(AV)}=\frac{1}{2}I_{O(AV)}=\frac{1}{2}\times\frac{6}{0.6}=5mA$

(3)要求 $I_{Omax}<I_{CM}=300mA$;同时根据管耗的要求,还应满足:

$$I_{Omax}<\frac{P_{CM}}{U_I-U_O}=\frac{700}{24-6}=39mA$$

故允许最大输出电流为 39mA.

(4)$U_I=0.9U_2=0.9\times20=18V$

**【习题 9-15】** (见例 9.3.4)。

**【习题 9-16】** (见例 9.3.5)。

**【习题 9-17】**

(1) 根据 $U_{Omax}=\frac{R_1+R_W+R_2}{R_2}\ (U_Z+U_{BE})$

可以求得 $R_W$ 的值为

$$R_W=\frac{U_{Omax}\cdot R_2}{(U_Z+U_{BE})}-(R_1+R_2)$$
$$=\frac{21\times200}{5.3+0.7}-(300+200)$$
$$=200\Omega$$

(2) $R_W$ 滑动端在最上端时

$$U_{Omin}=\frac{R_1+R_W+R_2}{R_W+R_2}(U_Z+U_{BE})$$
$$=\frac{300+200+200}{200+200}\times(5.3+0.7)$$
$$=10.5V$$

**【习题 9-18】**

(1) $U_2=\frac{U_I}{1.2}=\frac{30}{1.2}=25V$

(2) $U_{Omax}=\frac{0.5+0.5+1}{1}\times12=24V$

$U_{Omin}=\frac{0.5+0.5+1}{0.5+1}\times12=16V$

(3) 因为调整管的功耗表达式为

$$P_C=(U_I-U_O)\cdot\frac{U_O}{R_L}$$

为求得最大功耗时对应的输出电压 $U_O$ 值，可求其偏导数并令

$$\frac{\partial P_C}{\partial U_O}=\frac{U_I}{R_L}-\frac{2U_O}{R_L}=0$$

可求得

$$U_O=\frac{1}{2}U_I=15V$$

但是，本电路最低输出电压为 16V，故最大管耗应发生在输出电压最小时，其值为

$$P_{Cmax}=(U_I-U_{Omin})\cdot\frac{U_{Omin}}{R_L}$$
$$=(30-16)\times\frac{16}{48}$$
$$=4.67W$$

**【习题 9-20】** 图 P9.19 改正了图中的错误之后，电路如图 P9.20 所示。

(1) 已给 $U_2=10V$，故 $U_I=1.2U_2=12V$，它不可能使输出电压最大值为 12V. 因此，要求变压器次级电压有效值应为 15～20V 之间。

(2) 为了保证输出最大电流为 1A，故 $T_1$ 管应选大功率管，如 3DD15.

(3) 为了保证输出电压调整范围在 9～12V，$R_1$ 和 $R_2$ 应对调。

(4) 为了使稳压管最小稳定电流为 5mA，电阻 R 应改为几百欧至几千欧的电阻。

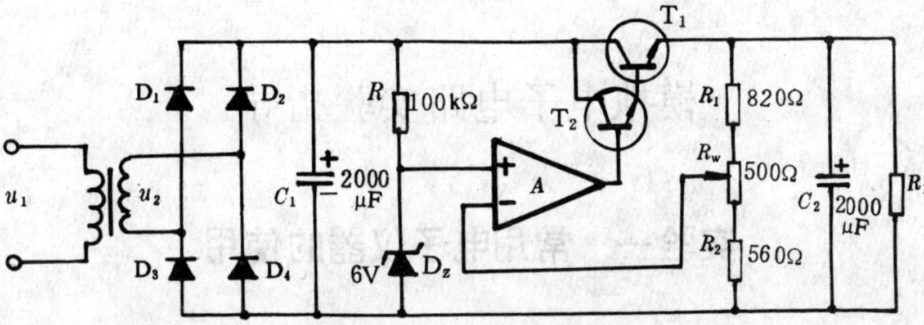


图 P9.20

**【习题 9-23】** （参考例 9.3.7）。

**【习题 9-24】** （参考例 9.3.8）。

**【习题 9-25】** （见例 9.3.9）。

**【习题 9-26】** （参考例 9.5.1）。

# 模拟电子电路实验指导

## 实验一　常用电子仪器的使用

### 一、实 验 目 的

1. 掌握常用电子仪器的使用方法；

2. 了解模拟电子电路的测量方法。

### 二、实 验 原 理

模拟电路中，主要研究的是微弱信号的放大以及各种形式信号的产生、变换和反馈等问题。

模拟电路中的电子元器件的参数对电路影响较大，放大器件一般工作在线性放大区。对其参数、频率响应、失真度都有很高的要求。因此，选用测量仪器不仅要求考虑仪器的测量精度，而且对仪器的输入、输出阻抗、频率范围与频率响应都有一定的要求。下面介绍几种电参数测量的方法和要求：

1. 电压测量　分直流电压和交流电压测量。交流电压多数是正弦波，频率范围也较宽。要了解被测信号的频率范围，正确选用仪器。

测量电压时，一般测量仪器与电路并联，因此要考虑测量仪器内阻对测量电路工作的影响，必须保证在测量误差允许的范围内。

测量交流弱信号电压时，注意采用共地屏蔽措施，避免干扰信号引起测量误差。

2. 电流测量　也分直流和交流两种测量，交流测量中还要注意频率范围。电流测量仪表一般串在被测电路中，因此，要尽可能减小仪器内阻对电路的影响。测量时为了避免断开原电路，通常采用测量电路中电阻上电压的方法计算电流，这种间接测量方法对交、直流信号都适用。

3. 电阻测量　测量电阻的阻值或PN结导通电阻，常用万用表的电阻档进行。一般万用表都是采用分流法比较电阻大小，被测元器件都要承受一定的电流和电压，所以选择电阻档位时，应使被测元器件上的电流与电压不超出其允许范围。

4. 耗散功率测量　通常是测器件两端压降及通过的电流，求其乘积来确定元器件的耗散功率。实际只要测出电压和用测量电压方法求出支路电流即可计算功率。

5. 频率测量与波形观察　可用频率计直接测量信号的频率，也可用示波器波形比较法或李沙育图形来进行测量，可以从示波器的时间轴测得周期再计算频率。

当用示波器观察波形时，除了测量频率之外，还可以测出正弦信号的幅值、有效值。并通过波形直接观察失真情况。

## 三、实验内容与步骤

1. 用万用电表的电阻档（1kΩ、100Ω 档）测量二极管正反向电阻值，和一个普通电阻，进行比较。测量结果记入表实 1-1。

**表实 1-1**

| 电阻档位 | 电　阻 | 二极管正向 | 二极管反向 |
|---|---|---|---|
| 1kΩ 档 | | | |
| 100Ω 档 | | | |

2. 用万用电表的电阻档（1kΩ 档）判断三极管的极性、类型与好坏。（准备 NPN 和 PNP 小功率三极管各一只，坏三极管一只，供测量和判断用）。

3. 用晶体管毫伏表及示波器测量并观察一个低频信号发生器各衰减档输出电压及波形，至少选择三种频率，如 100Hz，10kHz，100kHz，测量过程中要求信号发生器指示值一定（如取 3V）。把测量结果分别记录在表实 1-2 中。

**表实 1-2**

| 输出指示 3V | 0dB | −20dB | −40dB | −60dB | −90dB |
|---|---|---|---|---|---|
| 100Hz | V | V | V | V | V |
| 10kHz | V | V | V | V | V |
| 100kHz | V | V | V | V | V |

4. 用 JT—1 型晶体管特性图示仪，测量一个 NPN 型三极管的输出特性曲线，并从曲线上求出三极管的 $\beta$ 值。

例如测量 3DG6 型 NPN 小功率三极管，各参数选择如下：（参见附录 A，JT—1 面板）

集电极扫描电压极性：　选“＋”

峰值电压范围：选 0～20V（从 0 逐渐加大）

功耗电阻：　选 1kΩ

Y 轴作用：　选 1 毫安/度

X 轴作用：　选 2 伏/度

基极阶梯信号极性：　选“＋”

基极阶梯信号：　选 0.02 毫安/级

阶梯作用：　选重复

“级/秒”：　选 200

“级/族”：　选 6

集电极电压由 0 逐渐调大，到适当值（10V），记下 JT—1 屏幕显示的输出特性曲线族，在曲线中间，如 $U_{CE}=5V$ 处较均匀的曲线族中，取相邻上下两条曲线，求出 $\Delta I_b$ 及 $\Delta I_c$ 并计算 $\beta=\dfrac{\Delta I_c}{\Delta I_b}$之值。

5. 用JT—1型晶体管特性图示仪，测量一只稳压二极管反向击穿特性，确定其稳压值。例如：2CW103，将其负极接在三极管座的c极，正极接三极管座的e极，开关位置可如上举例不变，由0开始逐渐加大集电极扫描电压，在5V时曲线开始出现上升电流（因二极管是反接，此即反向电流）并急速上升，此时停止增加电压，记下特性曲线，由此点确定稳压值。

6. 思考题

1-1 为什么用万用电表不同电阻挡测量二极管正向电阻时，其阻值相差很大，而指针位置很接近，这是由二极管的什么特性决定的？这个电阻就是二极管的正向导通电阻吗？为什么？

1-2 如果万用电表没有$\beta$（$h_{FE}$）档，只有一只100kΩ电阻，你能用万用表的电阻档来区分三极管的集电极和发射极吗？画出简单电路，并说明原理。

1-3 能用万用电表的交流电压档取代晶体管毫伏表测量低频信号发生器的输出电压吗？用示波器是否可以代替晶体管毫伏表进行上述测量，其缺点是什么？

1-4 JT—1型晶体管特性图示仪的"X轴作用"和"Y轴作用"应按被测三极管的什么参数选取？

## 四、预习要求

1. 阅读实验指导书附录各仪器技术规格与使用说明、测量原理；
2. 计算低频信号发生器各衰减档的衰减电压倍数，列表并与测量值比较；
3. 设计实验各项记录表格及准备记录纸。

## 五、实验报告要求

1. 认真填写表实1.1和1.2各项实验记录；
2. 回答各思考题；
3. 实验报告中应包括各使用仪器型号、名称、主要技术规格、操作时主要开关旋扭位置；
4. 进行实验小结，包括心得与碰到的问题及解决办法。

## 六、实验仪器与器材

1. 稳压电源：最好有双路独立电压输出。
2. 万用电表：有交、直流电压档，电阻档，三极管$\beta$测量档，直流电压档内阻应大于20kΩ/V.
3. 晶体管毫伏表：输入电阻1MΩ以上，1mV～300V.
4. 低频信号发生器：20Hz～1MHz，有衰减器。
5. 示波器：一般单、双踪示波器均可。
6. JT—1型晶体管特性图示仪；其它型号亦可。
7. 主要器材：1kΩ电阻、100kΩ电阻各1只，3DG6 1只，3A×21 1只，坏三极管1只，稳压二极管1只，三极管1只。

# *实验二　单管放大电路

## 一、实 验 目 的

1. 掌握单管放大电路的静态和动态测试方法；

2. 巩固单管放大电路的基本工作原理；

3. 进一步熟悉常用电子仪器的使用方法。

## 二、实 验 原 理

实验电路如图实 2.1 所示。改变面板上各短接点可使电路组成基本共射或工作点稳定共射放大电路，电阻 $R_1$ 是为测量输入电阻 $R_i$ 而设，电位器 $R_w$ 是为调晶体三极管的偏流而设的。

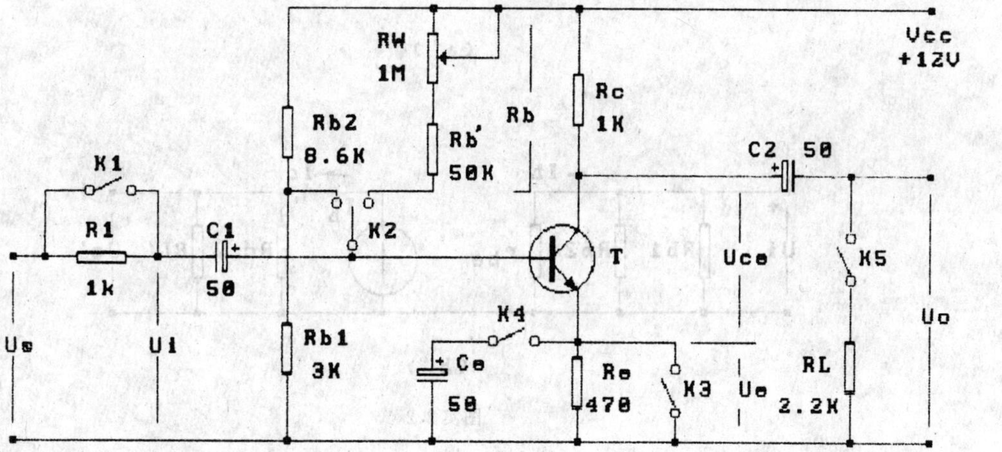


图实 2.1

1. 静态工作点

*a*、基本共射放大电路

$$U_{CEQ}=V_{CC}-I_{CQ}\cdot R_c \qquad (2\text{-}1)$$

$$I_{CQ}=\frac{V_{CC}-U_{CEQ}}{R_c} \qquad (2\text{-}2)$$

$$I_{BQ}=\frac{V_{CC}-U_{BEQ}}{R_b} \qquad (2\text{-}3)$$

$$\overline{\beta}=\frac{I_{CQ}}{I_{BQ}} \qquad (2\text{-}4)$$

实验中 $U_{CEQ}$，$U_{BEQ}$，$V_{CC}$实测，$I_{CQ}$，$I_{BQ}$由计算得到。

*b*、工作点稳定共射放大电路：当 $I_R \gg I_{BQ}$时有以下关系

$$U_{CEQ}=V_{CC}-U_{RC}-U_{EQ} \tag{2-5}$$

$$=V_{CC}-I_{CQ}\ (R_c+R_e)$$

$$U_{BQ}=\frac{R_{b1}}{R_{b1}+R_{b2}}\cdot V_{CC} \tag{2-6}$$

$$I_{BQ}=\frac{I_{CQ}}{\overline{\beta}}=\frac{U_{BQ}-U_{BEQ}}{\overline{\beta}\cdot R_e} \tag{2-7}$$

$$I_{CQ}=\frac{V_{CC}-U_{CEQ}}{R_c+R_e}=\frac{U_{RC}}{R_c} \tag{2-8}$$

实验中$U_{CEQ}$，$U_{BQ}$，$U_{BEQ}$实测，$\overline{\beta}$由基本电路计算，$I_{BQ}$，$I_{CQ}$由上式计算得到。

2. 动态测量

在图实 2.2 中画出了图实 2.1 两种电路的交流通路等效电路，可看出两者并在输入回路中的偏流电阻 $R_b$ 和分压电阻 $R_{b1}$和 $R_{b2}$对输入电阻的影响不同。

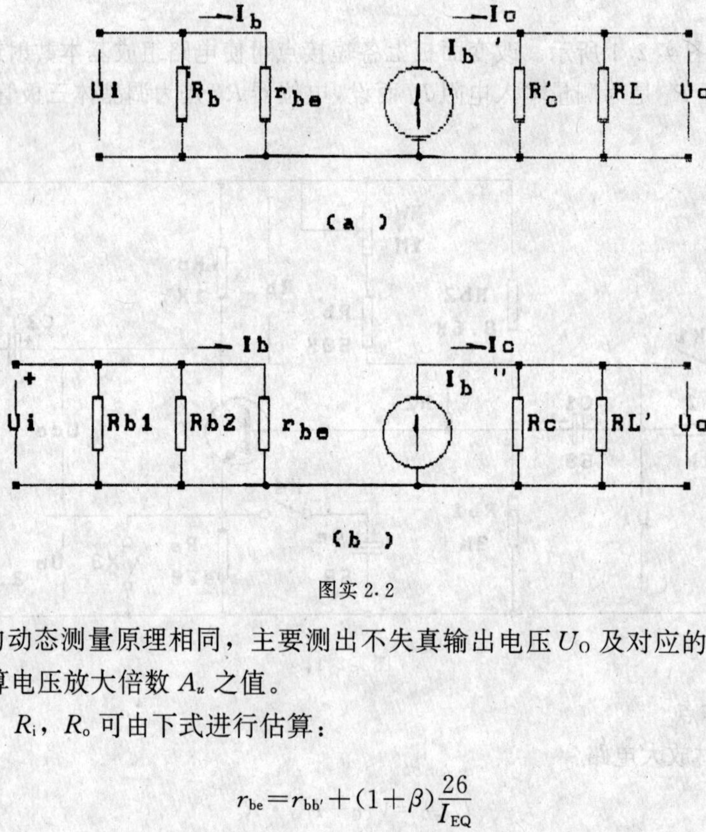


图实 2.2

两种电路的动态测量原理相同，主要测出不失真输出电压 $U_O$ 及对应的输入交流信号电压 $U_i$，然后计算电压放大倍数 $A_u$ 之值。

电路的 $A_u$，$R_i$，$R_o$ 可由下式进行估算：

$$r_{be}=r_{bb'}+(1+\beta)\frac{26}{I_{EQ}} \tag{2-9}$$

$$=200+(1+\beta)\frac{26\times R_e}{U_{EQ}}$$

$$R_L'=R_c/\!/R_L \tag{2-10}$$

$$A_u=-\frac{\beta R'_L}{r_{be}} \tag{2-11}$$

$$R_i=r_{be}/\!/R_b \tag{2-12}$$

在基本共射电路中 $R_b=R_b'+R_w$

在稳定共射电路中 $R_b = R_{b1} /\!/ R_{b2}$

$$R_o \approx R_c \tag{2-13}$$

## 三、实验内容与步骤

### (一) 基本共射放大电路测量

用短接线短接实验板上短接点 $K_1$，$K_2$（三极管 b 极到 $R_b'$），$K_3$ 和 $K_5$，使电路组成基本共射放大器，插三极管入管座，打开电源开关接通 $V_{CC}$(+12V)稳压电源。

1. 测静态工作点

用万用电表（直流电压档内阻≥20kΩ/V）的直流电压 0～10V 档，表笔接在 $U_{CE}$两端，调电位器 $R_w$，使 $U_{CE} \approx 5V$，作为工作点 $U_{CEQ}$之值。

把万用电表改接在 $U_{BE}$两端，用直流电压 0～2.5V 档，测量并记录 $U_{BEQ}$值。

暂时断开 $K_2$ 短接点，用万用电表的电阻 1k 挡测量 $R_b = R_b' + R_w$ 调整后之值，记录后再短接 $K_2$ 短接点。

表实 2-1

| | $R_b$ | $U_{CEQ}$ | $U_{BEQ}$ | $I_{CQ}$ | $I_{BQ}$ | $\overline{\beta}$ | $V_{CC}$ |
|---|---|---|---|---|---|---|---|
| 计算值 | | | | | | | |
| 实测值 1 | | | | | | | |
| 实测值 2 | | | | | | | |

将测量结果 $R_b$，$U_{CEQ}$，$U_{BEQ}$及 $V_{CC}$（稳压值可不测）计入表实 2-1 中，用式(2-2)，(2-3)，(2-4)分别计算 $I_{CQ}$，$I_{BQ}$，$\overline{\beta}$ 之值并记入表实 2-1 中。

* 可换不同 $\beta$ 的三极管重调 $R_w$ 重复上述测量。

2. 基本放大电路的动态测量

静态工作点调好后，在放大电路的 $U_s$ 输入端接上低频信号发生器，衰减器由最大衰减开始，即信号发生器的输出电压由零开始调起，频率在 100kHz～1kHz 范围内任选一个定下来。

在放大电路的 $U_O$ 输出端接上晶体管毫伏表(用 0～3V 档)，并用示波器观察输出波形。

调低频信号发生器，逐渐加大输入电压 $U_i$，同时注意输出正弦波形，找到不失真的最大输出电压 $U_{om}$，并记录在表实 2-2 的 $U_O$ 栏中。

把晶体管毫伏表改接在电路的 $U_i$ 输入端，选择适当量程，读出对应于输出 $U_{om}$的输入电压 $U_i$ 之值，记录在表实 2-2 的 $U_i$ 栏中。

用上述测量结果得到的 $U_{om}$及 $U_i$ 计算 $A_u$ 之值并记录在表实 2-2 的 $A_u$ 栏中，绘出波形图。

$$A_u = \frac{U_{om}}{U_i} \tag{2-14}$$

表实 2-2

| | 计算值 | 实测值 | $\beta_1=$ | 实测值 | $\beta_2=$ |
|---|---|---|---|---|---|
| $U_O$ | | | 波形图 | | 波形图 |
| $U_i$ | | | | | |
| $A_u$ | | | | | |
| $R_o$ | | | | | |
| $R_i$ | | | | | |

为了观察电路中三极管 $\beta$ 的变化及工作点调整不当时产生的输出波形失真情况，不变 $R_b$，换一个 $\beta$ 比上实验中所用三极管 $\beta$ 值大一倍以上的管子，取代上述 $\beta$ 较低的三极管，观察输出波形失真情况，并记录在表实 2-2 中。其中实测值由于波形失真无意义，用 $R_w$ 使其工作点正常后再记录。这两组实测值与计算值对比以及波形对比，进行分析。

注意：信号发生器输出线要采用屏蔽线。

*3. 测量基本放大电路的输入电阻 $R_i$

断开短路点 $K_1$（在输入回路中串入电阻 $R_1$），用晶体管毫伏表分别测量 $U_S$ 和 $U_i$ 输入端的电压，由下式可计算得到 $R_i$ 之值。

$$R_i=\frac{U_i}{U_S-U_i}\cdot R_1 \tag{2-15}$$

*4. 测量基本放大电路的输出电阻 $R_o$

短接 $K_5$（在输出端并入 $R_L$ 负载电阻），用晶体管毫伏表测量与上面未接入负载电阻时所测 $U_{om}$对应的（工作点不变）输出电压 $U_O$ 值，用下式（式 2-16）计算输出电阻。

$$R_o=(\frac{U_{om}}{U_O}-1)\cdot R_L \tag{2-16}$$

**（二）工作点稳定共射电路测量**

用短接线短接实验板上短接点 $K_1$，$K_2$（三极管 b 极到 $R_{b1}$，$R_{b2}$节点），$K_4$（电容 $C_e$ 并在 $R_e$ 上），$K_5$，使电路成为分压式工作点稳定共射电路，把三极管插到管座上，接通电源开关，使稳压电源 $V_{CC}$（+12V）接入电路。

测静态工作点：用万用电表直流电压的 10V 挡直接从 $U_B$，$U_{CE}$及 $R_C$ 两端测出 $U_{BQ}$，$U_{CEQ}$及 $U_{RC}$。然后改用万用电表直流电压的 2.5V 挡测出 $U_{BEQ}$值，由下式计算 $I_{CQ}$，$I_{BQ}$值。

$$I_{CQ}=\frac{U_{RC}}{R_c} \tag{2-17}$$

$$I_{BQ}=\frac{I_{CQ}}{\bar{\beta}} \tag{2-18}$$

记录 $U_{BQ}$，$U_{CEQ}$，$U_{BEQ}$及 $I_{CQ}$，$I_{BQ}$并与计算值相比较，见表实 2-3。

* 式中 $\bar{\beta}$ 可用基本放大电路所测结果。

表实 2-3

| | $\overline{\beta}$ | $U_{BQ}$ | $U_{CEQ}$ | $U_{BEQ}$ | $I_{CQ}$ | $I_{BQ}$ |
|---|---|---|---|---|---|---|
| 计算值 | | | | | | |
| 实测 1 | | | | | | |
| 实测 2 | | | | | | |

换用大一倍以上 $\overline{\beta}$ 的三极管，取代上面测量用管，再重复上述静态工作点的测量，看有无变化，将第二次测量结果记入表实 2-3 中，与第一次测量结果进行比较。

动态测量与基本放大电路类似，从略。

**（三）思考题**

2-1　在实验电路中 $R_b$ 为什么要由 $R'_b$ 和 $R_w$ 两部分组成，能否只用一个 $R_w$？为什么？

2-2　在基本放大电路和工作点稳定放大电路的静态工作点测试中，换不同 $\beta$ 的三极管的测量结果说明了什么问题？在实际电路中除了三极管参数影响工作点外，还有什么因素会使工作点改变？

2-3　试问信号发生器的输出线不用屏蔽共地措施，从示波器会看到什么现象？

2-4　如果不短接 $K_4$（断开 $C_e$）对静态工作点有无影响？对电压放大倍数 $A_u$ 影响如何？试分析计算一下。

## 四、预习要求

1. 认真阅读实验指导书，按实验原理电路分别计算基本共射放大电路和工作点稳定共射放大电路的静态工作点 $U_{CEQ}$，$I_{CQ}$，$r_{be}$，$U_{BQ}$，$U_{EQ}$及在已知 $\overline{\beta}$ 情况下的 $R_b$ 值。

2. 复习教材第一章有关部分，近似估算 $U_O$，$U_i$，$A_u$ 及 $R_i$，$R_o$ 之值。

3. 根据实验内容及步骤准备记录表格。

4. 准备实验报告纸，包括计算、电路图、上述记录表及思考题答案及小结部分。

5. 阅读附录中有关仪器的使用说明，元器件参数。

## 五、实验报告要求

1. 按实验步骤填写实验表格表实 2-1，2-2 及 2-3。

2. 回答思考题。

3. 实验过程中出现问题及解决办法。

4. 进行实验小结。

## 六、实验仪器与器材

1. 模拟电子技术实验箱。

2. 万用电表：直流电压档电阻≥20kΩ/V.

3. 示波器：一般示波器。

4. 低频信号发生器：20Hz～1MHz，有衰减器。

5. 晶体管毫伏表：20Hz～1MHz，1V，3V，10V 档。

6. 稳压电源：0～15V 可调至 12V，1～2A.

7. JT1 型晶体管特性图示仪。

8. 实验器材：3DG6 等 NPN 三极管不同 $\beta$ 的管子两只/每组。

# 实验三　集成运放参数的测试

## 一、实 验 目 的

1. 掌握集成运放主要参数的简单测量方法。
2. 进一步理解集成运放基本参数的意义。

## 二、实 验 原 理

1. 测输入失调电压 $U_{IO}$　所谓输入失调电压是指运放输出电压为零时在输入端加的补偿电压。它一般是用输入为零，测输出电压的方法求 $U_{IO}$ 值。把运放的调零补偿电路断开，用图实 3.1 所示测量电路，首先测输出电压 $U_{O1}$ 之值，然后按下式计算出 $U_{IO}$.

$$U_{IO}=\frac{R_1}{R_1+R_f}\cdot U_{O1}\qquad (\text{一般}\pm 1\sim 10\text{mV})\tag{3.1}$$

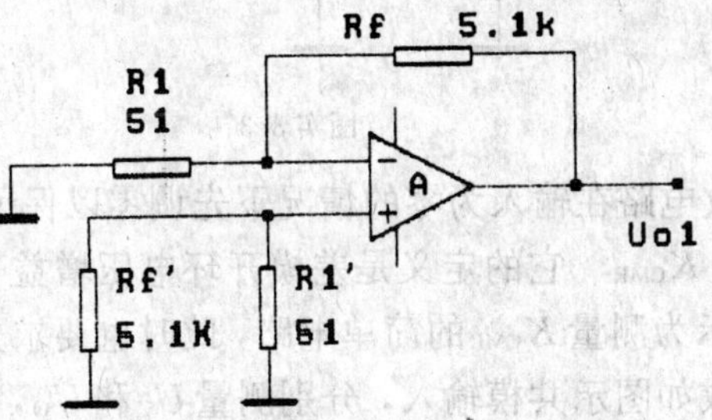


图实 3.1

2. 测输入失调电流 $I_{IO}$　其定义是指当输出电压 $U_O$ 为零时流入运放两输入端的静态基极电流之差，即 $I_{IO}=I_{BP}-I_{BN}$（一般 1nA～0.1μA）。用图实 3.2 所示电路，仍不用运放调零电路，测得此时的输出电压 $U_O$ 之值，然后结合图 3.1 测 $U_{IO}$ 测得的 $U_{O1}$，由 3.2 式可分析计算 $I_{IO}$ 之值。

$$I_{IO}=\frac{U_O-U_{O1}}{(1+\frac{R_f}{R_1})\cdot R}\tag{3.2}$$

3. 测开环差模电压增益 $A_{od}$　它是指运放在无反馈的情况下的直流差模电压放大倍数。如图实 3.3 所示电路，用晶体管毫伏表分别测量输出电压 $U_O$ 和输入电压 $U_i$，由 3.3 式计算 $A_{od}$ 之值。

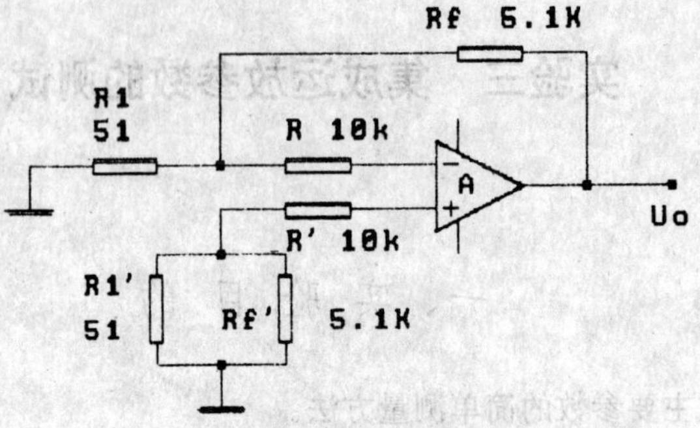


图实 3.2

$$A_{od}=\frac{U_o}{\frac{R_1}{R_1+R_2}\cdot U_i} \tag{3.3}$$

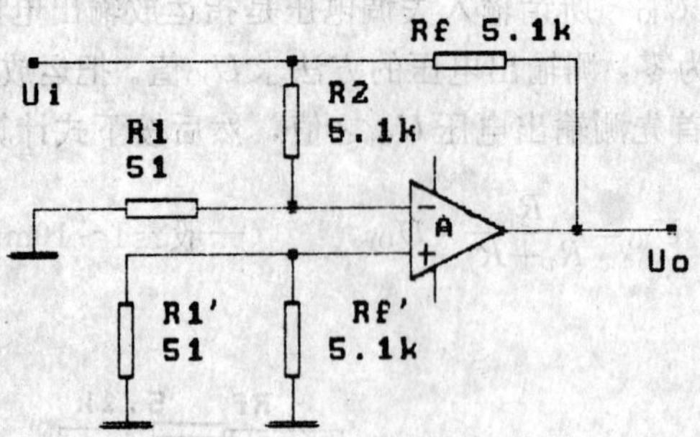


图实 3.3

测量 $A_{od}$时要求运放电路在输入为零的情况下先调零以保证测量准确度。

4. 测量共模抑制比 $K_{CMR}$　它的定义是差模开环电压增益与共模电压增益之比，理想运放视为∞。图实 3.4 所示为测量 $K_{CMR}$的简单电路，此时也要求先用运放调零电路（当 $U_i$ 短地时）调好零点，然后接成如图示共模输入，分别测量 $U_i$ 和 $U_O$，用 3.4 式计算求得 $K_{CMR}$之值。

$$K_{CMR}=\frac{R_f\cdot U_i}{R_1\cdot U_O} \tag{3.4}$$

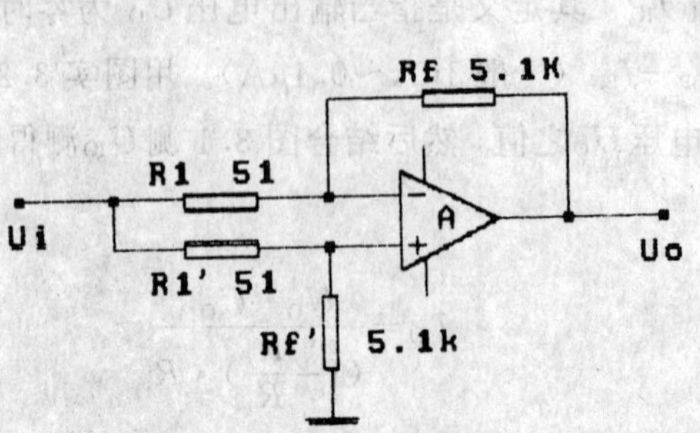


图实 3.4

## 三、实验内容与步骤

实际测量电路如图实 3.5。测 $U_{IO}$，$I_{IO}$，$A_{od}$，$K_{CMR}$不同参数时可用面板上开关转换，改接电路成为图 3.1～3.4 各种形式。测量结果用上述各对应关系式计算所求之参数然后填入记录表中。

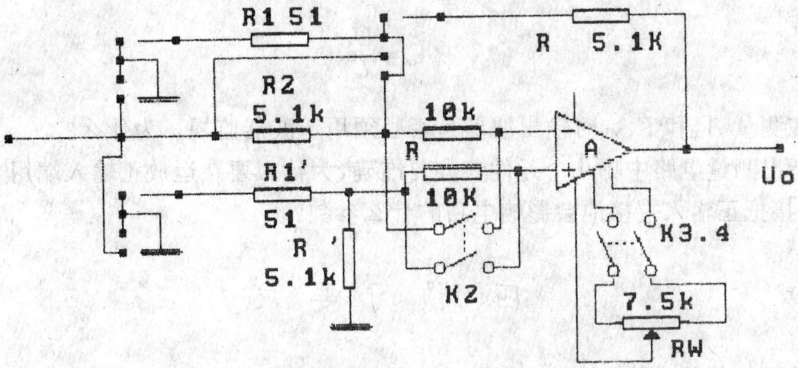


图实 3.5

1. 测量 $U_{IO}$　把开关 K1.1～K1.3 置在 $U_{IO}$挡，这开关是用一个三连四挡波段开关来实现。插入被测器件，打开电源给运放通电，用 K2 把 10kΩ 电阻 R 短路，K3.4 在断开位置。用示波器观察输出 $U_O$（$U_{O1}$）不应有振荡，否则用消振措施消振，(实验箱内已接好，一般不需要。) 用万用电表或晶体管毫伏表测量输出直流电压 $U_{O1}$之值记录并计算 $U_{IO}$之值。(此时电路如图实 3.1 所示)。

2. 测量 $I_{IO}$　把开关 K1.1～K1.3 置在 $I_{IO}$档，把 K2 开路（接入两个电阻 R），K3.4 仍开路。此时电路如图实 3.2 所示，插入被测运放，接通运放电源，此时再测量输出直流电压 $U_O$并记录，利用所测的 $U_{O1}$值代入式（3.2）中，求出 $I_{IO}$之值。

3. 测量 $A_{od}$　把开关 K1.1～K1.3 置在 $A_{od}$档，把 K2，K3 短路，被测运放插入管座，接通运放电源，用示波器观察无自激情况下，输入端开路，用调零电位器调零（使此时输出 $U_O$近似为 0V)。

用音频信号发生器在输入 $U_i$ 处加入一个正弦音频电压(用晶体管毫伏表的交流电压档测量)，用示波器在输出端观察输出波形较大且不失真时测量并记录 $U_O$ 及对应的 $U_i$ 值。由式 3.3 可计算得到 $A_{od}$之值。

* 用此电路与上述测 $A_{od}$相同的方法，分段更换 $U_i$ 音频信号的频率，测量并记录相应的 $A_{od}$值，即可画出电路中被测器件的开环幅频特性曲线。

由于测量幅频特性比较麻烦，取较低频和较高频测量两点，掌握测量方法即可，不必进行多点测量。

4. 测量 $K_{CMR}$　把开关 K1.1～1.3 置到 $K_{CMR}$　，K2 短接，K3.4 短接。此时电路如图 3.4 所示，与测 $A_{od}$相同，也应先对运放调零，如上面已调好可不动调零电位器。插入运放，接通电源开始测量。

在输入端加上适当频率的音频信号电压，使输出 $U_O$ 用示波器及晶体管毫伏表测量有指示，但不应有自激或失真，记录 $U_O$ 及 $U_i$ 的对应值，用式 3.4 计算 $K_{CMR}$之值。

5. 思考题

3-1　若图 3.1 中的 $R_1 = R_1' = 5.1\text{k}\Omega$，$R_F = R_F' = 510\text{k}\Omega$，则用式 3.1 计算出的 $U_{IO}$ 的误差将增大、减小、还是不变，为什么？

3-2　当测量 $U_{IO}$ 和 $I_{IO}$ 时为什么不接入调零电位器调零？

3-3　试分析在测量 $I_{IO}$ 时两个 10kΩ 电阻 R 若有误差（不相等），会对测量有什么影响？

3-4　测量 $A_{od}$ 时为什么不直接测量 $U_i$，并用 3.5 式进行 $A_{od}$ 的计算，为什么？

$$A_{od} = \frac{U_O}{U_i} \tag{3.5}$$

3-5　在测量 $A_{od}$ 和 $K_{CMR}$ 时输出波形是否必须用示波器监视，为什么？

3-6　指出测量电路中哪几个元件参数要准确，为什么要在运放正输入端用 51Ω 与 5.1kΩ 并联，如直接把正输入端接地会影响电路的什么参数？

## 四、预 习 要 求

1. 复习第二章有关参数的技术指标的定义。
2. 查 741 运放参数 $U_{IO}$，$I_{IO}$，$A_{od}$，$K_{CMR}$ 各项手册标称值与测量值进行比较。
3. 准备测量记录表格，上述五个参数测量值与手册参数比较。

## 五、实验报告要求

1. 阅读各实验电路，将各项测量原理图画在实验报告记录前。
2. 实测结果及手册值填入实验表格中。
3. 回答思考题。
4. 小结在实验中出现问题及心得体会。

## 六、实验仪器与器材

1. 模拟电子技术实验箱：包括运放参数板。
2. 晶体管毫伏表：高内阻，频响范围较宽。
3. 示波器：若测幅频特性用频带宽的示波器。
4. 音频信号发生器：20Hz～1MHz.
5. 万用电表：直流电压挡内阻≥20kΩ/V.
6. 被测运放 LM741 等（有调零端）。

# *实验四　负反馈放大电路

## 一、实 验 目 的

1. 掌握负反馈放大电路的测量分析方法；
2. 验证负反馈对放大器性能的影响；
3. 巩固同相与反相比例运放的应用特点。

## 二、实 验 原 理

实验电路如图实 4.1，可用开关 K1 不同挡改接成电压串联负反馈（同相比例）电路和电压并联负反馈（反相比例）电路。

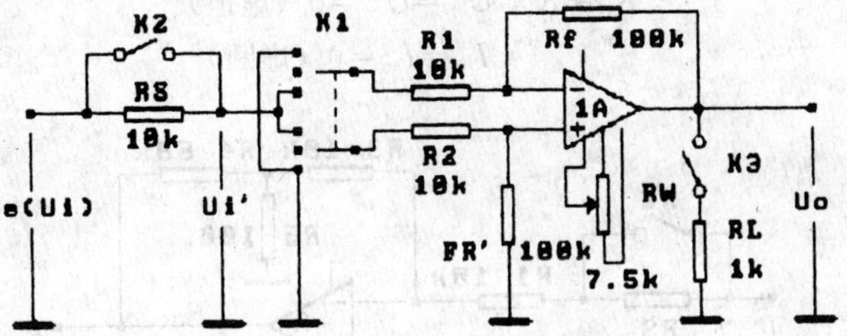


图实 4.1

1. 电压串联负反馈电路　将图实 4.1 中的 K1 向上拨，即组成实验电路，（同相比例运算电路），短接 K2，断开 K3，即可测量和进行分析计算：

$$A_{uf}=\frac{U_o}{U_i}\approx 1+\frac{R_F}{R_1},U_+=U_-=U_i(\text{虚短}) \tag{4.1}$$

$$R_{if}\approx(1+A_{od}\cdot F)R_{id},I_+=I_-=0(\text{虚断}) \tag{4.2}$$

式中
$$F=\frac{R_1}{R_1+R_F},(A_{od}、R_{id}\text{可由运放手册查到}) \tag{4.3}$$

$$R_{of}=\frac{R_1}{1+A_{od}\cdot F} \tag{4.4}$$

当断开 K2 后可由下式测量计算反馈电路之输入电阻 $R_{if}$：

$$R_{if}=\frac{U'_i}{U_s-U'_i}\cdot R_s \tag{4.5}$$

当断开、接通 K3 分别测量输出电压 $U_o$ 和 $U'_o$ 可用下式计算反馈电路的输出电阻 $R_{of}$.

$$R_{of}=(\frac{U_O}{U'_O}-1)\cdot R_L \tag{4.6}$$

2. 电压并联负反馈电路　图 4.1 中的 K1 向下拨，即组成实验电路，(反相比例运算电路)，短接 K2 和断开 K3 即可进行测量和分析计算。

$$A_{uf}=\frac{U_O}{U_i}=-\frac{R_F}{R_1},\ U_+=U_-=0\ (\text{虚地}) \tag{4.7}$$

$$R_{of}=\frac{R_o}{1+A_{od}F},\ I_+=I_-=0\ (\text{虚断}) \tag{4.8}$$

$$R_{if}=\frac{R_i}{1+A_{od}F}\approx R_1 \tag{4.9}$$

测量计算输入电阻 $R_{if}$、输出电阻 $R_{of}$ 同前。

3. 电流并联负反馈电路　把图实 4.1 中的 $R_F$ 换成由 $R_3$，$R_4$，$R_5$ 组成的 T 形网络，电路就变成了电流并联负反馈组态。如图实 4.2 所示：根据教材（4.2.2 二）分析，可进行以下近似计算：

$$A_{uf}=\frac{U_o}{U_i}=-\frac{R_3+R_4+R_3\cdot R_4/R_5}{R_1} \tag{4.10}$$

$$R_{if}\approx R_1,\ U_+=U_-=0\ (\text{虚地}) \tag{4.11}$$

$$I_+=I_-=0\ (\text{虚断})$$

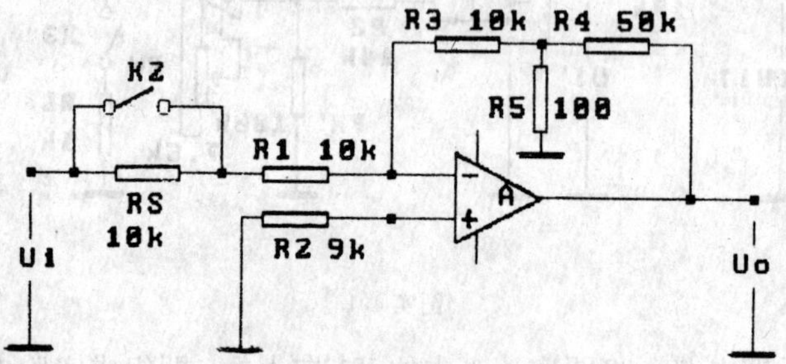


图实 4.2

* 也可用上述相同的方法测量 $R_{if}$ 和 $R_{of}$.

4. 电流串联负反馈可用图 2.1 单管稳定工作点实验电路来进行，当把发射极并在 $R_e$ 上的电容 $C_e$ 用短接点 K6 断开后，即成为典型的电流负反馈电路。该电路可由下列各式分析计算：

$$A_{uf}=-\frac{\beta R'_L}{r_{be}+(1+\beta)R_e}=\frac{U_o}{U_i} \tag{4.12}$$

$$R_{if}\approx R_{b1}/\!/R_{b2}/\!/[r_{be}+(1+\beta)R_e] \tag{4.13}$$

$$*\ R_{of}\approx R_c \tag{4.14}$$

---

* 虽然电流反馈使电路的输出电阻 $R'_{of}$ 增大了 $(1+A_{od}F)$ 倍，但 $R_c$ 从等效电路看是与其并联的，所以实际从外向电路看，输出电阻还是近似等于 $R_c$。

## 三、实验内容与步骤

**（一）实验准备** 实验电路 K1 放在中间位置（输入为零），输出用示波器及晶体管毫伏表观察，$U_O$ 若不为零，则应用调零电位器调零，若有干扰应消除（用消振电容）。

**（二）实验表格** 该表可用于以下四种反馈组态的测量分析。$U_i$ 的频率每种一个表，若时间允许可用 50Hz，5kHz，500kHz 分三次测量，至少要填写中频段一表。$U_i$ 的大小应由大至小，最大值取输出 $U_O$ 不失真之值，最小取能看清输出波形读出 $U_O$ 的对应 $U_i$ 值。然后选一个中间值进行测量。

**表实 4.1**

| 参数 | | $U_i$ | $U_O$ | $A_{uf}$ | $U'_O$ | $R_{of}$ | $U_s$ | $U'_i$ | $R_{if}$ | $U_+$ | $U_-$ |
|---|---|---|---|---|---|---|---|---|---|---|---|
| 估算值 | | | | | | | | | | | |
| 频率 Hz | 测量值 | | | | | | | | | | |
| | | | | | | | | | | | |
| | | | | | | | | | | | |

**（三）测量分析** 依次进行以下四种组态测量。

1. 电压串联负反馈电路　将图实 4.1 中 K1 向上拨，（即实验板上 K1），组成同相比例运算电路。

*a*. 测 $A_{uf}$　短接 K2，断开 K3，在输入端接上低频信号发生器。输入电压 $U_i$ 从零开始逐渐增大，在输出 $U_O$ 端用示波器观察输出波形，取不产生波形失真前的参数，用晶体管毫伏表测量输入信号电压 $U_i$ 和对应的输出电压 $U_O$ 之值记入表中。用下式计算 $A_{uf}$ 填入测量值中。

$$A_{uf}=\frac{U_O}{U_i} \tag{4.15}$$

然后降低输入信号电压至中间值，同上法测量 $U_o$ 和 $U_i$ 并计算 $A_{uf}$ 再填入记录表中，最后使输出电压 $U_O$ 降到可明显看出输出波形（远大于干扰信号）时，分别测量 $U_i$ 与 $U_O$，记录测量值，并计算 $A_{uf}$.

*b*. 测 $U_+$ 和 $U_-$　把输入信号电压 $U_i$ 调到上述测量的中间值，用晶体管毫伏表对地测量 $U_+$ 及 $U_-$ 运放两输入端，将测量结果填入表实 4.1 中。

*c*. 测 $R_{if}$　断开 K2，用晶体管毫伏表测量 $U_s$ 与 $U_i$，记入测量表实 4.1 中，由下式计算 $R_{if}$ 之值。

$$R_{if}=\frac{U'_i}{U_s-U'_i}\cdot R_s \tag{4.16}$$

*d*. 测 $R_{of}$　短接 K3（接入负载电阻 $R_L$）测量输出电压 $U'_O$ 与未接 $R_L$ 时之 $U_O$，用下式计算输出电阻 $R_{of}$ 之值。

$$R_{of}=\left(\frac{U_O}{U'_O}-1\right)\cdot R_L \tag{4.17}$$

2. 电压并联负反馈电路　把图 4.1 中的 K1 向下拨，组成反相比例运算电路。

*a*. 测量 $A_{uf}$　短接 K2、断开 K3，用电压串联组态同样方法测量不同 $U_i$ 对应的 $U_O$ 的大、中、小三对数值，分别计算对应的三个 $A_{uf}$，填入表中。

*b*. 测量 $U_+$ 和 $U_-$　用电压串联组态相同方法测量并记录 $U_+$ 和 $U_-$ 之值。

*c*. 测 $R_{if}$　用电压串联组态相同方法测 $U_s$ 和 $U_i'$，计算 $R_{if}$ 并记录。

*d*. 测 $R_{of}$　用电压串联组态同样方法测 $U_O$ 和 $U_O'$，计算 $R_{of}$ 并记录。

3. 电流并联负反馈电路　把图实 4.1 中的 $R_F$ 换成图实 4.2 中的 T 形网络，把 K1 保持向下，接成反相输入 T 形电路。不难看出它是一个典型的电流并联负反馈组态。

*a*. 测量 $A_{uf}$　用电压串联负反馈电路介绍的方法，分别测量大、中、小三个 $U_i$ 对应的 $U_o$，记录并计算对应的 $A_{uf}$ 之值。

*b*. 测量 $R_{if}$　也用前述相同的方法得到 $U_i'$ 及 $U_s$，计算 $R_{if}$ 记入表中。

*c*. 测量 $R_{of}$　也用前述同样的方法测量 $U_O$ 及接入 $R_L$ 时的 $U_O'$，计算出 $R_{of}$ 之值记入表中。

4. 电流串联负反馈电路　利用单管放大电路实验板图实 2.1 组成稳定工作点共射放大器，断开短路点 K4（断开 $C_e$），电路就变成典型的电流串联负反馈组态。

*a*. 测量 $A_{uf}$　首先用分析计算法计算 $A_{uf}$ 填入记录表中（用表实 4.1 格 式）。短接 K1，断开 K5 和 K4. 在输入端加上音频信号（取 1kHz），$U_i$ 由零开始逐渐加大，在输出端接示波器和晶体管毫伏表进行监视并测量 $U_O$，取一个不失真的最大输出电压 $U_O$ 及对应的 $U_i$ 记入表中，由下式计算 $A_{uf}$.

$$A_{uf}=\frac{U_O}{U_i} \tag{4.18}$$

用同样方法选取 $U_i$ 为中间值及最小值，再测对应 $U_O$ 值并记录。

*b*. 测量 $R_{if}$　断开短接点 K1（在输入回路串入 $R_1$），用晶体管毫伏表分别测量 $U_s$ 和 $U_i$ 用下式计算输入电阻。

$$R_{if}=\frac{U_i}{U_s-U_i}\cdot R_1 \tag{4.19}$$

*c*. 测量 $R_{of}$　首先在 $R_L$ 开路时测 $U_O$，然后短接 $K_s$，测输出电压 $U_O'$，用下式计算 $R_{of}$ 之值。

$$R_{of}=(\frac{U_O}{U_O'}-1)\cdot R_L \tag{4.20}$$

5. 思考题：

4-1　电压串联负反馈放大电路的反馈措施稳定了什么动态参数？$A_{uf}$ 仅与电路中哪几个元件有关？改善了什么电路参数？改善多少？

4-2　电压串联负反馈放大电路使放大器（运放）的带宽是展宽还是变窄了？改变多少倍？

4-3　电压并联负反馈放大电路的电压放大倍数 $A_{uf}$ 与电路中哪几个元件参数有关？输入与输出波形的相位关系是同相，还是反相？

4-4　测量得到的 $U_+$ 与 $U_-$ 之值说明了运放电路的什么特性？

4-5 电流并联负反馈电路中的 $A_{uf}$ 与电路哪些元件有关？对放大电路的输入电阻 $R_i$ 有何影响？图实 4.2 的电路中的 T 形网络若改成一个电阻 $R_F$，还是电流并联负反馈电路吗？若得到相同的电压放大倍数，$R_F$ 的取值应是多少？

4-6 通过测量电流串联负反馈电路的 $A_{uf}$ 与基本放大电路所测得的 $A_u$ 进行比较，并分析得失。再把反馈电路测得的 $R_{if}$ 与基本放大电路的 $R_i$ 比较说明反馈电路改善了什么电路特性？

## 四、预 习 要 求

1. 复习教材第三章有关部分。
2. 阅读实验指导书对电路进行分析计算，把计算结果填入表内。
3. 绘制表实 4.1 实验表格一式四份。

## 五、实验报告要求

1. 实验报告的第一部分分析计算应在预习中完成，计算结果填入各表有关栏目中。
2. 各种组态至少要用一种信号频率测量，每组态一张表，表实 4.1 至少要填四张。
3. 每张表后附思考题答案。
4. 最后小结内容主要包括实验中出现问题，实验所用仪器设备型号，实验心得体会。

## 六、实验仪器与设备

1. 模拟电子技术实验箱：包括负反馈实验板。
2. 示波器：一般单、双踪示波器。
3. 音频信号发生器：20Hz～1MHz，有衰减器。
4. 晶体管毫伏表：20Hz～1MHz，0.1V～10V 量程。
5. 稳压电源：±15V，1～2A 有过流保护。
6. 实验器材：LM741 运放，3DG6 三极管。

# *实验五　模拟信号运算电路

## 一、实 验 目 的

1. 掌握运放运算电路的测量分析方法。
2. 巩固集成运放几种典型运算电路的用法，掌握电路元、器件选择技巧。

## 二、实 验 原 理

1. 反相求和电路　图实 5.1 为典型的反相求和电路，其输出 $U_O$ 与输入 $U_i$ 有如下关系：

$$U_O=-(\frac{R_F}{R_1}U_{I1}+\frac{R_F}{R_2}U_{I2}+\frac{R_F}{R_3}U_{I3}) \tag{5.1}$$

若令 $R_1=R_2=R_3=R_F$，则上式可写成

$$U_O=-(U_{I1}+U_{I2}+U_{I3}) \tag{5.2}$$

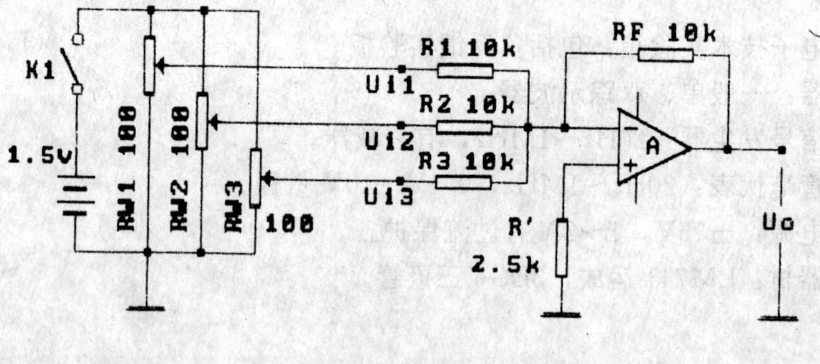


图实 5.1

2. 积分电路　图实 5.2 为一个基本积分电路。其输出 $U_O$ 与输入 $U_I$ 的关系可用下式表达：

$$U_O=-\frac{1}{RC}\int U_I dt \tag{5.3}$$

3. 差动比例运算电路　图实 5.3 为一个差动比例运算电路，其输出 $U_O$ 与输入 $U_I$ 的关系如下式

$$U_O=-\frac{R_F}{R}\ (U_I-U_I') \tag{5.4}$$

该电路的输入电阻　　$R_i\approx 2R$　　(5.5)

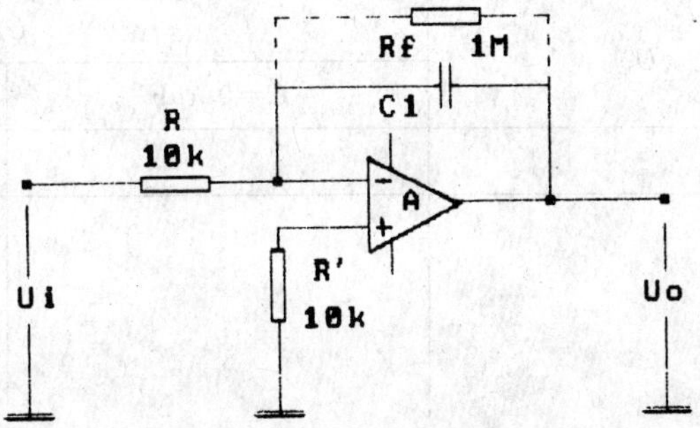


图实 5.2

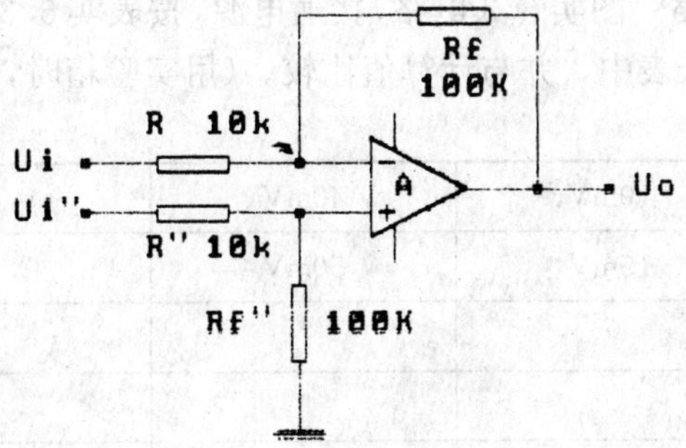


图实 5.3

## 三、实验内容与步骤

1. 反相求和电路 图实 5.1，电路在实验板上已接好，只要通过面板上的电位器就可在 0～1.5V 范围内选择 $U_{I1}$，$U_{I2}$，$U_{I3}$的给定值，然后测量输出电压 $U_O$，即可对电路进行验证实验。因输入信号是直流，可用≥20kΩ/V 的万用电表的直流 2.5V 档测量 $U_{I1}$，$U_{I2}$，$U_{I3}$的实测值，用 10V 档测量输出电压 $U_O$之值，把测量结果填入下表中。

**表实 5.1**

| | $U_{I1}$ (V) | $U_{I2}$ (V) | $U_{I3}$ (V) | $U_O$ (V) | | 误差% |
|---|---|---|---|---|---|---|
| | | | | 测量值 | 计算值 | |
| 1 组 | | | | | | |
| 2 组 | | | | | | |
| 3 组 | | | | | | |

2. 积分电路 电路已在实验板内接好，电容 C 可在面板上换接，必要时可用改锥调零（一般已调好）。如果产生自激，可接入图 5.2 中虚线画出的 $R_F$ 电阻。

*a*、C 接 0.1$\mu$F 用函数发生器在 $U_i$ 端输入幅值为±2V 频率为 250Hz ($T$=4ms) 的方波信号，用示波器观察输出波形 $U_O$，画出波形图，将幅值记入表实 5.2 中。

表实 5.2

| | $U_i$ | $U_O$ | |
|---|---|---|---|
| | | $C=0.1\mu F$ | $C=0.01\mu F$ |
| $\pm V$ | | | |
| 波<br>形<br>图 | | | |

$b$、C 改为 $0.01\mu F$ 用上述同样方法测量并记录输出 $U_O$ 波形。

3. 差动比例运算电路　图实 5.3 电路，接通电源，按表实 5.3 在输入端加上直流电压，测量对应的输出电压，填入表中，并与计算值比较。（用实验箱时，可利用图实 5.1 改接。）

表实 5.3

| $U_I$ | 10mV | 40mV | 0.4V | 1.2V |
|---|---|---|---|---|
| $U_I'$ | 15mV | 50mV | 0.6V | 2V |
| $U_I'-U_I$ | | | | |
| $U_O$（实测） | | | | |
| $U_O$（计算） | | | | |

4. 思考题

5-1　如果反相求和电路实验中 $U_{i1}$，$U_{i2}$，$U_{i3}$ 用同相正弦交流电压，$U_O$ 还是三个输入电压之和吗？

5-2　如果多于三个输入信号求和应如何接？

5-3　积分运算电路实验中，如果把电容进一步加大，输出波形将如何变化？

5-4　积分电路中的运放是工作在线性范围内吗？

5-5　在差动比例运算中，正、负两个输入端可以多路输入构成多项加、减运算电路吗？试分析用这种方法做减法运算有什么不足？在实用中应如何改进？

## 四、预习要求

1. 复习教材第四章有关部分。
2. 准备实验表格 5.1 到 5.3 及记录纸。
3. 实验原理中各实验电路的分析计算。
4. 预习实验用双踪示波器的使用方法，特别是幅度标尺和时间标尺的读取计算方法。

## 五、实验报告要求

1. 认真填写实验表格 5.1，5.2，5.3。

2. 回答思考题，进行实验小结。

## 六、实验仪器与设备

1. 模拟电子技术实验箱：包括本实验各电路。
2. 双踪示波器：应用标定信号，标度可读。
3. 函数发生器：有正弦波、方波，幅度、频率可调。
4. 万用电表：直流电压挡≥20kΩ/V.

# 实验六　模拟信号处理电路

## 一、实 验 目 的

1. 巩固集成运放几种典型信号处理电路的用法；
2. 进一步掌握运放应用电路的测量分析方法。

## 二、实 验 原 理

1. 带通滤波器　图实 6.1 为用同相比例运算电路组成的有源带通滤波器，中心频率为 $f_0$，带宽为 $B$，电路品质因数 $Q$ 可用下式近似计算。

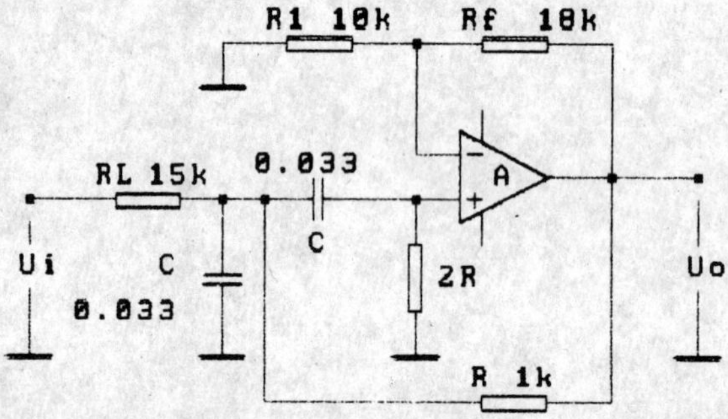


图实 6.1

$$f_O=\frac{1}{2\pi RC} \tag{6.1}$$

$$B=\left(2-\frac{R_F}{R_1}\right)f_O \tag{6.2}$$

$$Q=f_O/B \tag{6.3}$$

2. 滞回比较器　图实 6.2 为用运放组成的滞回比较器，图中 $D_1$，$D_2$ 决定输出幅度，$R_3$ 起限流作用，$R_4$ 均衡输入电流，$R_1$ 及 $R_2$ 决定电路的滞回特性。

图实 6.3 为电路的滞回特性曲线，当 $U_i$ 由 0 上升到 $U_{i+}$ 时输出 $U_O$ 产生负跳度，由 $U_{O+}$ 变到 $U_{O-}$ 当 $U_i$ 由 $U_{i+}$ 下降至 $U_{i-}$ 时输出才产生由 $U_{O-}$ 到 $U_{O+}$ 的正跳变。$U_O$ 与 $U_i$ 的关系可由下式计算：

$$U_{i+}=\frac{R_1}{R_1+R_2}\cdot U_{O+}=\frac{20}{20+12}\times 6=+3.75\text{V} \tag{6.4}$$

$$U_{i-}=\frac{R_1}{R_1+R_2}\cdot U_{O-}=\frac{20}{20+12}\times(-6)=-3.75\text{V} \tag{6.5}$$

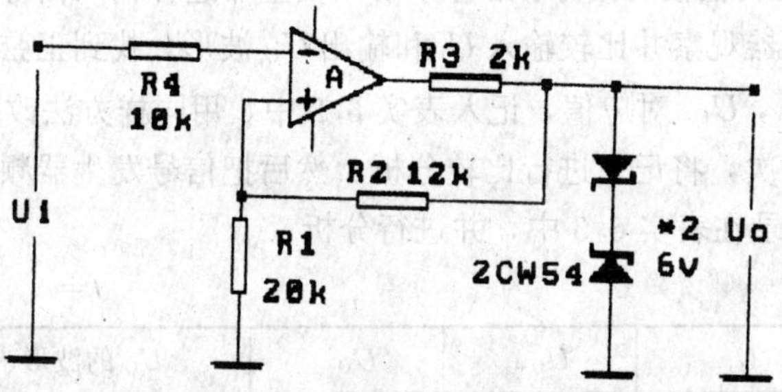


图实 6.2

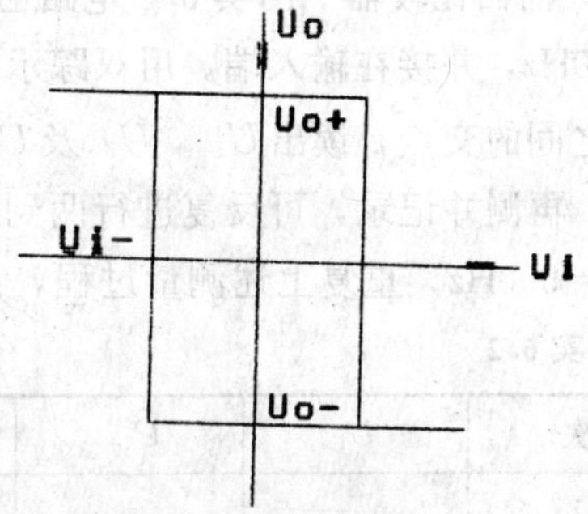


图实 6.3

3. 过零比较器　将图实 6.2 中的 $R_2$ 开路，即构成了典型的过零比较器电路，见图实 6.4 所示。

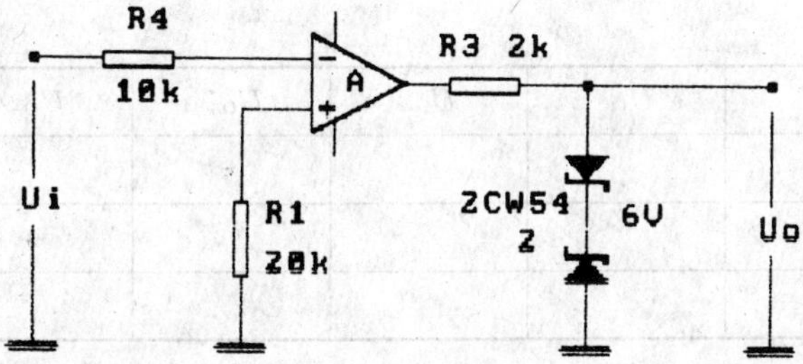


图实 6.4

## 三、实验内容与步骤

1. 带通滤波器　按图实 6.1 电路接线。用给出公式近似估算中心频率 $f_O$，带宽 $B$ 和电路品质因数 $Q$。把音频信号发生器调在 $f_O$ 左右，给一适当输入电压 $U_i$，然后进行以下测量。

*a*. 测量 $f_O$　在中心频率附近，保持 $U_i$ 不变，改变输入信号频率，用示波器观察输出波形，选输出 $U_O$ 为最大时的 $f_O$ 即为所测中心频率，记入表实 6.1 中。

**表实 6.1**

| | $U_i$ | $U_O$ | $f_O$ | $B$ | $Q$ | $f_{OL}$ | $f_{OH}$ |
|---|---|---|---|---|---|---|---|
| 计算值 | | | | | | | |
| 实测值 | | | | | | | |

*b*、测量 $B$　$U_i$ 维持不变，将信号发生器由输入中心频率 $f_O$ 处慢慢向低调，观察输出电压 $U_O$ 的变化，当幅度下降至 $0.707U_O$ 时，对应的频率为 $f_{OL}$，记入表实 6.1 中。再将频率由 $f_o$ 向高调节，用示波器观察 $U_O$ 的变化，当其幅度为 $0.707U_O$ 时，该频率为 $f_{OH}$，记入表中。从上述测量即可计算 $B$ 及 $Q$ 值。

$$B=f_{OH}-f_{OL} \tag{6.6}$$

$$Q=f_o/B \tag{6.7}$$

2. 滞回比较器　图实 6.2 电路已在实验板上接好。用音频信号发生器选择输入信号频率 $f_1=50\text{Hz}$，并接在输入端。用双踪示波器观察并比较输入 $U_i$ 和输出 $U_O$ 波形，找到正弦波与方波之间的交点，读出 $U_{i+}$，$U_{i-}$ 及 $U_{O+}$，$U_{O-}$ 对应值，记入表实 6.2 中。用同样方法改变 $U_i$ 幅值，再测并记录，可反复进行两到三次，将记录进行比较分析。然后把信号发生器频率变为 $f_2=500\text{Hz}$，重复上述测量过程，记录在表实 6.3 中，并进行分析。

**表实 6.2**　　$f=$　　Hz

| 次 | $U_i$ | $U_{i+}$ | $U_{i-}$ | $U_{O+}$ | $U_{O-}$ | $U_O$ 的波形 |
|---|---|---|---|---|---|---|
| 1 | | | | | | |
| 2 | | | | | | |
| 3 | | | | | | |

**表实 6.3**　　$f=$　　Hz

| 次 | $U_i$ | $U_{i+}$ | $U_{i-}$ | $U_{O+}$ | $U_{O-}$ | $U_O$ 的波形 |
|---|---|---|---|---|---|---|
| 1 | | | | | | |
| 2 | | | | | | |
| 3 | | | | | | |

3. 过零比较器　将图实 6.2 电路中 $R_2$ 电阻断开，改接成图实 6.4 电路。接通运放电源，在输入端加上频率为 $f=500\text{Hz}$、有效值为 1V 的正弦波 $U_i$，用双踪示波器观察 $U_O$ 与 $U_i$ 的波形。然后改变 $U_i$ 的幅值，观察 $U_O$ 的波形是否有变化。

4. 思考题：

6-1　要想改变带通滤波器的频率 $f_0$ 应改动哪几个元件？改变其带宽应改动哪几个元件？

6-2　分析滞回比较器的测量结果，当 $U_i$ 的幅值变化，输出波形有何变化？$U_{i+}$，$U_{i-}$ 及 $U_{O+}$，$U_{O-}$ 有变化吗？

6-3　过零比较器用在检测慢变信号过程中，（如温度自动控制时），若输入端有微小干扰信号，会出现什么问题？如何防止？

## 四、预 习 要 求

1. 复习信号处理部分有关带通滤波器、滞回比较器、过零比较器等内容。

2. 准备实验表格 6.1，6.2 及 6.3。

## 五、实验报告要求

1. 填写实验报告表格 6.1，6.2 及 6.3 并分析。

2. 回答思考题。

3. 进行实验小结。

## 六、实 验 设 备

1. 模拟电子技术实验箱 1台。
2. 音频信号发生器 1台。
3. 双踪示波器 1台。

# *实验七　正弦波发生电路

## 一、实 验 目 的

1. 掌握文氏电桥正弦波振荡器的电路原理、熟悉电路的稳频措施、振荡条件，进一步了解运放的应用；

2. 通过对实际电路参数的调整，掌握测试方法。

## 二、实 验 原 理

RC 文氏电桥正弦波振荡器　图实 7.1 是用 RC 串并联网络组成的文氏电桥正弦波振荡器。其振荡频率 $f_o$ 有如下关系：

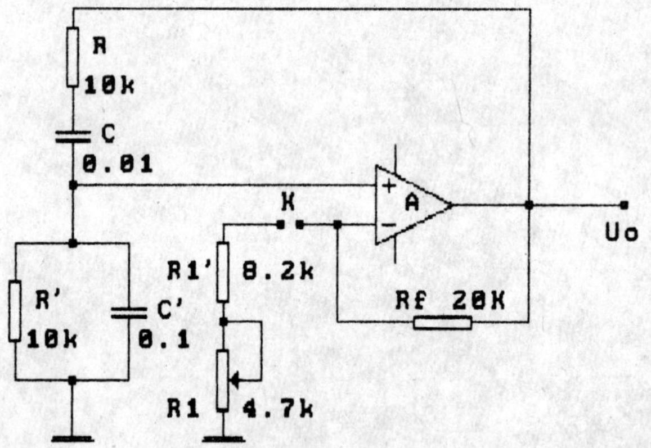


图实 7.1

$$f_0=\frac{1}{2\pi RC}=\frac{1}{2\pi\times10^4\times10^{-7}}=159\text{Hz} \tag{7.1}$$

$$|\dot{A}_f|\geqslant3 \quad \text{（当频率为 } f_o \text{ 时，电路的放大倍数）} \tag{7.2}$$

利用 RC 选频网的选频特性稳定频率 $f_o$，采用电压串联负反馈稳定输出幅度和改善波形。

根据反馈网络的相频特性满足 $f_O$ 时相移为零。

$$\varphi=-\text{arctg}\,\frac{1}{3}\left(\frac{f}{f_o}-\frac{f_o}{f}\right) \tag{7.3}$$

根据反馈网络的幅频特性要求 $|\dot{A}_f|\geqslant3$，应选 $R_f\geqslant2R_1$，电路中取 $R_f=20\text{k}\Omega$，$R_1$ 用 20kΩ 电位器。改变 $R_1$ 阻值可在实验所需范围内调试，由停振到输出正弦波形，再到产生波形失真。

## 三、实验内容与步骤

按图实 7.1 接线，短接 K，接通电源，在输出端接上示波器，对输出 $U_O$ 波形进行监测。

1. 起振条件测试　用示波器观察输出 $U_O$ 波形（如无输出，调 $R_1$ 使之振荡，若有故障请排除），然后逐渐调大 $R_1$，使停振开始出现不正常或停振。断开 K 及运放电源，用万用表测量 $R_1$ 值，记录在表实 7.1 中。

**表实 7.1**

| 栏 | 1 | 2 | | 3 | | 4 | |
|---|---|---|---|---|---|---|---|
| $R$ | $R_1$ | $R_1$ | $R_f/R_1$ | $R_1$ | $R_f/R_1$ | $R_1$ | $R_f/R_1$ |
| | | | | | | | |
| $U_O$ 波形图 | | | | | | | |
| $f'$ | | | $f_o$ | | $f_o$ | | $f_o$ |

2. 正弦振荡测试　短接 K，接通运放电源，调节 $R_1$ 使之振荡。用示波器观察输出 $U_O$ 波形。在不产生失真的情况下，注意 $R_1$ 值的变化范围。找出使波形不失真的 $R_1$ 值的最大和最小两点位置。断开 K 及运放电源，把 $R_1$ 的这两个值分别测出，并记录在表实 7.1 的第二、三栏中。并用示波器测量波形的幅值和频率 $f_o$ 之值。

3. 测试产生失真的情况　接通 K 及运放电源，进一步调小 $R_1$，用示波器观察输出 $U_O$ 的波形，记录失真波形。断开运放电源及 K 测量并记录 $R_1$ 之值。

4. 思考题

7-1　参照上述测量结果，写出正弦波发生器电路的起振条件（增益条件、相位条件）。

7-2　$R_1$ 的实际取值范围是否符合 $R_f \geqslant 2R_1$.

7-3　用双踪示波器比较 $U_i$ 与 $U_O$ 是否同相？$U_O$ 是否为 $3U_i$？

7-4　实测 $f_o$ 与计算值比较，说明使 $f_o$ 稳定的主要因素是什么？

## 四、预 习 要 求

1. 复习教材关于波形的产生的有关内容。
2. 准备表实 7.1 及实验记录纸。
3. 复习用示波器测量幅值 $U_m$，周期 $T$、相位 $\varphi$ 的方法。

## 五、实验报告要求

1. 填写实验表格 7.1。

2. 回答思考题。

3. 进行实验小结。

## 六、实验仪器与设备

1. 万用电表：有 $1k\Omega$ 电阻档位的。

2. 双踪示波器：应有标准信号，可测波形的幅值和周期。

3. 模拟电子实验箱：应有上述实验电路，或可方便地组成图实 7.1 电路。

# 实验八　非正弦波振荡器

## 一、实 验 目 的

1. 了解非正弦波振荡器的组成，进一步巩固运放应用知识；
2. 通过实测与分析掌握测量方法。

## 二、实 验 原 理

非正弦波振荡器　图实 8.1 是用前面实验做过的滞回比较器和积分运算电路组成的可产生方波和三角波的非正弦波发生器。其振荡频率为

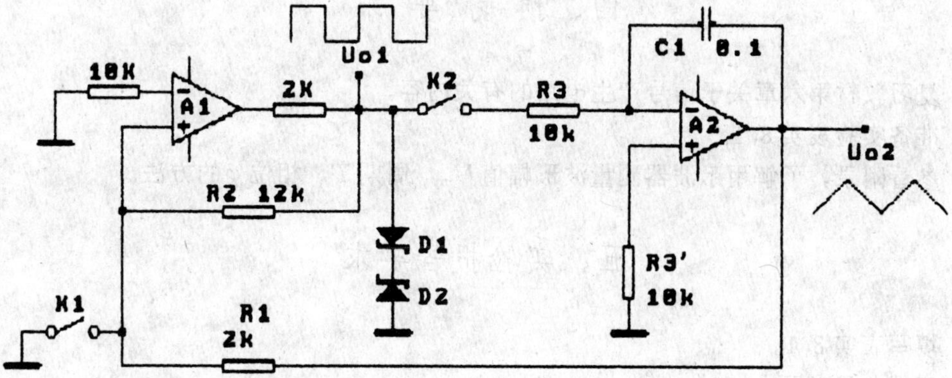


图实 8.1

$$f_o=\frac{R_2}{4R_1\cdot R_3\cdot C_1}=\frac{12\times10^3}{4\times20\times10^3\times10^4\times0.1\times10^{-6}}=150\text{Hz} \quad (8.1)$$

用学过的电路知识，不难分析 $U_{O1}$ 端输出的波形为方波，$U_{O2}$ 端输出的波形为三角波。

## 三、实验内容与步骤

将图实 5.2 和图实 6.2 按图实 8.1 接线，断开 $K_1$，短接 $K_2$，接成非正弦波振荡电路。接通电源，用示波器观察 $U_{O1}$ 和 $U_{O2}$ 的输出波形。

1. 用示波器测量 $U_{O1}$ 方波的幅值 $U_{o1m}$、周期 $T_{O1}$、脉冲宽度 $t_{o1}$（ms）. 将波形记录在表实 8.1 的 $a$ 栏中。

2. 用示波器测量 $U_{O2}$ 三角波的幅值 $U_{O2m}$. 周期 $T_{o2}$。将波形记录在表实 8.1 的 $b$ 栏中。

3. 用双踪示波器同时观察，并测量 $U_{O1}$ 与 $U_{O2}$ 之相位 $\varphi$ 角。

表实 8.1

| 参数 | $a$ | $U_{o1m}$ | $T_{o1}$ | $t_{o1}$ | $b$ | $U_{o2m}$ | $T_{o2}$ |
| --- | --- | --- | --- | --- | --- | --- | --- |
| | | | | | | | |
| 波形图 | | | | | | | |

4. 思考题

8-1 用 $f_o=\frac{1}{T}$ 计算所测波形的频率，并与实测值进行比较。

8-2 频率 $f_o$ 与电路哪些参数有关？若想改变脉宽，试分析应改变哪个电阻之值？

8-3 若想把三角波变为锯齿波，试分析应改变哪个元件参数？

## 四、预 习 要 求

1. 复习教材第六章关于信号产生电路的有关内容。
2. 准备实验表实 8.1。
3. 参看附录，了解用示波器测量波形幅值 $U_m$，周期 $T$，相位 $\varphi$ 的方法。

## 五、实验报告要求

1. 填写表实 8.1。
2. 回答各思考题。
3. 进行小结。

## 六、实验仪器设备

1. 模拟电子技术实验箱。
2. 万用电表。
3. 双踪示波器。

## *实验九　直流稳压电源

### 一、实 验 目 的

1．掌握直流电源整流、滤波、稳压各组成部分的工作原理与测量方法；

2．掌握三端集成稳压器的使用方法。

### 二、实 验 原 理

1．整流　全波桥式整流电路如图实 9.1 所示。其中 $U_2=18\text{V}$. 设负载电流 $I_2=0.5\text{A}$，则可求出：

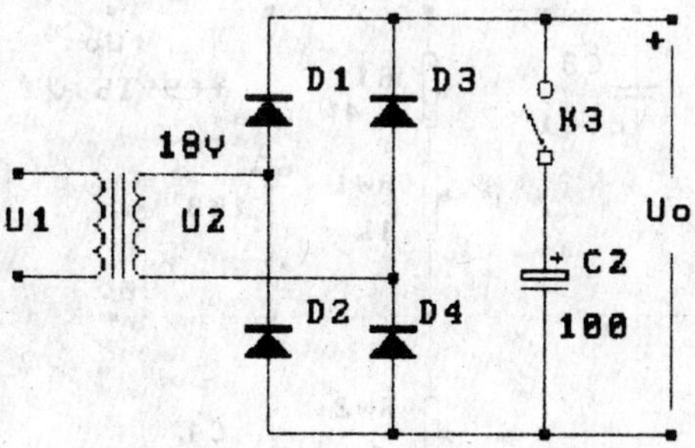


图实 9.1

$$U_{O1}=0.9U_2=16.2\text{V} \tag{9.1}$$

$$r=\sqrt{\left(\frac{U_2}{U_{O1}}\right)^2-1}=\sqrt{\left(\frac{1}{0.9}\right)^2-1}=0.483 \tag{9.2}$$

$$U_{RM}=\sqrt{2}\,U_2=25.46\text{V} \tag{9.3}$$

$$I_D=\frac{I_2}{2}=0.25\text{A} \tag{9.4}$$

2．滤波　这里是电容滤波。当图实 9.1 所示电路中的 $K_3$ 闭合时，在 $U_{O1}$ 为 16.2V，$I_2=0.5\text{A}$，相当于在输出有一个 $R_L=32.4\Omega$ 的负载，为使 $R_LC\geqslant(3\sim5)\frac{T}{2}$，则 $C_2$ 应选择如下：$T=0.02\text{s}$

$$C_2\geqslant\frac{(3\sim5)\ T}{2R_L}=\frac{(3\sim5)\ \times0.02}{2\times32.4}\times10^6=926\mu\text{F}\sim1543\mu\text{F} \tag{9.5}$$

$C_2$ 可取 1000μF，25V 的电解电容。

如图实 9.1 中所示 $C=1000\mu\text{F}$，25V.

二极管用 1N4004，1A，400V.

3．带有过流保护的串联型稳压电路　图实 9.2 是用分立元、器件组成的串联型稳压电路。

电路工作原理：当 $U_O$ 不稳时，则有：

$U_O\downarrow\rightarrow U_{B3}\downarrow\rightarrow U_{BE}\uparrow\rightarrow U_O\uparrow$

$U_O\uparrow\rightarrow U_{B3}\uparrow\rightarrow U_{BE}\downarrow\rightarrow U_O\downarrow$

当产生过电流时，则有：

$I_{R1}\uparrow\rightarrow U_{R1}\uparrow\rightarrow U_{BE}\downarrow\rightarrow U_{CE}\uparrow\rightarrow U_O\downarrow\rightarrow I_{R1}\downarrow$

4．用三端集成稳压电源组成双向可调稳压电源电路　图实 9.3 是用一只 7809 和一只

7909 组成的双向可调稳压电源。范围从±9V～±15V 连续可调。

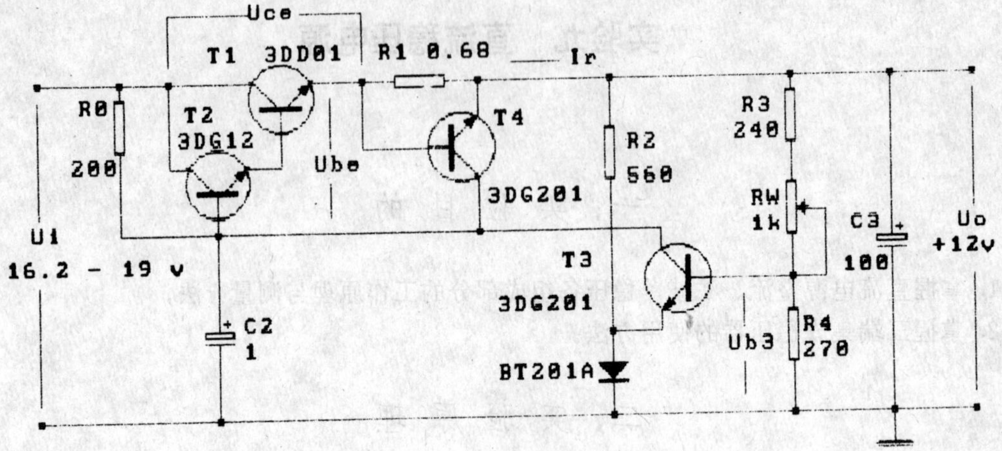


图实 9.2

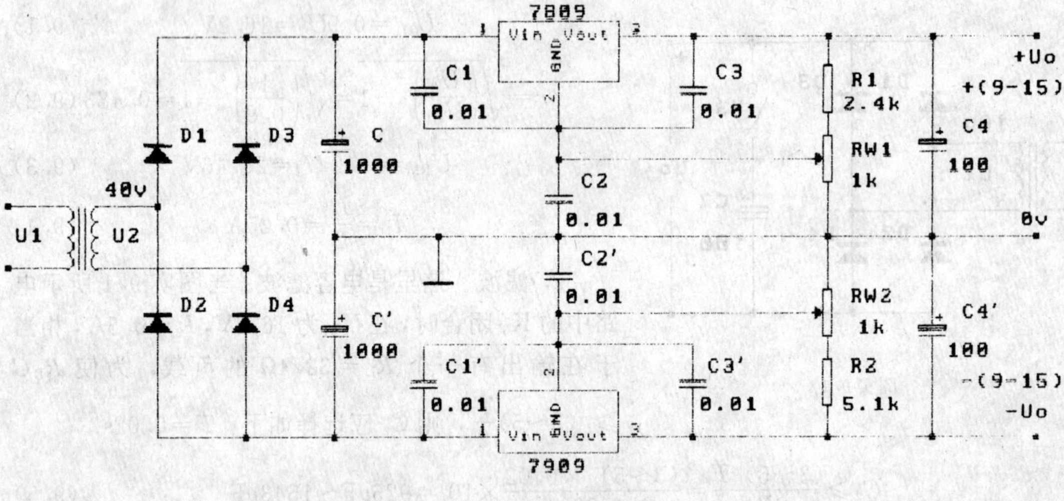


图实 9.3

## 三、实验内容与步骤

1. 整流、滤波　按图实 9.1 连线。断开短接点 K，用万用电表的交流电压档测量 $U_2$，用直流电压档测量 $U_{O1}$，用示波器观察 $U_{O1}$的波形，记录在表实 9.1 中。然后短接 $K_3$，再观察 $U_{O1}$ 的波形，并测量 $U_{O1}$，再记入表实 9.1 中与理论计算值对照分析。

2. 稳压性能测试　把图实 9.2 所示稳压电路接在图实 9.1 的输出端，用调压器使交流 220V 电压变化 10%。测量输入电压 $U_i$ 和输出电压 $U_O$ 相应变化的百分数，用下式计算稳压电路的稳压精度。

表实 9.1

| $U_2$ | C | $U_{O1}$ | | $U_{O1}$波形图 |
|---|---|---|---|---|
| 空载 | 不接 | 计算值 | 实测值 | $U_{O1}$ … $t$ |
| | | | | |
| (V) | 接入 | 计算值 | 实测值 | $U_{O1}$ … $t$ |
| | | | | |

$$\text{电源变化时稳压精度}=\frac{\frac{U_O-U'_O}{U_O}}{\frac{U_{21}-U_{22}}{U_{21}}}\times 100\% \tag{9.6}$$

式中：$U_O$ 及 $U'_O$ 分别为电源或负载改变前、后稳压输出电压 $U_O$；$U_{21}$及 $U_{22}$分别为变压器二次电源改变前、后的电压 $U_2$.

交流电压 220V 保持不变，输出端开路（$R_L=\infty$）和接入 $R_L$ 后（$R_L=240\Omega$），测量输出电压的变化，按下式计算电路的稳压精度。

$$\text{负载变化时稳压精度}=\frac{U_O-U'_O}{U_O}\times 100\% \tag{9.7}$$

把以上测量结果记录在表实 9.2 中。

表实 9.2

| | | | | | | | | | |
|---|---|---|---|---|---|---|---|---|---|
| 1 | $U_{21}$ | $\frac{U_{21}-U_{22}}{U_{21}}$ | $U_O$ | $\frac{U_O-U'_O}{U_O}$ | Δ% | $R_L$ | $U_O$ | $\frac{U_O-U'_O}{U_O}$ | Δ% |
| | | | | | | ∞ | | | |
| 2 | $U_{22}$ | | $U'_O$ | | | $R_L$ | $U'_O$ | | |
| | | | | | | 240Ω | | | |

3. 集成稳压电路的稳压精度测量　利用表实 9.2 对图实 9.3 电路进行电源变化及负载变化时的稳压精度测量，把测量数据记入如表实 9.2 表中。对正及负电源的输出 9V 及 15V 各测一次，需用四张表。

4. 思考题

9-1　在整流滤波电路中，对比计算值与实测值，分析产生实测误差的主要原因，当在 $U_{O1}$ 端接入一个 32Ω 负载时，$U_2$ 若降低，主要是由什么原因引起的？

9-2　接入电容 C 后，引起 $U_{O1}$量值和波形的变化，除了与正弦波的幅值有关外，还受什么影响？试在接入电容的情况下，用一个 32Ω 电阻 $R_L$ 并在 $U_{O1}$两端，观察一下输出波形 $U_{O1}$ 的变化。

9-3　稳压精度主要取决于电路中哪几个元器件？为什么？

9-4　串联稳压电路中引入 $R_1$ 电阻是否会影响稳压精度？

9-5　稳压电路中 $T_1$—$T_3$ 是否应选择 $\beta$ 较大的三极管？为什么？

9-6　试比较图实 9.3 电路中两种不同电压输出时的精度。决定电路精度的元器件是哪几个？

## 四、预 习 要 求

1. 复习教材有关整流、滤波、串联稳压及三端稳压器等部分内容。
2. 准备记录表实 9.1 一张、表实 9.2 五张及实验报告用纸。进行有关计算，填入表中。

## 五、实验报告要求

1. 记录表实 9.1 及 9.2.
2. 回答思考题 9.1～9.6.
3. 进行实验小结。

## 六、实验仪器与器材

1. 模拟电子技术实验箱：包括上述电路。
2. 万用电表：直流电压内阻 20kΩ/V，有交流档
3. 示波器：一般单、双踪均可，有交、直两种测量方式。

# *实验十　综合性实验

*（选作其中之一）

## 实验 A　音频放大器（功率放大器）

### 一、实 验 目 的

1. 调试给出 OCL 音频功率放大器电路，要求学生利用已学过的知识，设计一个输入 $U_i=10mV$，输出功率为 1W，负载阻抗为 10Ω 的音频放大器。并通过实测提高学生的综合设计能力；

2. 利用组成的音频放大器，分级测量电路参数及频带宽度，进一步掌握调试，核算、测量方法。

### 二、实 验 原 理

图实 10.A1 为一个用运放和分立元器件组成的典型 OCL 音频功率放大器，其功率 $P=1W$，负载阻抗 $R_L=10Ω$.

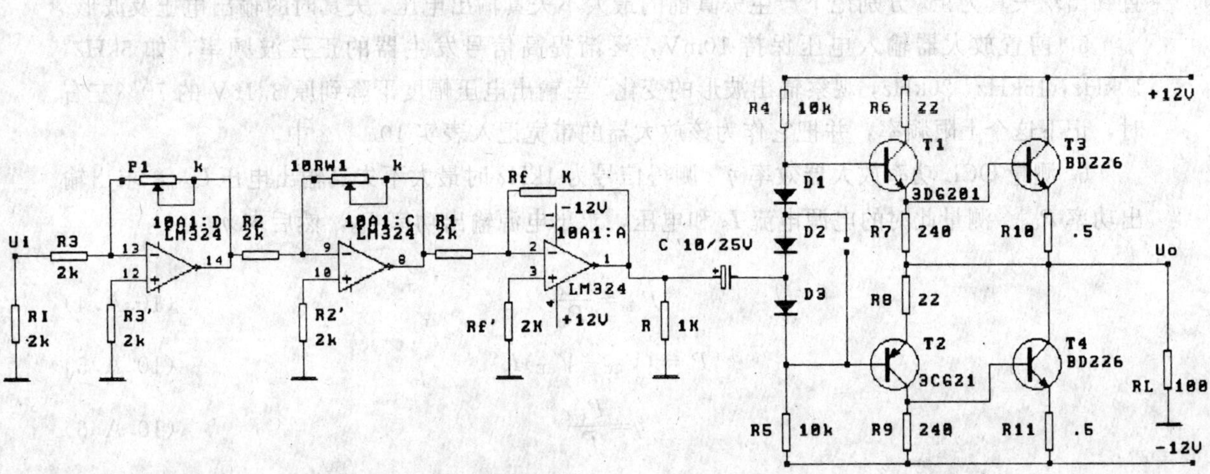


图实 10. A. 1

电路中主要参数核算：

$$U_O=\sqrt{P \cdot R_L}\approx 3.16\text{V} \tag{10.A.1}$$

$$U_i=U_O\Big/\left(1+\frac{R_f}{R_1}\right)\approx 0.0146\text{V} \tag{10.A.2}$$

根据输入 14.6mV，输出 1W，$R_L=10\Omega$ 的要求，前置放大器的电压放大倍数应为

$$A_{uf_1}=\frac{U_O}{U_i}=\frac{3.16}{0.0146}=216.44 \tag{10.A.3}$$

## 三、实验内容与步骤

1. 接通功放电路±15V 电源，用音频信号发生器在放大器输入端加一个 0.01V 左右的 1kHz 正弦波信号。用示波器及晶体管毫伏表测量并观察输出电压波形。调信号发生器，使负载电阻 $R_L=10\Omega$ 两端正好为不失真 3.16V 音频输出电压。然后量出此时音频信号发生器的输出电压（即此时加在功放电路输入端的电压实测值）。

2. 接入电压放大倍数 $A_{uf1}$ 约为 28 倍左右的反馈放大器，作为前置放大器。把音频信号发生器调小到 10mV 左右，改接到前置放大器的输入端。再调音频信号发生器，使输出 $U_O$ 正好为不失真 3.16V（有效值）。记下此时的前置放大器实测输入电压值。（记录在表实 10.A.1 中，下同）。

3. 用短路点 K 将 $D_1$，$D_2$ 短接，用示波器观察产生交越失真的输出波形，并记录此波形。然后断开 K 短接线，使放大器恢复正常。

4. 进一步调大输入音频信号，测试放大电路输出端的信号电压，用示波器观察输出波形，直到出现失真为止。分别记下产生失真前的最大不失真输出电压、失真时的输出电压及波形。

5. 前置放大器输入电压保持 10mV，逐渐提高信号发生器的正弦波频率，如 5kHz，10kHz，15kHz，20kHz，观察输出波形的变化。当输出电压幅度下降到原 3.16V 的 70%左右时，记下这个上限频率，并把它作为该放大器的带宽记入表实 10.A.2 中。

6. 测量 OCL 功率放大器效率 $\eta$　测得信号为 1kHz 时最大不失真输出电压 $U_{om}$，求出输出功率 $P_{om}$。测量此时的电源电流 $I_S$ 和电压，求出电源输出功率 $P_S$，然后求 $\eta$。

$$P_{om}=\frac{U_{om}^2}{P_L} \tag{10.A.4}$$

$$P_s=(V_{CC}-V_{EE})I_s \tag{10.A.5}$$

$$\eta=\frac{P_{om}}{P_s} \tag{10.A.6}$$

7. 思考题

10-A-1　电路中 $D_1$，$D_2$，$D_3$ 作用如何？

10-A-2　电路总电压放大倍数是多少？

10-A-3　如果电路中器件耐压足够大，提高输出功率的最简单方法是什么？

## 四、预 习 要 求

1. 复习功率放大器和负反馈放大器有关章节。
2. 绘制表实 10. A. 1 及表实 10. A. 2 记录表格。

**表实 10. A. 1**

| 前置输入 | 功放输出 | 波　形　图 |
|---|---|---|
| $U_{i1}$ | $U_O$ | |
| | | |
| $U_{i1}'$ | $U_O'$ | |
| | | |
| $U_{i1m}$ | $U_{om}$ | |
| | | |
| $U_{i1m}'$ | $U_{om}'$ | |
| | | |

**表实 10. A. 2**

| | 1kHz | 5kHz | 10kHz | 15kHz | 20kHz | 25kHz | 30kHz |
|---|---|---|---|---|---|---|---|
| $U_{i1}$ | | | | | | | |
| $U_O$ | | | | | | | |
| $U_{om}$ | | | | | | | |
| | $R_L=$ | $V_{CC}=$ | $V_{EE}=$ | $I_S=$ | $P_{om}=$ | $P_S=$ | $\eta=$ |

## 五、实验报告要求

1. 绘出最后实际电路图，标注电路参数。
2. 填写实验表格 10. A. 1，10. A. 2.
3. 回答思考题，进行实验小结。

## 六、实验仪器设备

1. 模拟电子技术实验箱：包括本电路。
2. 万用电表。
3. 示波器。
4. 晶体管毫伏表。

# 实验B　半导体体温计

## 一、实 验 目 的

1. 熟悉运算放大器在测量电路中的应用，掌握与输出指示仪表的连接方法。
2. 了解电路中采用的调零方法，抗干扰措施。

## 二、实 验 原 理

图实 10.B.1 是半导体体温计电路图。它用半导体点温计作为温度传感器，用微安表作为输出指示仪表，用同相比例运算电路作为测量放大器。用一个电容 $C=0.01\mu F$ 并接在 $R_f$ 上以防止高频干扰对测量精度的影响。

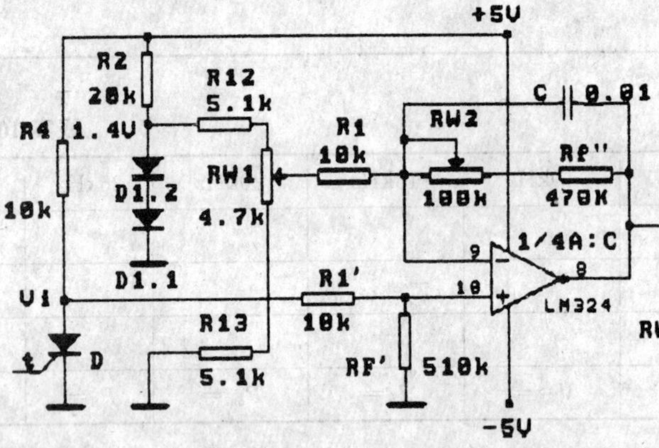


图实 10.B.1

由于半导体二极管温度和电压变化近似是线性关系，因此表头也可用近似线性来刻度。(该传感器若更换成毫伏级的其它传感器，也可进行其它物理量的测量。）例如：

设表头满度刻成 50℃，使表头内阻及附加电阻上的压降为：

$$U_G=I_G\cdot(R_G+R_5)=50\times10^{-6}\times(3+12)\times10^3=750\times10^{-3}=0.75V \quad (10.B.1)$$

输入电压 50℃的变化应近似为：

$$U_i=-2\times10^{-3}\times50=-100\times10^{-3}=-0.1V \quad (10.B.2)$$

$$A_{uf}=\frac{U_O}{U_i}=\frac{0.75}{-0.1}=-7.5 \quad (10.B.3)$$

$$R_f=(A_{uf}-1)R_1=(-7.5-1)\times10=85k\Omega \quad (10.B.4)$$

$$R_{w2}=R_f-R''_f=85-20=65k\Omega(\text{取 }100k\Omega) \quad (10.B.5)$$

$$R'_f=R_f, R'_1=R_1=10k\Omega$$

$$R_{w1}=\frac{2U_D(R_2+R_3)}{V_{CC}-V_{EE}}=\frac{2\times0.7\times(10+10)}{15-(-15)}=0.93k\Omega,(\text{取 }1k\Omega) \quad (10.B.6)$$

## 三、实验内容与步骤

1. 根据表头参数参考上述分析计算确定电路元件参数。

2. 在室温下调 $R_{w1}$，使表针指示为室温。

3. 用 50℃左右热水与标准温计调 $R_{w2}$和 $R_{w3}$，使指示达表头相应指示值，一般先应把 $R_{w3}$ 定在中值，然后调 $R_{w2}$.

4. 再重复上述 2、3 两步，直到高低两刻度都正确指示为止。

5. 量体温，其指示值应近似于体温计之指示。

6. 思考题

10-B-1　试述 $R_{w1}$，$R_{w2}$，$R_{w3}$的作用。

10-B-2　指示表应如图所示反接还是正接？为什么？

10-B-3　若把传感器二极管换成热敏电阻应如何改接电路？

10-B-4　为了便于携带运放选用省电的型号，如 LM358，电源改成单电源供电，电路应如何改动？

## 四、预 习 要 求

1. 画电路图根据已有表头进行电路元件参数计算。(若表头内阻不知，应先测表头。)

2. 参见万用表原理，进行表头参数测算。

3. 准备好实验用元器件。

4. 准备实验报告纸。

## 五、实验报告要求

1. 第一部分为电路原理及设计计算。

2. 第二部分为调试过程记录。

3. 第三部分思考题及答案。

4. 第四部分为实验小结。

## 六、实验仪器与器材

1. 模拟电子技术实验箱：包括上述各电路。

2. 万用电表：有电阻档，直流电压内阻 20kΩ/V 以上。

3. 晶体管毫伏表：测 $U_i$ 及 $U_O$ 要求内阻大于 1MΩ.

4. 半导体二极管（作为温度传感器）。

5. 温度计：0～100℃.

# 实验C　参量转换电路

## 一、实 验 目 的

通过对电压—频率转换电路（$U \to f$）的分析实验，了解电路的工作原理，进一步掌握集成运放应用电路的分析与调试方法。

## 二、实 验 原 理

典型的$U—f$转换电路如图实10.C.1所示。当输入$U_i$为正向直流电压时，输出$U_O$将出现与其有一定函数关系的$f$频率振荡波形。

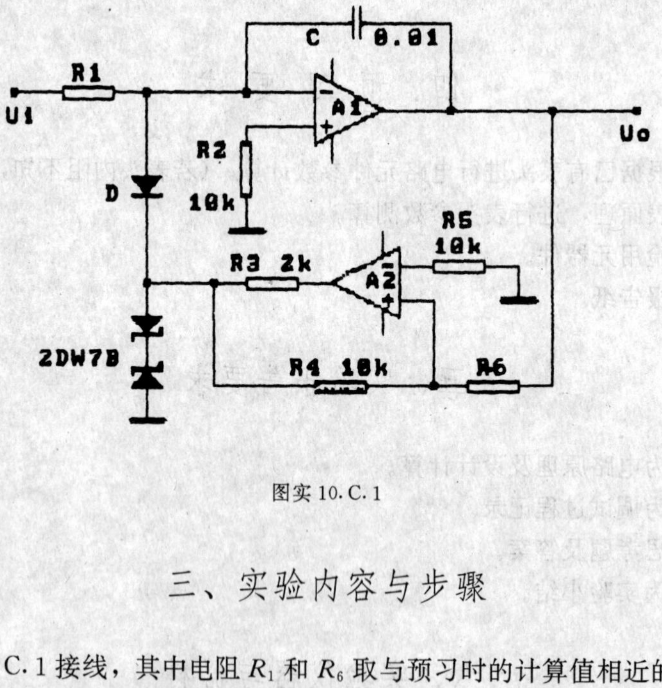


图实10.C.1

## 三、实验内容与步骤

1. 按图实10.C.1接线，其中电阻$R_1$和$R_6$取与预习时的计算值相近的电阻。

2. 在输入$U_i$接入直流可调稳压电源，当$U_i=3V$时，用示波器观察$U_O$的波形，记录波形、幅度周期是否与预习时的理论分析一致。

3. 分别测量直流输入电压$U_i$为0.5V，1V，2V，3V，4V时的周期时间和幅度。

4. 思考题

10-C-1　试分析图实10.C.1所示电路$A_1$中有无直流负反馈？是否要在C两端并一个直流反馈电阻$R_f$？为什么？

10-C-2　图实10.C.1是由两个什么电路接成的？

10-C-3　若把电路输入$U_i$改为负电压，实现$U—f$转换应作何改动才能正常工作？

## 四、预 习 要 求

1. 分析图实 10.C.1$U—f$ 转换电路的工作原理，并定性画出 $U_O$ 的波形图。
2. 求输入电压 $U_i$ 与输出 $U_O$ 的频率 $f$ 的函数关系。
3. 分析计算当 $R_1$ 和 $R_6$ 的阻值各为多少时，输出信号 $U_O$ 才能满足如下条件。
   *a*.$U_O$ 的幅度(峰—峰值)等于 12V；
   *b*.$U_i=3V$ 时，$U_O$ 的频率 $f=250Hz$.
4. 设计并准备实验记录表及记录纸。

## 五、实验报告要求

1. 实验报告第一部分按预习要求进行分析与计算。
2. 设计实验表格：实验内容中实测参数与理论计算均应在实验记录表中（包括波形图）。
3. 回答思考题。
4. 进行实验小结。

## 六、实验仪器与器材

1. 模拟电子技术实验箱：包括该实验的有关电路元器件。
2. 示波器：应能读出幅度与时基。
3. 可调直流稳压电源：0～10V 连续可调。
4. 万用电表：直流电压档阻抗大于 20kΩ/V.

# 实验 D　设计数字电流表

## 一、实 验 目 的

1. 了解运用测量放大器、A/D 转换器、数字显示电路组成数字电流表的方法；
2. 学会测量仪器的设计思路及方法。

## 二、实 验 原 理

设计任务　设计一个最大测量电流为±199.9mA 的数字电流表，电流表内阻不大于 0.2Ω.

设计步骤

1. 计算测量范围　设取样电阻 $R=0.1\Omega$.

输入最小显示信号 $V_i=0.1\times0.1=0.01\text{mV}$

输入最大显示信号 $V_{im}=199.9\times0.1=19.99\text{mV}$

2. 选择显示电路　由于显示±199.9 可选 $3\frac{1}{2}$位十进数码管，不考虑电池供电，可选 $3\frac{1}{2}$位发光二极管 LED 组件。查手册，选用双积分式 A/D 转换电路。

选择 ICL7107 型具有数字译码电路的 A/D 双积分式转换电路，由手册知它的参数为：

转换时间：333ms

精　　度：±1 字

输入电压：±2V

电源电压：±5V

$3\frac{1}{2}$七段译码已包括在器件片子内(40 脚片)

3. 计算测量放大器增益

$$A_{uf}=\frac{2\times10^3}{19.99}\approx100 \quad (\text{为留裕度，取 }200) \tag{10. D. 1}$$

4. 选择测量放大器　由于 $A_{uf}$较大，故用两级放大，采用双端输入，每级 $A_{uf}\approx15$

$$A_{uf_1}=\frac{R_f}{R_1}=15 \tag{10. D. 2}$$

若取 $R_1=20\text{k}\Omega$，则 $R_f=15\times20\text{k}\Omega=300\text{k}\Omega$

根据以上计算选择实用电路如图实 10. D. 1 所示。

## 三、实验内容与步骤

1. 设计计算，绘制电路图。

2. 数显部分已接好在实验箱内，输入端由被测电路供给。

3. 在实验箱面板上按计算电路接成两级运放电路。

4. 先用稳压电源经电位器输入，列表测量直流输入电流 $I$ 与数字电路数码显示对应关系，最少取 1mA，10mA，100mA，199mA4 点。

5. 检查设计选择是否适当，否则调整设计。

6. 调整两级放大器零点　调 $R_{w3}$使放大器输出为零，输出可先用万用电表监测。

7. 调放大器增益　先用稳压电源串一个电阻，取近似满度直流电流串入表输入端，观察输出最大电压值，用调 $R_{w2}$的方法使其接近所求。如果过大，可改变两级的 $R_f$ 电阻。

8. 调好后与数显部分联调　把放大器的输出接到显示电路的输入端（7107 的引脚），用稳压电源经电阻提供电流，检查数显与所测电流范围是否吻合，否则继续微调 $R_{w2}$，使之吻合。

9. 用示波器检查，输出波形中不应有杂波干扰，应是清晰直线（水平线，允许有上下位移）。否则进行消振处理。

10. 思考题：

10-D-1　如果有杂波干扰应如何解决？

10-D-2　试分析转换电路中各主要元件的作用。

10-D-3　用图实 10. D. 1 电路测量温度时，输入部分应如何改接，用什么传感器较好？

10-D-4　用图实 10.D.1 电路若与热电偶接可测 1900℃ 度高温吗？如何连接？

10-D-5　用图实 10.D.1 电路能测量微小的位移量吗？如要求设计一个±1.999cm 位移±0.001cm精度，你选用什么传感器？（题示：用 120Ω 应变桥把位移变成应力，通过测位移引起的弹片力变化。要求同学画出测量电桥，如何加电压在桥路，输出接到运放输入就可以了。）

## 四、预习要求

1. 复习数字电子技术双积分 A/D 转换、七段译码、数码管 LED 显示器电路原理。
2. 复习运放双向输入反馈放大部分。
3. 进行“内容与步骤”1 所要求的设计计算及绘图。
4. 准备有关记录表格及实验用纸。

## 五、实验报告要求

1. 整理预习中设计计算，作为报告第一部分内容。
2. 填写各实验记录。
3. 回答思考题，绘附图。
4. 进行实验小结。

## 六、实验仪器与器材

1. 模拟电子技术实验箱：包括本实验部分。
2. 万用电表：直流电压≥20kΩ/V.
3. 晶体管毫伏表。
4. 稳压电源：双向可连续调压。
5. 示波器：一般示波器。
6. LM124 运放 1 块；电阻，电位器如图实 10.D.1。

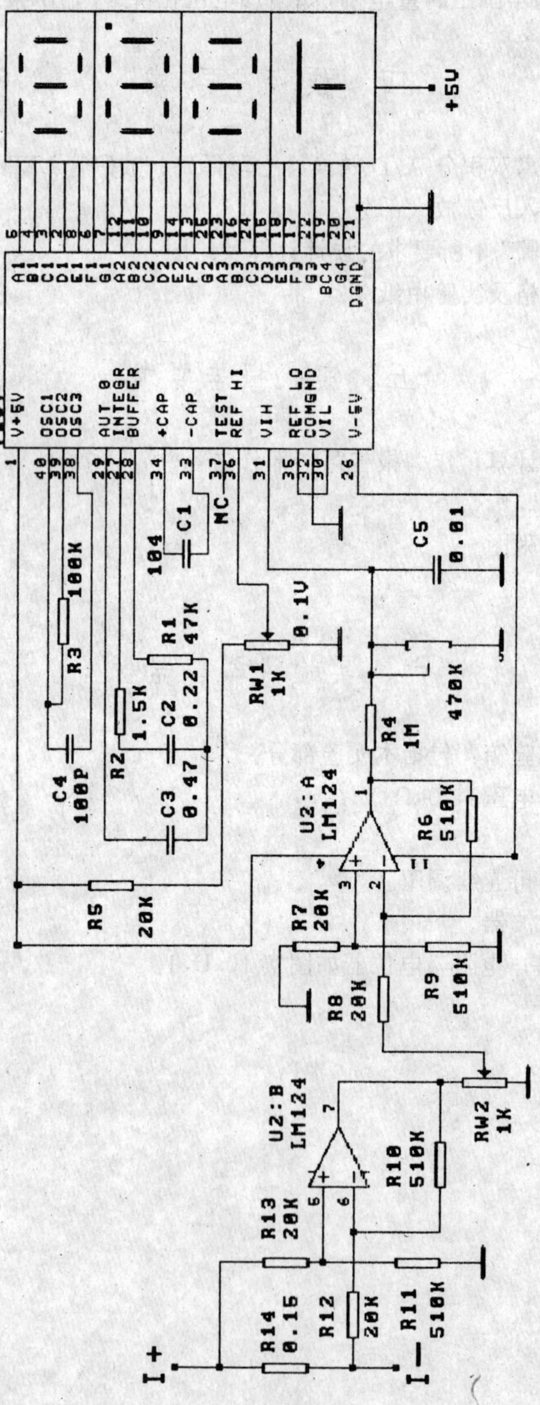

U1
7107
V+5V
OSC1
OSC2
OSC3
AUT 0
INTEGR
BUFFER
+CAP
-CAP
TEST
REF HI
VIH
REF LO
COMGND
VIL
V-5V
DGND
+5V
C1
104
NC
C5
0.01
R3
100K
C4
100P
R2
1.5K
C2
0.22
C3
0.47
R1
47K
RW1
1K
0.1V
R4
1M
470K
U2:A
LM124
R6
510K
R5
20K
R7
20K
R8
20K
R9
510K
U2:B
LM124
R10
510K
RW2
1K
R13
20K
R14
0.15
R12
20K
R11
510K
I+
I-


图实 10. D. 1

# 附录 A　常用仪器简介

## 一、DA—16 型晶体管毫伏表

晶体管毫伏表是一种输入阻抗较高、频带较宽、测量电压范围较大的交流电压直读式仪表，电表刻度指示为正弦交流电压的有效值。

在电子电路测量中常被用来进行输入输出电压的测量。

**（一）技术指标**

1. 测量交流电压范围 100μV～300V
   共分 1，3，10，30，100，300mV．
   1，3，10，30，300V，共 11 档
2. 被测电压频率范围　200Hz～1MHz
3. 测量精度
   20Hz～100kHZ≤±3%
   100kHz～1MHz≤±5%
4. 输入阻抗　1kHz 时 1.5MΩ
5. 输入电容
   1～300mV 档 70pF
   1～300V 档 50pF
6. 噪声　在 1mV 档，当输入短路时电表指示值<2%（满度值的）。
7. 电源
   AC　220V，50Hz，3W
   DC　12V

**（二）使用说明**

附图 A·1 和 A·2 分别为 DA—16 型晶体管毫伏表的面板图及仪器外形图。

1. 接通电源　该仪器可用交流 220V 市电供电或用 12V 直流电源供电。当用交流供电时，把面板右上角交、直流开关拨向交流一侧，接通电源，打开右下角的交流电源开关，仪器即处于准备状态。若用直流 12V 电源供电，则将右上角交直流开关拨向直流一侧，将直流 12V 电源接入仪器右侧面 DC12V 插孔，仪器即可使用。

2. 校正调零　仪器通电前应调表头，使指针指在零刻度线上。通电后等待指针稳定后，即可用左上角调零旋钮进行电气校零，使指针稳定在零线上。

3. 输入线，应用专用高频插头及隔离线，隔离线外皮应接在被测电路的公共端。若测量市电电压或较高电压时，因一端与仪器外壳相通，应把中线接外壳一端，防止触电。

4. 量程选择　按被测电压选择相应的量程。一般来说，量程选择要大于被测电压。当不知被测量电压数值时，应由大到小逐渐调试，以防打坏表针。

使用 100mV 以下量程时，应尽量避免输入端开路，不能用手直接碰输入线端，防止干扰及打表。

5. 为保证测量精度，仪表应直立放置。

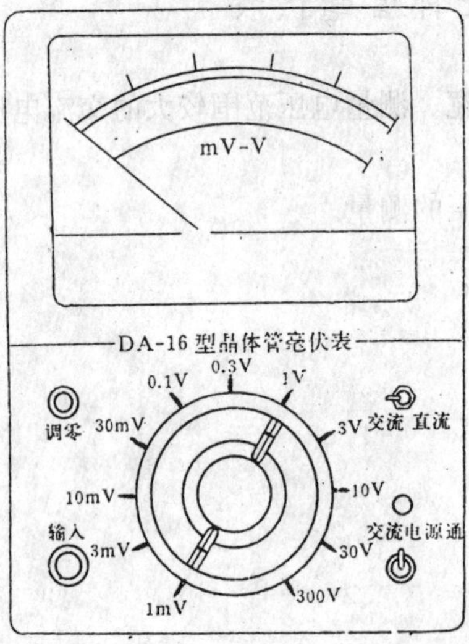


附图 A.1

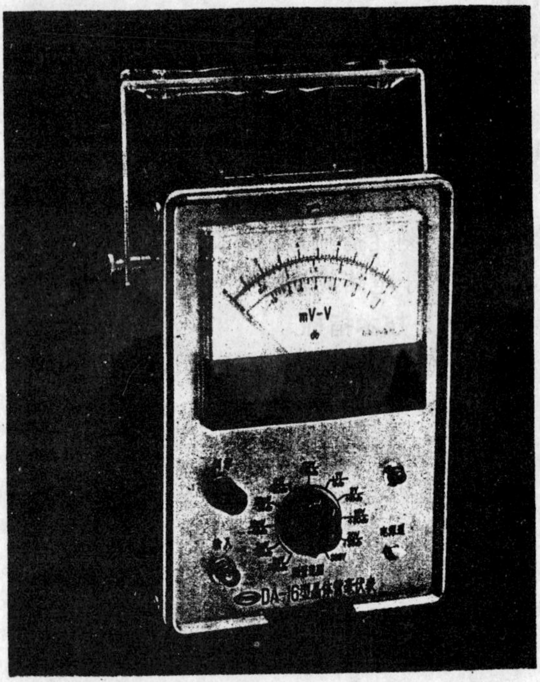


附图 A.2

## 二、万 用 电 表

万用表常用于电子电路中静态参数的测量。它分为指针式和数字式两种。万用表要求被测信号频率限在 3kHz 以下，而且它不具有晶体管毫伏表的高输入阻抗的特点，故不能用以测量微小信号及电路中较高频的交流参数。

### （一）MF—64 型万用电表技术指标

1. 直流电压

2V，10V，50V，200V，20kΩ/V，±2.5%

1000V　　　8kΩ/V，±2.5%

2. 直流电流

50μA，0.25，2.5，12.5，25，125，500mA，2.5A，±2.5%

3. 交流电压

10，50，250V，500，1000V. 4kΩ/V，±5%

4. 电阻

2k，20k，200k，2M，20M，±2.5%

### （二）DT—830 型数字万用表技术指标

1. 交、直流电压（交流频率 45Hz～500Hz）

200mV，2V，20V，200V，1000V 五档。

直流精度为±（读数的 0.8%+2 个字）。

交流精度为±（读数的 1%+5 个字）。

输入阻抗　直流档为 10MΩ。

交流档为 10MΩ，100pF。

2. 交、直流电流

200μA，2mA，20mA，200mA，10A，五档

直流精确度为±（读数的 1.2%+2 个字）。

交流精确度为±（读数的 2%+5 个字）。

最大电压负荷为 250mV（交流有效值）。

3. 电阻

200Ω，2kΩ，20kΩ，200kΩ，2MΩ，20MΩ，六档　精确度为±（读数的 20%+3 个字）。

4. 二极管检测：

测试电压 1.5V，电流 1mA±0.5mA.

5. $h_{FE}$检测

测试条件　$V_{CE}=2.8V$，$I_B=10\mu A$.

6. 短路测试

测试电阻<20Ω±10Ω

数字万用表一般用 $3\frac{1}{2}$位液晶显示。

使用数字表时切忌电流过载，当数字显示为“1”时即为过载信号。液晶显示具有省电，显示清晰的特点，但它不适于在温度较低的环境中使用和保存，一般零下 3～5 度易冻坏液晶，使表损坏。不用时应及时关断电源，以免表内积层电池浪费及损坏电池架金属件。

**（三）万用电表的使用常识**

使用万用电表测量电压、电流、电阻时，应会估算万用表内电路对被测电路的影响，有些表内参数是可从表盘上的一些标注推算得到。下面我们介绍一些常用的方法。

当测量电压时，一般关心万用表并联在被测电路中的电阻是否影响被测精度。万用表的表盘上常标有如“20kΩ/V－”和“4kΩ/V～”的标志，它告诉我们，当测直流电压用满量程 1V 挡时，并联在被测电路中的电阻近似为 20kΩ；而用 10V 挡时，并联在被测电路中的电阻为 200kΩ。当测交流电压，用 1V 挡时，并联在被测电路中的电阻只有 4kΩ。直流挡的这个参数还告诉我们，万用表所用表头是 50μA 左右的微安表头。

当测量电流时，一般关心万用表串在被测电路中的电阻对测量电路的影响，如已知表头电流为 $I_g$，表头内阻为 $R_g$，则可用式 A.1 近似估算万用表电阻 $R$ 之值。设电流挡满刻度电流为 $I$，则有

$$R=\frac{I_g \cdot R_g}{I} \qquad (A \cdot 1)$$

当测量电阻时，一般关心流过被测元器件中的电流过大，是否会使其损坏。以 MF41 型万用电表为例，可从表盘电阻刻度的中值读出 $R_T=24$，表内电池电压 $U=1.5V$，则可用式 A

·2 计算表笔短路时可能的最大电流 $I_m$，从而可相对分析流过被测元器件中电流的数量级。

$$I=\frac{U}{R_T} \tag{A·2}$$

若用 1Ω 挡测量最大可能产生的电流为

$$I_{1\Omega}=\frac{1.5}{24}=0.0625\text{A}$$

若用 1kΩ 挡测量最大可能产生的电流为

$$I_{1k}=\frac{1.5}{24\times10^3}=0.0625\times10^{-3}\text{A}$$

所以用万用电表测量小功率三极管正、反向电阻时，只能用 100Ω 挡或 1kΩ 挡，而不能用 1Ω，10Ω 挡，否则会因其电流过大而损坏器件。

用万用电表的电阻档时，首先应将表笔短接，用调零电位器调零，以保证读数的正确。

## 三、低频信号发生器

XD—2 型低频信号发生器是能产生 1kHz～1MHz 的正弦波信号发生器。它失真度较小，最大输出电压可达 5V（有效值），最大衰减 90dB，在电子电路中常被作为信号源。

XD—2 型低频信号发生器的原理框图和面板图分别见附图 A.4 和附图 A.5。

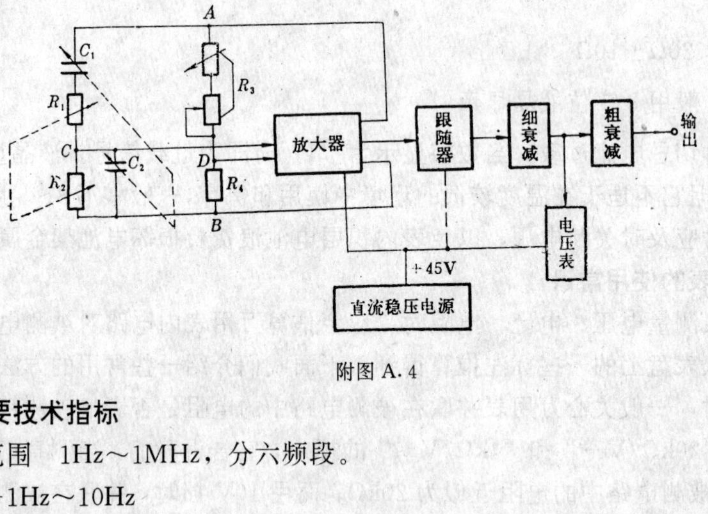


附图 A.4

### （一）主要技术指标

1. 频率范围　1Hz～1MHz，分六频段。

Ⅰ——1Hz～10Hz

Ⅱ——10Hz～100Hz

Ⅲ——100Hz～1kHz

Ⅳ——1kHz～10kHz

Ⅴ——10kHz～100kHz

Ⅵ——100kHz～1MHz

基本频率误差

Ⅰ～Ⅴ频段为±（1%+0.3Hz）。

Ⅵ频段为±1.5%。

频率漂移（预热 30 分钟）

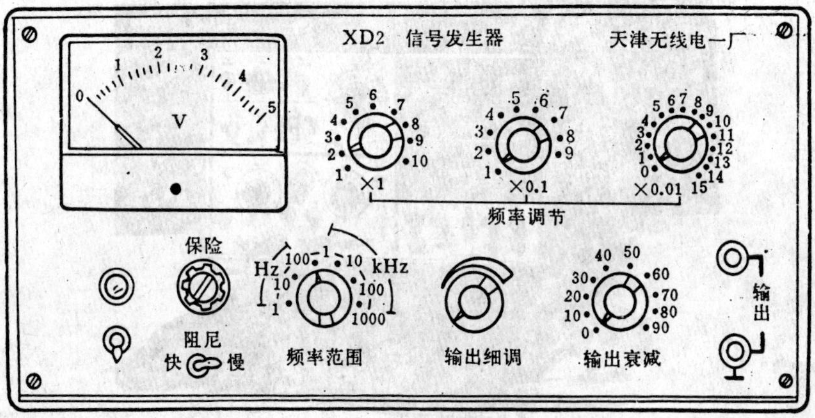


附图 A·5

半小时内不超过：

Ⅰ频段为 0.4%，Ⅵ频段为 0.2%，其它为 0.1%。

七小时内不超过：

Ⅰ频段为 0.8%，Ⅵ频段为 0.4%，其它为 0.2%。

2. 电压表指示误差　在 2Hz～1MHz 范围内小于±5%。

3. 输出电压　大于 5V

0～5V 连续可调。

4. 输出电压衰减　（见附图 A·5）。

输出衰减粗调由 0～90dB 分 10 档：

0，10，20，30，40，50，60，70，80，90dB

0～80dB 衰减误差小于±1.5dB

90dB 衰减误差小于±5dB

5. 频率特性　小于±1dB

6. 非线性失真　从 20Hz～20kHz 内小于 0.1%.

7. 电源　220V±10%，50Hz.

8. 功率消耗　小于 13VA.

## 四、SR—8 双踪示波器简介

示波器的作用主要是用来直观、形象地观察各种周期性电信号的波形。附图 A·6 为 SR—8 二踪示波器的外形图。

**（一）主要技术指标**

Y 轴

灵敏度　10mV/div～20V/div，分 11 挡。

微调可使每挡连续调整 2.5 倍。

如 20V/div 挡可达 2.5×20＝50V/div

频带宽度　在 DC（直流耦合输入）时，为 0～15MHz

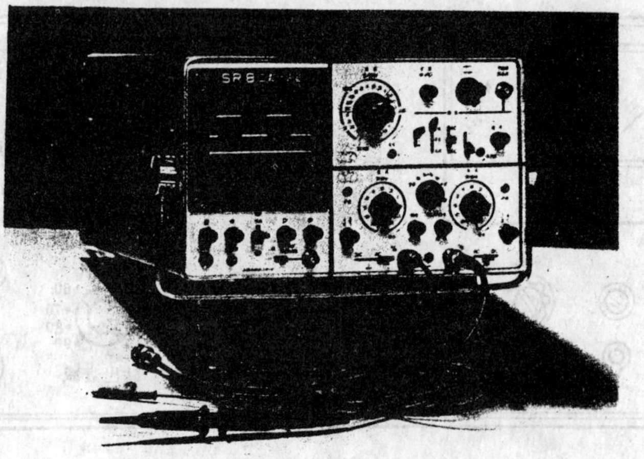

SR 8 二踪示波器

附图 A.6

在 AC（交流耦合输入）时，为 10Hz～15MHz

输入阻抗　直接输入时：输入电阻 1MΩ

输入电容＜50pF

经探头输入：输入电阻 10MΩ

输入电容＜15pF

最大允许输入电压≤400V（直流＋交流峰值）。

X 轴

灵敏度　不大于 3V/div

频带宽度　100kHz～250kHz

扫描时间范围　0.2μs/div～1s/div，分 21 档。扫描微调大于 2.5 倍，因此仪器的最慢扫描速率为（2.5×1），2.5s/div. 而最高扫描速率可达 20ns/div.

标准信号，频率 1kHz，幅度为 1V（方波）。

**（二）使用方法及注意事项　见附图 A.7，SR—8 二踪示波器的面板布置**

1. 辉度与聚焦调节　打开电源开关，屏幕上应出现亮点或扫描线。若无时基线，则将寻迹键按下，判断光点所在位置，适当调 X 及 Y 轴位移旋钮，使基线出现在屏幕的中间位置。调辉度、聚焦、辅助聚焦，使基线清晰，亮度适中。

2. X 轴控制开关、旋钮的作用与使用方法

（1）扫描时间选择开关（t/div）及其微调

开关旋钮为套轴形式，外旋钮为粗调，内旋钮为微调。粗调每格时间如面板所示共 21 档及外接档。微调旋钮顺时针方向转至满度时为校准位置，此时的扫描时间符合粗调旋钮的标称值。当粗调旋钮拨至“X 外接”时，X 轴信号直接由“X 外接”同轴插座输入。

（2）扫描扩展开关（扩展拉×10）

是按拉式开关。按下为常态；拉出时（拉×10），荧光屏显示波形在 X 轴方向扩展 10 倍，即扫描速度增大 10 倍。此时时基误差也较大，为 15%。

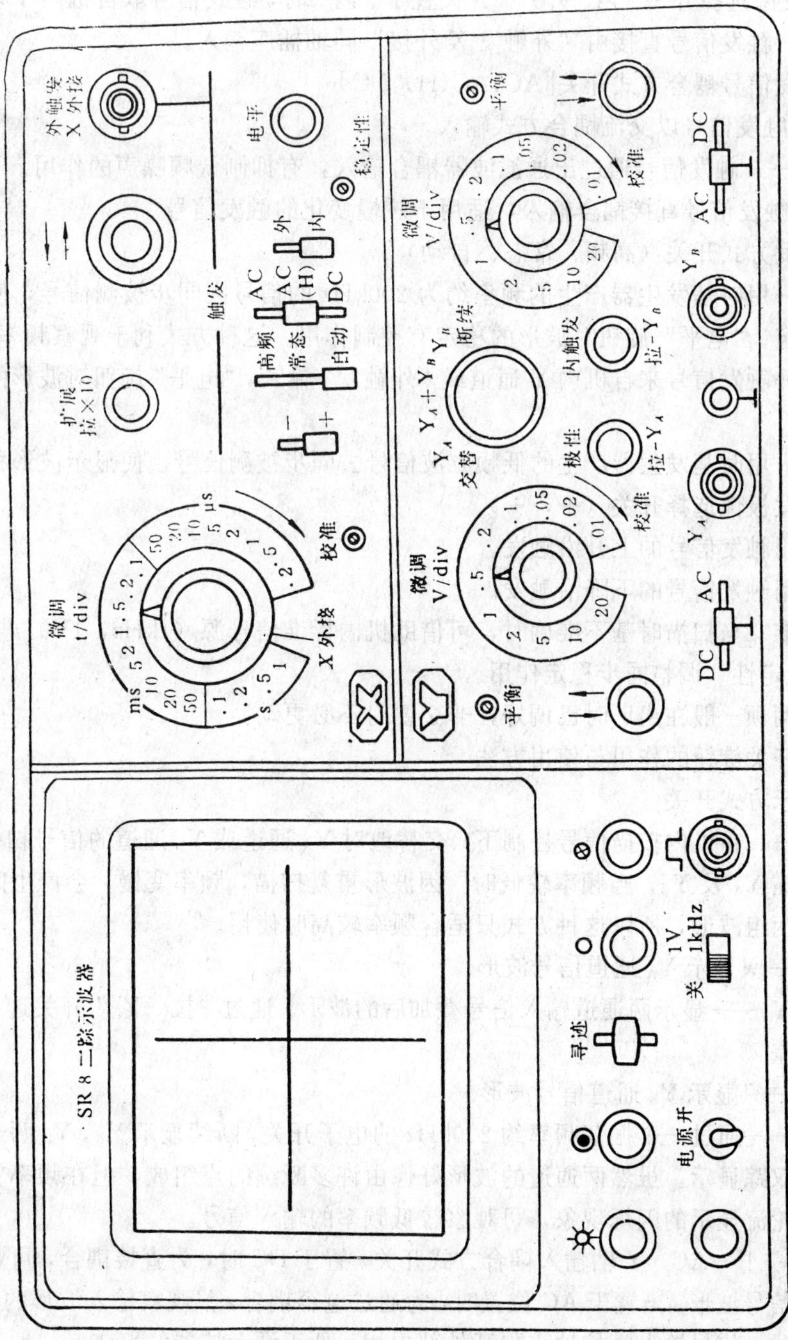
SR 8 二踪示波器
电源开
寻迹
1V
1kHz
关
外触发
X 外接
扩展
拉×10
触发
高频
常态
自动
AC
AC
(H)
DC
外
内
电平
稳定性
微调
t/div
ms
μs
s
校准
X 外接
微调
V/div
平衡
极性
拉-$Y_A$
$Y_A$
AC
DC
交替
$Y_A+Y_B$
断续
$Y_B$
内触发
拉-$Y_B$
$Y_B$

附图 A.7

(3) X 轴位移　可左、右移动水平扫描线。顺时针右移，逆时针左移。

(4) 触发电平调节（电平）　用以选择输入信号波形的触发点，使在适当的电平上启动扫描。如没有触发信号或触发信号电平不在触发区域内，则扫描停止；使用“自动”方式时，“电平”旋钮不起控制作用。

(5) 触发源选择开关（内、外）　开关置于“内”时，触发信号取自机内 Y 轴放大器；置于“外”时，触发信号直接由“外触发 X 外接”同轴插座输入。

(6) 触发信号耦合方式开关[AC,AC(H),DC]

AC——触发信号以交流耦合方式输入。

AC(H)——触发信号通过出通滤波器耦合输入，有抑制低频噪声的作用。

DC——触发信号直接耦合输入，适用于缓慢变化的触发信号。

(7) 触发方式开关（高频、常态、自动）

高频——用时基发生器产生的频率约为 200kHz 的信号去同步被测信号，使荧光屏上显示的波形稳定。“电平”旋钮对波形的稳定有控制作用。这种方式利于观察频率较高的波形。

常态——触发信号来自机内 Y 通道或“外触发”输入，“电平”旋钮对波形的稳定显示有控制作用。

自动——用时基发生器产生的低频方波信号去同步被测信号，使显示波形稳定。

(8) 触发极性选择开关（＋，－）

＋——用触发信号的上升沿触发。

－——用触发信号的下降沿触发。

(9) 校准　当扫描时基不准确时，可借助机内标准信号源（1kHz，1V）进行校准。

(10) 稳定性　调整同步稳定作用。

· 以上两项一般在出厂时已调好，非必要时不必更动。

3. Y 轴开关旋钮的作用与使用方法

(1) 显示方式开关

· 交替——在机内扫描信号控制下，交替地对 $Y_A$ 通道或 $Y_B$ 通道的信号扫描显示，即分周期分别扫描 $Y_A$ 及 $Y_B$，当频率较低时，因波形重复扫描，频率变慢，会产生闪烁现象或不能同时看到两组波形，所以这种方式只适合频率较高时使用。

· $Y_A$——只显示 $Y_A$ 通道信号波形。

· $Y_A+Y_B$——显示两通道输入信号叠加后的波形。通过“拉—$Y_A$”开关选择，可显示两波形的和或差。

· $Y_B$——只显示 $Y_B$ 通道信号波形。

· 断续——通过一个振荡频率约 200kHz 的电子开关，断续显示 $Y_A$，$Y_B$ 两通道波形的各部分，实现双踪显示。虽然两通道的波形好像由许多断续的点组成，但在频率较低时不会出现两个波形轮流显示的闪烁现象，可观察较低频率的输入信号。

(2) DC—⊥—AC　Y 轴输入耦合方式开关。置于 DC 时，为直接耦合，可观察含有直流分量的输入信号波形。当置于 AC 位置时，为通过电容耦合，只观察输入波形的交流分量。当开关置于⊥时，信号输入端接地，隔开外部干扰，便于调示波器的聚焦 。

(3) 灵敏度选择开关 V/div 及微调　如面板所示，$Y_A$ 及 $Y_B$ 通道都各有一个灵敏度选择开关，采用套轴形式。粗调从 10mV/div～20V/div，共分 11 档。微调可连续调整范围大于 2.5

倍。

(4)“极性，拉—$Y_A$” $Y_A$ 通道设有极性转换，当拉出时，使 $Y_A$ 通道输入信号显示波形倒相。

(5)“内触发，拉—$Y_B$” 此开关用以选择同步触发信号源。当按下时，同步触发信号取自经电子开关控制后的延迟激励级。当显示 $Y_A$ 波形时，同步触发受 $Y_A$ 信号控制；当显示 $Y_B$ 波形时，则受 $Y_B$ 信号的控制。这种状态适用于单踪显示。若开关拉出时，触发信号取至 $Y_B$ 的前置放大器。它适用于双踪显示，由 $Y_B$ 通道提供同步触发信号。在比较两个波形、测量其相位关系，用交替或断续方式时常用这种控制方式。

(6)“平衡” 当 Y 轴放大器输入级出现不平衡时，显示波形将随“V/div”开关微调的变化而出现 Y 轴方向的位移。“平衡”控制可把这种现象调到最小。

(7) Y 轴位移“↑↓”—两个 Y 轴位移可把 $Y_A$ 或 $Y_B$ 显示波形调到屏幕上、下适当位置。

## 五、JT—1 型晶体管特性图示仪

附图 A·8 为 JT—1 型晶体管特性图示仪的面板图。

**(一) 主要技术性能**

1. Y 轴作用

集电极电流：

0.01～1000mA/度（分 16 挡），精确度 3%。

基极电压：

0.01～0.5V/度（分 6 挡），精确度 3%。

2. X 轴作用

集电极电压：

0.1～20V/度（分 11 挡），精确度 3%。

基极电压：

0.01～0.5V/度（分 6 挡），精确度 3%。

3. 基极阶梯信号

阶梯电流：

0.001～200mA/级（分 17 挡），精确度 5%。

每族级数：4～12 级。

每秒级数：100 或 200.

极性：正或负。

阶梯作用：分为“重复”、“关”、“单族”。

4. 集电极扫描信号

峰值电压：0～20V，正或负，连续可调。

0～200V，正或负，连续可调。

功耗限制电阻：0～100kΩ.

电流容量：0～20V 范围为 10A（平均值）。

0～20V 范围为 1A（平均值）。

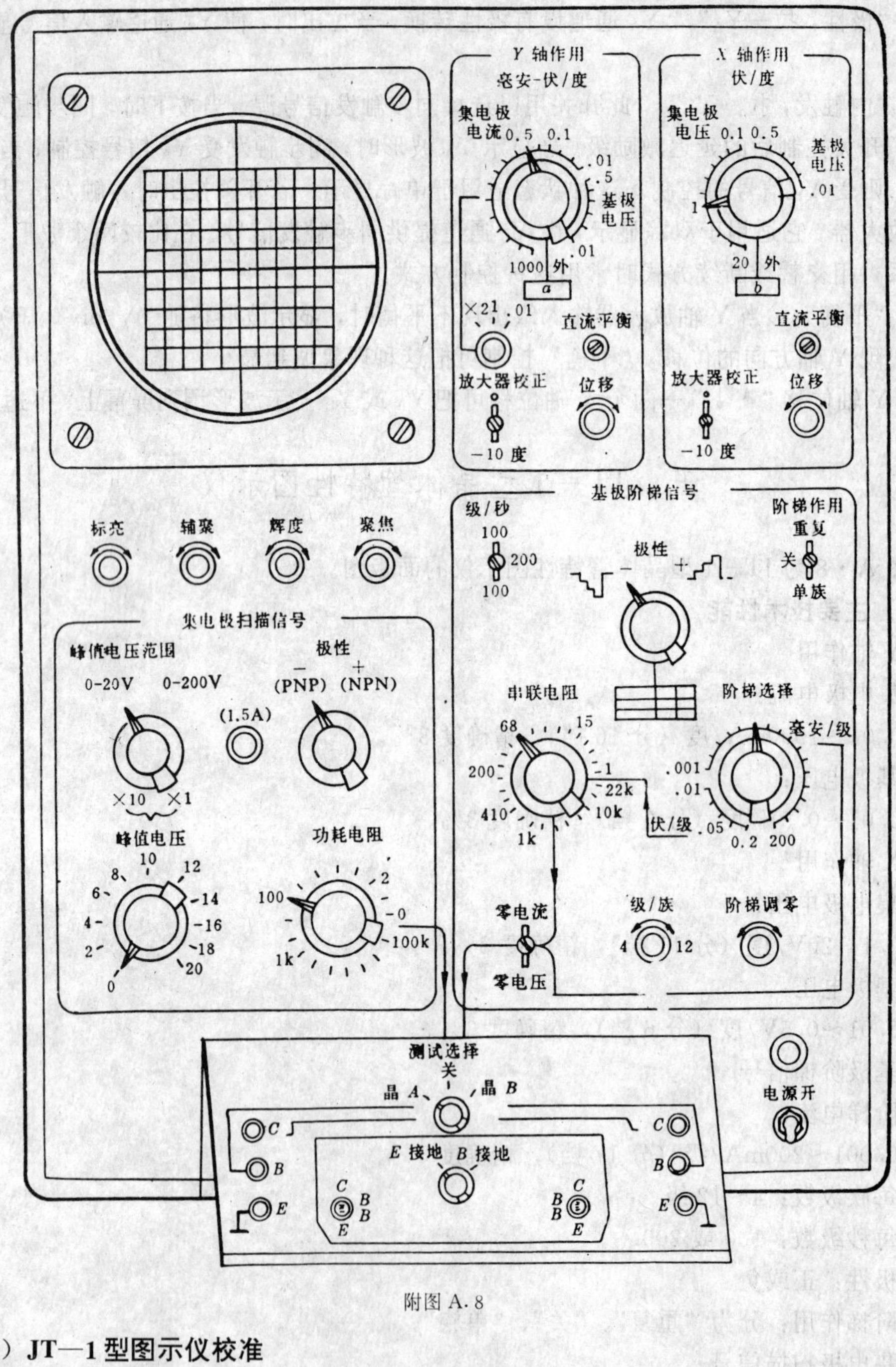


附图 A.8

**（二）JT—1 型图示仪校准**

1. 放大器校准。

将 $X$，$Y$ 轴的“放大器校正”扳键由“零点”扳至“—10 度”，荧光屏上光点将分别在 $X$ 轴和 $Y$ 轴方向移动 10 格，否则通过机内调整电位器校正。

2. 阶梯调零

“$X$ 轴作用”开关扳至“1 伏/度”。

"Y 轴作用" 开关扳至 "基极电流或基极源电压"。

"阶梯作用" 扳至 "重复"。

"阶梯选择" 放至 "0.01 伏/级"。

调 "阶梯调零" 旋钮，使阶梯波图形第一条亮线与 Y 轴 "放大器校正" 扳至 "零点" 时的位置重合。调好后在测试过程中不动 "阶梯调零" 旋钮。当测量时，把 Y 轴 "放大器校正" 扳向 "零点" 的光条通过调 Y 轴 "移位" 使其与标尺零线重合。当测 NPN 晶体管时，零线为最下一条标尺线。测 PNP 时零线则为最上一条标尺线。

3. 直流平衡

X，Y 轴作用开关放在 "基极电压，伏/度" 任一位置。

X，Y 轴 "放大器校正" 扳至零点。

分别切换 "X，Y 轴作用开关时，光点应几乎不动，否则调 "直流平衡" 使之稳定。

# 附录B　常用元、器件简介

## 一、电阻器、电位器

1. 电阻器和电位器的型号命名法：见附表B.1。

**附表B.1**　　**电阻器、电位器的型号命名法**

| 第一部分 | | 第二部分 | | 第三部分 | | 第四部分 |
|---|---|---|---|---|---|---|
| 用字母表示主称 | | 用字母表示材料 | | 用数字或字母表示分类 | | 用数字表示序号 |
| 符号 | 意义 | 符号 | 意义 | 符号 | 意义 | |
| R | 电阻器 | T | 碳膜 | 1 | 普通 | |
| W | 电位器 | P | 硼碳膜 | 2 | 普通 | |
| | | U | 硅碳膜 | 3 | 超高频 | |
| | | H | 合成膜 | 4 | 高阻 | |
| | | I | 玻璃釉膜 | 5 | 高温 | |
| | | J | 金属膜（箔） | 7 | 精密 | |
| | | Y | 氧化膜 | 8 | *高压或特殊函数 | |
| | | S | 有机实芯 | 9 | 特殊 | |
| | | N | 无机实芯 | G | 高功率 | |
| | | X | 线绕 | T | 可调 | |
| | | R | 热敏 | X | 小型 | |
| | | G | 光敏 | L | 测量用 | |
| | | M | 压敏 | W | 微调 | |
| | | | | D | 多圈 | |

* 第三部分数字“8”，对于电阻器来说表示“高压”，对于电位器来说表示“特殊函数”。

例如：

PTX — 0.5W — 2K — ±0.5%

| P | T | X | 0.5W | 2K | ±0.5% |
|---|---|---|---|---|---|
| 电阻（主称） | 碳膜（材料） | 小型（分类） | 额定功率W | 标称电阻值 | 允许误差 |

RJ71 — 0.125 — 5.1k — I

| R | J | 7 | 1 | 0.125 | 5.1k | I |
|---|---|---|---|---|---|---|
| 电阻（主称） | 金属膜（材料） | 精密（分类） | 序号 | 额定功率W | 标称电阻值 | 误差等级 |

误差等级分类：

| | | | | | |
|---|---|---|---|---|---|
| 误差 | ±0.5% | ±1% | ±5% | ±10% | ±20% |
| 等级 | 0.5 | 0.1 | Ⅰ | Ⅱ | Ⅲ |

2. 电阻值的标称系列与标注方法：见附表 B.2。

**附表 B.2**

| 容许误差 | 系列代号 | 系　列　值　$\times 10^n$ |
|---|---|---|
| ±5% | $E_{24}$ | 1.0；1.1；1.2；1.3；1.5；1.6；1.8；2.0；2.2；2.4；2.7；3.0；3.3；3.9；4.3；4.7；5.1；5.6；6.2；6.8；7.5；8.2；9.1； |
| ±10% | $E_{12}$ | 1.0；1.2；1.5；1.8；2.2；2.7；3.3；3.9；4.7；5.6；6.8；8.2； |
| ±20% | $E_6$ | 1.0；1.5；2.2；3.3；4.7 |

电阻值标注方法常见的是直接标注电阻值的方法。1Ω 以下电阻常标为 0.1Ω 等；1Ω 以上则不标 Ω，只写数字。如 6.8，即 6.8Ω，1.2k 即 1.2kΩ。

对小型电阻值常用色环标注法：常见的有四环标注法，第一、二环为数字，第三环为数字后零的个数，第四环为电阻误差等级。金为 5%，银为 10%，无色为 20%。颜色对应数码如下：

| | | | | | | | | | | | |
|---|---|---|---|---|---|---|---|---|---|---|---|
| 黑 | 棕 | 红 | 橙 | 黄 | 绿 | 蓝 | 紫 | 灰 | 白 | 金 | 银 |
| 0 | 1 | 2 | 3 | 4 | 5 | 6 | 7 | 8 | 9 | 5% | 10% |

例如：一个电阻标的色环顺序是“黄紫红金”，则它的阻值是 4700±5%，即 4.7kΩ±5%。

又如：一个电阻标的色环顺序是“黑棕黑”，则它的阻值是 01±20%，即 1Ω±20% 的电阻。

## 二、电　容　器

1. 电容器的型号命名法：见附表 B.3。

例如：CTX1 型为低频瓷介小型电容。

2. 电容器的标称容量与数值标注方法：标称容量见附表 B.4。

**附表 B.3**

| 第 一 部 分 | 第 二 部 分 | | 第 三 部 分 | | 第 四 部 分 |
|---|---|---|---|---|---|
| 名　称 | 材　料 | | 特　征 | | 序　号 |
| 电容器 | 符号 | 意　义 | 符号 | 意　义 | 符号 |
| 符号 | C | 高频瓷 | T | 铁电 | 用字母或数字 |
| | T | 低频瓷 | W | 微调 | |
| | I | 玻璃釉 | J | 金属化 | |
| C | Y | 云母 | X | 小型 | |

**附表 B.3 续表**

| 第一部分 | 第二部分 | | 第三部分 | | 第四部分 |
|---|---|---|---|---|---|
| 名称 | 材料 | | 特征 | | 序号 |
| 电容器 | 符号 | 意义 | 符号 | 意义 | 符号 |
| | Z | 纸介 | D | 低压 | |
| | J | 金属化纸 | M | 密封 | |
| | L | 涤纶 | Y | 高压 | |
| | D | 铝电解 | C | 穿心式 | |
| | A | 钽电解 | S | 独石 | |

**附表 B.4　　常用固定电容的标称容量系列**

| 电容类别 | 允许误差 | 容量范围 | 标称容量系列 |
|---|---|---|---|
| 纸介电容、金属化纸介电容、纸膜复合介质电容、低频（有极性）有机薄膜介质电容 | ±5%<br>±10%<br>±20% | 100pF～1μF | 1.0；1.5；2.2；3.3；4.7；6.8 |
| | | 1μF～100μF | 1；2；4；6；8；10；15；20；30；50；60；80；100 |
| 高频（无极性）有机薄膜介质电容、瓷介电容、玻璃釉电容、云母电容 | ±5% | | 1.0；1.1；1.2；1.3；1.5；1.6；1.8；2.0；2.2；2.4；2.7；3.0；3.3；3.6；3.9；4.3；4.7；5.1；5.6；6.2；6.8；7.5；8.2；9.1 |
| | ±10% | | 1.0；1.2；1.5；1.8；2.2；2.7；3.3；3.9；4.7；5.6；6.8；8.2 |
| | ±20% | | 1.0；1.5；2.2；3.3；4.7；6.8 |
| 铝、钽、铌、钛电解电容 | ±10%<br>±20%<br>+50%<br>−20%<br>+100%<br>−20% | | 1.0；1.5；2.2；3.3；4.7；6.8<br>（容量单位 μF） |

电容值标记

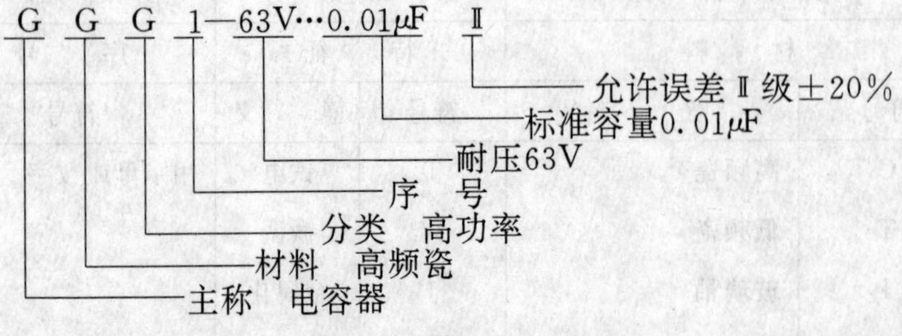


通常在容量小于 10000pF 的时候用 pF 做单位，大于 10000pF 的时候，用 μF 做单位。为了方便起见，大于 100pF 而小于 1μF 的电容常常不注单位。没有小数点的，它的单位是 pF，

有小数点的，其单位是μF. 例如：3300 就是 3300pF，0.1 就是 0.1μF 等。

标记举例：

电容容量的标注方法有直接标注电容量的方法，也有用代号标注和类似于电阻的色环标注法。下面分别说明：电容单位常用 F（法拉）、μF(微法)＝$10^{-6}$F,nF(纳法)＝$10^{-9}$F,pF(皮法)＝$10^{-12}$F。直接标注时一般小于 10000pF 的电容常以 pF 为单位,大于 10000pF 的常以 μF 为单位,有时常不注单位只标数值,如 10pF 常只标 10,0.01μF 常只标 0.01,因这样的省略容易分辨。

电容有时用代号标注其容量，一般为三位数码，前两位为数值，后一位为零的个数，以 pF 为单位。例如一个电容上标 102 代表 1000pF，又如上标 475，则为 4700000pF＝4.7μF.

电容有时也用与电阻类似的色标，也是前两个为数值，后一个为零的个数，以 pF 为单位。例如，一个电容标为棕黑红，则为 1000pF.

色标电容有时可能有 6 环，第 7 环为误差。与电阻标法不同的是：绿代表±5%，白或银代表±10%，黑代表±20%，橙代表±30%，黄代表±40%。

最后两个色环标出电容的耐压值，若只标一个则其耐压为：

| 棕 | 红 | 橙 | 黄 | 绿 | 蓝 | 紫 | 灰 | 白 |
|---|---|---|---|---|---|---|---|---|
| 100V | 200V | 300V | 400V | 500V | 600V | 700V | 800V | 900V |

若为两个色环则该电容耐压为千伏以上，例如，电容第 5 和 6 环为棕蓝，则耐压应为 1600V.

## 三、常用二极管

1. 半导体器件型号命名法：见附表 B.5。

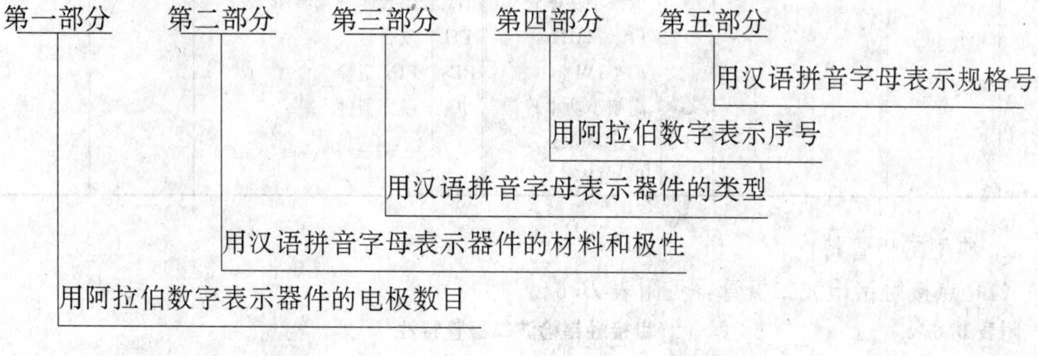


例如：

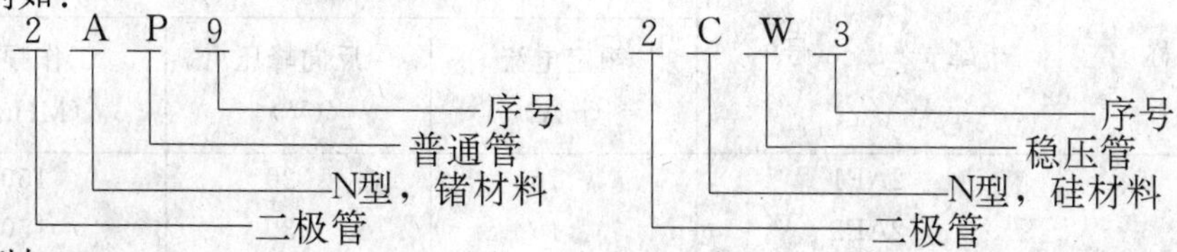


例如：

锗 PNP 型高频小功率三极管；单结晶体管

锗 PNP 型……　　　　单结晶体管

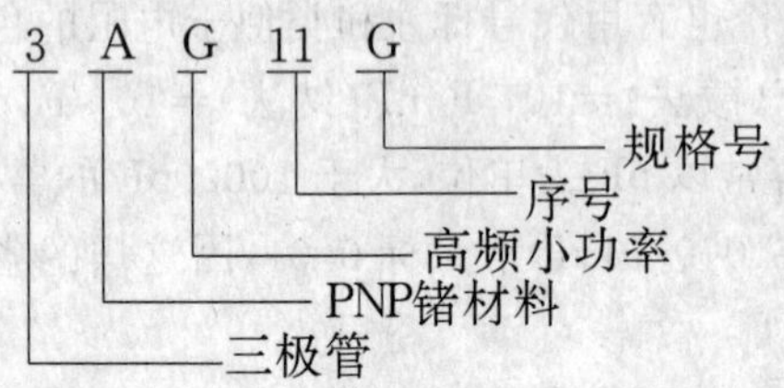


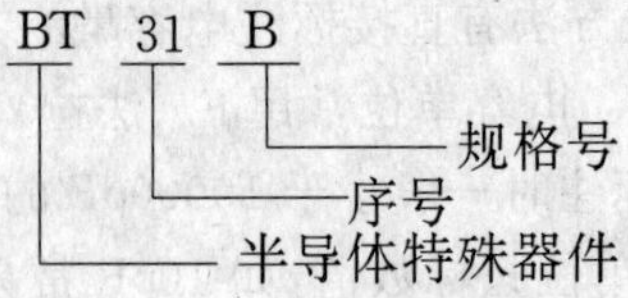


**附表 B.5　　半导体器件型号各部分的意义**

| 第一部分 | | 第二部分 | | 第三部分 | | | | 第四部分 | 第五部分 |
|---|---|---|---|---|---|---|---|---|---|
| 用数字表示器件的电极数　目 | | 用汉语拼音字母表示器件的材料和极性 | | 用汉语拼音字母表示器件的类型 | | | | 用数字表示器件序　号 | 用汉语拼音字母表示规格号 |
| 符号 | 意义 | 符号 | 意　义 | 符号 | 意　义 | 符号 | 意　义 | | |
| 2 | 二极管 | A | N 型，锗材料 | P | 普通管 | D | 低频大功率管 | | |
| | | B | P 型，锗材料 | V | 微波管 | | ($f_a<3$ 兆赫，$P_c\geqslant1$ 瓦) | | |
| 3 | 三极管 | C | N 型，硅材料 | W | 稳压管 | A | 高频大功率管 | | |
| | | D | P 型，硅材料 | C | 参量管 | | ($f_a\geqslant3$ 兆赫，$P_c\geqslant1$ 瓦) | | |
| | | A | PNP 型，锗材料 | Z | 整流器 | T | 半导体闸流管 | | |
| | | B | NPN 型，锗材料 | L | 整流堆 | | (可控整流器) | | |
| | | C | PNP 型，硅材料 | S | 隧道管 | Y | 体效应器件 | | |
| | | D | NPN 型，硅材料 | N | 阻尼管 | B | 雪崩管 | | |
| | | E | 化合物材料 | U | 光电器件 | J | 阶跃恢复管 | | |
| | | | | K | 开关管 | CS | 场效应器件 | | |
| | | | | X | 低频小功率管 | BT | 半导体特殊器件 | | |
| | | | | | ($f_a<3$MHz， | FH | 复合管 | | |
| | | | | | $P_c<1$W) | PIN | PIN 型管 | | |
| | | | | G | 高频小功率管 | JG | 激光器件 | | |
| | | | | | ($f_a\geqslant3$MHz， | | | | |
| | | | | | $P_c<1$W) | | | | |

2. 典型二极管特性

(1) 点接触锗检波二极管：见附表 B.6。

**附表 B.6　　点接触锗检波二极管特性**

| 名　　称 | 型　　号 | 主要参数 | | |
|---|---|---|---|---|
| | | 额定电流 (mA) | 反向峰压 (V) | 工作频率 (MHz) |
| 普通锗二极管 | 2AP1 | 16 | 20 | 150 |
| | 2AP2 | 16 | 30 | 150 |
| | 2AP3 | 25 | 30 | 150 |
| | 2AP4 | 16 | 50 | 150 |

附表 B.6 续表

<table>
<tr><th rowspan="2">名称</th><th rowspan="2">型号</th><th colspan="3">主要参数</th></tr>
<tr><th>额定电流<br>(mA)</th><th>反向峰压<br>(V)</th><th>工作频率<br>(MHz)</th></tr>
<tr><td rowspan="12"></td><td>2AP5</td><td>16</td><td>75</td><td>150</td></tr>
<tr><td>2AP6</td><td>12</td><td>100</td><td>150</td></tr>
<tr><td>2AP7</td><td>12</td><td>100</td><td>150</td></tr>
<tr><td>2AP8</td><td>35</td><td>10</td><td>150</td></tr>
<tr><td>2AP8A</td><td>35</td><td>10</td><td>150</td></tr>
<tr><td>2AP8B</td><td>35</td><td>10</td><td>150</td></tr>
<tr><td>2AP9</td><td>5</td><td>15</td><td>100</td></tr>
<tr><td>2AP10</td><td>5</td><td>30</td><td>100</td></tr>
<tr><td>2AP11</td><td>≤25</td><td>10</td><td>40</td></tr>
<tr><td>2AP12</td><td>≤40</td><td>10</td><td>40</td></tr>
<tr><td>2AP13</td><td>≤20</td><td>30</td><td>40</td></tr>
<tr><td>2AP14</td><td>≤30</td><td>30</td><td>40</td></tr>
</table>

(2) 普通硅二极管：见附表 B.7。

附表 B.7　　　　**普通硅二极管特性**

<table>
<tr><th>老型号</th><th>部　标<br>新型号</th><th>最高反向<br>工作电压<br>(V)(峰值)</th><th>额定正向<br>整流电流<br>(平均值)<br>(mA)</th><th>正　向<br>电压降<br>(平均值)<br>(V)</th><th>反　向<br>漏电流<br>(平均值)<br>(μA)</th><th>反　向<br>漏电流<br>(平均值)<br>(μA)</th><th>不重复<br>正　向<br>浪涌电流<br>(A)</th><th>频率<br>(kHz)</th><th>额定<br>结温<br>(℃)</th></tr>
<tr><td>2CP10</td><td>2CZ82A</td><td>25</td><td>100</td><td rowspan="9">≤1.0</td><td rowspan="9">100</td><td rowspan="9"></td><td rowspan="9">2</td><td rowspan="9">3</td><td rowspan="9">130</td></tr>
<tr><td>2CP11</td><td>2CZ82B</td><td>50</td><td>100</td></tr>
<tr><td>2CP12</td><td>2CZ82C</td><td>100</td><td>100</td></tr>
<tr><td>2CP14</td><td>2CZ82D</td><td>200</td><td>100</td></tr>
<tr><td>2CP16</td><td>2CZ82E</td><td>300</td><td>100</td></tr>
<tr><td>2CP18</td><td>2CZ82F</td><td>400</td><td>100</td></tr>
<tr><td>2CP19</td><td>2CZ82G</td><td>500</td><td>100</td></tr>
<tr><td>2CP20</td><td>2CZ82H</td><td>600</td><td>100</td></tr>
<tr><td>2CP20A</td><td>2CZ82K</td><td>800</td><td>100</td></tr>
<tr><td colspan="3">测试条件</td><td>25℃</td><td>25℃</td><td>100℃</td><td>25℃</td><td>0.01秒</td><td></td><td></td></tr>
<tr><td>2CP21A</td><td>2CZ83B</td><td>50</td><td rowspan="8">300</td><td rowspan="8">≤1.0</td><td rowspan="8">100</td><td rowspan="8">5</td><td rowspan="8">6</td><td rowspan="8">3</td><td rowspan="8">130</td></tr>
<tr><td>2CP21</td><td>2CZ83C</td><td>100</td></tr>
<tr><td>2CP22</td><td>2CZ83D</td><td>200</td></tr>
<tr><td>2CP23</td><td>2CZ83E</td><td>300</td></tr>
<tr><td>2CP24</td><td>2CZ83F</td><td>400</td></tr>
<tr><td>2CP25</td><td>2CZ83G</td><td>500</td></tr>
<tr><td>2CP26</td><td>2CZ83H</td><td>600</td></tr>
<tr><td>2CP21G</td><td>2CZ83K</td><td>800</td></tr>
<tr><td colspan="3">测试条件</td><td>25℃</td><td>25℃</td><td>100℃</td><td>25℃</td><td>0.01s</td><td></td><td></td></tr>
</table>

**附表 B.7 续表**

| 老型号 | 部标<br>新型号 | 最高反向工作电压（V）（峰值） | 额定正向整流电流（平均值）（mA） | 正向电压降（平均值）（V） | 反向漏电流（平均值）（μA） | 反向漏电流（平均值）（μA） | 不重复正向浪涌电流（A） | 频率（kHz） | 额定结温（℃） |
|---|---|---|---|---|---|---|---|---|---|
| 2CP1A | 2CZ54B | 50 | 500 | ≤1.0 | 500 | 10 | 10 | 3 | 150 |
| 2CP1 | 2CZ54C | 100 | | | | | | | |
| 2CP2 | 2CZ54D | 200 | | | | | | | |
| 2CP3 | 2CZ54E | 300 | | | | | | | |
| 2CP4 | 2CZ54F | 400 | | | | | | | |
| 2CP | 2CZ54G | 500 | | | | | | | |
| 2CP1E | 2CZ54H | 600 | | | | | | | |
| 2CP1G | 2CZ54K | 800 | | | | | | | |
| 2CZ12 | 2CZ56B | 50 | 3（A） | ≤0.8 | 1000 | 20 | 65 | 3 | 140 |
| 2CZ12A | 2CZ56C | 100 | | | | | | | |
| 2CZ12B | 2CZ56D | 200 | | | | | | | |
| 2CZ12C | 2CZ56E | 300 | | | | | | | |
| 2CZ12D | 2CZ56F | 400 | | | | | | | |
| 2CZ12E | 2CZ56G | 500 | | | | | | | |
| 2CZ12F | 2CZ56H | 600 | | | | | | | |
| 2CZ12G | 2CZ56J | 700 | | | | | | | |
| 2CZ12H | 2CZ56K | 800 | | | | | | | |
| 测试条件 | | | 25℃ | 25℃ | 140℃ | 25℃ | 0.01 秒 | | |
| 2CZ13 | 2CZ57B | 50 | 5（A） | ≤0.8 | 1000 | 20 | 105 | 3 | 140 |
| 2CZ13A | 2CZ57C | 100 | | | | | | | |
| 2CZ13B | 2CZ57D | 200 | | | | | | | |
| 2CZ13C | 2CZ57E | 300 | | | | | | | |
| 2CZ13D | 2CZ57F | 400 | | | | | | | |
| 2CZ13E | 2CZ57G | 500 | | | | | | | |
| 2CZ13F | 2CZ57H | 600 | | | | | | | |
| 2CZ13G | 2CZ57J | 700 | | | | | | | |
| 2CZ13H | 2CZ57K | 800 | | | | | | | |
| 测试条件 | | | 25℃ | 25℃ | 140℃ | 25℃ | 0.01s | | |

(3) 常用开关二极管：见附表 B.8。

**附表 B.8　　常用开关二极管主要特性表**

| 型号 | 用途 | 参数名称 | 最大正向电流 (mA) | 正向电压降 (V) | 反向电流 (μA) | 最高反向工作电压 (V) | 反向击穿电压 (V) | 零偏压电容 (pF) | 反向恢复时间 (ns) | 反向电压降 (V) |
|---|---|---|---|---|---|---|---|---|---|---|
| | | 测试条件 | −55℃～75℃ | 正向电流 50mA | 最高反向工作电压下 | 反向电流 1μA | 反向电流 100μA | | 由正向 20mA 至反向 20mA，反向电流减至 10%，负载电阻 50Ω | 反向电流 1μA 或 25μA，100°C±5℃ |
| 2CK1 | 系台面型硅管，用于脉冲及高频电路中 | 参数值 | 100 | ≤1 | ≤1 | 30 | >40 | <30 | <150 | 30 |
| 2CK2 | | | | | | 60 | >80 | | | 60 |
| 2CK3 | | | | | | 90 | >120 | | | 90 |
| 2CK4 | | | | | | 120 | >150 | | | 120 |
| 2CK5 | | | | | | 180 | >180 | | | 150 |
| 2CK6 | | | | | | 210 | >210 | | | 180 |
| | | 测试条件 | 正向电压 ≤1V | | 25℃　125℃ | 反向电流 ≤1μA | | | 同上 | |
| 2CK22A | 系外延平面型硅管，用于开关、脉冲和超高频电路 | 参数值 | 10 | ≤1 | ≤0.1　≤100 | 10 | | ≤3 | ≤5 | |
| 2CK22B | | | 10 | | | 20 | | | | |
| 2CK22C | | | 10 | | | 30 | | | | |
| 2CK22D | | | 10 | | | 40 | | | | |
| 2CK22E | | | 10 | | | 50 | | | | |
| 2CK23A | | | 50 | | | 10 | | | | |
| 2CK23B | | | 50 | | | 20 | | | | |
| 2CK23C | | | 50 | | | 30 | | | | |
| 2CK23D | | | 50 | | | 40 | | | | |
| 2CK23E | | | 50 | | | 50 | | | | |

**附表 B.8 续表**

| 型号 | 用途 | 参数名称 | 正向电压降 (V) | 反向漏电流 (μA) | 最高反向工作电压 (V) | 反向击穿电压 (V) | 最大正向电流 (mA) | 耗散功率 (mW) | 零偏压电容 (pF) | 反向恢复时间 (ns) |
|---|---|---|---|---|---|---|---|---|---|---|
| | | 测试条件 | 正向电流 150mA | 反向电压为 2/3 的击穿电压值时 | 反向电流＜1μA (25°C) 反向电流＜100μA (125°C) | 反向电流 5μA | 正向电压 1V | | 信号频率 5MHz 信号电压 5mV | 正向电流 10mA，反向脉冲电压 6V，负载电阻 75Ω |
| 2CK42A | 系平面型硅管，主要用于快速开关、逻辑电路和控制电路等 | 参数值 | ≤1 | ≤1 | 10 | ≥15 | 150 | 100 | ≤5 | ≤6 |
| 2CK42B | | | | | 20 | ≥30 | | | | |
| 2CK42C | | | | | 30 | ≥45 | | | | |
| 2CK42D | | | | | 40 | ≥60 | | | | |
| 2CK42E | | | | | 50 | ≥75 | | | | |
| | | 测试条件 | 正向电流 10mA | 反向电压为 2/3 的击穿电压值时 | 反向电流＜0.5μA (25°C) 反向电流＜100μA (125°C) | 反向电流 1μA | 正向电压 1V | | 信号频率 5MHz 信号电压 5mV | 正向电流 10mA，反向脉冲电压 6V，负载电阻 75Ω |
| 2CK43A | 系外延平面型硅管，主要用于高速电子计算机、高速开关、各种控制电路、脉冲电路等 | 参数值 | ≤0.8 | ≤1 | 10 | ≥15 | 10 | | ≤1.5 | ≤2 |
| 2CK43B | | | ≤0.8 | ≤1 | 20 | ≥30 | | | ≤1.5 | ≤2 |
| 2CK43C | | | ≤0.8 | ≤1 | 30 | ≥45 | | | ≤1.5 | ≤2 |
| 2CK43D | | | ≤0.8 | ≤1 | 40 | ≥60 | | | ≤1.5 | ≤2 |
| 2CK43E | | | ≤0.8 | ≤1 | 50 | ≥75 | | | ≤1.5 | ≤2 |
| 2CK44A | | | ≤1 | ≤0.5 | 10 | ≥15 | | | ≤5 | ≤6 |
| 2CK44B | | | ≤1 | ≤0.5 | 20 | ≥30 | | | ≤5 | ≤6 |
| 2CK44C | | | ≤1 | ≤0.5 | 30 | ≥45 | | | ≤5 | ≤6 |
| 2CK44D | | | ≤1 | ≤0.5 | 40 | ≥60 | | | ≤5 | ≤6 |
| 2CK44E | | | ≤1 | ≤0.5 | 50 | ≥75 | | | ≤5 | ≤6 |

（4）常用硅稳压二极管：见附表 B.9。

**附表 B.9　　常用硅稳压二极管主要特性表**

| 老型号 | 部标新型号 | 最大工作电流（mA） | 稳定电压（V） | 动态电阻 $R_{z1}$（Ω） | $I_{z1}$（mA） | $R_{z2}$（Ω） | $I_{z2}$（mA） | 反向漏电流（μA） | 最大耗散功率（W） | 正向压降（V） | 最高结温（℃） | 电压温度系数（$10^{-4}$/℃） | 电压漂移（%） |
|---|---|---|---|---|---|---|---|---|---|---|---|---|---|
| 2CW1 | 2CW72 | 29 | 7.0～8.8 | 12 | 1 | 6 | 5 | ≤0.1 | | | | ≤7 | |
| 2CW2 | 2CW73 | 25 | 8.5～9.5 | 18 | 1 | 10 | 5 | ≤0.1 | | | | ≤8 | |
| 2CW3 | 2CW74 | 23 | 9.2～10.6 | 25 | 1 | 12 | 5 | ≤0.1 | | | | ≤8 | |
| 2CW4 | 2CW75 | 21 | 10～12 | 30 | 1 | 15 | 5 | ≤0.1 | 0.25 | ≤1 | 150 | ≤9 | ±0.1° |
| 2CW5 | 2CW76 | 20 | 11.5～12.5 | 35 | 1 | 18 | 5 | ≤0.1 | | | | ≤9 | |
| 2CW5 | 2CW77 | 18 | 12～14 | 35 | 1 | 18 | 5 | ≤0.1 | | | | ≤9.5 | |
| 测试条件 | | | 工作电流等于 $I_{z2}$ | 工作电流 $=I_{z1}$ | | 工作电流 $=I_{z2}$ | | 反向电压 =1V | | 正向电流 =100mA | | | |
| 2CW12 | 2CW53 | 41 | 4.0～5.8 | 550 | 1 | 50 | 10 | ≤1 | | | | −6～4 | |
| 2CW13 | 2CW54 | 38 | 5.5～6.5 | 500 | 1 | 30 | 10 | ≤0.5 | | | | −3～5 | |
| 2CW14 | 2CW55 | 33 | 6.2～7.5 | 400 | 1 | 15 | 10 | ≤0.5 | | | | ≤6 | |
| 2CW15 | 2CW56 | 27 | 7.0～8.8 | 400 | 1 | 15 | 5 | ≤0.5 | | | | ≤7 | |
| 2CW16 | 2CW57 | 26 | 8.5～9.5 | 400 | 1 | 20 | 5 | ≤0.5 | | | | ≤8 | |
| 2CW17 | 2CW58 | 23 | 9.2～10.5 | 400 | 1 | 25 | 5 | ≤0.5 | 0.25 | ≤1 | 150 | ≤8 | ±0.1 |
| 2CW18 | 2CW59 | 20 | 10～11.8 | 400 | 1 | 30 | 5 | ≤0.5 | | | | ≤9 | |
| 2CW19 | 2CW60 | 19 | 11.5～12.5 | 400 | 1 | 40 | 5 | ≤0.5 | | | | ≤9 | |
| | 2CW61 | 16 | 12.2～14 | 400 | 1 | 50 | 3 | ≤0.5 | | | | ≤9.5 | |
| 2CW20 | 2CW62 | 14 | 13.5～17 | 400 | 1 | 60 | 3 | ≤0.5 | | | | ≤9.5 | |
| 测试条件 | | | 工作电流 $=I_{z2}$ | 工作电流 $=I_{z1}$ | | 工作电流 $=I_{z2}$ | | 反向电压 =1V | | 正向电流 =100mA | | | |
| 2CW21A | 2CW103 | 165 | 4.0～5.8 | ≤550 | 1 | 20 | 50 | | | | | −6～4 | |
| 2CW21B | 2CW104 | 150 | 5.5～6.5 | ≤550 | 1 | 15 | 30 | | | | | −3～5 | |
| 2CW21C | 2CW105 | 130 | 6.2～7.5 | ≤400 | 1 | 7 | 30 | | | | | ≤6 | |
| 2CW21D | 2CW106 | 110 | 7.0～8.8 | ≤400 | 1 | 5 | 30 | | | | | ≤7 | |
| 2CW21E | 2CW107 | 100 | 8.5～9.5 | ≤400 | 1 | 10 | 20 | | | | | ≤8 | |
| 2CW21F | 2CW108 | 95 | 9.2～10.5 | ≤400 | 1 | 12 | 20 | | | | | ≤8 | |
| 2CW21G | 2CW109 | 83 | 10～11.8 | ≤400 | 1 | 15 | 20 | | | | | ≤9 | |
| 2CW21H | 2CW110 | 76 | 11～12.5 | ≤400 | 1 | 20 | 20 | ≤0.5 | 1 | ≤1 | 150 | ≤9 | ±0.2 |
| | 2CW111 | 66 | 12.2～14 | ≤400 | 1 | 20 | 20 | | | | | ≤10 | |
| 2CW21I | 2CW112 | 58 | 13.5～17 | ≤400 | 1 | 35 | 10 | | | | | ≤10 | |
| 2CW21J | 2CW113 | 52 | 16～19 | ≤400 | 1 | 40 | 10 | | | | | ≤11 | |
| | 2CW114 | 47 | 18～21 | ≤400 | 1 | 45 | 10 | | | | | ≤11 | |
| 2CW21K | 2CW115 | 41 | 20～24 | ≤400 | 1 | 50 | 10 | | | | | ≤11 | |
| | 2CW116 | 38 | 23～26 | ≤400 | 1 | 55 | 10 | | | | | ≤11 | |
| 2CW21L | 2CW117 | 35 | 25～28 | ≤400 | 1 | 60 | 10 | | | | | ≤11 | |
| | 2CW118 | 33 | 27～30 | ≤400 | 1 | 80 | 5 | | | | | ≤11 | |
| 2CW21M | 2CW119 | 30 | 29～33 | ≤400 | 1 | 90 | 5 | | 3 | ≤1 | 150 | ≤12 | ±0.2 |
| 2CW21N | 2CW120 | 27 | 32～36 | ≤400 | 1 | 110 | 5 | | | | | ≤12 | |
| | 2CW121 | 25 | 35～40 | ≤400 | 1 | 130 | 5 | | | | | ≤12 | |
| 测试条件 | | | 工作电流 $=I_{z2}$ | 工作电流 $=I_{z2}$ | | 工作电流 $=I_{z2}$ | | 反向电压 =1V | | 正向电流 =200mV | | | |

**附表 B.9 续表**

| 老型号 | 部标新型号 | 最大工作电流 (mA) | 稳定电压 (V) | 动态电阻 $R_{z1}$ (Ω) | $I_{z1}$ (mA) | $R_{z2}$ (Ω) | $I_{z2}$ (mA) | 反向漏电流 (μA) | 最大耗散功率 (W) | 正向压降 (V) | 最高结温 (℃) | 电压温度系数 ($10^{-4}$/℃) | 电压漂移 (%) |
|---|---|---|---|---|---|---|---|---|---|---|---|---|---|
| 2CW22 | 2CW130 | 600 | 3.0～4.5 | ≤250 | | ≤20 | 100 | ≤5 (V=0.5V) | | | | ≥−8 | |
| 2CW22A | 2CW131 | 500 | 4.0～5.8 | ≤300 | | ≤15 | 100 | | | | | −6～4 | |
| 2CW22B | 2CW132 | 460 | 5.5～6.5 | ≤250 | | ≤12 | 100 | | | | | −3～5 | |
| 2CW22C | 2CW133 | 400 | 6.2～7.5 | ≤200 | | ≤6 | 100 | | | | | ≤6 | |
| 2CW22D | 2CW134 | 330 | 7.0～8.8 | ≤200 | | ≤5 | 50 | | | | | ≤7 | |
| 2CW22E | 2CW135 | 310 | 8.5～9.5 | ≤200 | | ≤7 | 50 | | | | | ≤8 | |
| 2CW22F | 2CW136 | 280 | 9.2～10.5 | ≤200 | | ≤9 | 50 | | | | | ≤8 | |
| 2CW22G | 2CW137 | 250 | 10～11.8 | ≤200 | | ≤12 | 50 | | | | | ≤9 | |
| 2CW22H | 2CW138 | 230 | 11～12.5 | ≤200 | | ≤14 | 50 | | | | | ≤9 | |
| | 2CW139 | 200 | 12.2～14 | ≤200 | 3 | ≤16 | 50 | ≤0.5 | 3 | ≤1 | 150 | ≤10 | ±0.3 |
| 2CW22I | 2CW140 | 170 | 13.5～17 | ≤200 | | ≤25 | 30 | | | | | ≤10 | |
| 2CW22J | 2CW141 | 150 | 16～19 | ≤200 | | ≤30 | 30 | | | | | ≤11 | |
| | 2CW142 | 140 | 18～21 | ≤200 | | ≤35 | 30 | | | | | ≤11 | |
| 2CW22K | 2CW143 | 120 | 20～24 | ≤200 | | ≤40 | 30 | | | | | ≤11 | |
| 2CW22L | 2CW144 | 110 | 23～26 | ≤200 | | ≤45 | 30 | | | | | ≤11 | |
| | 2CW145 | 105 | 25～28 | ≤200 | | ≤55 | 15 | | | | | ≤11 | |
| | 2CW146 | 100 | 27～30 | ≤200 | | ≤60 | 15 | | | | | ≤11 | |
| 2CW22M | 2CW147 | 90 | 29～33 | ≤200 | | ≤70 | 15 | | | | | ≤12 | |
| 2CW22N | 2CW148 | 80 | 32～36 | ≤200 | | ≤0 | 15 | | | | | ≤12 | |
| | 2CW149 | 75 | 35～40 | ≤200 | | ≤90 | 15 | | | | | ≤12 | |
| 测试条件 | | | 工作电流 $=I_{z2}$ | 工作电流 $=I_{z2}$ | | 工作电流 $=I_{z2}$ | | 反向电压 =1V | | 正向电流 =300mA | | | |

(5) 常用发光二极管：见附表 B.10。

**附表 B.10　　常用发光二极管主要特性表**

| 型号 | 发光颜色 | 最大工作电流 (mA) | 正向压降 (V) | 一般工作电流 (mA) | 发光波长 (A) | 发光亮度 (光通量) | 发光功率 (mW) |
|---|---|---|---|---|---|---|---|
| HG520 型砷化镓二极管 | 红外 | 3 (A) | 1.6～1.8 | 3 (A) | 9400 | | >500 |
| HG400 型砷化镓二极管 | 红外 | 50 | 1.2 | 30 | 9400 | | >2 |
| 磷化镓红光二极管 | 红 | 50 | 2.3 | 10 | 7000 | >几十英尺-朗伯 | |
| 磷砷化镓发光二极管 | 红 | 50 | 1.5 | 10 | 6200～6800 | >0.2 毫流明 | |
| 碳化硅发光二极管 | 黄 | 50 | 6 | 10 | 6000 | >10 英尺-朗伯 | |
| 磷化镓绿光二极管 | 绿 | 50 | 2.3 | 10 | 5600 | >几十英尺-朗伯 | |
| 砷化镓上转换发光二极管 | 红 | 50 | 1.2 | 30 | 5600 | >0.1 毫流明 | |

# 四、常用三极管

1. 常用NPN型硅低频小功率三极管特性？见附表B. 11。

**附表B. 11　　　　常用NPN型硅低频小功率三极管特性表**

<table>
<tr><th rowspan="2">部标新型号</th><th rowspan="2">参考旧型号</th><th rowspan="2">国外参考型号</th><th colspan="3">直流参数</th><th>交流参数</th><th colspan="4">极限参数</th></tr>
<tr><th>$I_{CBO}$ (μA)</th><th>$I_{CEO}$ (μA)</th><th>$h_{FE}$ ($\overline{\beta}$)</th><th>$f_T$ (kHz)</th><th>$P_{CM}$ (mW)</th><th>$I_{CM}$ (mA)</th><th>$BV_{CBO}$ (V)</th><th>$BV_{CEO}$ (V)</th></tr>
<tr><td>3DX101</td><td>3DX4A</td><td></td><td rowspan="8">≤1</td><td rowspan="8"></td><td rowspan="8">≥9</td><td rowspan="8">≥200</td><td rowspan="8">300</td><td rowspan="8">50</td><td>≥10</td><td>≥10</td></tr>
<tr><td>3DX102</td><td>3DX4B</td><td></td><td>≥20</td><td>≥10</td></tr>
<tr><td>3DX103</td><td>3DX4C</td><td></td><td>≥30</td><td>≥10</td></tr>
<tr><td>3DX104</td><td>3DX4D</td><td></td><td>≥40</td><td>≥30</td></tr>
<tr><td>3DX105</td><td>3DX4E</td><td></td><td>≥50</td><td>≥40</td></tr>
<tr><td>3DX106</td><td>3DX4F</td><td></td><td>≥70</td><td>≥60</td></tr>
<tr><td>3DX107</td><td>3DX4G</td><td></td><td>≥80</td><td>≥70</td></tr>
<tr><td>3DX108</td><td>3DX4H</td><td></td><td>≥100</td><td>≥80</td></tr>
<tr><td colspan="2">测试条件</td><td></td><td>$V_{CB}$=5V</td><td></td><td>$V_{CE}$=5V<br>$I_C$=5mA</td><td>$V_{CE}$=5V<br>$I_C$=5mA</td><td></td><td></td><td>$I_C$=50μA</td><td>$I_c$=50μA</td></tr>
<tr><td>3DX203A</td><td></td><td></td><td rowspan="4">≤5</td><td rowspan="4">≤20</td><td>55～400</td><td rowspan="4"></td><td rowspan="4">700</td><td rowspan="4">700</td><td rowspan="4"></td><td>≥15</td></tr>
<tr><td>3DX203B</td><td></td><td></td><td>55～400</td><td>≥25</td></tr>
<tr><td>3DX204A</td><td></td><td></td><td>55～400</td><td>≥15</td></tr>
<tr><td>3DX204B</td><td></td><td></td><td>55～400</td><td>≥25</td></tr>
<tr><td colspan="2">测试条件</td><td></td><td>$V_{CB}$=10V</td><td>$V_{CE}$=10V</td><td>$V_{CE}$=1V<br>$I_C$=100mA</td><td></td><td></td><td></td><td></td><td>$I_C$=100μA</td></tr>
</table>

2. 常用 NPN 型硅高频小功率三极管：见附表 B. 12。

**附表 B. 12　　常用 NPN 型硅高频小功率三极管特性表**

| 部标新型号 | 参考旧型号 | 国外参考型号 | | 直流参数 | | | 交流参数 | 极限参数 | | | |
|---|---|---|---|---|---|---|---|---|---|---|---|
| | | 美国 | 日本 | $I_{CBO}$ ($\mu A$) | $I_{CEO}$ ($\mu$A) | $h_{FE}$ ($\overline{\beta}$) | $f_T$ (MHz) | $P_{CM}$ (mW) | $I_{CM}$ (mA) | $BV_{CBO}$ (V) | $BV_{CEO}$ (V) |
| 3DG100M | 3DG6A | | | | | 25～270 | ⩾150 | | | 20 | 15 |
| 3DG100A | 3DC6A，3DG026 | | | | | ⩾30 | ⩾150 | | | 30 | 20 |
| 3DG100B | 3DG6B，3DG101B | | 2SC183 | ⩽0.01 | ⩽0.01 | ⩾30 | ⩾150 | 100 | 20 | 40 | 30 |
| 3DG100C | 3DG6C，3DG101C | | 2SC184～1872SC29 | | | ⩾30 | ⩾300 | | | 30 | 20 |
| 3DG100D | 3DG6D，3DG101D | | | | | ⩾30 | ⩾300 | | | 40 | 30 |
| 测试条件 | | | | $V_{CB}$=10V | $V_{CE}$=10V | $V_{CE}$=10V $I_c$=3mA | $V_{CE}$=10V $I_E$=3mA $f$=100MHz | | | $I_c$=100$\mu$A | $I_c$=100$\mu$A |
| 3DG103M | | | | | | 25～270 | ⩾500 | | | ⩾15 | ⩾12 |
| 3DG103A | 3DG11A，B；3DG19A，B | | | | | ⩾30 | ⩾500 | | | ⩾20 | ⩾15 |
| 3DG103B | 3DG104B | | | ⩽0.1 | ⩽0.1 | ⩾30 | ⩾500 | 100 | 20 | ⩾40 | ⩾30 |
| 3DG103C | 3DG104C；3DG19E，F | | | | | ⩾30 | ⩾700 | | | ⩾20 | ⩾15 |
| 3DG103D | 3DG104D；3DG11F | | | | | ⩾30 | ⩾700 | | | ⩾40 | ⩾30 |
| 测试条件 | | | | $V_{CB}$=10V | $V_{CE}$=10V | $V_{CE}$=10V $I_c$=3mA | $V_{CE}$=10V $I_E$=3mA $f$=100MHz | | | $I_c$=100$\mu$A | $I_c$=100$\mu$A |
| 3DG121M | | | | | | 25～270 | ⩾150 | | | ⩾30 | ⩾20 |
| 3DG121A | 3DG5A；3DG7A | | 2SC25～27 | | | ⩾30 | ⩾150 | | | ⩾40 | ⩾30 |
| 3DG121B | 3DG7C；3DG053 | | 2SC30～32 | ⩽0.1 | ⩽0.2 | ⩾30 | ⩾150 | 500 | 100 | ⩾60 | ⩾45 |
| 3DG121C | 3DG5C～F | | | | | ⩾30 | ⩾300 | | | ⩾40 | ⩾30 |
| 3DG121D | 3DG7B，D；3DG54 | | 2SC38 | | | ⩾30 | ⩾300 | | | ⩾60 | ⩾45 |
| 测试条件 | | | | $V_{CB}$=10V | $V_{CF}$=10V | $V_{CE}$=10V $I_c$=3mA | $V_{CE}$=10V $I_E$=3mA $f$=100MHz | | | $I_c$=100$\mu$A | $I_c$=100$\mu$A |

**附表 B. 12 续表**

| 部标新型号 | 参考旧型号 | 国外参考型号 | | 直流参数 | | | 交流参数 | 极限参数 | | | |
|---|---|---|---|---|---|---|---|---|---|---|---|
| | | 美国 | 日本 | $I_{CBO}$ ($\mu$A) | $I_{CEO}$ ($\mu$A) | $h_{FE}$ ($\overline{\beta}$) | $f_T$ (MHz) | $P_{CM}$ (mW) | $I_{CM}$ (mA) | $BV_{CBO}$ (V) | $BV_{CEO}$ (V) |
| 3DG130M | | | | ≤1 | ≤5 | 25～270 | ≥150 | | | ≥30 | ≥20 |
| 3DG130A | 3DG143A；3DG12A | | 2SC251<br>2SC110，<br>2SC20 | ≤0.5 | ≤1 | ≥30 | ≥150 | | | ≥40 | ≥30 |
| 3DG130B | 3DG143B；3DG12B | 2N347～349<br>2N476～477 | 2SC58，<br>2SC46，<br>2SC15 | ≤0.5 | ≤1 | ≥30 | ≥150 | 700 | 300 | ≥60 | ≥45 |
| 3DG130C | 3DG143C<br>3DG12C | | 2SC115<br>2SC53<br>2SC37 | ≤0.5 | ≤1 | ≥30 | ≥300 | | | ≥40 | ≥30 |
| 3DG130D | 3DG143D<br>3DG12D | | 2SC64<br>2SC125 | ≤0.5 | ≤1 | ≥30 | ≥300 | | | ≥60 | ≥45 |
| 测试条件 | | | | $V_{CB}$=10V | $V_{CE}$=10V | $V_{CE}$=10V<br>$I_c$=50mA | $V_{CE}$=10V<br>$I_E$=50mA<br>$f$=100MHz | | | $I_c$=100$\mu$A | $I_c$=100$\mu$A |
| 3DG161A | | | | | | | ≥50 | | | ≥60 | ≥60 |
| 3DG161B | | | | | | | ≥50 | | | ≥100 | ≥60 |
| 3DG161C | | | | | | | ≥50 | | | ≥140 | ≥140 |
| 3DG161D | | | | | | | ≥50 | | | ≥180 | ≥180 |
| 3DG161E | | | | | | | ≥50 | | | ≥220 | ≥220 |
| 3DG161F | | | | | | | ≥50 | | | ≥260 | ≥260 |
| 3DG161G | | | | | | | ≥50 | | | ≥300 | ≥300 |
| 3DG161H | 3DG401；3DG402 | | | | | | ≥100 | | | ≥60 | ≥60 |
| 3DG161I | 3DG403；3DG404 | 2N475 | | ≤0.1 | ≤0.1 | ≥20 | ≥100 | 300 | 20 | ≥100 | ≥100 |
| 3DG161J | 3DG405；3DG406 | | | | | | ≥100 | | | ≥140 | ≥140 |
| 3DG161K | 3DG407；3DG408 | | | | | | ≥100 | | | ≥180 | ≥180 |
| 3DG161L | 3DG409；3DG411 | | | | | | ≥100 | | | ≥220 | ≥220 |
| 3DG161M | 3DG412；3DG413 | 2N410， | | | | | ≥100 | | | ≥260 | ≥260 |
| 3DG161N | 3DG414；3DG415 | | | | | | ≥100 | | | ≥300 | ≥300 |
| 测试条件 | | | | $V_{CB}$=30V | $V_{CE}$=30V | $V_{CE}$=10V<br>$I_c$=2mA | $V_{CE}$=10V<br>$I_E$=2mA<br>$f$=300MHz | | | $I_c$=100$\mu$A | $I_c$=100$\mu$A |

3. 常用 NPN 型硅低频大功率三极管：见附表 B. 13。

**附表 B. 13　　　　常用 NPN 型硅低频大功率三极管特性表**

<table>
<tr><td rowspan="2">部　标<br>新型号</td><td rowspan="2">参考旧型号</td><td colspan="2">国外参考<br>型　号</td><td colspan="4">直　接　参　数</td><td colspan="4">极　限　参　数</td></tr>
<tr><td>美国</td><td>日本</td><td>$I_{CEO}$（mA）</td><td>$h_{FE}$（$\overline{\beta}$）</td><td>$V_{CES}$（V）</td><td>$P_{CM}$（W）</td><td>$I_{CM}$<br>（A）</td><td>$BV_{CBO}$<br>（V）</td><td>$BV_{CEO}$<br>（V）</td><td>$BV_{EBO}$<br>（V）</td></tr>
<tr><td>3DD59A</td><td>3DD5A</td><td></td><td></td><td rowspan="5">≤1. 5</td><td rowspan="5">≥10</td><td rowspan="5">≤1. 2</td><td rowspan="5">25</td><td rowspan="5">5</td><td rowspan="5"></td><td>≥30</td><td rowspan="5">≥3</td></tr>
<tr><td>3DD59B</td><td>3DD5B；DD11A</td><td></td><td></td><td>≥50</td></tr>
<tr><td>3DD59C</td><td>3DD5C；</td><td></td><td></td><td>≥80</td></tr>
<tr><td>3DD59D</td><td>3DD5D；DD11B</td><td></td><td></td><td>≥110</td></tr>
<tr><td>3DD59E</td><td>3DD5E；DD11C</td><td></td><td></td><td>≥150</td></tr>
<tr><td colspan="2">测试条件</td><td></td><td></td><td>$V_{CE}=20V$</td><td>$V_{CE}=5V$<br>$I_c=1.25A$</td><td>$I_c=1.25A$<br>$I_B=0.25A$</td><td>$T_c=75℃$</td><td></td><td></td><td>$I_c=5mA$</td><td>$I_E=$<br>10mA</td></tr>
<tr><td>3DD62A</td><td>3DD6A；DD10</td><td></td><td></td><td rowspan="5">≤2</td><td rowspan="5">≥10</td><td rowspan="5">≤1. 5</td><td rowspan="5">50</td><td rowspan="5">7. 5</td><td rowspan="5"></td><td>≥30</td><td rowspan="5">≥3</td></tr>
<tr><td>3DD62B</td><td>3DD6B；3DD50A</td><td></td><td></td><td>≥50</td></tr>
<tr><td>3DD62C</td><td>3DD6C；3DD50B</td><td></td><td></td><td>≥80</td></tr>
<tr><td>3DD62D</td><td>3DD6E；DD10C</td><td></td><td></td><td>≥110</td></tr>
<tr><td>3DD62E</td><td>3DD6F；3DD50F</td><td></td><td></td><td>≥150</td></tr>
<tr><td colspan="2">测试条件</td><td></td><td></td><td>$V_{CE}=20V$</td><td>$V_{CE}=5V$<br>$I_c=2.5A$</td><td>$I_c=2.5A$<br>$I_E=0.5A$</td><td>$T_c=75℃$</td><td></td><td></td><td>$I_c=7mA$</td><td>$I_E=$<br>10mA</td></tr>
<tr><td>3DD203</td><td>DD01A</td><td></td><td></td><td>0. 5</td><td>50～200</td><td>≤0. 6</td><td>10</td><td>1</td><td>≥100</td><td>≥60</td><td>≥4</td></tr>
<tr><td colspan="2">测试条件</td><td></td><td></td><td>$V_{CE}=50V$</td><td>$V_{CE}=10V$<br>$I_c=0.5A$</td><td>$I_c=0.5A$<br>$I_B=0.05A$</td><td>$T_c=75℃$</td><td></td><td>$I_c=1mA$</td><td>$I_c=1mA$</td><td>$I_E=$<br>10mA</td></tr>
</table>

**附表 B.13 续表**

| 部标新型号 | 参考旧型号 | 国外参考型号 | 直流参数 | | | | 交流参数 | 极限参数 | | | |
|---|---|---|---|---|---|---|---|---|---|---|---|
| | | | $I_{CBO}$ (mA) | $I_{CEO}$ (mA) | $h_{FE}(\bar{\beta})$ | $V_{CES}$(V) | $f_r$(MHz) | $P_{CM}$(W) | $I_{CM}$ (A) | $BV_{CBO}$ (V) | $BV_{CEO}$ (V) |
| 3DD101A | 3DD12A；3DD15A，B | | | | | ≤0.8 | | | | ≥150 | ≥100 |
| 3DD101B | 3DD15C；3DF5C | | | | | ≤0.8 | | | | ≥200 | ≥150 |
| 3DD101C | 3DD03C；3DD12B | | ≤1 | ≤2 | ≥20 | ≤1.5 | ≥1 | 50 | 5 | ≥250 | ≥200 |
| 3DD101D | 3DD15D；DD301D | | | | | ≤1.5 | | | | ≥300 | ≥250 |
| 3DD101E | 3DD15E～G；3DD12C～E | | | | | ≤1.5 | | | | ≥350 | ≥300 |
| 测试条件 | | | $V_{CB}$=50V | $V_{CE}$=50V | $V_{CE}$=5V<br>$I_c$=2A | $I_c$=2.5A<br>$I_B$=0.25A | $V_{CE}$=12V，<br>$I_c$=0.5A，<br>$f$=0.5MHz | $T_c$=75℃ | | $I_c$=5mA | $I_c$=5mA |
| 3DD103A | 3DD13A，B；3DA58A，C | | | | | ≤2 | | | | ≥300 | ≥200 |
| 3DD103B | 3DD13C；3DA58B，C | | | | | ≤2 | | | | ≥600 | ≥300 |
| 3DD103C | 3DD13D；3DA58D | | ≤0.1 | | ≥20 | ≤4 | ≥1 | 50 | 3 | ≥800 | ≥400 |
| 3DD103D | 3DD13E，F；3DA58E，F | | | | | ≤4 | | | | ≥1200 | ≥600 |
| 3DD103E | 3DD141；3DA581 | | | | | ≤4 | | | | ≥1500 | ≥800 |
| 测试条件 | | | $V_{CB}$=100V（A，B，C）500V（D、E） | | $V_{CE}$=10V<br>$I_c$=1.5A | $I_c$=3A<br>$I_b$=1A | $V_{CE}$=12V<br>$I_c$=0.5A，<br>$f$=0.5MHz， | $T_c$=75℃ | | $I_c$=5mA | $I_c$=5mA |
| 3DD202A | 3DA58F，G；DD52C | | ≤0.3 | | 7～30 | ≤3 | | 50 | 3 | ≥1100 | ≥500 |
| 3DD202B | 3DA58H，I；DD52D，E | | | | | | | | | ≥1400 | ≥600 |
| 测试条件 | | | $V_{CB}$=800V（A 挡）<br>$V_{CB}$=1000V（B 挡） | | $V_{CE}$=10V<br>$I_c$=1.5A | $I_c$=2.5A<br>$I_B$=0.8A | | $T_c$=75℃ | | $I_c$=5mA | $I_c$=5mA |

4. 常用 NPN 型高频大功率三极管：见附表 B. 14。

**附表 B. 14　　　常用 NPN 型高频大功率三极管特性表**

| 部标新型号 | 参考旧型号 | 国外参考型号 | | 直流参数 | | 交流参数 | 极限参数 | | | |
|---|---|---|---|---|---|---|---|---|---|---|
| | | 美国 | 日本 | $I_{CEO}$（mA） | $h_{FE}$（$\bar{\beta}$） | $f_T$（MHz） | $P_{CM}$（W） | $I_{CM}$（A） | $BV_{CBO}$（V） | $BV_{CEO}$（V） |
| 3DA1A | 3DA1A；4S1A | | | ≤1 | ≥10 | ≥50 | 7.5 | 1 | ≥40 | ≥30 |
| 3DA1B | 3DA1B；4S1B | | 2SC138 | ≤0.5 | ≥15 | ≥70 | 7.5 | 1 | ≥50 | ≥45 |
| 3DA1C | 3DA1C；4S1C | | | ≤0.2 | ≥15 | ≥100 | 7.5 | 1 | ≥70 | ≥60 |
| 测试条件 | | | | $V_{CE}=20V$ | $V_{CE}=5V$ $I_C=300mA$ | $V_{CE}=10V$，$I_C=0.3A$ $f=30MHz$ | $T_C=70°C$ | | $I_C=2mA$ | $I_C=5mA$ |
| 3DA5A | 4SHA | | | ≤2 | ≥10 | ≥60 | 40 | 5 | ≥60 | ≥50 |
| 3DA5B | 3DA5B，C，D；4SHB | | | ≤1 | ≥15 | ≥80 | 40 | 5 | ≥80 | ≥70 |
| 测试条件 | | | | $V_{CE}=20V$ | $V_{CE}=5V$ $I_C=1.5A$ | $V_{CE}=5V$，$I_C=1.5A$，$f=30MHz$ | $T_C=70°C$ | | $I_C=10mA$ | $I_C=10mA$ |
| 3DA10A | 3DA69A～C | | | ≤1 | ≥8 | ≥200 | 7.5 | 1 | ≥45 | ≥40 |
| 3DA10B | 3DA69D | | | ≤0.5 | ≥15 | ≥200 | 7.5 | 1 | ≥65 | ≥60 |
| 测试条件 | | | | $V_{CE}=20V$ | $V_{CE}=5V$ $I_C=0.3A$ | $V_{CE}=5V$，$I_C=0.3A$，$f=30MHz$ | $T_C=70°C$ | | $I_C=5mA$ | $I_C=5mA$ |
| 3DA21A | 4S31A | | | ≤1 | ≥10 | ≥400 | 7.5 | 1 | ≥40 | ≥30 |
| 3DA21B | 4S31B；3DA21C | | | ≤0.5 | ≥10 | ≥400 | 7.5 | 1 | ≥65 | ≥50 |
| 测试条件 | | | | $V_{CE}=20V$ | $V_{CE}=5V$ $I_C=0.3A$ | $V_{CE}=5V$，$I_C=0.3A$，$f=100MHz$ | $T_C=70°C$ | | $I_C=5mA$ | $I_C=5mA$ |

5. 常用PNP型硅高频小功率三极管及开关管特性：见附表B.15。

**附表 B.15　　常用PNP型硅高频小功率三极管及开关管特性**

| 型号＼参数 | $I_{CBO}$ (μA) | $I_{CEO}$ (μA) | $I_{EBO}$ (μA) | $V_{BES}$ (V) | $V_{CES}$ (V) | $BV_{CBO}$ (V) | $BV_{CEO}$ (V) | $BV_{EBO}$ (V) | $h_{FE}$ | $f_T$ (MHz) | $C_{Ob}$ | $I_{CM}$ (MA) | $P$ (MW) |
|---|---|---|---|---|---|---|---|---|---|---|---|---|---|
| 3CG1 | ≤0.5 | ≤1 | ≤0.5 | ≤1 | ≤0.5 | ≥20 | ≥15 | ≥4 | 10～25 | ≥80 | ≤10 | 15 | 100 |
| 3CG2 | ≤0.5 | ≤1 | ≤0.5 | ≤1 | ≤0.5 | ≥20 | ≥15 | ≥4 | 10～25 | ≥80 | ≤10 | 30 | 300 |
| 3CG3 | ≤0.5 | ≤1 | ≤0.5 | ≤1 | ≤0.5 | ≥20 | ≥15 | ≥4 | 10～25 | ≥80 | ≤10 | 50 | 500 |
| 3CG4 | ≤1 | ≤10 | ≤1 | ≤1.2 | ≤1 | ≥40 | ≥30 | ≥4 | ≥20 | ≥50 | ≤10 | 50 | 700 |
| 3CK2 | ≤0.2 | ≤0.2 | ≤0.2 | ≤0.95 | ≤0.3 | ≥35 | ≥30 | ≥4 | 25～180 | ≥150 | ≤5 | 50 | 300 |
| 3CK3 | ≤0.5 | ≤0.5 | ≤0.5 | ≤1.2 | ≤0.5 | ≥40 | ≥30 | ≥4 | 25～180 | ≥150 | ≤10 | 200 | 500 |

6. 常用小功率NPN型开关三极管：见附表B.16。

**附表 B.16　　常用小功率NPN型开关三极管特性**

| 型号 | 国外参考型号 | | 直流参数 | | | | | 交流参数 | 开关参数 | | 极限参数 | | | | | |
|---|---|---|---|---|---|---|---|---|---|---|---|---|---|---|---|---|
| | 美国 | 日本 | $I_{CBO}$ (μA) | $I_{CEO}$ (μA) | $h_{FE}$ (β) | $V_{BES}$ (V) | $V_{CES}$ (V) | $f_T$ (MHz) | $t_{ON}$ (ns) | $t_{OFF}$ (ns) | $BV_{CBO}$ (V) | $BV_{CEO}$ (V) | $BV_{EBO}$ (V) | $I_{CM}$ (mA) | $P_{CM}$ (mW) | $T_{JM}$ (℃) |
| 3DK1A | | | ≤0.1 | ≤0.5 | 30～200 | ≤0.9 | ≤0.35 | ≥200 | ≤20 | ≤30 | ≥30 | ≥20 | ≥5 | 30 | 100 | 175 |
| 3DK1B | | | ≤0.1 | | 30～200 | ≤0.9 | ≤0.35 | | ≤40 | ≤60 | ≥30 | ≥20 | ≥5 | | | |
| 3DK1C | | | ≤0.1 | | 30～200 | ≤0.9 | ≤0.35 | | ≤60 | ≤80 | ≥30 | ≥20 | ≥5 | | | |
| 3DK1D | | | ≤0.5 | | ≥10 | ≤1 | ≤0.5 | | ≤20 | ≤30 | ≥20 | ≥15 | ≥4 | | | |
| 3DK1E | | | ≤0.5 | | ≥10 | ≤1 | ≤0.5 | | ≤40 | ≤60 | ≥20 | ≥15 | ≥4 | | | |
| 3DK1F | | | ≤0.5 | | ≥10 | ≤1 | ≤0.5 | | ≤60 | ≤80 | ≥20 | ≥15 | ≥4 | | | |
| 测试条件 | | | $V_{CB}$=10V | $V_{CE}$=10V | $V_C$=1V $I_C$=10mA | $I_C$=10mA $I_B$=1mA | $I_C$=10mA $I_E$=1mA | $V_{CE}$=3V, $I_C$=10mA $f$=30MHz | | | $I_C$=100μA | $I_C$=200μA | $I_E$=100μA | | | |
| 3DK2A | | 2SC16 2SC166 | ≤0.1 | ≤0.5 | 30～200 | ≤0.9 | ≤0.35 | ≥200 | ≤20 | ≤30 | ≥30 | ≥20 | ≥5 | 30 | 200 | 175 |
| 3DK2B | | | ≤0.1 | | 30～200 | ≤0.9 | ≤0.35 | | ≤40 | ≤60 | ≥30 | ≥20 | ≥5 | | | |
| 3DK2C | | | ≤0.1 | | 30～200 | ≤0.9 | ≤0.35 | | ≤60 | ≤80 | ≥30 | ≥20 | ≥4 | | | |
| 3DK2D | | | ≤0.5 | | ≥10 | ≤1 | ≤0.5 | | ≤20 | ≤30 | ≥20 | ≥15 | ≥4 | | | |
| 3DK2E | | | ≤0.5 | | ≥10 | ≤1 | ≤0.5 | | ≤40 | ≤60 | ≥20 | ≥15 | ≥4 | | | |
| 3DK2F | | | ≤0.5 | | ≥10 | ≤1 | ≤0.5 | | ≤60 | ≤80 | ≥20 | ≥15 | ≥4 | | | |
| 测试条件 | | | $V_{CB}$=100V | $V_{CE}$=10V | $V_{CE}$=1V $I_C$=10mA | $I_C$=10mA $I_B$=1mA | $I_C$=10mA $I_B$=1mA | $V_{CE}$=3V, $I_C$=10mA $f$=30MHz | | | $I_C$=100μA | $I_C$=200μA | $I_E$=100μA | | | |

# 五、常用集成运算放大器

1. 半导体集成电路型号命名规定：见附表 B.17。

**附表 B.17　　半导体 1C 国际型号命名规定**

| 第〇部分 | | 第一部分 | | 第二部分 | 第三部分 | | 第四部分 | |
|---|---|---|---|---|---|---|---|---|
| 用字母表示器件符合国家标准 | | 用字母表示器件类型 | | 用数字表示器件的系列和品种代号 | 用字母表示器件工作温度范围 | | 用字母表示器件的封装 | |
| 符号 | 意义 | 符号 | 意义 | | 符号 | 意义 | 符号 | 意义 |
| C | 中国制造 | T | TTL | | C | 0～70℃ | W | 陶瓷扁平 |
| | | H | HTL | | E | －40～85℃ | B | 塑料扁平 |
| | | E | ECL | | R | －55～85℃ | F | 全密封扁平 |
| | | C | CMOS | | M | －55～125℃ | D | 陶瓷直插 |
| | | F | 线性放大器 | | | | P | 塑料直插 |
| | | D | 音响、电视电路 | | | | J | 黑陶瓷直插 |
| | | W | 稳压器 | | | | K | 金属菱形 |
| | | J | 接口电路 | | | | T | 金属圆形 |
| | | B | 非线性电路 | | | | | |
| | | M | 存储器 | | | | | |
| | | μ | 微型机电路 | | | | | |

在部标准中，代表系列和品种的序号，分为两类：一类是在国际上有相同序号的品种。这类产品在电参数、外引线排列等技术标准和国际上同类产品全部相同，如我国国标型号的 CF741 和美国 FSC 公司的 μA741。另一类序号的产品，在国际上无对应的品种，或在某些方面如内部线路和外引线排列都相同，但在电参数指标上比国外的对应产品低，如我国部标型号的 F007 和 μA741 即属比例。在序号 100 以内的品种，多数为我国早期产品，国际上无相同的型号与之对应。在此序号范围内，又进而划分系列如下：

通用型：F001～F009　　高速型：F050～F069

低耗型：F010～F029　　高阻型：F070～F079

高精度型：F030～F049

2. 国内早期运放型号对照：见附表 B.18。

附表 B. 18　　国内早期运放型号对照

| 类别 \ 型号 \ 厂家 | 常见型号 | 可互换型号 | 国内类似型号 | | | | | | | | 国际类似型号 |
|---|---|---|---|---|---|---|---|---|---|---|---|
| 通用型 | F001 | | 8FC1 | BG301 | 5G922 | FC31 | 4E314 | X50 | FC1 | 7XC1 | |
| | F002 | | | | | | 4E315 | | | | μA702 |
| | F003 | | | | | | | X51 | FC3 | | |
| | F004 | 5G23 | | | | | | | | | |
| | F005 | 4E304、CF709 | XFC2 | | | | | | | | μA709 |
| | F006 | SG006 | 8FC4 | | | | 4E322 | | FC4 | | |
| | F007 | 5G24、CF741 | | | | | | | | | μA741 |
| | F008 | BG303 | | | | | | | | | |
| | 8FC2 | | | | | | | | | | |
| | BG305 | | | | | | | | | XFC77 | |
| | FC52 | | 8FC3 | | | | | X52 | | LFC2 | |
| 低功耗型 | F010 | | | | | FC54 | | X54 | | XFC75 | |
| | F011 | CF253 | | | | | | | | | μPC253 |
| | F012 | 5G26 | | | | | | | | | |
| | F013 | | | | | | | | FC6 | KD203 | |
| | 8FC7 | | | | | | | | | | LM358 |
| 高精度型 | F030 | | | | | FC72 | 4E325 | | | | |
| | F031 | CF508 | | | | | | | | | AD508 |
| | F032 | | | BG312 | | | | | | | |
| | F033 | CF725 | 8FC5 | | | | | | | | μA725 |
| | F034 | | | | | | | | | XFC78 | |
| 高速型 | F050 | | | | | | 4E502 | | | | |
| | F051 | CF772 | | | | | | | | | μA772 |
| | F052 | CF118 | | | | | | X55 | | XFC76 | |
| | F053 | | | | | | | | | | |
| | F054 | | | | | FC92 | 4E321 | | | FX07 | |
| | F055 | | 8FC6 | | 5G27 | | | | | | μA715 |
| 高阻型 | F070 | | | | | | | | | TD04 | LH0022 |
| | F071 | CF157 | | | | | | | | | LF157 |
| | F072 | CF3140 | | | | | | X56 | | | CA3140 |
| | F073 | CF081 | | | | | | | | | TL081 |
| | 5G28 | | | BG313 | | FC61 | | | | | |
| 高压型 | F1536 | | | | | | | | FC10 | | MC1536 |
| | XFC60 | | | | | | | | | | |
| | BG315 | | | | | | | | | | |
| 宽带型 | F733 | SG012、BG323 | | | | FC91 | | | | XFC79 | μA733 |
| | F1520 | FC9 | | | | | | | | | MC1520 |

3. 常用典型运放参数表：见附表 B. 19 及 B. 20。

**附表 B. 19** 常用典型运放参数表

| 公司 | BUB | INL | RCA | ANA | ANA | AMT | BUB |
|---|---|---|---|---|---|---|---|
| 类别 | 超高速 | 超低漂 | 微功耗 | 高压 | 低噪 | 大电流 | 低偏置 |
| 型号<br>参数 | 3554 | ICL7650 | CA3078 | 171K | 234J | PA03 | 3523 |
| $U_{Io}$ | ±0.5mV | 1μA | 0.9mV | 1mV | ±50μV | 3mV | 0.5mV |
| $\alpha V_{Io}$ | ±12μV/℃ | 0.01μV/℃ | | ±15μV/℃ | ±1.0μV/℃ | 30μV/℃ | 25μV/℃ |
| $I_{Io}$ | ±2pA | 0.5pA | 0.054nA | ±10pA | | | 0.2pA |
| $U_{Io}/T$ | | 100nV/$\sqrt{月}$ | | ±250μV/月 | ±2μV/月 | | |
| $I_{IB}$ | −10pA | 10pA | 0.45nA | −20pA | ±100pA | 0.05nA | 0.5pA |
| $E_n$ | 125nV/$\sqrt{Hz}$ | 2μ$V_{pp}$ | | 4μ$V_{p-p}$ | 0.7μ$V_{pp}$ | | |
| $I_n$ | 2pA rms | 0.01pA/$\sqrt{Hz}$ | | | 2$pA_{pp}$ | | |
| $R_{ID}$ | $10^{11}$Ω | $10^{12}$Ω | | $10^{11}$Ω | 300kΩ | | 1.0TΩ |
| $P_D$ | | | 1.5μW | | | 500W | |
| $I_S$ | 35mA | 2mA | | ±0mA | 5ma | | |
| $A_{VO}$ | 106dB | 120dB | 65dB | $10^6$V/V | $10^7$V/V | | 100dB |
| $I_{OM}$ | ±125mA | | 0.5mA | ±10mA | ±5mA | ±30A | 10ma |
| $K_{CMR}$ | 78dB | 120dB | 90dB | 100dB | | | 80dB |
| PSSR | ±80μV/V | 120dB | 50μV/V | 7μV/V | | | |
| SR | 1000V/μs | 2.5V/μs | | 10V/μs | 30V/μs | 10V/μs | 0.6V/μs |
| GB | 90MHz | | | 3MHz | 2.5MHz | 5MHz | 1MHz |
| $BW_p$ | 19MHz | | | 15KHz | 500KHz | 68kHz | |
| $t_S$ | 120ns | | | 25μs | 4μs | | |
| $U_s$ | | | ±0.75V | ±150V | ±15V | ±75V | 30V |

**附表 B. 20** 通用系列运算放大器主要电参数

| 参　数 | 单　位 | 通用Ⅰ型 | 通用Ⅱ型 | 通用Ⅲ型 |
|---|---|---|---|---|
| $U_{IO}$ | mV | 3 | 5 | 5 |
| $I_{IO}$ | nA | 2000 | 200 | 1000 |
| $I_{IB}$ | nA | 7000 | 600 | 300 |
| $A_{od}$ | dB | 66 | 90 | 100 |
| $K_{CMR}$ | dB | 70 | 80 | 86 |
| $P_D$ | mW | 120 | 90 | 80 |
| $U_{opp}$ | V | ±4.5 | ±12 | ±12 |
| $U_{CM}$ | V | +0.7<br>−3.5 | +8<br>−12 | ±12 |

4. 介绍几种常用运放的电参数：

国产CF741（$\mu$A741）是最常用的通用型运算放大器。目前国外有把四个741封装在一个双列直插外壳中组成，如LM124，224，324等四运放，其电参数见附表B.21。

**附表 B.21　　　$\mu$A741 型运放电参数**

$V^+=15V$，$V_-=-15V$　　除特殊规定外，$T_A=25°C$

| 参数 | 测试条件 | 规范值 最小 | 规范值 典型 | 规范值 最大 | 单位 |
|---|---|---|---|---|---|
| 输入失调电压 | $R_S\leqslant 10k\Omega$ | | 1.0 | 5.0 | mv |
| | $R_S\leqslant 10k\Omega$，$-55°C\leqslant T_A\leqslant 125°C$ | | 1.0 | 6.0 | |
| 输入失调电流 | | | 20 | 200 | nA |
| | $T_A=+125°C$ | | 7.0 | 200 | |
| | $T_A=-55°C$ | | 85 | 500 | |
| 输入偏置电流 | | | 80 | 500 | nA |
| | $T_A=+125°C$ | | 0.03 | 0.5 | $\mu$A |
| | $T_A=-55°C$ | | .3 | 1.5 | $\mu$A |
| 输入电阻 | | 0.3 | 2.0 | | MΩ |
| 输入电容 | | | 1.4 | | pF |
| 失调电压调节范围 | | | ±15 | | mV |
| 输入电压范围 | | ±12 | ±13 | | V |
| 共模抑制比 | $R_S\leqslant 10k\Omega$ | 70 | 90 | | dB |
| 电源电压抑制比 | $V_+=10$，$V_-=-20$；$V_+=20$ $V_-=-10$，$R_S=50\Omega$ | | 30 | 150 | $\mu$V/V |
| 大信号电压增益 | $R_L\leqslant 2k\Omega$，$V_O=\pm 10V$ | 50K | 200K | | |
| | | 25K | | | |
| 输出短路电流 | | | 25 | | mA |
| 输出电阻 | | | 75 | | Ω |
| 输出电压振幅 | $R_I\geqslant 10k\Omega$ | ±12 | ±14 | | V |
| | $\geqslant 2k\Omega$ | ±10 | ±13 | | |
| 电源电流 | | | 1.7 | 2.8 | mA |
| | $T_A=+125°C$ | | 1.5 | 2.5 | |
| | $T_A=-55°C$ | | 2.0 | 3.3 | |
| 瞬态响应（单位增益） 上升时间 | $V_{IN}=20mV$，$R_L=2k\Omega$ | | .3 | | $\mu$S |
| 瞬态响应（单位增益） 过冲 | $C_L\geqslant 100pF$ | | 5.0 | | % |
| 带宽 | 计算公式 $BW=\dfrac{0.35}{\text{上升时间（微秒）}}$ | | 1.0 | | MHz |
| 转换速率 | $R_I\geqslant 2k\Omega$ | | .5 | | V/$\mu$s |

另外，8FC7（LM358）是低功耗双运放，可在单电源下工作，常用在便携式电池供电的仪器中。

高精度仪器中最常用的是1CL7650运算放大器，其电参数见附表B.22。

**附表B.22　　ICL7650电参数规范**　　$V_+=+5V$，$V_-=-5V$，$T_A=25°C$

| 参　数 | 测试条件 | 规范值 | | | 单　位 |
|---|---|---|---|---|---|
| | | 最　小 | 典　型 | 最　大 | |
| 输入失调电压 | | | ±0.7 | ±5 | μV |
| | 全　温 | | ±1.0 | | |
| 输入失调电压平均温度系数 | 工作温度范围 | | 6.01 | 0.05 | μV/℃ |
| 输入偏置电流（每10℃加倍） | | | 1.5 | 10 | pA |
| | $0℃<T_A<+70℃$ | | 35 | | |
| | $-20℃<T_A<+85℃$ | | 100 | | |
| 输入失调电流 | | | 0.5 | | pA |
| 输入电阻 | | | $10^{12}$ | | Ω |
| 大信号电压增益 | $R_L=10kΩ$ | $1×10^6$ | $5×10^6$ | | |
| 输出电压幅度 | $R_L=10kΩ$ | ±4.7 | ±4.85 | | V |
| | $R_L=100kΩ$ | | ±4.95 | | |
| 共模电压范围 | | −5.0 | −5.2～+2.0 | 11.5 | V |
| 共模抑制比 | 共模电压−5V到+1.5V | 120 | 130 | | dB |
| 输入噪声电压 | $R_s=100Ω$，$f=0～10Hz$ | | 2 | | $μV_{pp}$ |
| 输入噪声电流 | $f=10Hz$ | | 0.01 | | $PA/\sqrt{Hz}$ |
| 单位增益带宽 | | | 2.0 | | MHz |
| 转换速率 | $C_L=50pF$，$R_I=10kΩ$ | | 2.5 | | V/μs |
| 上升时间 | | | 0.2 | | μs |
| 过　冲 | | | 20 | | % |
| 工作电压范围 | | 4.5 | | 16 | V |
| 电源电流 | 空　载 | | 2.0 | 3.5 | mA |
| 内斩波频率 | 脚12～14开路 | 120 | 200 | 375 | Hz |
| 箝位导通电流 | $R_I=100kΩ$ | 25 | 70 | 200 | μA |
| 箝位截止电流 | $-4.0V<V_O<+4.0V$ | | 1 | | pA |
| 失调电压时漂 | | | 100 | | $nV/\sqrt{H}$ |

## 六、常用集成稳压器（三端集成稳压器）

见附表B.23。(W7800和CW7900是5～24伏正、负输出三端集成稳压器，输出电流可达1.5A.此外还有CW78H00，输出电流可达5A，CW78M00，输出电流可达0.5A，CW78L00，输出电流为0.1A，CW78T00，输出电流可达3A.与其对应的负电源。CW79M00，输出电流可达0.5A，CW79L00输出电流可达0.1A.

**附表 B. 23**

| 参数名称 | 符号 | 测试条件 | 单位 | 7805 | 7809 | 7812 | 7815 | 7905 | 7909 | 7912 | 7915 |
|---|---|---|---|---|---|---|---|---|---|---|---|
| 输入电压 | $U_i$ | | V | 10 | 14 | 19 | 23 | −10 | −14 | −19 | −23 |
| 输出电压 | $U_o$ | $I_o=500$mA | V | 5 | 9 | 12 | 15 | −5 | −9 | −12 | −15 |
| 电压调整率 | $\Delta U_o$ | $I_o=500$mA | mV | <50 | <90 | <120 | <150 | <150 | <90 | <120 | <150 |
| 电流调整率 | $\Delta U_o$ | $I_o=10$mA ~1.5A | mV | 200 | 200 | 240 | 300 | 200 | 200 | 240 | 300 |
| 静态电流 | $I_d$ | $I_o=500$mA | mA | 8 | 8 | 8 | 8 | 8 | 8 | 8 | 8 |
| 纹波抑制比 | $S$ | $I_o=500$mA | dB | 63 | 58 | 55 | 53 | 63 | 58 | 55 | 53 |
| 最小输入电压 | $U_{min}$ | $I_o=1.5$A | V | 7 | 11 | 14 | 17 | −7 | −11 | −14 | −17 |
| 噪声电压 | $U_{no}$ | 10Hz~100KHz | μV | 40 | 70 | 100 | 120 | 40 | 70 | 100 | 120 |
| 输出电压温度变化率 | $S_t$ | $I_o=5$mA | mV/℃ | 1 | 1 | 1.2 | 1.5 | 1 | 1 | 1.2 | 1.5 |